“十二五”普通高等教育本科国家级规划教材

室内与家具设计人体工程学

SHINEI YU JIAJU SHEJI RENTI GONGCHENGXUE

（第二版）

程瑞香　编著

化学工业出版社

·北京·

本书从室内设计专业的角度，介绍了如何使室内装修装饰、家具设计与布置等室内环境系统最大限度符合使用者生理和心理特点的需求。内容包括人体测量与人体尺寸、人体动作空间、人体力学、桌台类家具功能尺寸设计、坐卧类家具功能尺寸设计、贮存类家具功能尺寸设计、人的知觉与感觉与室内环境、人的行为心理与空间环境等。

本书通过大量图表和案例总结分析，深入浅出、图文并茂、通俗易懂，既可作为高等院校室内与家具设计专业本科、专科的教材与教学参考工具书，亦可作为室内设计工程人员的自学用书或参考书，为设计者提供理论参考。

图书在版编目（CIP）数据

室内与家具设计人体工程学/程瑞香编著．—2版．—北京：化学工业出版社，2015.11（2022.9重印）
“十二五”普通高等教育本科国家级规划教材
ISBN 978-7-122-25252-4

Ⅰ．①室…　Ⅱ．①程…　Ⅲ．①室内装饰设计-工效学②家具-设计-工效学　Ⅳ．①TU238②TS664.01

中国版本图书馆CIP数据核字（2015）第227609号

责任编辑：丁尚林　安柏臻　　装帧设计：战河红
责任校对：刘丽华

出版发行：化学工业出版社（北京市东城区青年湖南街13号　邮政编码100011）
印　　刷：三河市航远印刷有限公司
装　　订：三河市宇新装订厂
787mm×1092mm　1/16　印张15½　字数371千字　2022年9月北京第2版第15次印刷

购书咨询：010-64518888　　售后服务：010-64518899
网　　址：http://www.cip.com.cn
凡购买本书，如有缺损质量问题，本社销售中心负责调换。

定　　价：28.00元

再版前言

人体工程学是一门交叉性应用学科。随着技术进步和社会经济发展，各行各业十分注重人体工程学在产品研发、设计、生产中的应用。室内环境与家具设计科学与否，与人们生活息息相关，已经成为人们生活质量和品位的重要标志，以人为本的室内与家具设计必然得到了越来越广泛和普遍的应用。

室内与家具设计人体工程学的理念是，要想设计出舒适、安全的室内环境和家具，首先要充分研究和了解人的生理、心理和解剖学特性，将人体工程学的思想应用到研究、设计和生活中，以便在家具设计中以人为核心，使家具设计中“物”的功能更合理、更科学，使室内环境更环保安全、舒适宜人，创造良好和谐的人-家具-室内环境系统，不断满足人们生活水平提高后对居室环境和家具用品的更高需求。

该本书自2008年出版以来，已经第13次印刷，于2012年被国家教育部评为“十二五”普通高等教育本科国家级规划教材。为充分体现科技发展成果、更好地发挥教材的教学载体作用，现对该教材进行修订完善。该书的第二版保持了第一版的原有结构，充实室内与家具设计专业涉及的人体工程学方面的知识，着重强化了人体尺寸、人体动作空间、家具功能尺寸设计、人的知觉、感觉与室内环境、人的行为心理与空间环境等内容。第二版在修订中主要对第一版中各章节的内容进行了完善和补充，对第一版教材每章节配套的思考题也根据修订的内容进行了增加，另外，为便于学生掌握所学知识，方便学生复习使用，第二版增加了各章思考题的答案。

本书适合作为室内设计、家具设计、建筑装饰装潢等专业的本科生、专科生以及各类成人教育和培训班的教材和参考书，亦可供从事室内与家具设计的技术人员参考之用。

书中不足之处，敬请读者批评指正。

编著者

目录

1 绪论

2 人体测量与人体尺寸

3 人体动作空间

4 人体力学

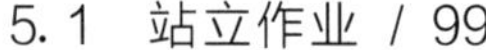

5 桌台类家具功能尺寸设计

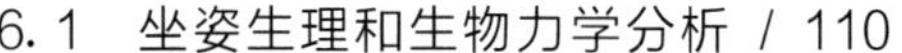

6 坐卧类家具功能尺寸设计

7 贮存类家具功能尺寸设计

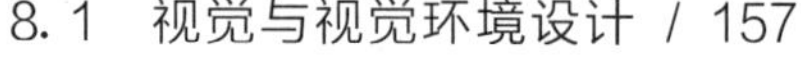

8 人的知觉、感觉与室内环境

9 人的心理、行为与空间环境设计

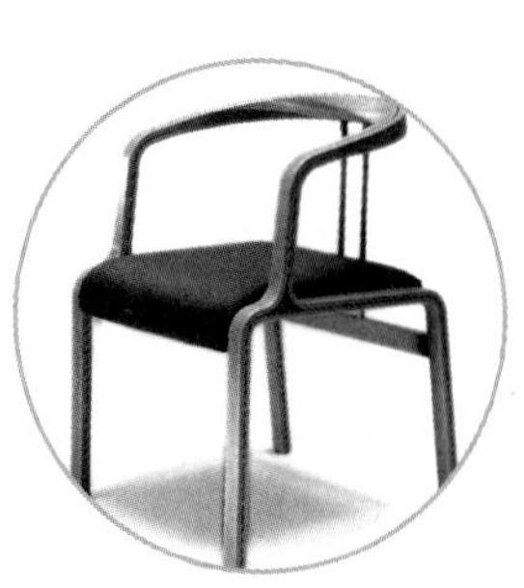

1 绪论

1.1 人体工程学概念

人体工程学是一门研究人与机械及环境之间关系的科学，人体工程学又叫人机工程学或人机工效学，是第二次世界大战后发展起来的一门新学科。

一般来说，仅凭“人体工程”（human engineering）的字义不足以表达其研究的内容，人体工程学在国外由于研究方向不同，因而产生了很多不同或意义相近的名称。在美国称为“human engineering”（人类工程学）或“human factors engineering”（人类因素工程学）；而在西欧等国家多称为“ergonomics”（人机工程学或工效学）；其他国家大多引用西欧的名称。

“ergonomics”一词是英国学者莫瑞尔于 1949 年首次提出的，它由两个希腊词根“ergo”（即工作、劳动）和“nomics”（即规律、规则）复合而成，其本义为人的劳动规律。由于该词能够较全面地反映本学科的本质，又源自希腊文，便于各国语言翻译上的统一，而且词义保持中立性，不显露它对各组成学科的亲密和间疏，因此目前较多国家采用这一词作为该学科的名称。

人体工程学在我国起步较晚，名称繁多，除普遍采用“人-机-环境系统工程”“人机工程学”外，常见的名称还有：“人体工程学”“人类工效学”“人类工程学”“工程心理学”“宜人学”“人的因素”等。

人体工程学是研究“人-机-环境”系统中人、机、环境三大要素之间的关系，为解决该系统中人的效能、健康问题提供理论与方法的科学。

为了进一步说明定义，需要对定义中提到的几个概念：人、机、环境、系统、效能和健康，作以下几点解释。

(1)“人” 人、机、环境三个要素中，“人”是指作业者或使用者，包括人的心理特征、生理特征以及人适应机器和环境的能力都是重要的研究课题。

(2)“机” “机”是指机器，但比一般技术术语的意义要广得多，包括人操作和使用的一切产品和工程系统。在室内设计中“人-机-环境”系统中“机”的含义，主要指各类

家具及与人关系密切的建筑构件，如门、窗、栏杆、楼梯等。怎样才能设计出满足人的要求、符合人的特点的机器产品，是人体工程学探讨的重要问题。

人与机的关系密不可分，主要表现在：①人类为了实现某种目的，满足人类的某些需要而设计机器。②在设计、制造、使用、监视和维修等过程中，机始终受到人的制约和影响，机械的进步比人类要快得多。二者不平衡的结果：一方面“机”给人带来的负担增加了，使人类受到很大的影响；另一方面，人类也在左右和影响着机械的性能。因此，如果所设计的机械设备不符合操作者的身心特性，不但机械的性能不能得到充分发挥，而且还可能会造成事故的发生。

(3)“环境” “环境”是指人们工作和生活的环境，噪声、照明、气温等环境因素对人的工作和生活的影响，是研究的主要对象。

(4)“系统” “系统”是人体工程学最重要的概念和思想。人体工程学的特点是，它不是孤立地研究人、机、环境这三个要素，而是从系统的总体高度，将它们看成是一个相互作用、相互依存的系统。

“系统”即由相互作用和相互依赖的若干组成部分结合成的具有特定功能的有机整体，而这个“系统”本身又是它所从属的一个更大系统的组成部分。例如，本书将讨论的“人-机系统”，它具有人和机两个组成部分，它们通过显示器、控制器以及人的感知系统和运动系统相互作用、相互依赖，从而完成某一个特定的生产过程。

由于心理刺激而引起生理变化的现象，称为应激。它最早是塞里（Selye）提出来的。塞里用实验证明，长期的心理干扰能损害身体健康。噪声产生应激，干扰人的情绪，引起血压、心率等生理变化就是一个例子。

我国劳动人民早就具有系统的思想了，周秦至西汉初年的古医学总集（黄帝内经），就强调了人体各器官的有机联系，生理现象和心理现象的联系，身体健康与自然环境的联系。这些思想与人体工程学的“应激”理论极为符合。

人体工程学不仅从系统的高度研究人、机、环境三个要素之间的关系，也从系统的高度研究各个要素。

(5) 人的效能 人的效能主要是指人的作业效能，即人按照一定要求完成某项作业时所表现出的效率和成绩。一个人的效能取决于工作性质、人的能力、工具和工作方法，取决于人、机、环境三个要素之间的关系是否得到妥善处理。工人的作业效能由其工作效率和产量来测量。

(6) 人的健康 人的健康包括身心健康和安全。

近几十年来，人的心理健康受到广泛重视。心理因素能直接影响生理健康和作业效能，因此，人体工程学不仅要研究某些因素对人的生理的损害，例如，强噪声对听觉系统的直接损伤，而且要研究这些因素对人心理的损害，例如，有的噪声虽不会直接伤害人的听觉，却造成心理干扰，引起人的应激反应。

了解了上述几个基本概念以后，就能更好地理解关于人体工程学的概念。这里的关键是大家应掌握两点：第一，人体工程学是在人与机器、人与环境不协调，甚至存在严重矛盾这样一个历史条件下逐步形成建立起来的，如今它仍在不断发展；第二，人体工程学研究的重点是系统中的人。

人体工程学在解决系统中的人的问题上，主要有两种途径：一是使机器、环境适合于人；二是通过最佳的训练方法，使人适应于机器和环境。任何系统按人体工程学的原则进行设计或管理，都必须从这两个方面考虑。

1.2 人体工程学的起源与发展

人类的进化与机械的进步产生了巨大的鸿沟。随着工业的发展，人类制造了许多先进的工具和设施，工具发展的高速和人类体能发展的缓慢使两者之间产生了巨大的差距，从而产生了许多关于人类的能力与机械的关系的复杂问题。

人们过去认为人体本身会随着机械文明的进步同时进化，然而事实证明，飞快发展的只有人类对自然的认识、生产工具和科学技术，而人类的肉体从古至今并没有什么本质上的显著变化。大家可以对比一下百年来人类体能的发展和机械能力的发展（表 1-1）。

表 1-1 百年来人类体能发展和机械能力发展的对比

百年前	现代
1890 年奥林匹克冠军：100m/12s(欧文)	2009 年柏林田径锦标赛冠军：100m/9.58s(博尔特)
1769 年法国汽车时速 36km/h	福特 SSC Ultimate Aero 汽车最高时速 437km/h
1825 年英国火车时速 24km/h	现代法国高速铁路列车时速 574.8km/h
1903 年美国飞机时速 48km/h	现代美国 SR-71 型飞机时速 3508km/h
人力飞机 22.26 英里①/h	航天飞机 2.8×10^4km/h

① 1 英里＝1.609km。

如：反应速度，人类的反应速度是一定的，但现代机械工具的速度越来越快，如高速运动的飞机和火车等，使人类的神经反应不能适应，导致不能安全地使用。人接受信号，肌肉反应时间为 100～500ms，完成控制动作需为 0.3～0.5s，反应时间为 0.5～1s，如果飞行速度为 1800km/h 的飞机，飞行 0.6s，飞行 300m，在这样巨大的速度下，零点几秒的时间误差就会产生严重的后果，于是人们开始关注人与机械的关系的问题。

英国是世界上开展人体工程学研究最早的国家，但该学科的奠基性工作实际上是在美国完成的。所以，人体工程学有“起源于欧洲，形成于美国”之说。该学科的起源可以追溯到 20 世纪初，其形成和发展过程中大致可分为以下几个阶段：经验人体工程学阶段、科学人体工程学阶段和现代人体工程学阶段。

1.2.1 经验人体工程学阶段

(1) 原始时期——原始的人机关系 实际上自从有了人类和与之同时诞生的人类文明，人们就一直在不断地改进自己的生活质量和生产的效能，尽管上古时代不可能产生如今这样的科学研究方法，但在人们的创造与劳动中已经潜在地存在了人体工程学的萌芽，这些可以从旧石器时代的文物中看出。

例如，旧石器时代制造的石器多为粗糙的打制石器，造型也多为自然形，不太适于人的使用；而新石器时代的石器多为磨制石器，造型也更适于人的使用（图 1-1）。人类学会了选择石块打制成石刀、石矛、石箭等各种工具，从而产生了原始的人机关系。因此，可以说人体工程学是自有人类以来就存在的，从某种意义上说人类技术发展的历史也就是人体工程学发展的历史。

(2) 19 世纪末至第一次世界大战——萌芽时期 从 19 世纪末到 20 世纪 30 年代，人

图 1-1 石器造型

们开始采用科学的方法研究人的能力与其所使用的工具之间的关系，从而进入了有意识地研究人机关系的新阶段。其中有三项著名的研究试验。

① 肌肉疲劳试验。1884 年，德国学者莫索（A. Mosso）对人体劳动疲劳进行了试验研究。对作业的人体通以微电流，随着人体疲劳程度的变化，电流也随之变化，这样用不同的电信号来反映人的疲劳程度。这一试验研究为以后的“劳动科学”打下了基础。

② 铁锹作业试验。1898 年美国学者泰勒（F. W. Taylor）对铁锹的使用效率进行了研究。他用形状相同而铲量分别为 5kg、10kg、17kg 和 30kg 四种铁锹去铲同一堆煤，虽然 17kg 和 30kg 的铁锹每次铲量大，但实验结果表明，铲煤量为 10kg 的铁锹作业效率最高。他做了许多实验，终于找出了铁锹的最佳设计和搬运煤屑、铁屑、砂子和铁矿石等松散粒状材料时每一铲的最适当的重量。这就是人体工程学著名的“铁锹作业实验”。

③ 砌砖作业试验。1911 年吉尔伯勒斯（F. B. Gilreth）对美国建筑工人砌砖作业进行了试验研究。他用快速摄影机把工人的砌砖动作拍摄下来，然后对动作进行分析，去掉多余无效动作，最终提高了工作效率，使工人砌砖速度由当时的每小时 120 块提高到每小时 350 块。

泰勒和吉尔伯勒斯的这些重要试验影响很大，而且成为后来人体工程学的重要分支，即所谓“时间与动作的研究”（time and motion study）的主要内容。特别是泰勒的研究成果，在 20 世纪初成了美国和欧洲一些国家为了提高劳动生产率而推行的“泰勒制”。

经验人体工程学阶段一直持续到第二次世界大战之前，主要研究内容是：研究每一职业的要求；利用测试来选择工人和安排工作；挖掘利用人力的最好办法；制定培训方案，使人力得到最有效的发挥；研究最优良的工作条件；研究最好的组织管理形式；研究工作动机，促进工人和管理者之间的通力合作。

因参加研究的人员大都是心理学家，研究偏向心理学方向，因而，许多人把这一阶段的该学科称为“应用实验心理学”。

经验人体工程学阶段的发展主要特点是：机械设计的主要着眼点在于力学、电学、热力学等工程技术方面的优选上，在人机关系上是以选择和培训操作为主，使人适应于机器。

1.2.2 科学人体工程学阶段

第二次世界大战期间是该学科发展的第二阶段。在这个阶段中，由于战争的需要，许多国家大力发展效能高、威力大的新式武器和装备，期望以技术的优势来决定战争的胜败。但由于片面注重新式武器和装备的功能研究，而忽略了使用者的能力与极限，因而由于操作失误而导致失败的教训屡见不鲜。例如，飞机驾驶员由于误读高度表而造成意外失事、座舱位置安排不当导致战斗中操纵不灵活、命中率降低等意外事故时有发生。第二次世界大战期间，美国飞机频繁发生事故，已经成了难题。经过调查发现飞机高度表的设计存在很大问题。高度表对飞机非常重要，但当时的飞机高度表将三个指针放在同一刻度盘上（图 1-2）。这样要迅速地读出准确值非常困难，因为人脑并不具备在瞬间同时读三个数值并判断每个数值的含义的能力，而且说不定这关键的一刻只有几分之一秒，所以很难说这种仪表在关键时刻能发挥作用。通过分析研究，认识到由于战斗机中仪表设计不当，会造成飞行员因误读仪表而导致意外事故，后来把它改成了一个指针，消除了因高度表误读发生的事故隐患。

图 1-2　飞机高度表

诸如此类的人和机械之间的协调问题，一般的工程人员是无法解决的，以往的任何科学也无法有效地回答这些问题。失败的教训引起了决策者和设计者的高度重视，并逐步认识到，“人的因素”在设计中是一个不能忽视的重要条件，要设计好一个高效能的装备，只有工程技术的知识是不够的，还必须有生理学、心理学、人体测量学、生物力学等学科方面的知识。于是有一些科学家转向了人与复杂工作系统之间协调问题的研究，建立了人体工程研究机构，对有关人类的心理、生理、社会学、工效学、物理学及其他应用科学进行了研究，使人的身体条件与物理原则结合起来，再应用到武器的设计上。

为了使所设计的武器能够符合战士的生理特点，武器设计工程师不得不把解剖学家、生理学家和心理学家请去为设计操纵合理的武器而出谋献策，军事领域中开展了与设计相关学科的综合研究与应用，结果收到了良好的效果。军事领域中重视对“人的因素”的研究和应用，使人机工程学应运而生。

1949 年，在莫瑞尔（Murrell）的倡导下，英国成立了第一个人机工程学科研究组，第一本有关人机的书《应用经验心理学：工程设计中的人因学》出版了。翌年 2 月 16 日，在英国海军军部召开的会议上通过了人机工程学（ergonomics）这一名称，正式宣告人机工程学作为一门独立学科的诞生了。

科学人体工程学阶段一直延续到 20 世纪 50 年代末，在其发展的后一阶段，由于战争的结束，该学科的综合研究与应用逐渐从军事领域向非军事领域发展，并逐步应用军事领域中的研究成果来解决工业与工程设计中的问题，如飞机、汽车、机械设备、建筑设施以及生活用品等。人们还提出在设计工业机械设备时也应集中运用工程技术人员、医学家、心理学家等相关学科专家的共同智慧。因此，在这一发展阶段中，该学科的研究课题已超出了心理学的研究范畴，使许多生理学家、工程技术专家涉身到该学科中来共同研究，从而使该学科的名称也有所变化，大多称为“工程心理学”。

科学人体工程学阶段的发展特点是：重视工业与工程设计中“人的因素”，力求使机器适应于人。

1.2.3 现代人体工程学阶段

20 世纪 60 年代开始，欧美各国进入了大规模的经济发展时期，在这一时期，由于科学技术的进步，使人体工程学获得了更多的发展机会。例如，在宇航技术的研究中，提出了人在失重情况下如何操作，在超重情况下人的感觉如何等新问题。又如原子能的利用、电子计算机的应用以及各种自动装置的广泛使用，使人-机关系更趋复杂。同时，在科学领域中，由于控制论、信息论、系统论和人体科学等学科中新理论的建立，在该学科中应用“新三论”来进行人机系统的研究便应运而生。所有这一切，不仅给人体工程学提供了新的理论和新的实验场所，同时也给该学科的研究提出了新的要求和新的课题，从而促使人体工程学进入了系统的研究阶段，使学科走向成熟。

随着人体工程学所涉及的研究和应用领域的不断扩大，从事该学科研究的专家所涉及的专业和学科也愈来愈多，主要有解剖学、生理学、心理学、工业卫生学、工业与工程设计、工作研究、建筑与照明工程、管理工程等专业领域。由于人体工程学的迅速发展及其在各个领域中的作用愈来愈显著，从而引起各学科专家、学者的关注。1961 年正式成立了国际人类工效学学会（IEA），该学术组织为推动各国人机工程学的发展起了重大的作用。IEA 自成立至今，已分别在瑞典、原西德、英国，法国、荷兰、美国、波兰、日本、澳大利亚等国家召开了国际性学术会议，交流和探讨不同时期本学科的研究动向和发展趋势，从而有力地推动着该学科不断向纵深发展。

IEA 在其会刊中指出，现代人体工程学阶段发展有以下 3 个特点。

① 不同于传统人体工程学研究中着眼于选择和训练特定的人，使之适应工作要求，现代人体工程学着眼于机械装备的设计，使机器的操作不超越人类能力极限。

② 密切与实际应用相结合，通过严密计划规定广泛的实验性研究，尽可能利用所掌握的基本原理，进行具体的机械装备设计。

③ 力求使实验心理学、生理学、功能解剖学等学科的专家与物理学、数学、工程学方面的研究人员共同努力、密切合作。

现代人体工程学研究的方向是：把人-机-环境系统作为一个统一的整体来研究，以创造最适合于人工作的机械设备和作业环境，使人-机-环境系统相协调，从而获得系统的最高综合效能。

总之，人体工程学从战争中诞生，首先用于军事上，主要用来解决各种武器如何便于操作，如何提高命中率和安全可靠性，在坦克、飞机的内舱设计中，解决如何使人在舱内有效地操作和战斗，并尽可能使人长时间地在小空间内减少疲劳，即处理好人-机-环境的协调关系。第二次世界大战结束后，人体工程学迅速渗透到空间技术、工业生产、建筑设计以及生活用品等领域，并且成为了室内设计不可缺少的基础之一。

1.3 人体工程学研究内容

(1) 工作系统中的人

① 人体尺寸；

② 信息的感受和处理能力；

③ 运动的能力；

④ 学习的能力；

⑤ 生理及心理需求；

⑥ 对物理环境的感受性；

⑦ 对社会环境的感受性；

⑧ 知觉与感觉的能力；

⑨ 个人之差；

⑩ 环境对人体能的影响；

⑪ 人的长期、短期能力的限度及快适点；

⑫ 人的反射及反应形态；

⑬ 人的习惯与差异（民族、性别等）；

⑭ 错误形成的研究。

（2）工作系统中由人使用的机械部分如何适应人的使用

人使用的机械分为以下三大类。

① 显示器：如仪表、信号、显示屏。

② 操纵器：各种机具的操纵部分，杆、钮、盘、轮、踏板等。

③ 机具：如家具、器皿、工具等。

（3）环境控制——如何使环境适应于人的使用

① 普通环境：建筑与室内空间环境的照明、温度、湿度控制等。

② 特殊环境：比如冶金、化工、采矿、航空、宇航和极地探险等行业，有时会遇到极特殊的环境：高温、高压、振动、噪声、辐射和污染等。

1.4 人体工程学在室内与家具设计中的主要作用

从室内设计的角度来说，人体工程学的主要功用在于通过对于人的生理和心理的正确认识，使室内环境因素满足人类生活活动的需要，进而达到提高室内环境质量的目标。

人体工程学在室内与家具设计中的主要作用。

（1）为确定人在室内活动所需空间提供主要依据 根据人体工程学中的有关统计数据，从人体尺度、心理空间、人际交往的空间以及使用人数的多少、使用空间的性质、家具的数量等，来确定空间范围。

影响空间大小、形状的因素相当多，但其中最主要的因素还是人的活动范围以及家具设备的数量和尺寸。因此，在确定空间范围时，必须明确使用这个空间的人数，每个人需要多大的活动空间，空间内有哪些家具设备以及这些家具和设备需要占用多少面积等。首先要准确测定出不同性别的成年人与儿童在立、坐、卧时的平均尺寸。还要测定出人们在使用各种家具、设备和从事各种活动时所需空间的体积与高度，一旦确定了空间内的总人数就能定出空间的合理面积与高度，为了使用这些家具，其周围必须留有活动和使用的最小空间，这些要求都由人体工程学科学地予以解决。如图 1-3 所示为人体工程学与确定空间范围的关系。

（2）为设计家具提供依据 家具产品本身是为人使用的，所以，家具设计中的尺度、

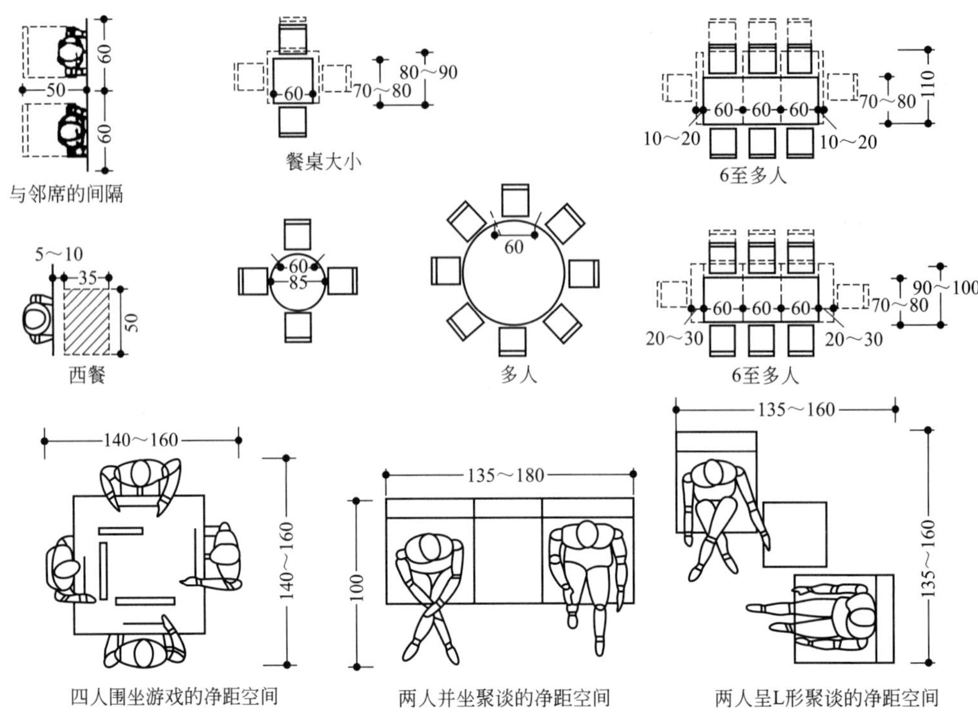

图 1-3　人体工程学与确定空间范围的关系（单位：cm）

造型、色彩及其布置方式都必须符合人体生理、心理尺度及人体各部分的活动规律，以便达到安全、实用、方便、舒适、美观的目的。无论是人体家具还是贮存家具都要满足使用要求。属于人体家具的椅，要让人坐着舒适，使用方便；床要让人睡得香甜，安全可靠，减少疲劳感。属于贮藏家具的柜、橱、架等，要有适合贮存各种物品的空间，并且便于人们存取。为满足上述要求，设计家具时必须以人体工程学作为指导，使家具符合人体的基本尺寸和从事各种活动需要的尺寸。

为家具设计提供依据主要体现在可获得相应的家具尺寸和家具造型的基本特征两个方面。

① 利用人体测量学可以获得相应的家具尺寸。例如，座椅的高度应参照人体小腿加足高，座椅的宽度要满足人体臀部的宽度，使人能够自如地调整坐姿，一般以女性臀宽尺寸第 95 百分位数为设计依据。座椅的深度应能保证臀部得到全部支撑，人体坐深尺寸是确定座位深度的关键尺寸。

很多初学室内设计的学生，对于人的生理缺乏正确认识，常会犯一些不遵照人体尺度进行设计的错误。如有的同学设计的桌子太高、椅子太矮，这样的设计使人使用起来就不舒适、不合理。在装修时，橱柜需要多高，写字台需要多高，床需要多长，这些数据都不是随意能够确定的，而是通过大量的科学数据分析出来的，具有一定的通用性。如图 1-4 所示为人体与床的尺寸关系示意。

② 通过了解人体结构可以获得家具造型的基本特征。人体工程学并不仅仅是提供一个普遍性数据的学科，它还是一门优化人类环境的学问，通过它，人们可以设计越来越舒服的沙发和床垫，也能设计出更方便的工作制服。

人们经常使用的座椅，它的基本功能是支撑身体，让人坐在上面休息和工作。通过了

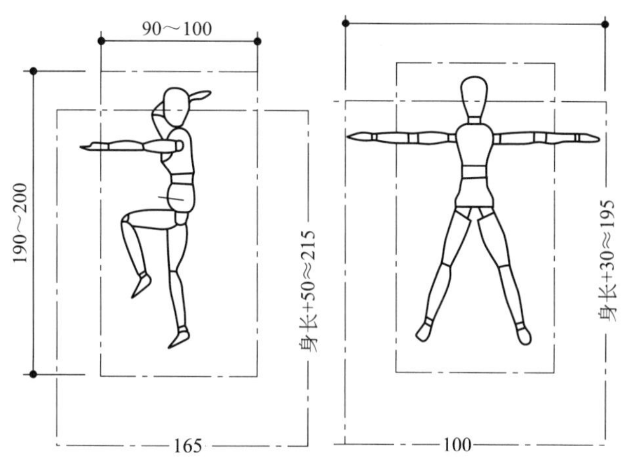

图 1-4　人体与床的尺寸关系（单位：cm）

解人体结构，可获得合理的座椅造型设计。按人体工程学理论，人体受力最不平衡的部位为腰椎，因为它要支撑整个上躯并要进行大幅度的运动，所以最容易疲劳。因此，座椅设计首先考虑的是让人体腰椎得到充分休息，座椅靠背的曲线就是根据人体这种生理特点得出来的。

(3) 提供适应人体的室内物理环境的最佳参数　室内物理环境主要有室内热环境、声环境、光环境、视觉环境、辐射环境等，人体工程学可以为确定感觉器官的适应能力提供依据，人的感觉器官在什么情况下能够感觉到刺激物，什么样的刺激物是可以接受的，什么样的刺激物是不能接受的，进而为室内物理环境设计提供科学的参数，从而创造出舒适的室内物理环境。人的感觉能力是有差别的，从这一事实出发，人体工程学既要研究一般的规律，又要研究不同年龄、不同性别的人感觉能力的差异。在听觉方面，人体工程学首先要研究人的听觉极限，即什么样的声音能够被人听到。试验表明一般的婴儿可以听到频率为每秒 20000 次的声音，成年人可以听到频率为每秒 6100～18000 次的声音，老年人只能听到频率为每秒 10100～12000 次的声音。其次，要研究音量大小会给人带来怎样的心理反应及声音的发射、回声等现象。以音量为例，110dB 的声音可使人产生不快感，130dB 的声音可以给人以刺痒感，150dB 的声音则有破坏听觉的可能性。当皮肤接触物质的时候，之所以产生不愉快的感觉，是由于接触的瞬间，皮肤温度迅速下降所致。其下降的程度，因材料而异，于是就会产生舒服或不舒服的不同感觉。研究这些规律可为装修材料的选择提供一定的帮助。

视觉、听觉、触觉等方面的问题还很多。研究这些问题，找出其中的规律，对于确定室内环境的各种条件（如色彩、景物配置、温度、声学要求等）都是绝对必要的。

本章思考题

一、填空题

1. 人体工程学是研究__________系统中“__________、__________、__________”三大要素之间的关系，为解决该系统中人的__________、__________问题提供理论与方法的科学。

2. 人体工程学常用的英文名称为__________。

3. 第二次世界大战期间是人体工程学发展的第二阶段。由于经常发生人和机械之间的不协调问题，使得本学科在这一阶段的发展特点是：重视工业及工程设计中________。

4. 经验人机工程学时期的三项著名试验是________、________和________。

二、选择题

1. 从室内设计的角度来说，人体工程学的主要功用在于通过对人体的________和________的正确认识，使室内环境因素适应人类生活活动的需要，进而达到提高室内环境质量的目标。

A. 人体、尺寸　　B. 生理、心理　　C. 空间、结构

2. 人体工程学是一门交叉综合性学科，所以其称谓也略有不同，以下除了________以外，其余都是指同一学科范畴。

A. human engineering　　B. 人类工程学

C. ergonomics　　D. 工业心理学

3. 人体工程学是研究________的学科。

A. 人的生理　　B. 人与机器

C. 人与环境　　D. 人、机械、工作环境之间相互作用

三、简答题

1. 人体工程学的定义是什么？在人体工程学定义中的三大要素是什么？在解决系统中人的问题上主要有哪两条途径？

2. 人体工程学在其形成和发展过程中大致可分为几个阶段？并说明各个阶段的特点。

3. 人体工程学在室内与家具设计中有哪些主要作用？

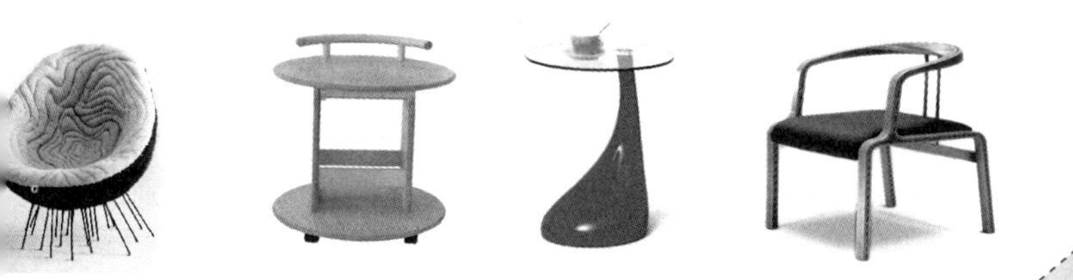

2 人体测量与人体尺寸

人体数据是室内设计的重要基本资料之一。作业设计时必须符合人体的生理及身体特性。各种机械、设备、环境设施、家具尺寸、室内活动空间等都必须根据人体数据进行设计，这样才能使工作舒适，提高效率，减少事故，例如，桌椅、门、过道的尺寸等必须与使用者人体尺寸相符，否则会影响安全、健康、效率以及生活情趣等，因而也就要求设计者了解一些人体测量与人体尺寸方面的基本知识。

2.1 人体测量学

2.1.1 人体测量学的概况

人体测量学是一门新兴的学科，它是通过测量各个部分的尺寸来确定个人之间和群体之间在尺寸上的差别的学科，最早对这个学科命名的是比利时的数学家 Quitlet，他于 1870 年发表了《人体测量学》一书，为世界公认创建了这一学科，然而人们开始对人体尺寸感兴趣并发现人体各部分相互之关系则可追溯到两千年前。公元前一世纪，罗马建筑师维特鲁威就从建筑学的角度对人体尺寸进行了较完整的论述。他发现人体基本上以肚脐为中心。一个男人挺直身体、两手侧向平伸的长度恰好就是其身高，双足和双手的指尖正好在以肚脐为中心的圆周上。

按照维特鲁威的描述，文艺复兴时期的达·芬奇（Da-Vinci）创作了著名的人体比例图（图 2-1）。

人体测量学创立于 1940 年，此前积累了大量的数据，但这些资料无法被设计者使用，因为他们的资料是以美为目的来研究人体比例关系（图 2-2）的，是典型化的、抽象的，而设计需要的是具体的某个人或某个群体（国家、民族、职业）的准确数据。要得到这些数据，就要进行大量的调查，要对

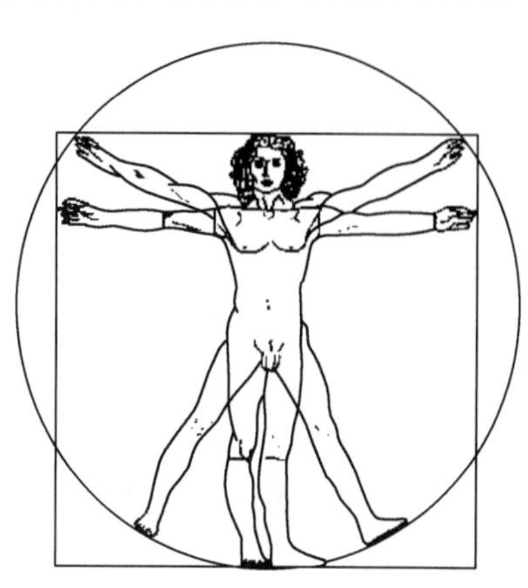

图 2-1　人体比例图

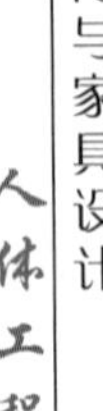

不同背景的个体和群体进行细致的测量和分析，以得到他们的特征尺寸、人体差异和尺寸分布的规律。进行这样大量的工作是非常困难的，尤其是想要得到代表一个国家和地区的普遍资料是非常困难的。大多数已有的资料来源于军事部门，因为他们可以集中进行调查，但常常代表不了普通人的状况，因为军人的身体素质水平高于一般人，年龄和性别有局限性。

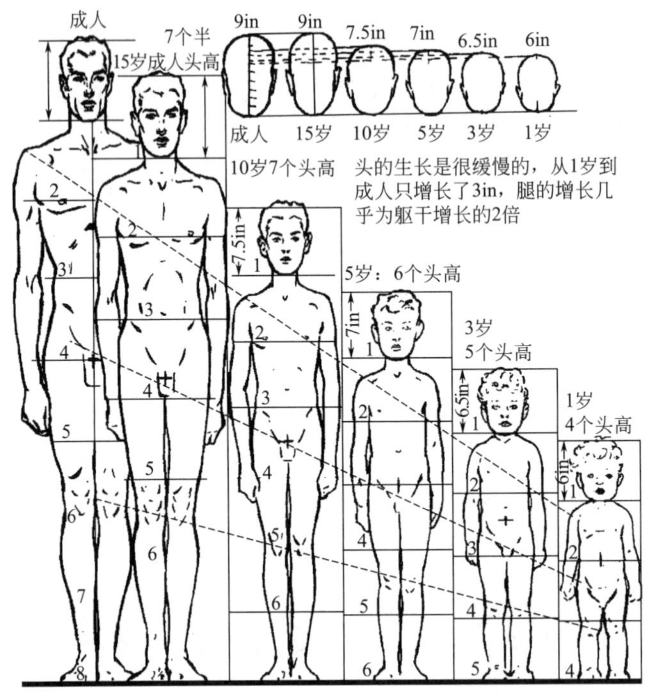

图 2-2　人的身高与头长的关系（1in=2.54cm）

国外对这方面的研究进行得比较早，早在 1919 年，美国就对十万退役军人进行了测量，美国卫生、教育和福利部门还在市民中进行全国范围的测量，包括 18～79 岁不同年龄、不同职业的人。

在我国，由于幅员辽阔，人口众多，人体尺寸随年龄、性别、地区的不同而各不相同，同时，随着时代的向前发展，人们生活水平的逐渐提高，人体的尺寸也在发生变化，因此，要有一个全国范围内的人体各部位尺寸的平均测定值是一项繁重而细致的工作。

国家标准 GB/T 10000—1988《中国成年人人体尺寸》可作为我国人体工程学设计的基础数据。

2.1.2　人体测量的内容

在进行人体工程学研究时，为了便于进行科学的定性定量分析，首先遇到的问题就是获得有关人体的心理特征和生理特征的数据。所有这些数据都要在人体测量而得，我们生活和工作使用的各种设施及器具，大到整个生活环境、小到一个开关，都与人们身体的基本特征有着密切的联系。这些设施及器具如何适应于人的使用，舒适程度如何，是否有利于提高效率，有利于健康，都涉及人体的测量数据。人体测量的目的就是为获得人体心理特征和生理特征的数据，以便为研究者和设计者提供依据。

人体测量包括很多内容，它以人体测量学和与它密切相关的生物力学、实验心理学为主，它综合了多学科的研究成果，主要包括以下几方面。

① 形态测量（morphological measurement）：测定长度尺寸、体形（胖瘦）、体积、体表面积等。

② 运动测量（kinesiological measurement）：测定关节的活动范围和肢体的活动空间，如动作范围、动作过程、形体变化、皮肤变化。

③ 生理测量（pyhsicological measurement）：测定生理现象，如疲劳测定、触觉测定、出力范围大小测定等。

人体测量的数据被广泛用于许多领域，用以改进设备的适用性。不同的学科涉及的人体特征不同，如：服装涉及人体尺寸、体表面积；乘载机具涉及人体重量；机具操纵涉及人的出力、肢体活动范围、反应速度和准确度等。在建筑与室内设计中相关的人体测量数据主要包括：人体尺寸、人体活动空间、出力范围、重心等。

2.1.3 人体测量的主要仪器和方法

在人体尺寸测量中，所采用的人体测量仪器有测高仪、人体测量用直角规、弯角规、三角平行规、坐高仪、量足仪、角度计、软卷尺、磅秤及皮脂厚计等（见 GB 5704—85）。

人体测量的方法有：丈量法、摄像法、问卷法、自动仪器测量法。

2.1.4 人体测量数据的统计处理

在人体测量中，被测者通常只是一个特定群体中较少量的个体。为了获得设计所需的群体尺寸，则必须对通过测量个体所得到的测量值进行统计处理，以便使测量数据能反映该群体的特征。

下面是数据统计处理的几个主要参数。

(1) 均值 表示样本的测量数据集中地趋向某一个值，该值称为平均值，简称均值。均值是描述测量数据位置特征的值，可以用来衡量一定条件下的测量水平和概括地表现测量数据的集中情况。对于有 n 个样本测量值（x_1，x_2，…，x_n），其均值为：

$$\overline{x}=\frac{1}{n}\sum_{i=1}^{n}x_i \tag{2-1}$$

式中 $\overline{x}$——均值；

n——样本容量；

x_i——第 i 个样本的测量值。

(2) 样本方差 描述测量数据在中心位置（均值）上下波动程度差异的值叫方差。方差表明样本的测量值是变量，既趋向均值而又在一定范围内波动。对于均值为 $\overline{x}$ 的 n 个样本测量值（x_1，x_2，…，x_n），其方差 S^2 的定义为

$$S^2=\frac{1}{n-1}\sum_{i=1}^{n}(x_i-\overline{x})^2=\frac{1}{n-1}\left(\sum_{i=1}^{n}x_i^2-n\,\overline{x}^2\right) \tag{2-2}$$

式中 S^2——样本方差；

$\overline{x}$——均值；

n——样本容量；

x_i——第 i 个样本测量值。

【例1】 一组学生的身高分别为：160cm，158cm，166cm，165cm，166cm，175cm，167cm，170cm，求这组学生身高的平均值和这组数据的方差 S^2。

解：

$$\bar{x}=\frac{160+158+166+165+166+175+167+170}{8}=165.9\text{cm}$$

$$S^2=\frac{1}{8-1}[(160-165.9)^2+(158-165.9)^2+\cdots+(170-165.9)^2]=28.4$$

(3) 标准差 由方差的计算公式(2-2)可知，方差的量纲是测量值量纲的平方，为使其量纲和均值相一致，则取其均方根，即采用标准差来说明测量值对均值的波动情况。所以方差的平方根 S_D 称为标准差。对于均值为 $\bar{x}$ 的 n 个样本测量值（x_1，x_2，…，x_n），其标准差 S_D 的一般计算式为

$$S_D=\left[\frac{1}{n-1}\sum_{i=1}^{n}(x_i^2-n\bar{x}^2)\right]^{\frac{1}{2}} \quad (2\text{-}3)$$

式中 S_D——标准差。

(4) 抽样误差 抽样误差又称为标准误差，即全部样本均值的标准差。在实际测量和统计分析中，总是以样本推算总体，而在一般情况下，样本与总体不可能完全相同，其差别就是由抽样引起的。抽样误差数值大，表明样本均值与总体均值的差别大，反之，说明其差别小，即均值的可靠性高。概率论证明，当样本数据列的标准差为 S_D，样本容量为 n 时，则抽样误差 $S_{\bar{x}}$ 的计算式为

$$S_{\bar{x}}=\frac{S_D}{\sqrt{n}} \quad (2\text{-}4)$$

由式(2-4)可知，均值的标准差 $S_{\bar{x}}$ 要比测量数据列的标准差 S_D 小 $\sqrt{n}$ 倍。当测量方法一定时，样本容量愈多，则测量结果精度愈高。因此在可能范围内增加样本容量，可以提高测量结果的精度。

(5) 百分位 统计学表明，任意一组特定对象的人体尺寸，其分布规律符合正态分布规律，即大部分属于中间值，只有一小部分属于过大和过小的值，它们分布在范围的两端。

正态分布的密度函数：

$$f(x)=\frac{1}{\sigma\sqrt{2\pi}}e^{-\frac{(x-\mu)^2}{2\sigma^2}}(-\infty<x<+\infty) \quad (2\text{-}5)$$

式中 $f(x)$——曲线的纵坐标值（频数或频率）；

x——曲线的横坐标值（人体尺寸值）；

σ——均方差；

μ——人体尺寸平均值；

π——圆周率（≈3.1416）；

e——自然对数底（e=2.7183）。

将函数式(2-5)按高等数学函数作图法进行作图，即为正态分布的概率密度曲线（图2-3）。

虽然人体尺寸并不完全是正态分布，但通常仍可使用正态分布曲线来近似计算。以人体测量尺寸作横坐标，将各值出现的频数作纵坐标，可得出正态分布曲线。

由于人体尺寸有很大的变化，它不是某一确定的数值，而是分布于一定的范围内，如亚洲人的身高处于151～188cm这个范围，而设计时只能用一个确定的数值，是否像大家一般理解的那样用平均值？譬如某单位定做工作服，如果按全体人员的平均尺码定做，也只能适应那些接近平均身材的人，而不能满足特殊体形人的要求。

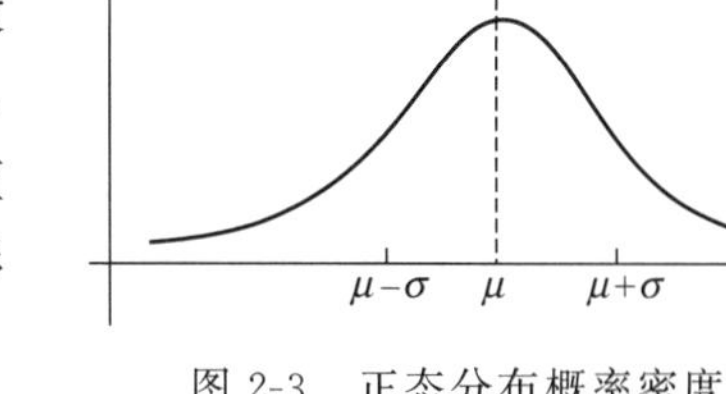

图 2-3　正态分布概率密度曲线

如何确定使用人体尺寸的哪一个数值呢？这就是百分位的方法要解决的问题。

百分位表示具有某一人体尺寸和小于该尺寸的人占统计对象总人数的百分比，常以P_K表示。

百分位的直观意义为图2-4中阴影部分的面积。正态分布概率密度曲线下的全部面积为100％。

大部分的人体测量数据是按百分位表达的，把一些指定的人体尺寸项目（如身高），按从最小到最大顺序排列，然后把这些研究对象分成一百份，每一段的截至点即为一个百分位。百分位是一个界值，一个百分位将群体或样本的全部观测值分为两部分，有K％的观测值等于和小于它，有（100－K）％的观测值大于它。人体尺寸用百分位表示时，称人体尺寸百分位数。

若以身高为例。

第5百分位的尺寸表示有5％的人身高等于或小于这个尺寸，换句话说就是有95％的人身高高于这个尺寸（图2-5），它表示身材较小的。例如，我国成年女子身高尺寸的第5百分位数为1484mm，它表示我国女子中有5％的人身高低于或等于1484mm，而有95％的人身高高于1484mm。

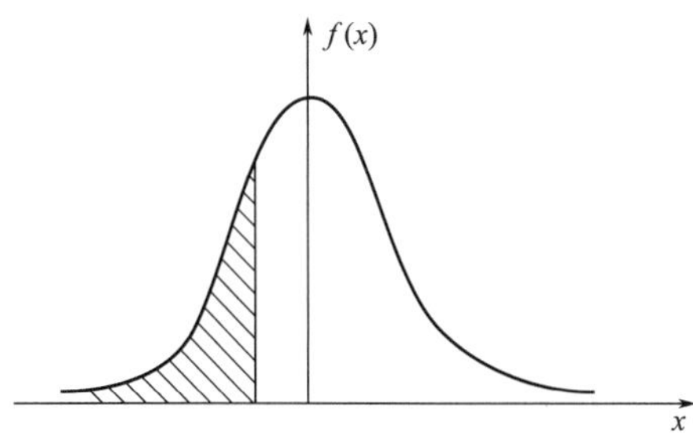

图 2-4　百分位的直观意义

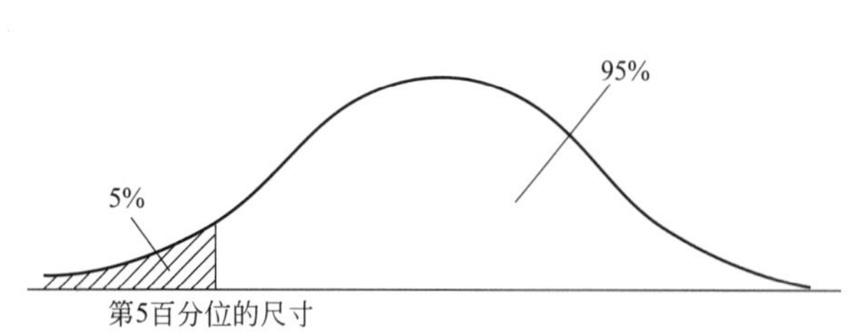

图 2-5　第5百分位的尺寸表示的意义

第95百分位的尺寸则表示有95％的人的身高等于或小于这个尺寸，即有5％的人高于此值，具有更高的身高，它表示身材较高的。例如，我国成年女子身高尺寸第95百分位数为1659mm，它表示我国女子中有95％的人身高低于或等于1659mm，而只有5％的人身高高于1659mm。

第50百分位为中点，表示把一组数平分成两组，较大的有50％，较小的有50％。第50百分位的数值可以说接近平均值。例如，我国成年男子身高尺寸的第50百分位数为1678mm，它表示我国男子的平均身高为1678mm（图2-6）。

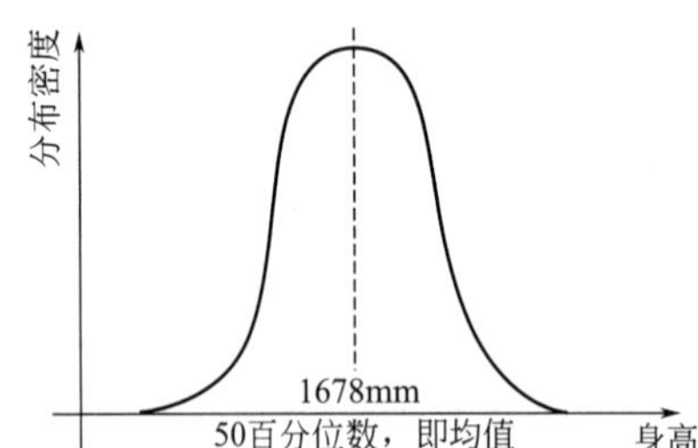

图 2-6　我国男子身高第 50 百分位表示的意义

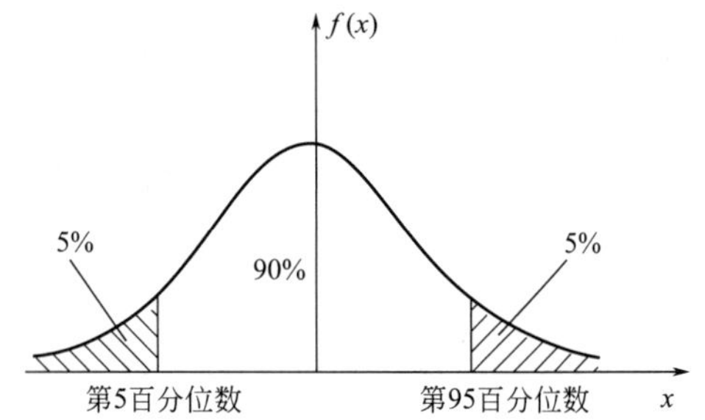

图 2-7　设计满足 90％的人时应取的百分位示意

在设计上满足所有人的要求是不可能的，但必须满足大多数人。所以必须从中间部分取用能够满足大多数人尺寸的数据作为依据，因此一般都是舍去两头，只涉及中间 90％、95％或 99％的大多数人，只排除少数人。应该排除多少取决于排除的后果情况和经济效果。

如果某设计对身高的考虑是要满足 90％人的身高，那么它就应取第 5 百分位到第 95 百分位范围之间的数据（图 2-7）。如果某设计对身高的考虑是满足 95％的人的身高要求，那么它是指以第 2.5 百分位身高为下限和第 97.5 百分位身高为上限的范围。

(6) 人体测量数据的统计处理　工程上常用百分位数的大小表示涉及范围，百分位数越大表示涉及的范围越大，通用性越广。百分位数的大小和人体尺寸涉及范围之间存在一定的对应关系。

① 求某百分位数人体尺寸。在一般的统计方法中，并不一一罗列出所有百分位数的数据，在人体工程学中可以根据均值 $\overline{x}$ 和标准差 S_D 来计算某百分位数人体尺寸。

当已知某项人体测量尺寸的均值为 $\overline{x}$，标准差为 S_D，需要求任一百分位的人体测量尺寸 X_α 时，可用公式(2-6) 计算

$$X_\alpha = \overline{x} + S_D K \tag{2-6}$$

式中　X_α——第 α 百分位的人体测量尺寸；

$\overline{x}$——均值；

S_D——标准差；

K——变换系数，设计中常用的百分位与变换系数 K 的关系见表 2-1。

表 2-1　百分位与变换系数

百分位/％	变换系数 K	百分比/％	变换系数 K
0.5	−2.576	60	0.253
1	−2.326	70	0.524
2.5	−1.960	75	0.674
5	−1.645	80	0.842
10	−1.282	85	1.036
15	−1.036	90	1.282
20	−0.842	95	1.645
25	−0.674	97.5	1.960
30	−0.524	99	2.326
40	−0.253	99.5	2.576
50	0.000		

【例 2】 匈牙利成年男性的平均身高为 166.0cm，标准差是 5.4cm，求该国成年男性群体中第 5 百分位、第 50 百分位和第 90 百分位的身高。

解： 据表 2-1 查得第 5 百分位、第 50 百分位和第 90 百分位的变换系数 K 分别为－1.645，0 和 1.282，

由于
$$X_\alpha=\overline{x}+S_D K$$
故
$$X_5=166.0+5.4\times(-1.645)=157.1\text{cm}$$
$$X_{50}=166.0+(5.4\times0.000)=166.0\text{cm}$$
$$X_{90}=166.0+(5.4\times1.282)=172.9\text{cm}$$

匈牙利成年男性群体中第 5 百分位、第 50 百分位和第 90 百分位的身高分别为 157.1cm、166.0cm、172.9cm。

【例 3】 我国西南区女性平均身高为 1546mm，标准差 53.9mm，要设计适用于 95％西南区女性使用的产品，应该按照怎样的身高范围进行设计？

解： 要使产品适用于 95％的人，设计时应以第 2.5 百分位的身高为下限和第 97.5 百分位的身高为上限。

由于
$$X_\alpha=\overline{x}+S_D K$$
第 2.5 百分位对应的身高：

据表 2-1 查得第 2.5 百分位变换系数 $K=-1.960$，则
$$X_\alpha=1546+53.9\times(-1.96)=1546-105.6=1440.4\text{mm}$$
第 97.5 百分位对应的身高：

又据表 2-1 查得第 97.5 百分位变换系数 $K=1.960$，则
$$X_\alpha=1546+53.9\times(1.96)=1546+105.6=1651.6\text{mm}$$

故按身高 1440.4～1651.6mm 设计产品，将适用于 95％的西南女性。

② 求某人体尺寸所属百分位。当已知某项人体测量尺寸为 x_i，其均值为 $\overline{x}$，标准差为 S_D 时，需要求该尺寸 x_i 所处的百分位 α 时，可先按公式(2-7) 计算出 z 值。
$$z=(x_i-\overline{x})/S_D \tag{2-7}$$

然后在表 2-2 中给出的正态分布概率数值上查得 z 值对应的概率数值，则为该人体尺寸所属百分位。

表 2-2 正态分布概率数值

z	0.00	0.01	0.02	0.03	0.04	0.05	0.06	0.07	0.08	0.09
0.0	0.5000	0.5040	0.5080	0.5120	0.5160	0.5199	0.5239	0.5279	0.5319	0.5359
0.1	0.5398	0.5438	0.5478	0.5517	0.5557	0.5596	0.5636	0.5675	0.5714	0.5753
0.2	0.5793	0.5832	0.5871	0.5910	0.5948	0.5987	0.6026	0.6064	0.6103	0.6141
0.3	0.6179	0.6217	0.6255	0.6293	0.6331	0.6368	0.6404	0.6443	0.6480	0.6517
0.4	0.6554	0.6591	0.6628	0.6664	0.6700	0.6736	0.6772	0.6808	0.6844	0.6879
0.5	0.6915	0.6950	0.6985	0.7019	0.7054	0.7088	0.7123	0.7157	0.7190	0.7224
0.6	0.7257	0.7291	0.7324	0.7357	0.7389	0.7422	0.7454	0.7486	0.7517	0.7549
0.7	0.7580	0.7611	0.7642	0.7673	0.7703	0.7734	0.7764	0.7794	0.7823	0.7852
0.8	0.7881	0.7910	0.7939	0.7967	0.7995	0.8023	0.8051	0.8078	0.8106	0.8133
0.9	0.8159	0.8186	0.8212	0.8238	0.8264	0.8289	0.8355	0.8340	0.8365	0.8389
1.0	0.8413	0.8438	0.8461	0.8485	0.8508	0.8531	0.8554	0.8577	0.8599	0.8621
1.1	0.8643	0.8665	0.8686	0.8708	0.8729	0.8749	0.8770	0.8790	0.8810	0.8830

续表

z	0.00	0.01	0.02	0.03	0.04	0.05	0.06	0.07	0.08	0.09
1.2	0.8849	0.8869	0.8888	0.8907	0.8925	0.8944	0.8962	0.8980	0.8997	0.9015
1.3	0.9032	0.9049	0.9066	0.9082	0.9099	0.9115	0.9131	0.9147	0.9162	0.9177
1.4	0.9192	0.9207	0.9222	0.9236	0.9251	0.9265	0.9279	0.9292	0.9306	0.9319
1.5	0.9332	0.9345	0.9357	0.9370	0.9382	0.9394	0.9406	0.9418	0.9430	0.9441
1.6	0.9452	0.9463	0.9474	0.9484	0.9495	0.9505	0.9515	0.9525	0.9535	0.9535
1.7	0.9554	0.9564	0.9573	0.9582	0.9591	0.9599	0.9608	0.9616	0.9625	0.9633
1.8	0.9641	0.9648	0.9656	0.9664	0.9672	0.9678	0.9686	0.9693	0.9700	0.9706
1.9	0.9713	0.9719	0.9726	0.9732	0.9738	0.9744	0.9750	0.9756	0.9762	0.9767
2.0	0.9772	0.9778	0.9783	0.9788	0.9793	0.9798	0.9803	0.9808	0.9812	0.9817
2.1	0.9821	0.9826	0.9830	0.9834	0.9838	0.9842	0.9846	0.9850	0.9854	0.9857
2.2	0.9861	0.9864	0.9868	0.9871	0.9874	0.9878	0.9881	0.9884	0.9887	0.9890
2.3	0.9893	0.9896	0.9898	0.9901	0.9904	0.9906	0.9909	0.9911	0.9913	0.9916
2.4	0.9918	0.9920	0.9922	0.9925	0.9927	0.9929	0.9931	0.9932	0.9934	0.9936
2.5	0.9938	0.9940	0.9941	0.9943	0.9945	0.9946	0.9948	0.9949	0.9951	0.9952
2.6	0.9953	0.9955	0.9956	0.9957	0.9959	0.9960	0.9961	0.9962	0.9963	0.9964
2.7	0.9965	0.9966	0.9967	0.9968	0.9969	0.9970	0.9971	0.9972	0.9973	0.9974
2.8	0.9974	0.9975	0.9976	0.9977	0.9977	0.9978	0.9979	0.9979	0.9980	0.9981
2.9	0.9981	0.9982	0.9982	0.9983	0.9984	0.9984	0.9985	0.9985	0.9986	0.9986
3.0	0.9987	0.9987	0.9987	0.9988	0.9988	0.9989	0.9989	0.9989	0.9990	0.9990
3.1	0.9990	0.9991	0.9991	0.9991	0.9992	0.9992	0.9992	0.9992	0.9993	0.9993
3.2	0.9993	0.9993	0.9994	0.9994	0.9994	0.9994	0.9994	0.9995	0.9995	0.9995
3.3	0.9995	0.9995	0.9996	0.9996	0.9996	0.9996	0.9996	0.9996	0.9996	0.9997
3.4	0.9997	0.9997	0.9997	0.9997	0.9997	0.9997	0.9997	0.9997	0.9997	0.9998
3.5	0.9998	0.9998	0.9998	0.9998	0.9998	0.9998	0.9998	0.9998	0.9998	0.9998
3.6	0.9998	0.9998	0.9999	0.9999	0.9999	0.9999	0.9999	0.9999	0.9999	0.9999
3.7	0.9999	0.9999	0.9999	0.9999	0.9999	0.9999	0.9999	0.9999	0.9999	0.9999
3.8	0.9999	0.9999	0.9999	0.9999	0.9999	0.9999	0.9999	0.9999	0.9999	0.9999
3.9	1.0000	1.0000	1.0000	1.0000	1.0000	1.0000	1.0000	1.0000	1.0000	1.0000

【例 4】 已知某男性 A 身高为 1720mm，又已知我国华南地区男性身高平均值为 1650mm，标准差 $S_D=57.1$mm，试求有百分之多少的华南地区男性超过其身高？

解：

$$z=(x_i-\overline{x})/S_D=(1720-1650)\div 57.1=1.23$$

根据 $z=1.23$ 在表 2-2 中查得：

$$\alpha=0.8907$$

故身高为 1720mm 的某男性 A 在华南地区男性身高中所属第 89 百分位，有 11%的华南男性超过其高度。

2.2 人体尺寸

人体尺寸主要有两类：人体结构尺寸和人体功能尺寸。

2.2.1 人体结构尺寸

人体的结构尺寸是指人体的静态尺寸，它是人体处于固定的标准状态下测量的。

静止的人体可采取不同的姿势，统称为静态姿势，主要可分为立姿、坐姿、跪姿和卧姿四种基本形态。人体的静态尺寸对与人体直接关系密切的物体有较大关系，如家具、服装和手动工具等。主要为人体各种器具设备提供数据。在室内设计中应用最多的人体结构尺寸有：身高、眼高、肘高、坐高、坐深、坐姿肩高、坐姿臀宽、坐姿膝高、小腿加足高、坐姿大腿厚度、臀膝距、坐姿两肘间宽等。

2.2.1.1 我国成年人人体尺寸

我国于1988年12月10日发布了《中国成年人人体尺寸》标准（GB/T 10000—88），该标准于1989年7月开始实施，它为我国人体工程学设计提供了基础数据。该标准适用于工业产品设计、建筑与室内设计、家具设计、军事工业以及劳动保护等领域。标准中所列出的数据是代表从事工业生产的法定中国成年人（男18～60岁，女18～55岁）的人体尺寸，并按男性和女性别分开列表。

GB/T 10000—88提供了七组共47项静态人体尺寸数据，其中人体主要尺寸6项、立姿人体尺寸6项、坐姿人体尺寸11项、人体水平尺寸10项、人体头部尺寸7项、人体手部尺寸5项、人体足部尺寸2项。为了方便使用，各类数据表中的各项人体尺寸数值均列出其相应百分位数。现将GB/T 10000—88中的人体主要测量项目及尺寸摘录于图2-8至图2-11及表2-3至表2-6中，可供实际设计时查阅。

(1) 人体主要尺寸 国家标准GB/T 10000—88给出了身高、体重、上臂长、前臂长、大腿长、小腿长等六项人体主要尺寸数据，除体重外，其余五项主要尺寸的部位见图2-8。如表2-3所列为我国成年人人体主要尺寸。

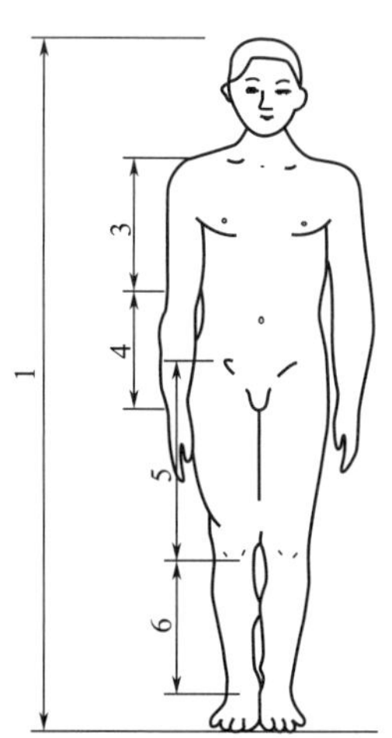

图2-8 人体主要尺寸

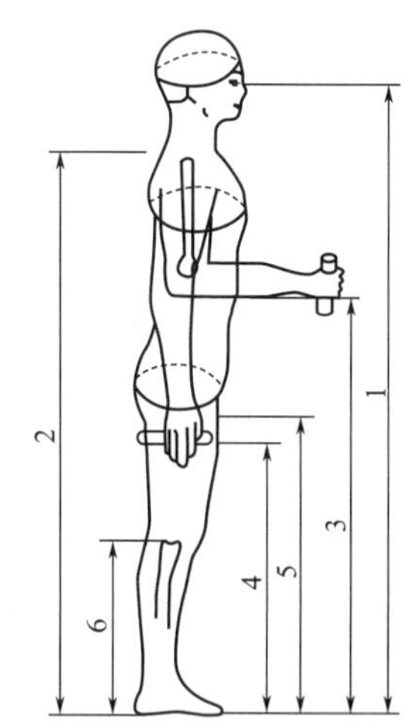

图2-9 立姿人体尺寸

表2-3 中国成年人人体主要尺寸 单位：mm

测量项目 \ 百分位 \ 分组	男(18～60岁)			女(18～55岁)		
	5	50	95	5	50	95
1. 身高	1583	1678	1775	1484	1570	1659

续表

测量项目 \ 百分位 \ 分组	男(18～60岁)			女(18～55岁)		
	5	50	95	5	50	95
2. 体重/kg	48	59	75	42	52	66
3. 上臂长	289	313	338	262	284	308
4. 前臂长	216	237	258	193	213	234
5. 大腿长	428	465	505	402	438	476
6. 小腿长	338	369	403	313	344	376

(2) 立姿人体尺寸 立姿是指挺胸直立，头部以眼耳平面定位，眼睛平视前方，肩部放松，上肢自然下垂，手伸直，手掌朝向体侧，手指轻贴大腿侧面，自然伸直，左、右足后跟并拢，前端分开，使两足大致呈45°，体重均匀分布于两足。

国家标准GB/T 10000—88中提供的成年人立姿人体尺寸有：眼高、肩高、肘高、手功能高、会阴高和胫骨点高，这6项立姿人体尺寸的部位见图2-9，我国成年人立姿人体尺寸见表2-4。

表2-4 中国成年人立姿人体尺寸 单位：mm

测量项目 \ 百分位 \ 分组	男(18～60岁)			女(18～55岁)		
	5	50	95	5	50	95
1. 眼高	1474	1568	1664	1371	1454	1541
2. 肩高	1281	1367	1455	1195	1271	1350
3. 肘高	954	1024	1096	899	960	1023
4. 手功能高	680	741	801	650	704	757
5. 会阴高	728	790	856	673	732	792
6. 胫骨点高	409	444	481	377	410	444

(3) 坐姿人体尺寸 坐姿是指挺胸坐在被调节到腓骨头高度的平面上，头部以眼耳平面定位，眼睛平视前方，左、右大腿大致平行，膝弯曲大致成直角，足平放在地面上。

国家标准GB/T 10000—88中提供的成年人坐姿人体尺寸包括坐高、坐姿颈椎点高、坐姿眼高，坐姿肩高、坐姿肘高、坐姿大腿厚、坐姿膝高、小腿加足高、坐深、臀膝距、坐姿下肢长共11项，我国成年人坐姿人体尺寸部位见图2-10，如表2-5所列为我国成年人坐姿人体尺寸。

表2-5 中国成年人坐姿人体尺寸 单位：mm

测量项目 \ 百分位 \ 分组	男(18～60岁)			女(18～55岁)		
	5	50	95	5	50	95
1. 坐高	858	908	958	809	855	901
2. 坐姿颈椎点高	615	657	701	579	617	657
3. 坐姿眼高	749	798	847	695	739	783

续表

测量项目 \ 百分位 \ 分组	男(18～60岁)			女(18～55岁)		
	5	50	95	5	50	95
4. 坐姿肩高	557	598	641	518	556	594
5. 坐姿肘高	228	263	298	215	251	284
6. 坐姿大腿厚	112	130	151	113	130	151
7. 坐姿膝高	456	493	532	424	458	493
8. 小腿加足高	383	413	448	342	382	405
9. 坐深	421	457	494	401	433	469
10. 臀膝距	515	554	595	495	529	570
11. 坐姿下肢长	921	992	1063	851	912	975

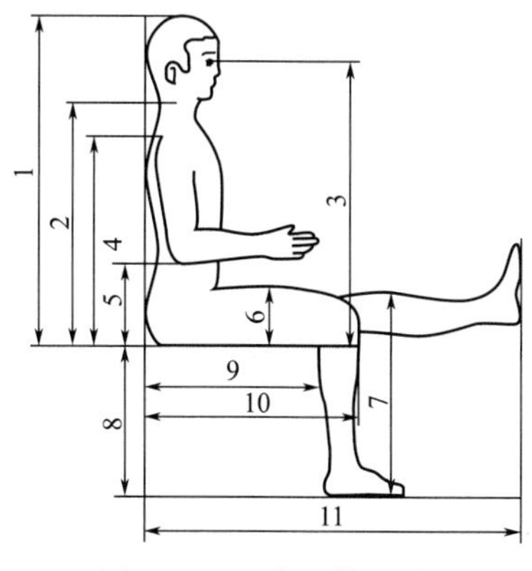

图 2-10　坐姿人体尺寸

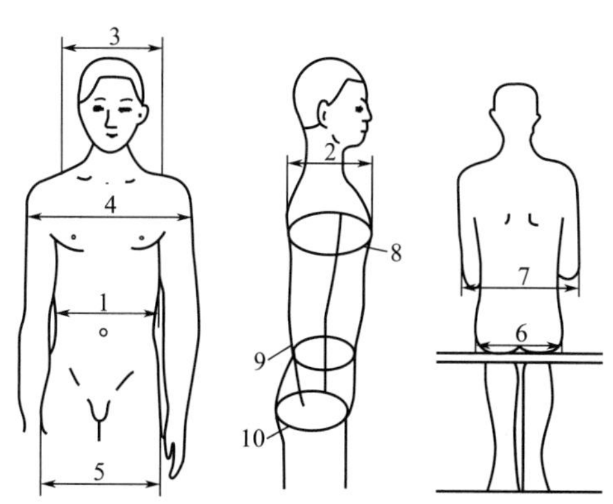

图 2-11　人体水平尺寸

(4) 人体水平尺寸　国家标准 GB/T 10000—88 中提供的人体水平尺寸包括：胸宽、胸厚、肩宽、最大肩宽、臀宽、坐姿臀宽、坐姿两肘间宽、胸围、腰围、臀围共 10 项，其部位如图 2-11 所示，我国成年人人体水平尺寸见表 2-6。

表 2-6　中国成年人人体水平尺寸　　单位：mm

测量项目 \ 百分位 \ 分组	男(18～60岁)			女(18～55岁)		
	5	50	95	5	50	95
1. 胸宽	253	280	315	233	260	299
2. 胸厚	186	212	245	170	199	239
3. 肩宽	344	375	403	320	351	377
4. 最大肩宽	398	431	469	363	397	438
5. 臀宽	282	306	334	290	317	346
6. 坐姿臀宽	295	321	355	310	344	382
7. 坐姿两肘间宽	371	422	489	348	404	478
8. 胸围	791	867	970	745	825	949
9. 腰围	650	735	895	659	772	950
10. 臀围	805	875	970	824	900	1000

在使用国家标准 GB/T 10000—88 中所列人体尺寸数值时，应注意下列两点。

① GB/T 10000—88 中所列数值均为裸体测量的结果。在具体应用时，应根据不同地区、不同季节的着衣量而增加适当的余量，有时还要考虑因防护服装而增加适当的余量。

② 年代造成的差异。统计资料表明，近 20 年来世界各国人民的平均身高逐年增加。在使用测量数据时，应考虑其测量年代加以适当的修正。GB/T 10000—88 用的是 1988 年前的测量数据，近 20 年来由于人们生活水平的提高，我国人们的体形已经发生了很大变化。2009 年，中国标准化研究院历时四年，采集了 23000 份不同年龄的中国人三维人体尺寸数据，样本涉及东北华北区、长江中下游区等全国 6 大自然区，从成年人来看，身高有 2cm 增长，胸围有 5cm 增长，可以看出，我国人们长高，长胖了。因此，在应用 GB/T 10000—88 标准中的数据时要根据具体情况作适当调整。

(5) 我国各大区域人体尺寸的均值和标准差 一个国家的人体尺寸由于区域、民族、性别、年龄、生活条件等因素的不同而存在差异，而我国是一个地域辽阔的多民族国家，不同地区间人体尺寸差异较大。因此，在我国成年人人体测量工作中，从人类学的角度，并根据我国征兵体检等局部人体测量资料划分的区域，将全国成年人人体尺寸分布划分为以下六个区域。

① 东北、华北区——包括的省、直辖市、自治区有：黑龙江、吉林、辽宁、内蒙古、山东、河北、北京、天津。

② 西北区——包括的省自治区有：新疆、甘肃、青海、陕西、山西、西藏、宁夏、河南。

③ 东南区——包括的省、直辖市有：安徽、江苏、浙江、上海。

④ 华中区——包括湖南、湖北、江西三个省。

⑤ 华南区——包括广东、广西、福建三个省、自治区。

⑥ 西南区——包括贵州、四川、云南三个省。

为了能选用合乎各地区的人体尺寸，GB/T 10000—88 标准中还提供了上述六个区域成年人的体重、身高、胸围三项主要人体尺寸的均值 $\overline{x}$ 和标准差 S_D，见表 2-7。

表 2-7 我国六个区域的人体体重、身高、胸围的均值和标准差

项目		东北、华北区		西北区		东南区		华中区		华南区		西南区	
		均值	标准差	均值	标准差	均值	标准差	均值	标准差	均值	标准差	均值	标准差
男 18～60 岁	体重/kg	64	8.2	60	7.6	59	7.7	57	6.9	56	6.9	55	6.8
	身高/mm	1693	56.6	1684	53.7	1686	55.2	1669	56.3	1650	57.1	1647	56.7
	胸围/mm	888	55.5	880	51.5	865	52.0	853	49.2	851	48.9	855	48.3
女 18～55 岁	体重/kg	55	7.7	52	7.1	51	7.2	50	6.8	49	6.5	50	6.9
	身高/mm	1586	51.8	1575	51.9	1575	50.8	1560	50.7	1549	49.7	1546	53.9
	胸围/mm	848	66.4	837	55.9	831	59.8	820	55.8	819	57.6	809	58.8

在使用 GB/T 10000—88 标准中成年人体重、身高、胸围三项人体尺寸时，如需选用某地区某百分位的人体尺寸，可根据表 2-7 中相应地区人体尺寸的均值和标准差，并按照公式 (2-6) 的计算方法，可求得所需的不同百分位所对应的人体尺寸。

(6) 以身高计算各部分尺寸 正常成年人人体各部分尺寸之间存在一定的比例关系，因而按正常人体结构关系，以站立平均身高为基数来推算其他各部分的结构尺寸是比较符合实际情况的。

根据标准 GB/T 10000—88 的人体基础数据，推导出我国成年人人体尺寸与身高 H 的比例关系，见图 2-12。

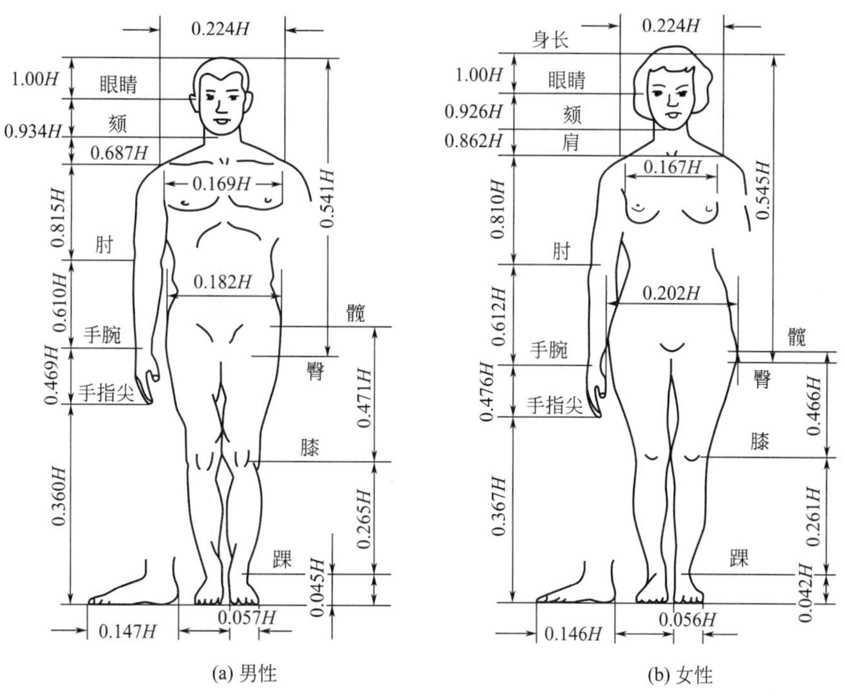

(a) 男性　　(b) 女性

图 2-12　我国成年人人体尺寸与身高 H 的比例关系

2.2.1.2 部分国家成年人人体尺寸

在设计制造各种与人体尺寸有关的出口家具产品时，必须考虑到产品进口国家的人体测量数据。同样，在进口各种产品时，也要考虑出口国与我国人体结构尺寸的差别。如表 2-8 所列为部分国家成年人的身高。从表 2-8 可以看出，欧美人身材较高，而东方人稍矮。若以身材较高的英国人与身材较矮的马来西亚人相比，男性身高平均相差 240mm；与日本人相比，身高平均相差 129mm，我国与日本在人体尺寸上是比较接近的。

表 2-8　部分国家成年人的身高　　单位：mm

国别	$\bar{x}$	S_D	1%	10%	20%	30%	40%	50%	60%	70%	80%	90%	99%
日本(男)	1651	52	1529	1584	1607	1624	1638	1651	1664	1678	1695	1718	1773
日本(女)	1544	50	1429	1481	1502	1518	1532	1544	1556	1570	1586	1607	1659
美国(男)	1755	72	1587	1662	1694	1717	1737	1755	1773	1793	1816	1848	1923
美国(女)	1618	62	1474	1539	1566	1585	1602	1618	1634	1651	1670	1697	1762
法国(男)	1690	61	1548	1612	1639	1658	1675	1690	1705	1722	1741	1768	1832
法国(女)	1590	45	1485	1532	1552	1566	1570	1590	1601	1611	1628	1648	1695
意大利(男)	1680	65	1526	1596	1625	1645	1663	1680	1696	1715	1735	1764	1834
意大利(女)	1560	71	1394	1469	1500	1522	1542	1560	1578	1598	1620	1651	1726
非洲国家(男)	1680	67	1501	1581	1615	1639	1661	1680	1699	1721	1745	1779	1859
非洲国家(女)	1570	45	1465	1512	1532	1546	1559	1570	1581	1594	1608	1628	1675

续表

国别	$\bar{x}$	S_D	1%	10%	20%	30%	40%	50%	60%	70%	80%	90%	99%
马来西亚(男)	1540	65	1386	1456	1485	1505	1523	1540	1556	1575	1595	1624	1644
马来西亚(女)	1440	51	1321	1375	1397	1413	1427	1440	1453	1467	1485	1505	1559
英国(男)	1780	61	1638	1702	1729	1748	1765	1780	1795	1812	1831	1858	1922

一般来说成年人的人体尺寸之间存在一定的比例关系，对人体尺寸的比例关系的研究，可以简化人体测量的复杂过程，只要量出某一重要尺寸，就可推算出其他的尺寸。如图 2-13 和图 2-14 所示为美国和北欧国家男性和女性身高 H 与人体各部分尺寸的比例关系，通过这种比例关系可推算出人体各部分尺寸。

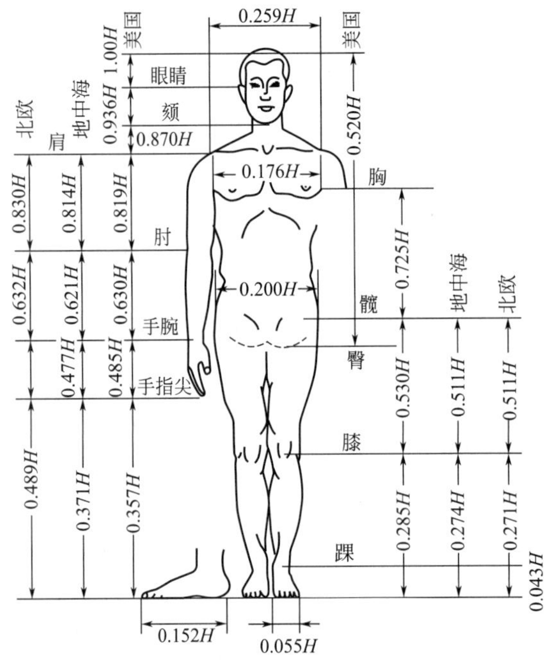

图 2-13　美国和北欧国家男性身高与人体尺寸的比例

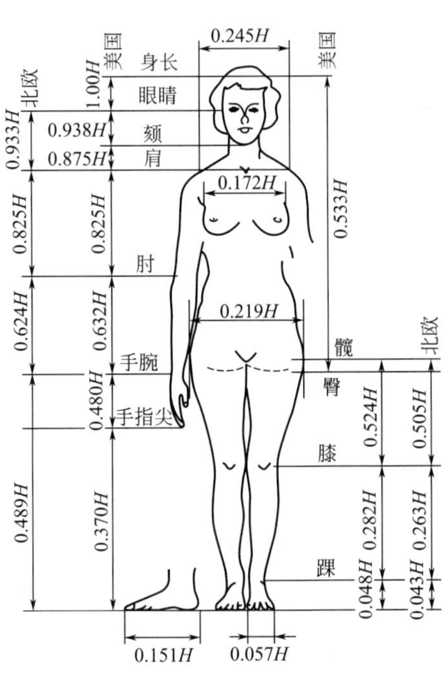

图 2-14　美国和北欧国家女性身高与人体尺寸的比例

2.2.1.3　我国未成年人人体尺寸

人体尺寸是各行各业产品设计和生产时重要的信息资源。只有人们生活环境中所用的各种物品、设施的大小和形状与身体的尺寸相匹配，才能真正享受到科学技术的发展带来的人性化关怀。随着社会的进步，以人为本的理念已反映在我国社会生产和生活的方方面面，产品和服务的舒适、健康、安全已成为时代的要求。而人体尺寸则最能反映人体基本的生理特征，随着社会日益重视未成年人产品的安全性和可靠性，能够反映我国青少年身体特征的数据显得尤为重要。

我国国家标准 GB/T 26158—2010《我国未成年人人体尺寸》给出了未成年人（4～17 岁）72 项人体尺寸所涉及的 11 个百分位数，该标准可用于未成年人用品的设计与生产以及与未成年人相关设施的设计和安全防护。表 2-9～表 2-13 摘录了 4～17 岁我国未成年人部分人体尺寸。图 2-15 和图 2-16 分别为 GB/T 26158—2010 给出的我国未成年人立姿和坐姿测量项目示意。

表 2-9　4～6 岁我国未成年人部分人体尺寸

单位：mm

测量项目		男子											女子										
		百分位数											百分位数										
		P1	P2.5	P5	P10	P25	P50	P75	P90	P95	P97.5	P99	P1	P2.5	P5	P10	P25	P50	P75	P90	P95	P97.5	P99
立姿测量项目																							
1	体重/kg	13.5	14.4	15.0	15.7	17.1	18.9	21.3	23.9	25.9	29.0	32.1	13.0	13.6	14.2	14.9	16.2	18.1	20.2	22.5	24.4	25.8	28.9
2	身高	971	986	1000	1025	1066	1113	1170	1210	1237	1258	1280	957	972	994	1014	1054	1109	1158	1194	1225	1241	1271
3	眼高	854	865	880	900	942	988	1042	1081	1104	1123	1146	837	858	875	898	934	985	1035	1077	1097	1114	1139
4	颈椎点高	773	787	797	815	854	897	945	984	1003	1024	1048	760	774	793	811	848	891	941	978	997	1017	1051
5	颏下点高	771	782	794	814	854	898	948	988	1009	1027	1046	755	774	790	812	849	895	945	981	1002	1024	1046
6	肩高	730	742	754	772	808	851	899	931	954	974	1001	710	725	746	765	803	844	895	930	950	966	1005
7	桡骨茎突点高	432	443	450	461	483	508	537	560	573	583	596	425	439	451	462	485	510	538	560	573	584	606
8	中指指点高	376	385	392	401	421	444	472	492	504	512	519	373	385	396	404	424	447	472	495	505	516	534
9	中指指尖点高	324	335	342	349	367	388	411	432	443	450	463	324	334	342	352	370	392	414	432	443	454	475
10	会阴高	359	373	380	393	417	449	478	503	516	528	542	364	376	387	399	421	452	481	506	521	531	549
11	胫骨点高	208	215	221	228	241	259	277	292	302	309	316	206	215	222	228	242	258	277	291	299	304	314
12	髂前上棘点高	468	479	492	506	535	569	602	630	646	661	683	472	483	495	507	533	566	602	628	644	654	671
13	上肢长	396	402	411	421	441	466	491	509	524	538	540	386	394	405	415	433	459	484	505	516	527	560
14	上臂长	163	169	171	177	188	199	213	220	226	231	238	161	166	170	175	184	195	208	217	224	228	235
15	前臂长	112	116	123	126	137	145	155	166	173	180	184	112	116	123	126	134	144	155	166	170	177	181
16	大腿长	246	255	263	272	289	308	328	346	357	366	381	249	259	266	272	288	308	329	345	353	364	374
17	小腿长	175	182	188	193	206	224	239	254	264	271	278	173	181	190	197	209	224	242	255	264	271	282
18	最大体宽	265	270	274	280	291	304	318	335	349	364	377	258	262	267	272	283	296	311	325	339	349	367
19	肩最大宽	252	256	260	264	274	286	298	313	323	333	348	247	252	257	261	271	282	294	305	316	324	343
20	肩宽	211	214	218	224	233	245	257	268	274	280	292	208	212	218	223	233	245	256	266	273	280	289
21	胸宽	183	189	193	198	206	216	226	235	242	248	256	180	185	189	194	202	210	220	229	236	244	251
22	腰宽	163	166	169	173	180	189	199	211	218	231	241	159	161	165	169	176	184	195	204	213	222	234
23	两髂嵴点间宽	163	167	172	176	183	193	204	215	225	234	256	162	167	169	172	180	190	201	212	222	233	244
24	臀宽	180	186	191	195	202	212	223	234	242	253	264	180	185	190	194	202	212	224	234	241	250	259
25	体厚	149	155	159	165	173	184	195	206	213	222	234	144	149	153	159	168	177	188	199	207	212	225
26	乳头点胸厚	132	136	138	142	149	155	164	172	177	184	191	128	131	134	137	143	151	158	167	172	179	187
27	胸厚	126	128	131	134	140	147	154	162	167	174	184	121	123	126	129	135	141	148	157	161	166	175

续表

测量项目		男子											女子										
		百分位数											百分位数										
		P1	P2.5	P5	P10	P25	P50	P75	P90	P95	P97.5	P99	P1	P2.5	P5	P10	P25	P50	P75	P90	P95	P97.5	P99
立姿测量项目																							
28	腹厚	122	125	129	133	139	147	156	166	175	182	197	110	120	125	129	135	143	152	162	168	178	190
29	膝厚	60	62	63	65	69	74	79	84	87	90	96	58	61	63	65	69	73	78	84	86	89	97
30	颈围	226	231	236	240	248	258	268	281	288	297	309	217	222	226	231	239	248	258	269	277	283	297
31	胸围	518	532	543	553	573	598	628	657	677	708	742	507	515	527	538	559	584	611	637	657	691	719
32	肘围	139	143	148	152	160	169	177	188	195	200	214	131	139	142	147	156	164	174	182	190	196	206
33	前臂围	127	131	137	142	149	159	169	180	186	196	210	123	131	134	140	147	156	167	176	184	191	198
34	腕围	99	103	106	111	117	124	133	143	154	162	170	98	101	105	109	115	122	132	142	152	157	166
35	腰围	446	456	464	473	490	512	539	571	607	635	678	432	439	448	458	477	498	522	554	576	603	653
36	腹围	466	469	477	485	504	527	554	590	627	652	704	451	459	467	477	495	517	544	575	604	636	668
37	臀围	509	523	530	541	563	588	622	652	681	716	749	508	515	525	535	557	586	617	650	672	692	728
38	大腿围	263	273	280	288	303	325	347	375	392	424	450	265	274	281	289	308	331	356	383	404	427	452
39	腿肚围	192	198	204	208	218	229	243	259	270	282	298	191	197	200	205	216	228	241	255	265	274	294
坐姿测量项目																							
40	坐高	550	560	570	585	603	628	653	675	686	697	706	545	560	567	574	599	625	646	672	682	697	719
41	膝高	266	274	281	289	303	323	343	356	363	372	384	262	270	276	285	302	316	339	356	364	371	380
42	眼高	433	445	457	469	488	513	535	557	570	577	587	430	444	451	462	484	509	531	556	567	580	596
43	颈椎点高	361	366	375	386	401	421	441	459	469	477	487	354	365	372	379	397	416	436	455	456	477	491
44	肩高	314	325	332	343	361	379	397	419	430	440	448	313	321	332	339	357	376	397	415	426	433	449
45	小腿加足高(腘高)	207	216	223	230	245	263	281	283	299	303	313	202	209	220	228	244	262	280	296	302	309	318
46	臀宽	173	181	185	191	201	212	223	235	245	252	268	176	180	184	188	198	209	222	236	245	250	266
47	大腿厚	61	69	72	72	79	87	94	104	108	116	118	65	69	72	72	79	87	94	101	108	112	119
48	臀-膝距	302	307	315	323	338	357	377	396	407	417	429	303	310	316	323	340	359	380	398	409	418	429
49	臀-腘距	233	243	249	259	274	294	313	331	340	349	358	240	247	254	264	280	300	318	334	345	354	364
50	腹围	484	491	502	510	532	560	596	640	665	704	744	471	481	490	502	522	549	582	623	651	680	713
51	肘高	112	123	130	137	148	162	177	191	199	206	213	116	123	130	137	148	162	173	188	195	199	206
52	肩肘距	180	184	188	195	206	217	228	238	246	253	256	297	307	311	318	329	340	354	365	372	379	386

表 2-10　7～10 岁我国未成年人部分人体尺寸

单位：mm

测量项目		男子											女子										
		百分位数											百分位数										
		P1	P2.5	P5	P10	P25	P50	P75	P90	P95	P97.5	P99	P1	P2.5	P5	P10	P25	P50	P75	P90	P95	P97.5	P99
立姿测量项目																							
1	体重/kg	17.9	19.3	20.3	21.4	23.9	27.9	33.6	40.9	46.4	49.9	55.3	17.1	18.2	19.2	20.3	22.7	26.0	31.0	36.8	41.0	44.7	50.0
2	身高	1130	1166	1187	1214	1260	1320	1380	1431	1462	1486	1525	1125	1146	1170	1198	1246	1306	1370	1429	1466	1498	1543
3	眼高	1009	1043	1062	1088	1135	1194	1251	1303	1329	1356	1391	1001	1025	1046	1075	1122	1180	1242	1298	1333	1365	1416
4	颈椎点高	912	944	962	985	1030	1085	1140	1190	1216	1238	1280	906	930	948	974	1018	1073	1132	1186	1219	1248	1294
5	颏下点高	916	952	969	992	1038	1093	1150	1197	1226	1248	1284	912	935	955	984	1028	1082	1143	1194	1229	1264	1313
6	肩高	873	899	916	941	981	1038	1092	1136	1165	1186	1219	862	884	904	927	970	1024	1081	1132	1166	1191	1231
7	桡骨茎突点高	514	533	546	561	584	620	652	684	700	716	732	515	526	540	555	580	612	648	681	699	717	742
8	中指指点高	446	464	479	490	514	544	573	602	616	628	645	450	461	472	489	512	543	576	605	620	635	659
9	中指指尖点高	390	407	417	428	447	476	504	529	544	555	569	396	403	414	428	448	475	504	532	547	559	583
10	会阴高	456	474	486	500	529	565	597	626	644	562	677	463	478	489	506	532	568	604	633	654	673	697
11	胫骨点高	260	271	279	287	305	325	347	366	378	389	400	258	269	277	287	303	323	344	364	376	387	397
12	髂前上棘点高	581	601	615	630	664	704	744	779	800	818	843	581	598	610	630	659	702	743	781	803	821	851
13	上肢长	474	485	495	511	534	563	592	615	631	645	661	462	476	488	478	521	550	580	607	626	641	665
14	上臂长	199	202	209	216	227	240	254	267	274	282	289	193	199	203	210	220	235	249	264	271	278	289
15	前臂长	137	145	152	159	169	180	191	202	206	213	221	141	148	152	159	166	177	188	199	206	213	220
16	大腿长	305	315	325	336	354	379	401	423	434	446	456	307	318	324	336	354	378	402	425	437	448	465
17	小腿长	222	232	238	247	263	282	303	322	332	343	358	220	229	238	247	264	282	302	321	332	343	354
18	最大体宽	284	292	299	306	320	340	370	403	429	443	454	280	286	291	299	312	330	352	377	395	411	429
19	肩最大宽	277	283	289	296	308	326	349	376	392	404	418	271	278	283	290	302	319	338	358	374	386	404
20	肩宽	242	248	252	259	271	286	303	317	327	335	343	238	244	250	257	268	283	299	314	324	333	342
21	胸宽	207	211	215	221	232	246	262	282	294	302	312	197	202	208	213	224	236	251	265	277	288	298
22	腰宽	177	181	185	190	200	213	237	267	282	294	306	168	173	179	184	195	209	226	246	264	276	289
23	两髂嵴点间宽	182	186	190	196	206	220	242	270	285	297	309	175	180	186	191	201	215	233	253	269	281	299
24	臀宽	206	210	214	221	232	247	267	288	301	311	323	202	207	213	219	231	246	263	281	292	305	318
25	体厚	160	167	172	177	188	203	221	246	261	271	285	153	158	165	170	179	192	207	224	237	250	261
26	乳头点胸厚	142	147	151	154	163	173	187	205	217	225	238	136	140	143	148	156	165	178	191	205	216	226
27	胸厚	133	137	141	144	152	162	174	189	198	207	218	127	131	134	138	145	154	165	178	186	195	209

续表

测量项目		男子											女子										
		百分位数											百分位数										
		P1	P2.5	P5	P10	P25	P50	P75	P90	P95	P97.5	P99	P1	P2.5	P5	P10	P25	P50	P75	P90	P95	P97.5	P99
立姿测量项目																							
28	腹厚	128	132	136	140	147	160	179	207	222	236	252	120	126	130	135	144	154	169	189	203	218	232
29	膝厚	70	73	75	78	83	89	97	105	110	115	118	66	70	73	77	82	88	95	101	106	110	115
30	颈围	238	243	247	252	261	274	291	310	322	332	342	219	229	235	241	250	262	274	290	300	309	323
31	胸围	559	581	593	607	636	675	737	808	853	889	926	537	554	569	585	614	649	698	754	802	841	882
32	肘围	149	153	157	163	172	186	200	218	228	237	248	140	147	152	157	167	179	191	205	214	223	232
33	前臂围	139	142	147	152	163	177	193	210	221	231	239	136	140	145	152	161	172	185	200	209	219	224
34	腕围	106	109	113	117	125	135	149	162	172	179	189	104	109	112	115	121	129	138	148	154	161	168
35	腰围	473	484	494	504	529	568	634	726	769	808	851	445	459	472	487	514	546	597	658	707	751	790
36	腹围	490	502	513	525	550	589	659	751	798	837	877	469	485	497	512	539	574	628	693	737	783	832
37	臀围	570	585	597	610	642	686	741	808	843	866	898	559	574	586	605	638	676	727	780	817	848	881
38	大腿围	298	311	318	329	352	384	430	475	501	525	547	298	308	318	332	354	384	423	461	485	511	539
39	腿肚围	216	224	229	236	251	269	294	321	337	349	356	211	217	224	233	247	264	284	306	322	335	351
坐姿测量项目																							
40	坐高	625	639	653	664	686	715	740	765	776	791	808	621	632	645	657	679	708	737	762	780	802	827
41	膝高	325	335	343	353	371	393	417	436	449	457	468	323	328	338	350	367	389	411	432	446	457	469
42	眼高	509	524	535	548	570	596	621	645	659	672	684	498	514	525	538	561	589	617	643	661	679	701
43	颈椎点高	414	427	437	448	456	488	513	531	543	555	570	408	419	427	440	459	480	506	527	545	561	584
44	肩高	372	386	396	405	426	448	473	491	505	516	531	368	383	388	397	419	440	466	488	502	517	534
45	小腿加足高(腘高)	263	272	280	288	302	324	342	360	371	378	389	263	269	277	285	300	320	339	357	368	380	387
46	臀宽	200	206	212	218	231	247	269	292	306	317	331	195	201	209	216	227	244	263	282	299	312	323
47	大腿厚	76	79	83	87	97	108	119	130	134	141	145	74	79	83	87	94	101	116	123	130	134	144
48	臀-膝距	358	372	381	391	413	440	466	492	509	519	535	362	372	382	394	413	439	465	490	508	522	538
49	臀-腘距	292	302	311	322	341	364	388	409	423	435	446	296	308	316	326	345	365	391	413	428	441	456
50	腹围	514	526	535	549	580	631	710	805	859	898	939	485	503	517	533	566	612	668	744	790	826	882
51	肘高	137	147	152	159	173	188	202	217	227	235	249	137	145	152	159	170	184	199	213	224	235	246
52	肩肘距	217	220	227	231	246	260	274	285	293	300	310	209	217	224	228	242	253	271	282	293	300	307

表 2-11　11～12 岁我国未成年人部分人体尺寸

单位：mm

测量项目		男子											女子										
		百分位数											百分位数										
		P1	P2.5	P5	P10	P25	P50	P75	P90	P95	P97.5	P99	P1	P2.5	P5	P10	P25	P50	P75	P90	P95	P97.5	P99
立姿测量项目																							
1	体重/kg	24.8	26.2	27.6	29.1	32.6	38.0	45.5	53.9	60.3	68.1	75.4	24.7	26.1	27.3	29.0	32.7	37.8	44.1	51.0	56.4	61.5	69.0
2	身高	1309	1330	1350	1374	1418	1466	1521	1582	1620	1650	1677	1308	1338	1361	1390	1437	1487	1540	1584	1610	1630	1658
3	眼高	1182	1202	1223	1246	1288	1338	1392	1453	1486	1516	1547	1185	1218	1238	1266	1310	1361	1413	1454	1479	1501	1535
4	颈椎点高	1079	1100	1118	1139	1178	1224	1277	1329	1367	1392	1421	1076	1104	1132	1153	1197	1244	1293	1332	1357	1380	1404
5	颏下点高	1085	1104	1124	1144	1186	1233	1284	1346	1374	1403	1435	1087	1118	1140	1165	1208	1259	1306	1348	1371	1396	1425
6	肩高	1028	1048	1065	1086	1126	1169	1218	1270	1299	1327	1353	1029	1057	1079	1103	1140	1187	1231	1270	1295	1313	1344
7	桡骨茎突点高	608	617	629	642	669	699	731	763	782	800	812	609	627	641	655	681	710	736	763	776	791	811
8	中指指点高	518	535	548	561	584	613	641	670	689	702	718	525	544	555	573	601	628	655	678	692	703	720
9	中指指尖点高	457	471	482	493	515	537	564	591	605	616	631	472	485	494	507	527	551	576	597	608	620	634
10	会阴高	557	568	580	597	619	647	674	702	720	734	750	568	585	598	611	635	661	688	716	730	741	752
11	胫骨点高	313	321	329	338	353	371	393	414	425	436	448	316	326	333	342	359	374	392	407	417	425	436
12	髂前上棘点高	700	714	727	743	771	801	837	873	894	912	939	699	718	737	754	783	814	846	873	891	906	924
13	上肢长	556	567	578	589	607	632	661	686	704	722	736	549	567	575	589	610	635	661	680	693	707	719
14	上臂长	231	238	243	249	260	271	285	296	307	314	320	231	238	243	249	260	274	285	296	303	310	320
15	前臂长	170	173	177	184	191	202	213	224	231	235	242	170	173	178	184	195	202	213	225	231	238	246
16	大腿长	359	372	383	393	411	430	451	470	484	495	514	369	379	390	399	418	438	459	477	488	495	509
17	小腿长	263	275	284	292	308	325	347	366	379	386	398	274	282	289	300	314	331	347	361	368	379	391
18	最大体宽	317	324	331	340	356	380	412	445	464	483	508	315	320	326	335	350	372	398	425	443	462	484
19	肩最大宽	313	317	323	330	343	362	386	409	427	441	451	308	315	320	327	341	358	378	398	414	426	438
20	肩宽	272	281	287	292	304	318	334	349	360	370	384	271	278	287	295	307	322	336	350	359	368	378
21	胸宽	230	236	241	247	257	272	290	309	322	333	343	224	230	234	240	251	266	283	300	311	323	331
22	腰宽	193	200	206	212	223	239	265	293	309	323	339	191	198	204	211	223	239	259	281	295	310	322
23	两髂嵴点间宽	200	206	211	218	229	246	270	296	313	326	338	198	205	211	217	230	245	263	283	298	310	323
24	臀宽	233	239	244	250	262	278	297	315	329	343	358	236	241	247	256	259	288	306	324	337	347	364
25	体厚	170	178	183	190	201	218	239	265	280	294	312	164	173	178	186	197	212	228	245	260	273	286
26	乳头点胸厚	152	157	162	167	176	190	207	229	243	252	268	147	153	157	163	173	187	205	225	237	250	263
27	胸厚	146	149	154	158	167	178	194	211	225	235	249	141	146	150	154	162	173	186	201	211	220	234

续表

测量项目		男子											女子										
		百分位数											百分位数										
		P1	P2.5	P5	P10	P25	P50	P75	P90	P95	P97.5	P99	P1	P2.5	P5	P10	P25	P50	P75	P90	P95	P97.5	P99
立姿测量项目																							
28	腹厚	133	138	142	148	158	173	198	228	244	260	275	130	136	141	145	155	169	186	209	223	237	259
29	膝厚	82	85	87	90	96	102	110	117	122	127	133	82	85	87	90	95	102	108	115	119	124	129
30	颈围	251	256	261	266	278	293	312	331	346	352	380	239	247	253	258	269	282	296	312	323	331	339
31	胸围	618	634	649	665	699	750	818	896	940	985	1040	602	618	631	652	689	737	798	871	909	947	1001
32	肘围	163	169	174	181	192	206	222	239	249	257	267	157	162	167	173	184	197	212	227	236	245	262
33	前臂围	156	162	168	173	184	200	216	232	241	254	265	158	162	166	172	182	194	210	224	235	245	260
34	腕围	116	121	124	129	136	147	160	173	183	193	203	112	116	120	124	132	140	149	159	165	171	177
35	腰围	508	524	536	549	580	629	709	802	854	903	944	499	510	523	539	568	612	673	742	783	829	880
36	腹围	532	545	556	571	604	657	738	832	881	925	982	525	541	555	571	601	647	710	782	824	871	923
37	臀围	645	661	672	689	723	771	829	887	923	974	1025	653	666	681	699	738	787	843	896	929	967	1020
38	大腿围	349	359	366	380	406	441	486	528	553	571	608	358	366	375	386	411	447	488	532	559	579	600
39	腿肚围	245	252	259	266	283	304	331	355	370	384	399	250	255	259	267	281	303	325	348	361	371	385
坐姿测量项目																							
40	坐高	693	704	715	729	747	776	802	834	852	867	891	700	715	726	740	765	794	823	849	865	875	888
41	膝高	389	396	403	411	428	446	465	487	501	511	520	390	400	406	415	431	449	465	482	491	501	511
42	眼高	574	589	596	610	629	656	683	711	729	749	766	578	596	607	619	643	672	700	726	740	753	767
43	颈椎点高	469	480	491	502	517	541	563	592	607	625	643	473	484	495	508	528	553	580	604	617	630	642
44	肩高	429	438	448	459	477	498	523	545	563	574	592	430	444	451	466	484	509	531	553	563	574	585
45	小腿加足高(腘高)	310	318	324	335	349	367	382	399	409	421	430	316	324	331	339	355	371	382	397	404	414	424
46	臀宽	226	235	242	248	262	280	302	323	339	354	365	230	236	242	250	267	288	308	328	343	352	366
47	大腿厚	90	94	97	101	109	119	134	144	152	159	166	90	94	97	101	108	119	130	141	148	155	161
48	臀-膝距	430	441	448	458	478	500	525	549	565	576	594	439	448	456	468	487	511	533	553	567	581	600
49	臀-腘距	349	360	367	377	396	416	437	457	471	485	501	354	369	379	389	407	427	448	467	480	490	504
50	腹围	549	564	581	602	644	706	796	888	943	992	1059	547	558	573	592	634	687	756	830	883	926	982
51	肘高	155	163	170	177	188	206	224	238	253	264	271	162	166	173	181	195	213	228	245	256	264	271
52	肩肘距	249	256	264	267	278	292	307	318	325	332	340	249	256	264	267	282	296	307	321	329	332	340

表 2-12　13～15 岁我国未成年人部分人体尺寸

单位：mm

测量项目		男子											女子										
		百分位数											百分位数										
		P1	P2.5	P5	P10	P25	P50	P75	P90	P95	P97.5	P99	P1	P2.5	P5	P10	P25	P50	P75	P90	P95	P97.5	P99
立姿测量项目																							
1	体重/kg	29.9	32.3	34.7	38.2	43.7	50.5	58.8	69.4	76.3	83.5	90.6	31.1	33.8	35.5	38.1	41.8	46.6	52.8	60.3	65.3	70.5	78.4
2	身高	1412	1438	1469	1506	1574	1638	1694	1740	1765	1790	1816	1426	1452	1474	1497	1534	1573	1611	1647	1669	1689	1710
3	眼高	1287	1312	1339	1379	1443	1506	1559	1605	1630	1652	1671	1302	1327	1345	1368	1407	1444	1483	1519	1540	1555	1583
4	颈椎点高	1170	1201	1227	1262	1321	1378	1432	1472	1494	1515	1537	1189	1211	1229	1251	1284	1322	1359	1390	1410	1428	1451
5	颏下点高	1183	1212	1237	1273	1335	1396	1447	1490	1515	1537	1559	1201	1223	1243	1266	1302	1338	1375	1409	1429	1445	1471
6	肩高	1115	1147	1173	1205	1259	1312	1364	1407	1427	1448	1475	1130	1150	1169	1191	1223	1259	1297	1328	1349	1370	1391
7	桡骨茎突点高	666	678	693	716	747	781	814	839	854	868	883	660	681	695	707	728	754	778	800	814	826	840
8	中指指点高	575	595	606	627	656	688	717	742	757	768	786	580	594	610	624	645	667	692	711	724	736	750
9	中指指尖点高	507	521	533	548	573	601	627	651	664	677	689	506	523	534	547	566	587	609	627	640	649	666
10	会阴高	611	626	641	659	688	717	749	773	789	806	820	611	626	634	647	669	691	716	740	752	763	773
11	胫骨点高	346	357	366	377	395	414	435	453	462	472	485	339	346	353	362	376	392	408	422	432	440	448
12	髂前上棘点高	760	782	802	823	859	894	929	958	978	992	1011	756	769	786	801	827	855	883	910	926	941	956
13	上肢长	603	620	632	650	679	711	737	761	773	783	798	599	614	624	633	651	672	693	711	722	730	740
14	上臂长	253	260	267	273	289	303	318	330	336	343	349	253	260	264	271	280	291	303	313	319	325	330
15	前臂长	184	191	195	202	213	224	238	249	256	260	267	177	186	191	195	206	213	224	231	238	242	249
16	大腿长	393	409	420	433	455	479	502	523	534	546	558	394	402	413	425	442	462	483	502	515	527	542
17	小腿长	300	311	318	329	346	363	383	401	412	419	430	292	300	307	317	332	347	362	379	385	391	403
18	最大体宽	342	351	362	374	394	417	444	473	496	512	540	343	353	361	370	386	404	426	452	470	486	506
19	肩最大宽	334	345	352	362	381	402	423	442	455	469	482	335	343	349	358	371	385	401	419	433	446	461
20	肩宽	297	305	312	322	339	357	376	392	400	406	415	298	307	314	320	332	343	356	368	375	383	392
21	胸宽	244	252	259	267	282	301	320	338	352	360	373	240	248	254	261	273	286	303	318	328	337	348
22	腰宽	207	215	221	229	242	259	280	311	327	339	362	210	220	226	234	247	263	280	300	313	326	345
23	两髂嵴点间宽	216	222	229	236	249	265	285	312	325	341	361	218	225	232	239	252	266	284	302	316	329	346
24	臀宽	251	258	268	277	293	311	329	347	361	372	385	265	274	283	292	306	320	335	352	362	372	387
25	体厚	185	189	195	202	213	228	247	269	285	296	311	182	188	195	202	214	229	246	264	275	288	300
26	乳头点胸厚	166	170	175	181	192	205	221	242	256	265	283	163	170	177	183	196	210	227	247	260	274	287
27	胸厚	157	162	167	173	183	197	212	229	240	249	262	155	160	165	169	178	189	201	214	224	233	246

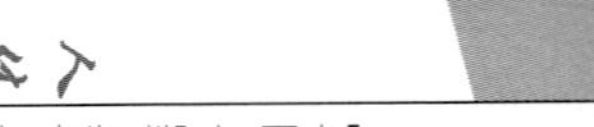

续表

测量项目		男子											女子										
		百分位数											百分位数										
		P1	P2.5	P5	P10	P25	P50	P75	P90	P95	P97.5	P99	P1	P2.5	P5	P10	P25	P50	P75	P90	P95	P97.5	P99
立姿测量项目																							
28	腹厚	141	147	152	157	167	180	203	233	255	268	286	141	147	151	156	167	181	197	218	233	246	267
29	膝厚	89	94	97	101	106	113	120	126	131	135	140	91	93	96	98	103	108	115	120	125	129	134
30	颈围	262	272	279	288	303	322	341	360	372	384	398	263	269	273	278	288	300	313	328	338	348	358
31	胸围	666	688	705	727	769	822	885	963	1008	1045	1102	666	690	708	731	770	815	869	937	975	1013	1057
32	肘围	173	180	186	194	206	220	237	253	265	276	288	167	175	180	185	197	210	225	240	251	261	271
33	前臂围	171	180	186	193	207	222	238	255	265	274	285	171	176	183	188	199	210	223	238	247	254	265
34	腕围	123	129	133	139	148	158	168	179	185	192	200	122	126	130	134	140	148	157	166	171	175	181
35	腰围	541	559	571	587	621	663	733	834	887	936	992	537	552	566	586	620	663	715	780	824	870	929
36	腹围	570	586	600	619	651	697	768	868	923	973	1031	567	590	605	626	661	706	764	830	871	916	984
37	臀围	697	719	741	764	807	856	907	967	1011	1052	1095	731	755	775	797	831	871	916	967	997	1027	1065
38	大腿围	380	390	402	416	445	480	525	573	603	629	658	391	407	420	436	464	495	535	579	605	632	662
39	腿肚围	265	276	284	295	313	335	361	387	405	421	439	267	278	286	296	311	329	351	373	388	401	418
坐姿测量项目																							
40	坐高	740	758	773	791	827	866	899	924	939	953	964	758	780	791	802	823	849	870	888	899	910	924
41	膝高	421	432	443	457	474	493	512	527	536	544	554	418	425	432	440	454	468	482	497	504	511	519
42	眼高	621	632	650	669	704	740	773	798	813	827	838	635	654	668	679	701	722	744	764	775	787	802
43	颈椎点高	509	524	536	553	581	617	644	668	679	690	704	520	534	547	560	579	599	621	639	650	661	675
44	肩高	469	480	491	509	534	563	589	610	628	639	654	477	488	498	542	531	552	570	589	599	610	621
45	小腿加足高(腘高)	342	356	363	371	386	403	421	439	447	454	465	333	342	346	356	370	382	396	407	417	424	429
46	臀宽	245	254	262	271	289	309	330	350	362	376	391	260	271	279	288	303	320	337	355	366	377	390
47	大腿厚	97	101	105	108	119	130	144	155	163	170	177	94	101	105	108	119	126	141	152	159	163	170
48	臀-膝距	470	482	494	508	530	554	577	596	608	619	632	477	487	498	507	524	543	561	578	590	600	613
49	臀-腘距	378	391	403	416	437	461	482	501	511	519	532	389	402	411	420	436	454	473	490	499	507	520
50	腹围	583	603	620	642	678	729	809	911	970	1030	1099	589	605	624	646	686	739	805	876	922	963	1018
51	肘高	173	181	191	199	217	235	253	271	285	293	310	180	188	195	202	217	235	253	267	278	285	296
52	肩肘距	271	282	289	296	311	325	340	354	361	368	376	274	278	285	292	303	314	325	336	339	347	354

表 2-13　16～17 岁我国未成年人部分人体尺寸

单位：mm

测量项目		男子											女子										
		百分位数											百分位数										
		P1	P2.5	P5	P10	P25	P50	P75	P90	P95	P97.5	P99	P1	P2.5	P5	P10	P25	P50	P75	P90	P95	P97.5	P99
立姿测量项目																							
1	体重/kg	40.1	42.9	45.1	47.9	51.5	56.7	63.7	72.4	80.4	88.4	95.5	38.3	40.0	41.2	43.1	46.5	50.5	55.3	61.1	65.4	69.4	75.6
2	身高	1553	1578	1602	1626	1665	1706	1746	1785	1809	1825	1858	1465	1486	1501	1520	1551	1590	1627	1662	1686	1701	1721
3	眼高	1421	1450	1470	1495	1533	1573	1613	1652	1672	1696	1726	1334	1357	1374	1389	1425	1461	1498	1537	1558	1570	1584
4	颈椎点高	1298	1324	1344	1367	1401	1442	1478	1512	1535	1553	1579	1226	1245	1255	1271	1305	1338	1372	1408	1427	1440	1462
5	颏下点高	1316	1341	1361	1387	1422	1461	1501	1534	1555	1576	1609	1233	1255	1269	1284	1319	1353	1390	1425	1444	1458	1478
6	肩高	1236	1262	1277	1299	1335	1371	1409	1444	1468	1484	1509	1164	1183	1197	1211	1243	1276	1310	1345	1364	1378	1396
7	桡骨茎突点高	726	743	753	767	792	816	843	865	880	894	911	691	702	711	724	742	764	786	808	822	833	850
8	中指指点高	637	649	663	677	699	723	746	768	782	796	812	609	619	627	640	657	678	699	720	732	743	756
9	中指指尖点高	555	566	577	590	609	631	652	674	685	699	710	536	544	551	562	577	597	617	635	648	657	670
10	会阴高	658	666	676	691	715	742	767	791	806	820	836	612	626	634	646	669	691	719	741	755	769	781
11	胫骨点高	370	377	385	395	409	426	444	462	471	481	493	338	346	353	363	378	393	409	423	431	439	447
12	髂前上棘点高	824	839	854	869	897	924	955	980	996	1011	1037	767	783	791	806	829	855	885	913	930	944	960
13	上肢长	664	675	683	695	718	739	760	780	793	804	819	608	621	629	639	657	679	697	718	729	738	752
14	上臂长	275	285	289	296	307	318	331	340	347	354	361	256	264	268	274	284	295	306	314	322	329	334
15	前臂长	199	205	209	217	224	235	246	253	260	267	274	184	188	194	199	206	217	226	235	242	246	253
16	大腿长	424	440	451	462	480	498	517	534	545	556	567	404	412	421	430	445	465	484	506	519	530	545
17	小腿长	314	325	330	339	354	373	393	412	420	430	440	289	296	305	314	330	347	365	379	386	394	403
18	最大体宽	381	391	400	409	423	439	459	486	509	531	551	372	378	384	390	403	418	435	454	470	483	505
19	肩最大宽	371	383	389	398	412	426	442	460	471	485	513	357	363	369	374	385	397	411	425	436	446	458
20	肩宽	326	336	346	354	369	383	398	409	416	423	430	309	315	322	328	340	351	364	375	382	389	402
21	胸宽	268	277	284	292	304	320	335	352	363	372	385	253	259	265	273	284	298	310	322	330	338	350
22	腰宽	228	233	240	247	258	272	287	311	332	347	359	227	234	242	250	262	275	288	305	318	331	344
23	两髂嵴点间宽	236	241	247	253	264	276	291	311	331	350	363	233	242	247	254	265	278	252	307	318	328	340
24	臀宽	285	291	297	305	315	326	340	356	368	379	398	292	298	305	312	321	332	345	358	367	375	384
25	体厚	191	199	205	211	223	238	254	272	290	305	325	193	200	205	213	224	238	252	266	276	284	296
26	乳头点胸厚	177	182	186	192	201	214	228	247	260	274	290	179	187	192	198	209	221	236	253	263	272	282
27	胸厚	174	178	183	188	197	208	220	235	246	258	272	165	169	173	178	187	196	207	218	225	233	240

续表

序号	测量项目	男子											女子										
		百分位数											百分位数										
		P1	P2.5	P5	P10	P25	P50	P75	P90	P95	P97.5	P99	P1	P2.5	P5	P10	P25	P50	P75	P90	P95	P97.5	P99
立姿测量项目																							
28	腹厚	150	155	161	166	175	187	202	230	251	271	286	152	156	160	166	175	186	201	219	230	242	259
29	膝厚	97	101	103	106	111	117	123	129	133	137	141	94	97	99	101	105	110	116	121	124	128	132
30	颈围	301	306	310	317	329	342	357	374	385	400	410	272	278	282	287	297	307	319	332	342	350	358
31	胸围	742	757	771	791	823	867	917	987	1042	1086	1123	733	746	762	778	811	849	892	943	973	1005	1036
32	肘围	188	192	199	207	217	230	244	259	270	280	288	179	186	191	197	206	217	229	241	250	259	270
33	前臂围	198	203	208	215	225	237	249	262	272	281	291	185	190	194	199	208	218	229	239	246	253	264
34	腕围	136	140	144	148	156	164	173	183	192	201	210	128	132	135	139	144	151	159	169	178	203	219
35	腰围	577	594	610	625	656	693	742	832	900	948	997	577	593	606	624	653	690	734	791	835	875	914
36	腹围	611	630	644	661	690	727	776	871	940	981	1033	622	638	651	669	700	737	785	839	873	914	954
37	臀围	785	802	818	835	863	894	937	986	1026	1062	1118	804	818	832	847	870	900	935	974	1001	1025	1065
38	大腿围	418	431	443	455	477	506	545	588	620	649	686	435	449	459	471	493	517	547	581	608	637	667
39	腿肚围	290	298	307	315	330	349	370	396	413	426	445	288	296	304	311	323	339	356	376	387	397	410
坐姿测量项目																							
40	坐高	817	841	859	870	892	917	939	957	971	982	989	794	805	813	827	845	863	885	899	913	921	932
41	膝高	448	458	465	475	490	505	522	534	545	555	566	422	428	433	440	454	468	483	497	507	512	523
42	眼高	693	717	733	747	766	790	810	830	845	852	864	672	682	692	703	720	740	759	777	787	798	807
43	颈椎点高	575	596	607	618	639	657	679	695	708	716	728	556	567	577	585	599	617	635	653	664	675	693
44	肩高	524	538	549	563	582	603	625	643	653	661	675	506	516	524	534	549	567	585	599	610	621	632
45	小腿加足高(腘高)	353	362	369	381	393	414	433	450	460	467	479	331	335	346	353	368	379	393	407	414	425	433
46	臀宽	273	283	291	298	313	327	343	362	377	390	409	284	291	299	306	317	330	345	359	370	378	392
47	大腿厚	108	112	116	119	126	137	148	162	170	173	183	105	108	112	116	123	134	141	152	159	163	170
48	臀-膝距	510	519	526	535	552	572	590	608	620	630	642	492	501	509	516	531	548	566	582	592	600	610
49	臀-腘距	407	418	427	440	457	475	493	510	521	531	540	381	399	410	422	441	459	477	493	503	511	522
50	腹围	619	639	654	672	705	746	804	894	976	1043	1093	629	647	664	683	717	764	817	875	921	948	987
51	肘高	199	206	217	228	242	260	278	296	306	314	325	195	202	209	217	231	249	264	282	289	296	307
52	肩肘距	297	307	311	318	329	340	354	365	372	379	386	274	278	285	292	303	314	325	336	339	347	354

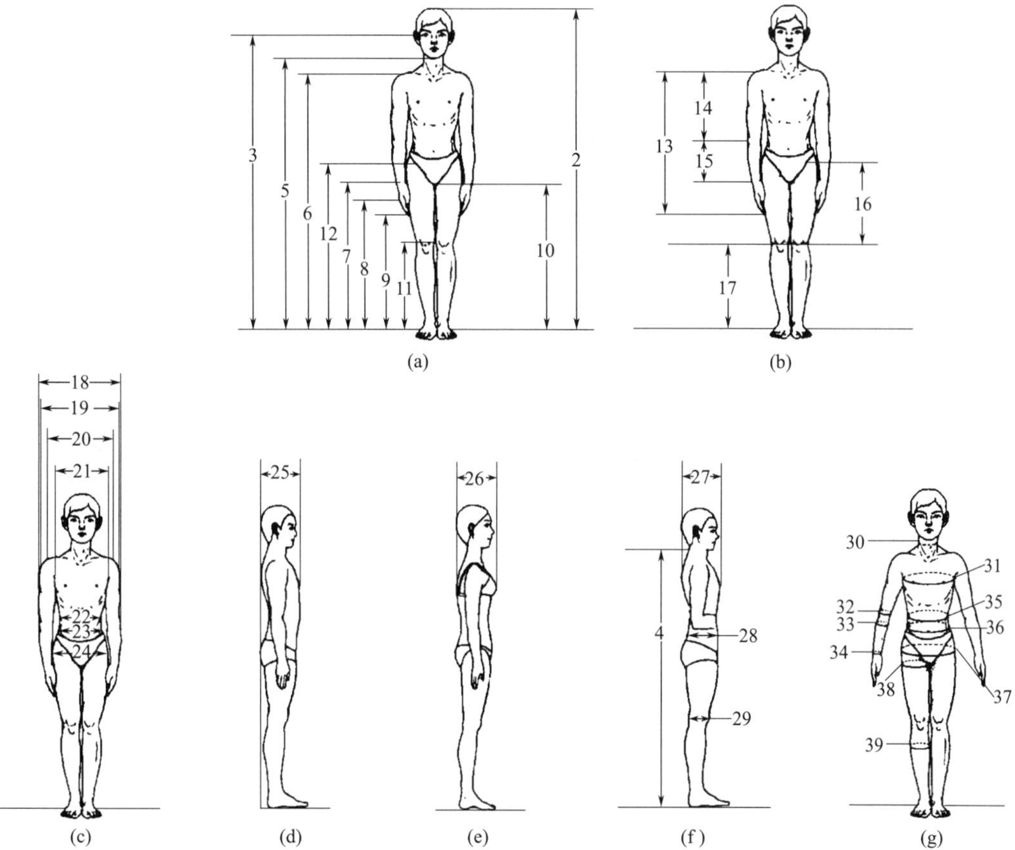

图 2-15　我国未成年人立姿测量项目示意（单位：mm）

2—身高；3—眼高；4—颈椎点高；5—颏下点高；6—肩高；7—桡骨茎突点高；8—中指指点高；9—中指指尖点高；10—会阴高；11—胫骨点高；12—髂前上棘点高；13—上肢长；14—上臂长；15—前臂长；16—大腿长；17—小腿长；18—最大体宽；19—肩最大宽；20—肩宽；21—胸宽；22—腰宽；23—两髂嵴点间宽；24—臀宽；25—体厚；26—乳头点胸厚；27—胸厚；28—腹厚；29—膝厚；30—颈围；31—胸围；32—肘围；33—前臂围；34—腕围；35—腰围；36—腹围；37—臀围；38—大腿围；39—腿肚围

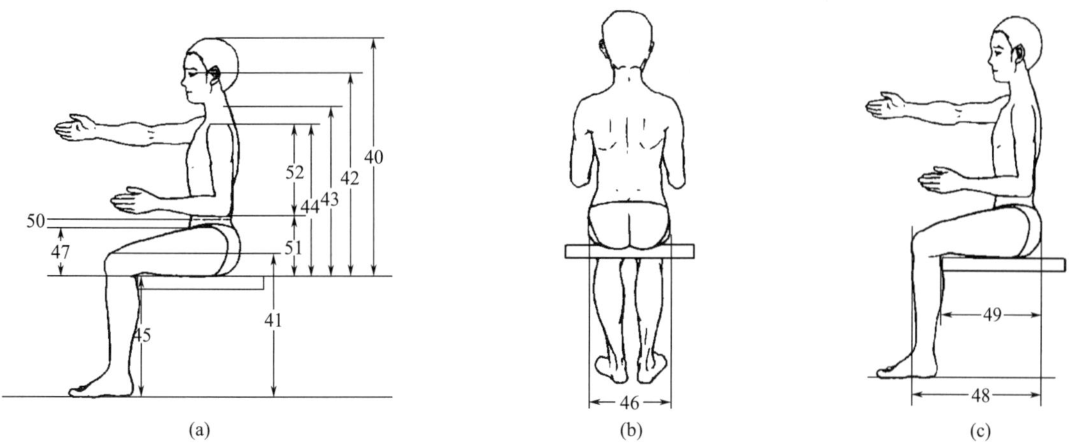

图 2-16　我国未成年人坐姿测量项目示意（单位：mm）

40—坐高；41—膝高；42—眼高；43—颈椎点高；44—肩高；45—小腿加足高（腘高）；46—臀宽；47—大腿厚；48—臀膝距；49—臀腘距；50—腹围；51—肘高；52—肩肘距

2.2.2 人体功能尺寸

人体功能尺寸是动态尺寸，是人在进行某种功能活动时肢体所能达到的空间范围，是被测者处于动作状态下所进行的人体尺寸测量。它是由关节的活动、转动所产生的角度与肢体的长度协调产生的范围尺寸，它对于解决许多带有空间范围、位置的问题很有帮助。

动态人体尺寸分为四肢活动尺寸和身体移动尺寸两类：四肢活动尺寸是指人体只活动上肢或下肢，而身躯位置并没有变化，其中四肢活动尺寸又可分为手的动作和脚的动作两种；身体移动包括姿势改换、行走和作业等。

虽然结构尺寸对某些设计很有帮助，但对于大多数的设计问题，功能尺寸可能更有广泛的用途，因为人总是在运动着，也就是说人体结构是一个活动的、可变的、而不是保持一定僵死不动的结构。在使用功能尺寸时强调的是在完成人体的活动时，人体各个部分是不可分的，不是独立工作的，而是协调动作。例如，人体手臂能达到的范围绝不仅仅取决于手臂的静态尺寸，它必然受到肩的运动、躯体的旋转和可能的弯背等影响，因此，人体手臂的动态尺寸大于其静态尺寸。如图 2-17 所示为根据结构尺寸和功能尺寸设计的车辆驾驶室，静态图强调驾驶员与驾驶座位、方向盘、仪表等的物理距离；动态图强调驾驶员身体各部位的动作关系。

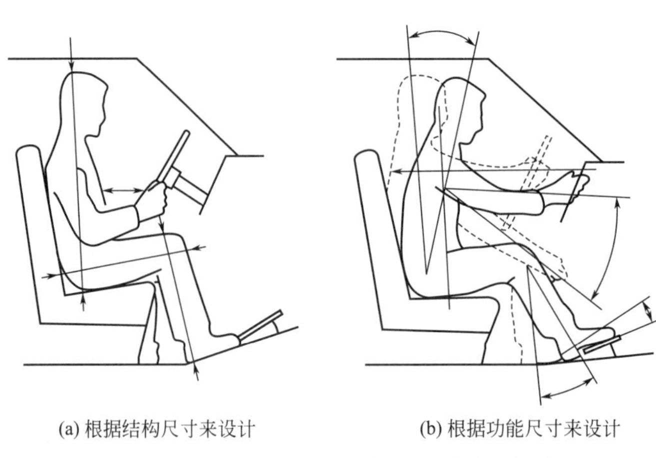

(a) 根据结构尺寸来设计　　(b) 根据功能尺寸来设计

图 2-17　根据结构尺寸和功能尺寸设计的驾驶室

再如，人所能通过的最小通道并不等于肩宽，因为人在向前运动中必须依赖肢体的运动。考虑过道时，人走路时要摇摆 5～6cm，至少要离墙壁 5cm，所以一个人走路时走道宽可设计成约 700mm，两个人走路时走道宽约 1300mm。

有一种翻墙的军事训练，2 米高的墙站在地面上是很难翻过去的，但是如果借助于助跑跳跃就可轻易做到，根据日本的资料，人跳高的能力 18 岁为 55cm。从这里可以看出人可以通过运动能力扩大自己的活动范围，因此在考虑人体尺寸时只参照人的结构尺寸是不够的，有必要把人的运动能力也考虑进去，企图根据人体结构去解决一切有关空间和尺寸的问题将很困难或者至少是考虑不足的。

人体结构尺寸和人体的功能尺寸都是家具和室内设计的基本依据，要合理确定一件家具的尺寸，都必须参照相应的人体结构尺寸和人体的功能尺寸，如椅子座高、座深的设计主要参照人体结构尺寸，分别以人体坐姿时的小腿加足高和坐深为基本尺度依据的。

对于另外一些尺寸又是以人处于不同姿态时手或足的活动范围为依据的，如柜类家具的隔板高度及物品的存放区域划分就是以手的活动范围和动作的难易程度为依据而设计的。大衣柜挂衣棒的高度就要求以人站立时上肢能方便到达的高度为准（图 2-18）。如图 2-19 所示为餐厅墙壁上的贮物格，其各层间高度的设计以手的活动范围和动作的难易程度为依据。

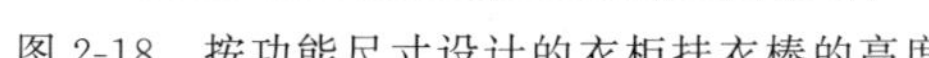

图 2-18　按功能尺寸设计的衣柜挂衣棒的高度

图 2-19　按功能尺寸设计的餐厅墙壁上的贮物格

室内设计时人体尺度具体数据的选用，应考虑在不同空间与围护的状态下，人们动作和活动的安全，以及对大多数人的适宜尺寸，并强调其中以安全为前提。对门洞高度、楼梯通行净高、栏杆扶手高度等，应取男性人体高度的上限，并适当加以人体动态时的余量进行设计；对踏步高度、上隔板或挂钩高度等，应按女性人体的平均高度进行设计。

国家标准 GB/T 13547—92《工作空间人体尺寸》提供了我国成年人立、坐、跪、卧、爬等常取姿势的功能尺寸数据，列于表 2-14。如表 2-14 所列数据均为裸体测量结果，使用时应增加修正余量。

表 2-14　我国成年人男女上肢功能尺寸　　单位：mm

测量项目 \ 百分位 \ 分组	男（18～60 岁）			女（18～55 岁）		
	5	50	95	5	50	95
立姿双手上举高	1971	2108	2245	1845	1968	2089
立姿双手功能上举高	1869	2003	2138	1741	1860	1976
立姿双手左右平展宽	1579	1691	1802	1457	1559	1659
立姿双臂功能平展宽	1374	1483	1593	1248	1344	1438
立姿双肘平展宽	816	875	936	756	811	869
坐姿前臂手前伸长	416	447	478	383	413	442
坐姿前臂手功能前伸长	310	343	376	277	306	333
坐姿上肢前伸长	777	834	892	721	764	818
坐姿上肢功能前伸长	673	730	789	607	657	707
坐姿双手上举高	1249	1339	1426	1173	1251	1328
跪姿体长	592	626	661	553	587	624

续表

测量项目 \ 百分位 \ 分组	男(18～60岁)			女(18～55岁)		
	5	50	95	5	50	95
跪姿体高	1190	1260	1330	1137	1196	1258
俯卧体长	2000	2127	2257	1867	1982	2102
俯卧体高	364	372	383	359	369	384
爬姿体长	1247	1315	1384	1183	1239	1296
爬姿体高	761	798	836	694	738	783

2.3 影响人体尺寸差异的因素

对人体尺寸测量如仅仅是着眼于积累资料是不够的，还要进行大量的细致分析工作。由于很多复杂的因素都在影响着人体尺寸，所以个人与个人之间，群体与群体之间，在人体尺寸上存在很多差异，不了解这些就不可能合理地使用人体尺寸的数据，也就达不到预期的目的。人体尺寸存在的差异主要表现在以下几个方面。

(1) 种族差异 不同的国家，不同的种族，因地理环境、生活习惯、遗传特质的不同，人体尺寸的差异是十分明显的（表 2-8），不论从尺寸绝对值上还是身材的体形特征、比例关系上均有所差异，如以身高为例，从日本人的 1651mm 到英国人的 1780mm，平均身高相差幅度竟达 129mm。

(2) 世代差异 如今人们生长加快是一个值得关注的问题，子女们一般比父母长的高，这个问题在总人口的身高平均值上也可以得到证实。欧洲的居民预计每十年身高增加 10～14mm。因此，若使用三四十年前的数据会导致相应的错误。

美国的军事部门每十年测量一次入伍新兵的身体尺寸，以观察身体的变化，第二次世界大战时期入伍的人的身体尺寸超过了第一次世界大战时期。美国卫生福利和教育部门在 1971～1974 年所做的研究表明：大多数女性和男性的身高比 1960～1962 年国家健康调查的结果要高。最近的调查结果表明 51%的男性高于或等于 175.3cm，而 1960～1962 年只有 38%的男性达到这个高度。认识这种缓慢变化与各种设备的设计、生产和发展周期之间的关系的重要性，并做出预测是极为重要的。

(3) 年龄的差异 年龄造成的差异也应注意，体形随着年龄变化最为明显的时期是青少年期。人体尺寸的增长过程，女子一般在 18 岁结束，男子一般在 20 岁结束（图 2-20）。

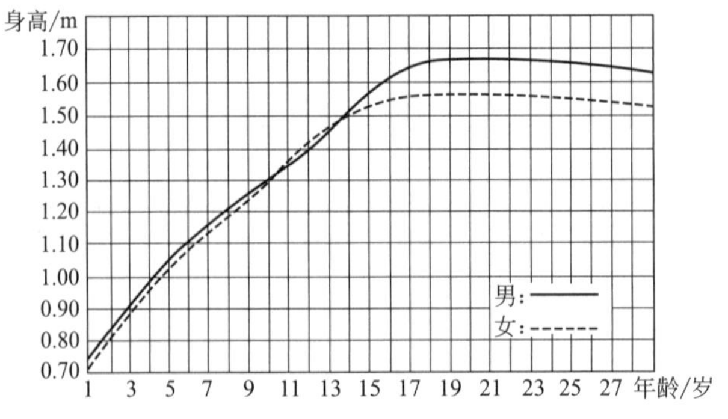

图 2-20 不同年龄人体的高度

此后，人体身高随年龄的增加而缩减，而体重、宽度及围长的尺寸却随年龄的增长而增加。一般来说，青年人比老年人身高高一些，老年人比青年人体重重一些。在进行某项设计时必须经常判断与年龄的关系，是否适用于不同的年龄。对工作空间的设计应尽量使其适应于20～65岁的人。对美国人的研究发现，45～65岁的人与20岁的人相比：身高减少4cm、体重增加6（男）～10（女）kg。

未成年人人体尺寸标准制定之前，建筑行业大多根据成年人的尺寸设计，房屋的层高、门的大小、通道的宽窄、护栏的高低和间隔、台阶的高矮、开关位置的设置等，甚至在校园和幼儿园内也是如此，留下很多安全隐患。目前我国已经制订了未成年人人体尺寸标准，这些资料对于设计儿童用具、设计幼儿园、学校是非常重要的。考虑到安全和舒适的因素则更是如此，儿童意外伤亡与设计不当有很大的关系。例如，阳台是儿童活动较多的地方，栏杆的垂直杆件间距若设计不当，容易造成事故。据说只要头部能钻过的间隔，儿童身体就可以过去，因儿童的头部比较大。按此考虑，栏杆的间距应必须阻止儿童头部的钻过（图2-21）。根据我国国家标准GB/T 26158—2010《中国未成年人人体尺寸》可知，4～6岁男孩第1百分位头宽为138mm，4～6岁女孩第1百分位头宽为137mm，为了使大部分儿童的头部不能钻过，多少要设计得窄一些。我国《住宅设计规范》（GB 50096—2011）规定：阳台栏杆设计应采用防止儿童攀登的构造，栏杆的垂直杆间净距不应大于0.11m，放置花盆处必须采取防坠落措施。另外，对于文化娱乐建筑、商业服务建筑、体育建筑、园林景观建筑等允许少年儿童进入活动的场所，当采用垂直杆件作栏杆时，其杆件净距也不应大于0.11m，才能有效防止儿童钻出。又如，幼儿园室内的窗台，考虑到适应幼儿的尺度，窗台高度常由通常的900～1000mm降至450～550mm，楼梯踏步的高度也在12cm左右，并应设置适应儿童和成人尺度的两档扶手。

图2-21 栏杆的间距应必须阻止儿童头部钻过

另外，对老年人人体尺寸研究的数据资料也相对较少，由于人类社会生活条件的改善，人的寿命增加，现在世界上进入人口老龄化的国家越来越多。所以设计中涉及老年人的各种问题不能不引起重视，应有针对老年人的功能尺寸，那种把老年人与一般成年人同等对待的想法是不科学的。在没有老年人的人体尺寸的情况下，至少有两个问题应引起注意。

① 无论男女，上年纪后身高均比年轻时矮；而身体的围度却会比一般的成年人大，需要更宽松的空间范围。

② 由于肌肉力量的退化，老年人伸手够东西的能力不如年轻人，因此，手脚所能触及的空间范围要比一般成年人小（图2-22）。

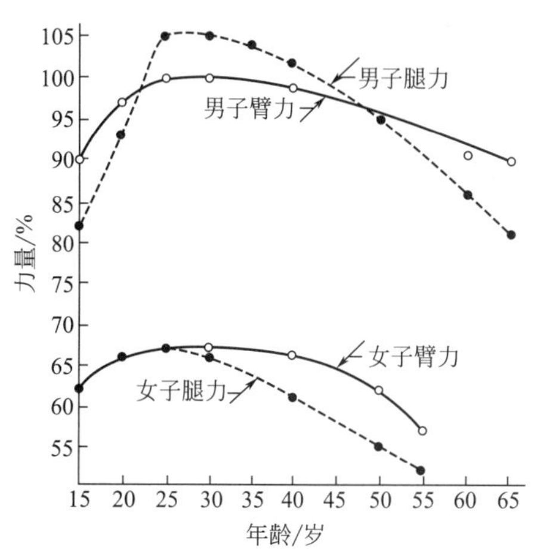

图2-22 人的臂力和腿力随年龄的变化

设计人员在考虑老年人的使用功能时，务必对上述特征给予充分的考虑。家庭用具的设计，

首先应当考虑到老年人的要求。因为家庭用具一般不必讲究工作效率，而首先需要考虑的是使用方便，在使用方便方面，年轻人可以迁就一些老年人。所以家庭用具，尤其是厨房用具，橱柜和卫生设备的设计，照顾老年人的使用是很重要的。

在老年人中，老年妇女尤其需要照顾，她们使用合适了，其他人的使用一般不致发生困难，虽然也许并不十分舒适，反之，倘若只考虑年轻人使用方便舒适，则老年妇女有时使用起来会有相当大的困难。如图 2-23 和图 2-24 所示为这方面有关的建议数据，可供参考。

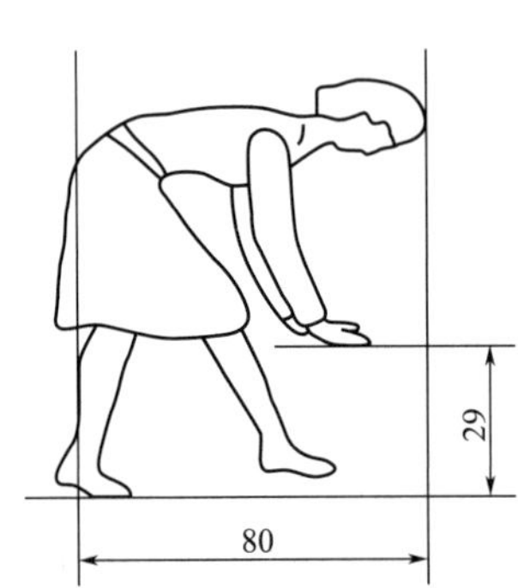

图 2-23　老年妇女弯腰所能及的范围（单位：cm）

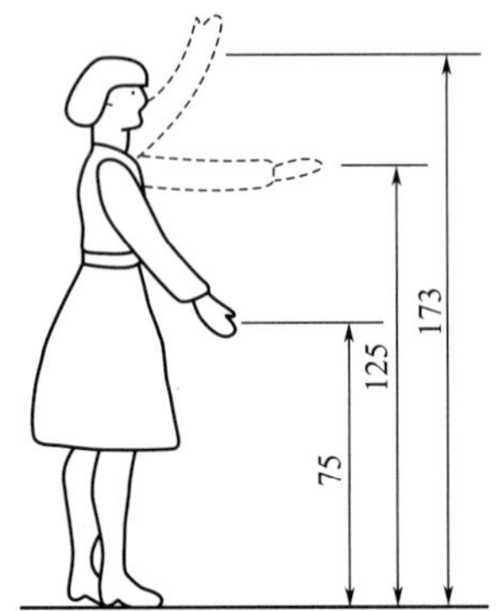

图 2-24　老年妇女站立时手所能及的高度（单位：cm）

近年来地下空间的疏散设计，如上海的地铁车站，考虑到老年人和活动反应较迟缓的人们，在安全疏散时间的计算公式中，引入了为这些人安全疏散多留 1min 的疏散时间余地。设计时应着重从老年人的行为生理特点来考虑。

(4) 性别差异　3～10 岁这一年龄阶段男女的差别极小，同一数值对两性均适用，两性身体尺寸的明显差别从 10 岁开始。

在男性与女性之间，人体尺寸、重量和比例关系都有明显差异。对于大多数人体尺寸，男性都比女性大些，但有四个尺寸——胸厚、臀宽、臂部、大腿周长的尺寸，女性比男性的大。男女即使在身高相同的情况下，身体各部分的比例也是不同的。同整个身体相比，女性的手臂和腿较短，躯干和头占的比例较大，肩较窄，骨盆较宽。皮下脂肪厚度及脂肪层在身体上的分布，男女也有明显差别。在设计中应注意这种差别，不能以矮小男性的人体尺寸代替女性人体尺寸。特别是在腿的长度起作用的地方，如坐姿操作的工作，考虑女性的尺寸非常重要。

(5) 职业差异　不同职业的人，在身体大小及比例上也存在着差异，例如，一般体力劳动者人体尺寸比脑力劳动者的稍大些，在我国一般部门的工作人员要比体育运动系统的人矮小。也有一些人由于长期的职业活动改变了形体，使其某些身体特征与人们的平均值不同。因此，对于不同职业所造成的人体尺寸差异在下述情况中必须予以注意：为特定的职业设计工具、用品和环境时；在应用从某种职业获得的人体测量数据去适用于另一种职业的工具、用品和环境时。

(6) 其他的差异　如地域性的差异，寒冷地区的人平均身高均高于热带地区，平原地区的人平均身高高于山区。社会的发达程度也是一种重要的差别，发达程度高，营养好，平均身高就高。即使是同一国家，不同区域也有差异，由表 2-7 列出的我国六个区域的人体体重、身高、胸围的均值和标准差中可明显看出这一差异。进行产品设计时，必须考虑不同国家、不同区域人体尺寸的差异。另外，随着国际间、区域间各种经贸活动的不断增多，不同民族、不同地区的人使用同一产品、同一设施的情况将越来越多，因此，在设计中考虑产品的多民族的通用性也将成为一个值得注意的问题。

了解人体测量数据的差异，在设计中就应充分注意它对设计中的各种问题的影响及影响的程度，并且要注意手中数据的特点，在设计中加以修正，不可盲目地采用未经细致分析的数据。

2.4 人体尺寸运用中应注意的问题

有了完善的人体尺寸数据以外，还要正确地使用这些数据，才能真正达到人体工程学的目的。

2.4.1 根据设计的使用者或操作者的状况选择数据

设计的任何产品都是针对一定的使用者来进行设计的，因此，选择适应设计对象的数据是很重要的，在设计时必须分析使用者的特征，清楚使用者的年龄、性别、职业和民族，包括在前述尺寸差异一节中所讲到的各种问题，使得所设计的室内环境和设施适合使用对象的尺寸特征。

2.4.2 百分位的运用

在很多的数据表中往往只给出了第 5 百分位、第 50 百分位和第 95 百分位的人体尺寸，为什么会这样呢，因为这三个数据是人们经常见到和用到的尺寸，最常用的是第 5 和第 95 百分位的人体尺寸，有人可能产生疑问，为什么不用平均值？可以举例说明。

例如，如果以第 50 百分位的身高尺寸来确定门的净高，这样设计的门会使 50%的人有碰头的危险。再比如，座位舒适的最重要的标准之一是使用者的脚要稳妥地踏在地面上，否则两腿会悬空，大腿软组织会过分受压，双腿会因坐骨神经受压而导致麻木，假设小腿加足高（包括鞋）的平均值是 44cm，若以此为依据，则设计出的椅子会有 50%的人脚踩不到地，妇女们的腿较短，使用这样的椅子会不合适。因此，坐平面高度的尺寸不能使用平均值，而是要用较小百分位的尺寸才合适。可见，在这里平均值不是普遍适用的。在某些场合，有些家具产品不使用极值（最大和最小），而要以人体平均尺寸为依据来进行设计，即第 50 百分位的尺寸数据，如柜台的高度如果按第 50 百分位的尺寸设计可能比按侏儒或巨人的尺寸设计更合适，这种方法照顾到了大多数人。学校的课桌高度就要以第 50 百分位的尺寸来设计。

经常采用第 5 百分位和第 95 百分位数据的原因正如前面所述，它们概括了 95%的大多数人的人体尺寸范围，能适应大多数人的需要。

设计中选择合理的百分位很重要，那么在具体的设计中如何来选择呢，简单地说有这样一个原则：“够得着的距离，容得下的空间”。选择测量数据要考虑设计内容的性质：一种是人在作业或进行其他活动时的接触空间，即人必须抓到碰到事物的空间（够得着的距离）；另一种是人在作业时或进行其他活动时所需要的活动空间（容得下的空间）。“够得着的距离”应严格按人体尺寸来设计，即采用较低百分位的数值，以保证能够得着，最好

采用可调节措施；“容得下的空间”往往大于人体尺寸，采用高百分位的数值，以保证能容得下。

人体尺寸有较大的个体差异，这就要求根据一定的准则来使用人体测量数据，从而保证家具产品符合大多数人的需要。通常使用最大准则、最小准则、可调准则和平均准则来设计家具，使用百分位的具体建议如下。

(1) 最大准则 最大准则是指家具产品的尺寸依据人体测量数据的最大值进行设计，采用最大准则时，常可取第95百分位尺寸进行设计，它能满足95%的大多数人的使用。例如，由人体总高度、宽度决定的物体，诸如门、入口、通道、座面的宽度、床的长度、担架等，其尺寸应以高个子的人为依据，若能满足大个的需要，小个子自然没问题。

特殊情况下，对于涉及人的健康、安全的产品，如果以第95百分位为限值会造成界限以外的人员使用时不仅不舒适，而且有损健康和造成危险。这时尺寸界限应扩大至第99百分位，如紧急出口的直径应以第99百分位的数据为准；又如，为了确定防护可伸达危险点的安全距离时，应取人的相应肢体部位的可达距离的第99百分位数上限值为依据。

(2) 最小准则 最小准则是指家具产品的尺寸依据人体测量数据的最小值来进行设计。采用最小准则时，可取第5百分位尺寸设计，产品能满足95%的大多数人的需要。例如，由人体某一部分决定的物体，诸如腿长、臂长决定的座面高度和手所能触及的范围等，其尺寸应以人体测量数据的第5百分位尺寸为依据，若小个子够得着，大个子自然没问题。

特殊情况下，对于涉及人的健康、安全的产品，如果以第5百分位为限值会造成界限以外的人员使用时不仅不舒适，而且有损健康和造成危险。这时尺寸界限应采用第1百分位，如使用者与紧急制动杆的距离以及栏杆间距常以第1百分位数据为准；在确定工作场所采用的栅栏结构、网孔结构或孔板结构的栅栏间距，网、孔直径也应取人的相应肢体部位的厚度的第1百分位为下限值。

(3) 平均准则 平均准则是指家具产品以人体平均尺寸为依据来进行设计，目的不在于确定界限，而在于决定最佳范围时，以第50百分位人体尺寸为依据，即以体型中等的人的人体测量数据为准，这种方法照顾到了大多数人。学校的课桌高度、门铃、插座和电灯开关的安装高度、门的把手或锁孔离地面的高度以及付账柜台高度就要以平均准则来设计。

(4) 可调节准则 在某些情况下，选择把家具产品的功能尺寸设计成可调的，也就是通过增加家具产品的尺寸范围来满足不同体型的人的需要，扩大使用的范围，并可使大部分人的使用更合理和理想。

例如，可升降的椅子（图2-25）和可调节的隔板（图2-26）。由于升降椅的高度是可调的，不同身高的人坐上去，可以根据自己的要求来调整它的高度。用可调准则时，取第5百分位与第95百分位尺寸作下限和上限，即大于第5百分位，小于第95百分位尺寸的人都可以根据自己的尺寸，把产品调整到适合自己的位置，它的满足度是90%，满足了大多数人的要求。有时需确定更大的幅度，可取第1百分位～第99百分位，尽量适用于更多的人；有时设计时不采用这样大的范围，简单地以第10百分位～第90百分位尺寸为幅度，因为这样的设计技术上简便，使用起来对大多数人合适。

图 2-25　可升降的椅子

图 2-26　通过隔板托来调节隔板的高度

2.4.3　在设计中应分别考虑各项人体尺寸

实践中常发生各项尺寸以比例适中的人为基准的错误做法，身高一样的人，例如，身高都是第 5 百分位的人，他们的坐高、坐深、伸手可及的范围也都相应较小，有人认为这是理所当然的，实际上并非完全如此。

如图 2-27 所示为一个身体比例均匀的人与身体比例不均匀的人（一边的人腿特别长，另一边的人上身特别长）的比较图。实际上身高相等的一组人里身体坐高的差在 10cm 内。

人体测量的每一个百分位数值，只表示某项人体尺寸，如身高第 50 百分位只表示身高处于第 50 百分位，并不表示身体的其他部分尺寸也处于第 50 百分位。绝对没有一个各项人体尺寸同时处于同一百分位的人（图 2-28），因此在设计时要分别考虑每个项目的尺寸。

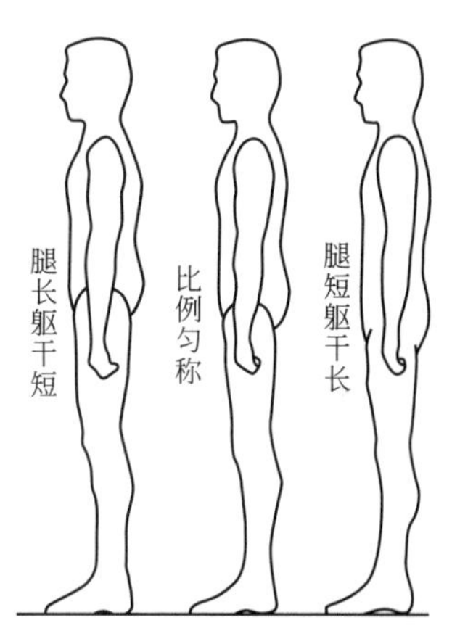

图 2-27　身高相等的一组人里身体各部分的比例

2.4.4　尺寸的定义

由于人体测量还是一门新兴的学科，经过专门训练的人不多，各国和地区的标准又不尽相同，所以很多的人体尺寸资料在文字和定义上相互是很难统一的，故使用中的一个重要问题是对人体尺寸应有明确的定义。仅仅以人体尺寸的名称去理解是不够的。此外对测量方法的说明也很重要。下面的例子说明了测量数值的变化与人体尺寸的关系。

如图 2-29 所示表示了“向前可及范围”测量值的变化与这一尺寸定义的关系。人的肩膀在肩胛骨是否紧贴墙面时，对于测量结果的精确性和测量结果的应用起重要作用。测量方法上的差别，使成年男子的向前可及范围的变化幅度可达 10cm。这种差别在有些设计中会有重要的影响，如是否戴有安全带。

如图 2-30 所示为身体坐高测量值的变化与该尺寸定义的关系。在这里，坐的姿势对测量值有很大的影响。身体坐高的差别对成年男子可达 6cm 以上，根据不同使用目的，这两种测量值都有用。

图中三条线表示三个人的实际尺寸数，从图中的折线可以看出，一个人的身体各部分尺寸不属于同一百分点，否则将是一条水平线

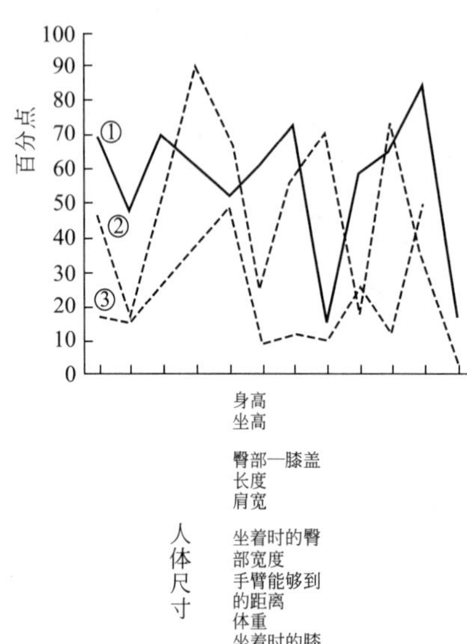

A
B
C
D
E

实际上，一个人的各项人体尺寸不会分布在同一百分点，如图所示，这个人有第50百分位的身高，而有第55百分位的侧向手握距离

A——第55百分位侧向手握距离
B——第60百分位手的长度
C——第40百分位膝盖高度
D——第45百分位前臂长度
E——第50百分位身高

图 2-28　一个人的身体各部分尺寸不属于同一百分位

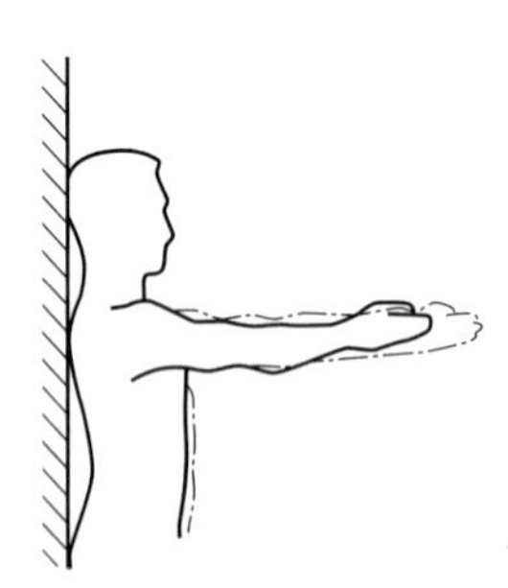

图 2-29 “向前可及范围”测量值的变化与该尺寸定义的关系

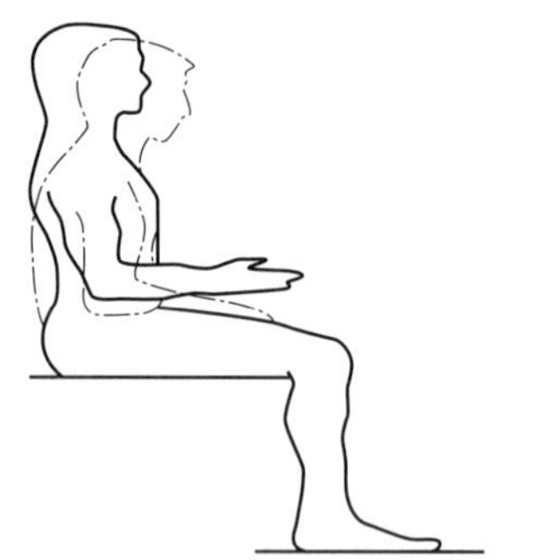

图 2-30　坐高（躯干高）测量数值的变化与该尺寸定义的关系

2.5 常用人体尺寸在设计中的应用

常用人体尺寸包括了结构尺寸和功能尺寸，在室内设计中最常用的尺寸有如下几方面。

(1) 身高　身高是指人身体直立、眼睛向前平视时从地面到头顶的垂直距离（图 2-31）。

应用：这些数据用于确定通道和门的最小高度。门的高度需要在身高的基础上再加 10cm。

如① 楼梯间休息平台净空：等于或大于 2100mm。

② 楼梯跑道净空：等于或大于 2300mm。

一般建筑规范规定的和成批生产制作的门和门框高度都适用于 99%以上的人，所以，这些数据可能对于确定人头顶上的障碍物高度更为重要。

注意：身高一般是不穿鞋测量的，故在使用时应给予适当补偿。

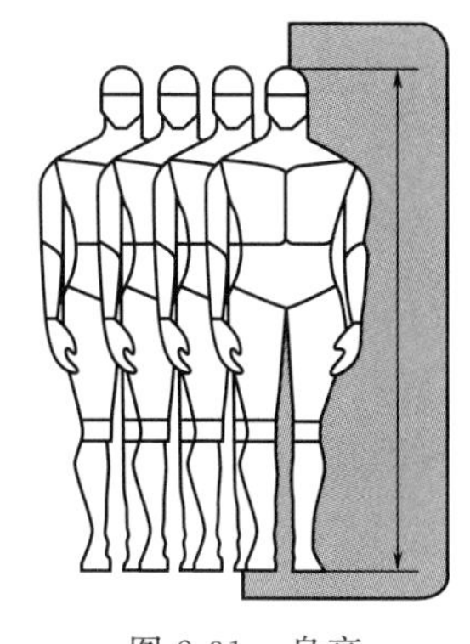

图 2-31　身高

百分位选择：由于主要的功用是确定净空高，所以应该选用高百分位数据。因为顶棚高度一般不是关键尺寸，设计者应考虑尽可能地适应 100%的人。

（2）眼高　眼高是指人身体直立、眼睛向前平视时从地面到内眼角的垂直距离（图 2-32）。

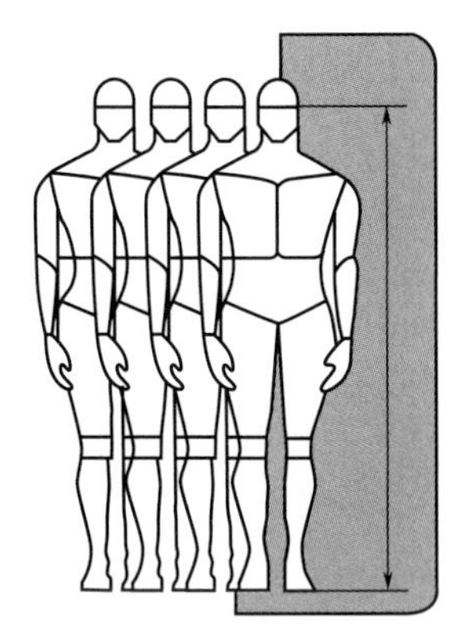

图 2-32　眼高

应用：这些数据可用于确定在剧院、礼堂、会议室等处人的视线；用于布置广告和其他展品；用于确定屏风和开敞式大办公室内隔断的高度。

注意：由于这个尺寸是光脚测量的，所以还要加上鞋的高度，男子大约需 2.5cm，女子大约需加 7.8cm。这些数据应该与颈部的弯曲和旋转以及视线角度资料结合使用，以确定不同状态、不同头部角度的视觉范围。

百分位选择：百分位选择将取决于关键因素的变化。例如，如果设计中的问题是决定隔断或屏风的高度，以保证隔断后面人的私密性要求，那么隔离高度就与较高人的眼睛高度有关（第 95 百分位或更高），其逻辑是假如高个子人不能越过隔断看过去，那么矮个子人也一定不能。反之，假如设计问题是允许人看到隔断里面，则逻辑是相反的，此时隔断高度应考虑较矮人的眼睛高度（第 5 百分位或更低）。

室内屏风式隔断系统在不同程度上起到了隔声和遮挡视线的作用，而且还划分工作单元的范围和通行通道。根据是把隔断一侧坐着的人的视线与另一侧站着的人的视线隔开，还是分隔两侧坐着的人的视线，可以把隔断设计成三种高度：120cm 以下的低隔断可保证坐姿时的私密性，站立时仍可自隔断顶部看出去；152cm 的隔断，可提供更高的视觉私密性，如果高的话，站起来仍可从上方看出去；第三种隔断约 203cm 以上，提供了最高的私密性，但会产生压迫感。高的隔断在界定分区时相当有用，但最好能配合较低的隔断，尤其在视觉接触的区域更是如此。有的系统也采用高及天花板的隔断。隔断的高度有时也具有象征意义——表示地位，资历越高的员工隔断越高，按此逐级排列下来。

（3）坐姿眼高　坐姿眼高是指人取坐姿时，人的内眼角到座椅表面的垂直距离（图 2-33）。

应用：当视线是设计问题的中心时，确定视线和最佳视区要用到这个尺寸，这类设计对象包括剧院、礼堂、教室和其他需要有良好视听条件的室内空间。

注意：应该考虑本书中其他地方所论述的头部与眼睛的转动范围，座椅软垫的弹性、座椅面距地面的高度和可调座椅的调节范围。

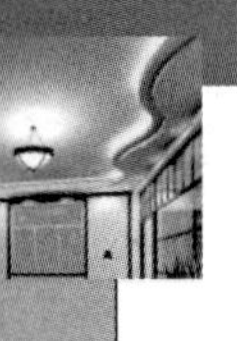

百分位选择：假如有适当的可调节性，就能适应从第 5 百分位到第 95 百分位或者更大的范围。

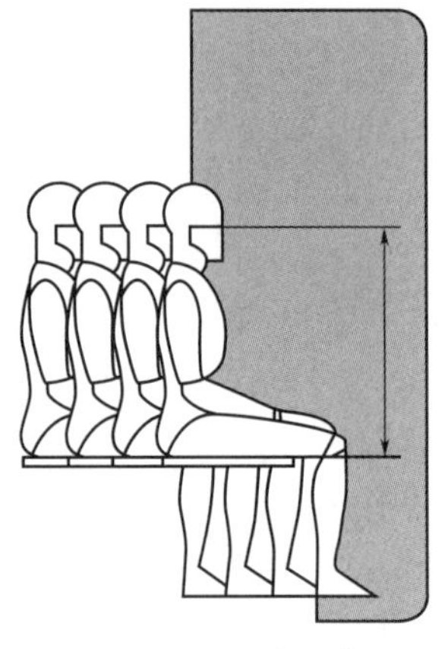

图 2-33　坐姿眼高

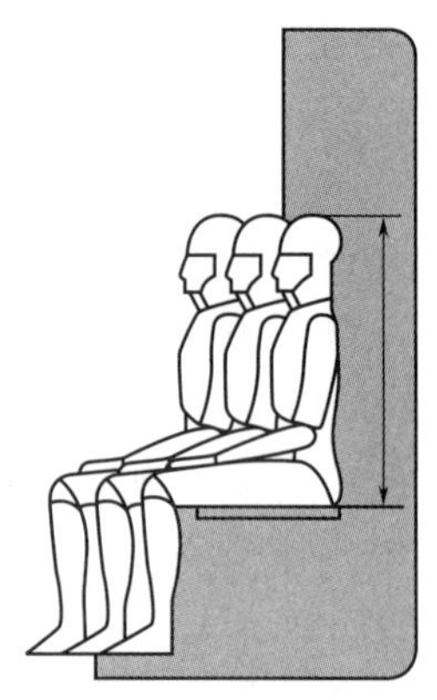

图 2-34　坐高

(4) 坐高　坐高是指人挺直坐着时，座椅表面到头顶的垂直距离（图 2-34）。

应用：用于确定座椅上方障碍物的允许高度。在布置双层床及进行创新的节约空间设计时，如利用阁楼下面的空间吃饭或工作都要由这个关键的尺寸来确定其高度。确定办公室或其他场所的低隔断要用到这个尺寸，确定火车座位要用到这个尺寸。

注意：座椅的倾斜、座椅软垫的弹性、衣服的厚度以及人坐下和站起来时的活动都是要考虑的重要因素。

百分位选择：由于涉及间距问题，采用第 95 百分位的数据是比较合适的。

(5) 坐姿肩高　坐姿肩高是指人取坐姿时，从肩峰点至椅面的垂直距离（图 2-35）。

应用：这些数据大多数用于机动车辆中比较紧张的工作空间的设计中，很少被建筑师和室内设计师所使用。但是，在设计一些对视觉和听觉有要求的空间时，这个尺寸有助于确定出妨碍视线的障碍物，在确定火车座位的高度以及类似的设计中有用。

注意：要考虑座椅软垫的弹性。

百分位选择：由于涉及间距问题，一般使用第 95 百分位的数据。

(6) 最大肩宽　最大肩宽是指人取立姿时，两个三角肌外侧最大水平距离（图 2-36）。

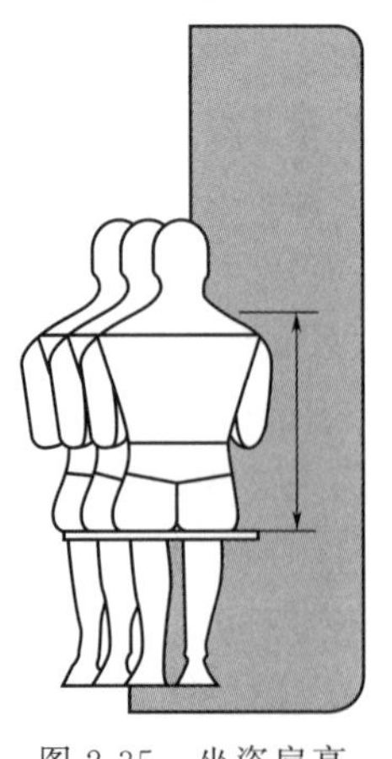

图 2-35　坐姿肩高

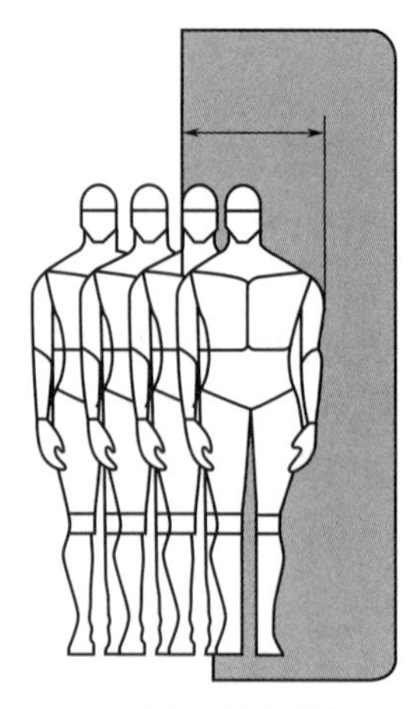

图 2-36　最大肩宽

应用：肩宽数据可用于确定环绕桌子的座椅间距和影剧院、礼堂中的排椅座位间距，也可用于确定公用和专用空间的通道间距。

例如，一个人的肩膀宽约在600mm左右，所以当要设计一条过道要容纳两个人的就得是1200mm宽，再考虑人走路时的摇摆，过道宽就得是1300mm。而这条过道仅仅能确保一人行进，一人侧避的情况下，过道就得是900～1000mm宽。

注意：用这些数据时要注意可能涉及的变化。要考虑衣服的厚度，对薄衣服要附加7.9mm，对厚衣服附加76mm。还要注意，由于躯干和肩的活动，两肩之间所需的空间会加大。

百分位选择：由于涉及间距问题，应使用第95百分位的数据。

(7) 坐姿两肘间宽 坐姿两肘间宽是指两肘屈曲、自然靠近身体、前臂平伸时两肘外侧面之间的水平距离（图2-37）。

应用：这些数据可用于确定会议桌、报告桌、柜台和牌桌周围座椅的位置。

注意：应该与最大肩宽尺寸结合使用。

百分位选择：由于涉及间距问题，应使用第95百分位的数据。

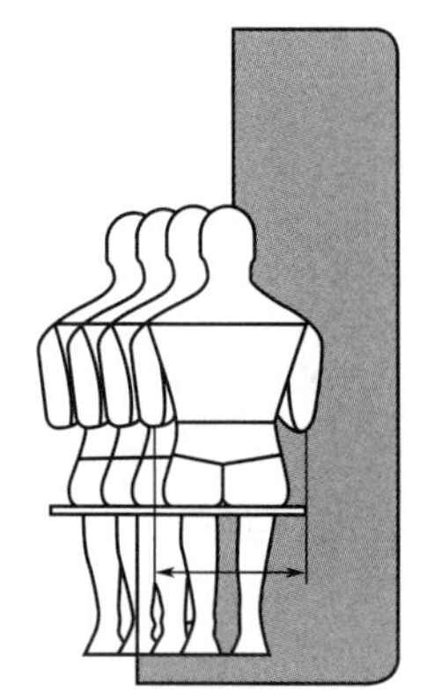

图2-37 坐姿两肘间宽

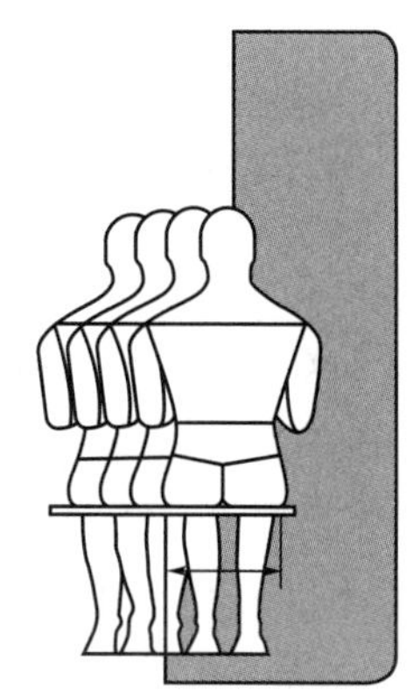

图2-38 坐姿臀宽

(8) 坐姿臀宽 坐姿臀宽指人取坐姿，臀部左、右外侧最突出部位间的横向水平直线距离（图2-38）。

应用：这些数据对于确定座椅内侧尺寸和设计酒吧、柜台和办公座椅极为有用。如座椅的座面宽度应保证人体臀部得到全部支持，并有一定的宽裕，使人能随时调整其坐姿，座椅的座面宽度就是由臀宽确定的。

注意：根据具体条件，与坐姿两肘间宽和最大肩宽结合使用。

百分位选择：由于涉及间距问题，应使用第95百分位的数据。

(9) 肘高 肘高是指人身体直立，上肢自然下垂，手掌朝向内侧时，从地面到人的前臂与上臂接合处可弯曲部分的距离（图2-39）。

应用：对于确定柜台、梳妆台、厨房案台、工作台以及其他站着使用的工作表面的舒适高度，肘部高度数据是必不可少的。通常，这些表面的高度都是凭经验估计或是根据传统做法确定的。然而，通过科学研究发现最舒适的高度是低于人的肘部高度7.6cm。另外，休息平面的高度应该低于肘部高度2.5～3.8cm。

注意：确定上述高度时必须考虑活动的性质，有时这一点比推荐的低于肘部高度7.6cm还重要。

百分位选择：假定工作面高度确定为低于肘部距离约 7.6cm，那么从 87.8（第 5 百分位数据）～102.0cm（第 95 百分位数据）这样一个范围都将适合中间的 90%的男性使用者。考虑到第 5 百分位的女性肘部高度较低，这个范围应为 82.3～94.7cm，才能对男女使用者都适应。由于其中包含许多其他因素，如存在特别的功能要求和每个人对舒适高度见解不同，等等，所以这些数值也只是假定推荐的。

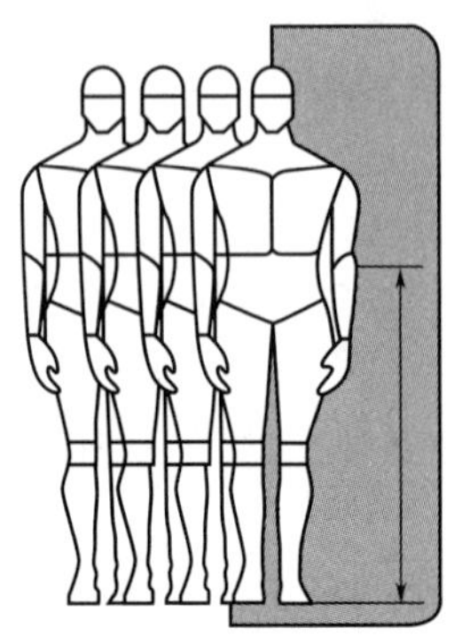

图 2-39　肘高

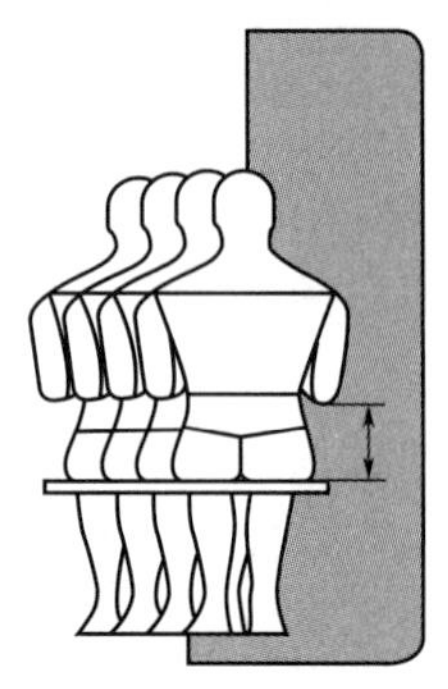

图 2-40　坐姿肘高

(10) 坐姿肘高　坐姿肘高是指屈臂时，肘部最低点至座椅表面的垂直距离（图 2-40）。

应用：与其他一些数据和考虑因素联系在一起，用于确定椅子扶手、工作台、书桌、餐桌和其他特殊设备的高度。

注意：座椅软垫的弹性、座椅表面的倾斜以及身体姿势都应予以注意。

百分位选择：坐姿肘高既不涉及间距问题也不涉及伸手够物的问题，其目的只是能使手臂得到舒适的休息即可。选择第 50 百分位左右的数据是合理的。在许多情况下，这个高度在 21～27.9cm。这样一个范围可以适合大部分使用者。

(11) 坐姿大腿厚　坐姿大腿厚是指从座椅表面到大腿与腹部交接处的大腿端部之间的垂直距离（图 2-41）。

应用：这些数据是设计柜台、书桌、会议桌、家具及其他一些室内设备的关键尺寸，而这些设备都需要把腿放在工作面下面。特别是有直拉式抽屉的工作面，要使大腿与大腿上方的障碍物之间有适当的间隙，这些数据是必不可少的。

注意：在确定上述设备的尺寸时，其他一些因素也应该同时予以考虑。如小腿加足高和座椅软垫的弹性。

百分位选择：由于涉及间距问题，应选用第 95 百分位的数据。

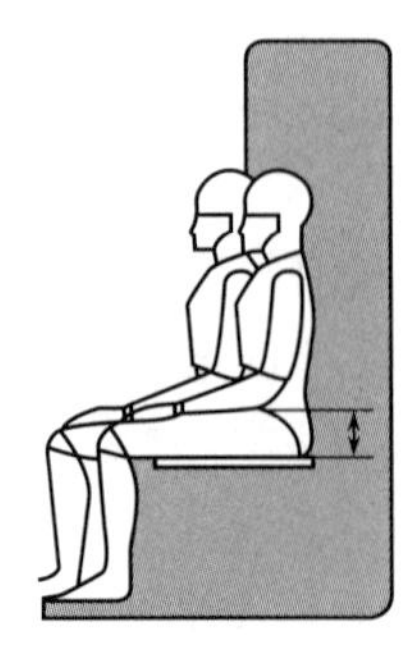

图 2-41　坐姿大腿厚

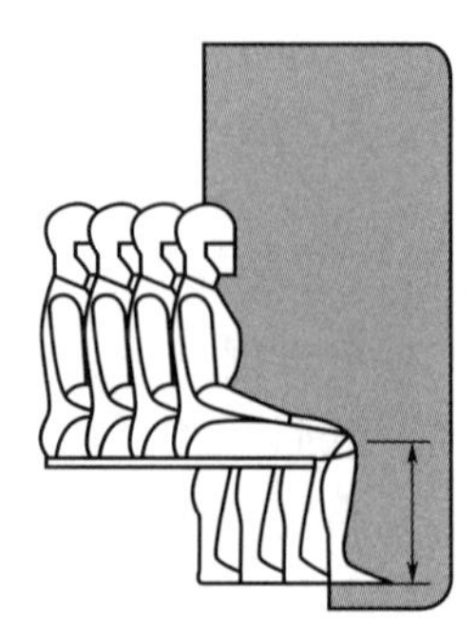

图 2-42　坐姿膝高

(12) 坐姿膝高 坐姿膝高是指人取坐姿时，从膑骨上方的大腿上表面至地面的垂直距离（图 2-42）。

应用：这些数据是确定从地面到书桌、餐桌、柜台底面距离的关键尺寸，尤其适用于使用者需要把大腿部分放在家具下面的场合。坐着的人与家具底面之间的靠近程度，决定了坐姿膝高和坐姿大腿厚是否是关键尺寸。

注意：要同时考虑座椅高度和坐垫的弹性。

百分位选择：要保证适当的间距，故应选用第 95 百分位的数据。

(13) 小腿加足高 小腿加足高是指人取坐姿，膝弯曲呈直角时，从搁足面到膝弯曲处大腿下表面的垂直距离（图 2-43）。

应用：这些数据是确定座椅面高度的关键尺寸，尤其对于确定座椅前缘的最大高度更为重要。

如设计座椅高度时，就是以人的座位（坐骨结节点）基准点为准进行测量和设计的，座椅高度常定在 380～440mm。因为高度小于 380mm，人的膝盖就会拱起引起不舒适的感觉，体压过于集中在坐骨上，时间久会产生疼痛感，而且起立时显得困难；高度大于人体下肢长度时，体压分散至大腿部分，使大腿内侧受压，出现下腿肿胀等。因此，座椅高度要合适，而小腿加足高是确定座椅面高度的关键尺寸。

注意：选用这些数据时必须注意坐垫的弹性。

百分位选择：确定座椅高度，应选用第 5 百分位的数据，因为如果座椅太高、大腿受到压力会使人感到不舒服。

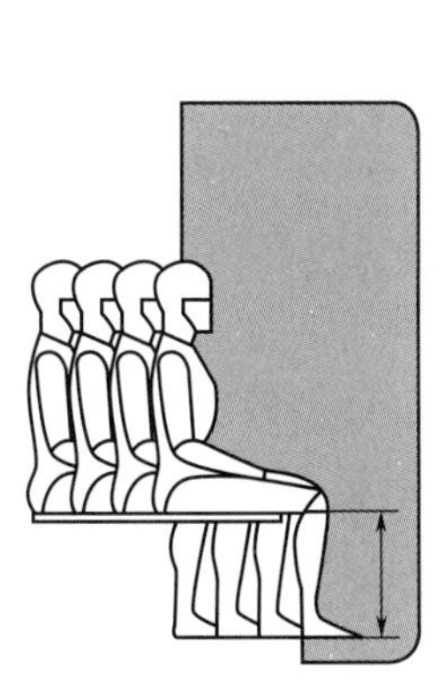
图 2-43 小腿加足高

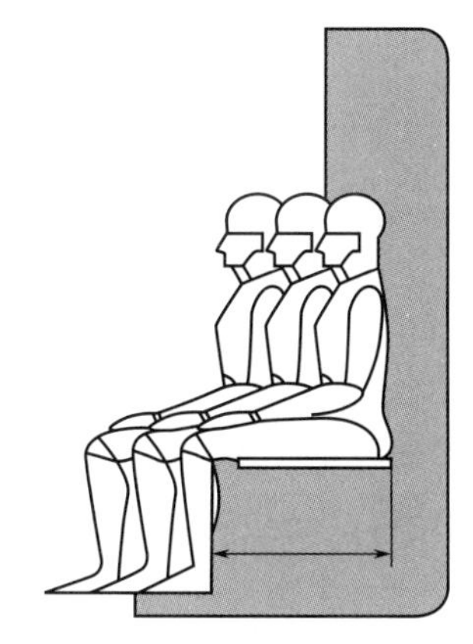
图 2-44 坐深

(14) 坐深 坐深是人取坐姿时，由臀部后缘最后突点至小腿腘窝后缘的水平直线距离（图 2-44）。

应用：这个长度尺寸用于座椅的设计中，尤其适用于确定腿的位置、确定长凳和靠背椅等前面的垂直面以及确定椅面的长度。例如，坐深是确定座椅面深度（座深）的关键尺寸，座深对人体的舒适感影响很大，如果座面过深则背部的支撑点悬空，使靠背失去作用，同时膝窝处还会受到压迫；如果座面过浅则大腿前部悬空，体重过多地由小腿承担，使小腿很快疲劳，因此，座椅面深度要合适，而坐深是确定座椅面深度的关键尺寸。

注意：要考虑椅面的倾斜度。

百分位选择：应该选用第 5 百分位的数据，这样能适应最多的使用者。如果选用第

95 百分位的数据，则只能适合坐深较长的人、而不适合坐深较短的人。

(15) 臀膝距 臀膝距是指被测者取坐姿，从臀部后缘至膑骨前缘的水平直线距离（图 2-45）。

应用：这些数据用于确定椅背到膝盖前方的障碍物之间的适当距离，例如，用于影剧院、礼堂和作礼拜的固定排椅设计中。

注意：这个长度比臀部—足尖长度要短，如果座椅前面的家具或其他室内设施没有放置足尖的空间，就应应用臀部—足尖长度。

百分位选择：由于涉及间距问题，应选用第 95 百分位的数据。

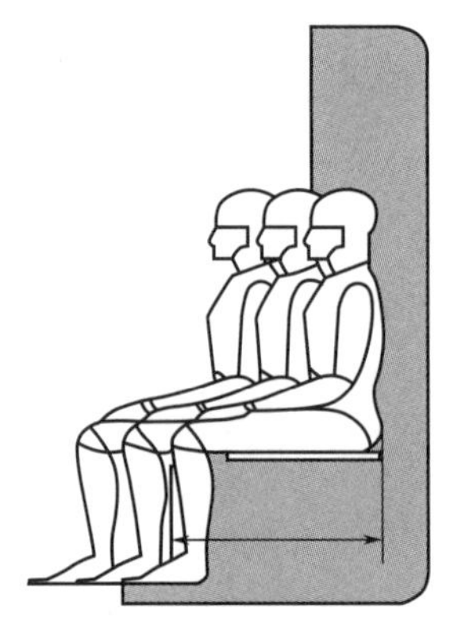
图 2-45 臀膝距

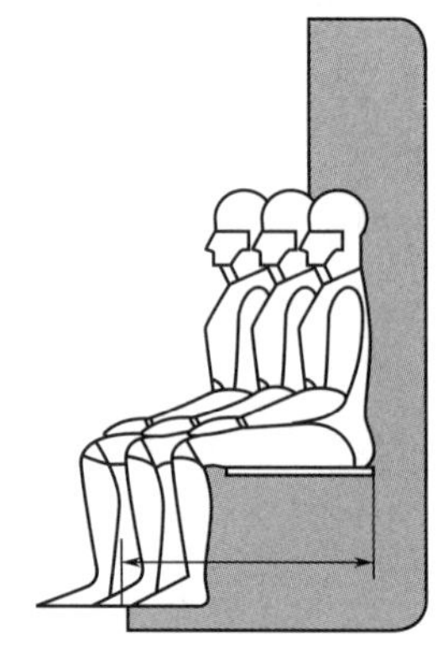
图 2-46 臀部—足尖长度

(16) 臀部—足尖长度 臀部—足尖长度是从臀部最后面到脚趾尖端的水平距离（图 2-46）。

应用：这些数据用于确定椅背到膝盖前方的障碍物之间的适当距离。例如，用于影剧院、礼堂的固定排椅设计中。

注意：如果座椅前方的家具或其他室内设施有放脚的空间，而且间隔要求比较重要，就可以使用臀膝距来确定合适的间距。

百分位选择：由于涉及间距问题，应选用第 95 百分位的数据。

(17) 垂直手握高度 垂直手握高度是指人站立、手握横杆，然后使横杆上升到不使人感到不舒服或拉得过紧的限度为止，此时从地面到横杆顶部的垂直距离（图 2-47）。

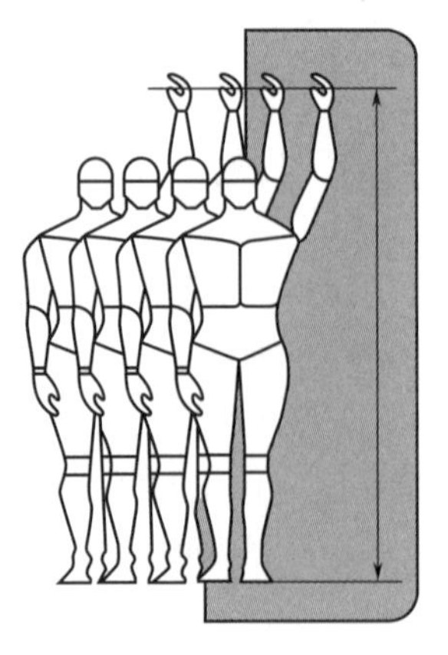
图 2-47 垂直手握高度

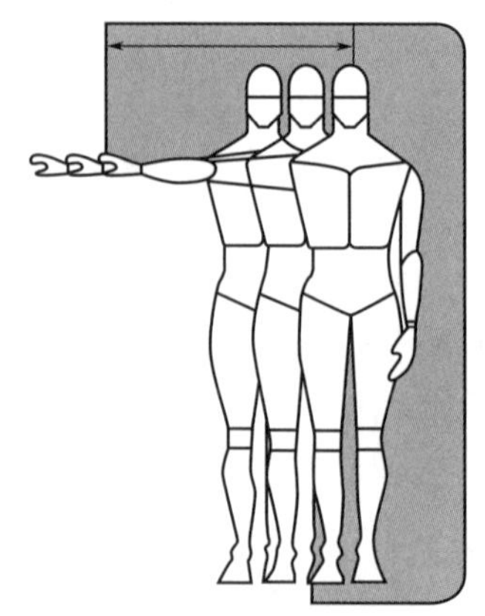
图 2-48 侧向手握距离

应用：这些数据可用于确定开关、控制器、拉杆、把手、书架以及衣帽架等的最大高度。

注意：尺寸是不穿鞋测量的，使用时要给予适当的补偿。

百分位选择：由于涉及伸手够东西的问题，如果采用高百分位的数据就不能适应小个子人，所以设计出发点应该基于适应小个子人，这样也同样能适应大个子人。

(18) 侧向手握距离 侧向手握距离是指人直立、右手侧向平伸握住横杆，一直伸展到没有感到不舒服或拉得过紧的位置，这时从人体中线到横杆外侧面的水平距离（图 2-48）。

应用：这些数据有助于设备设计人员确定控制开关等装置的位置，它们还可以为建筑师和室内设计师用于某些特定的场所，如医院，实验室等。如果使用者是坐着的，这个尺寸可能会稍有变化，但仍能用于确定人侧面的书架位置。

注意：如果涉及的活动需要使用专门的手动装置、手套或其他某种特殊设备，这些都会延长使用者的一般手握距离，对于这个延长量应予以考虑。

百分位选择：由于主要是确定手握距离，这个距离应能适应大多数人，因此，选用第 5 百分位的数据是合理的。

(19) 向前手握距离 向前手握距离是指人肩膀紧靠墙壁直立，手臂向前平伸，食指与拇指尖接触，这时从墙到拇指梢的水平距离（图 2-49）。

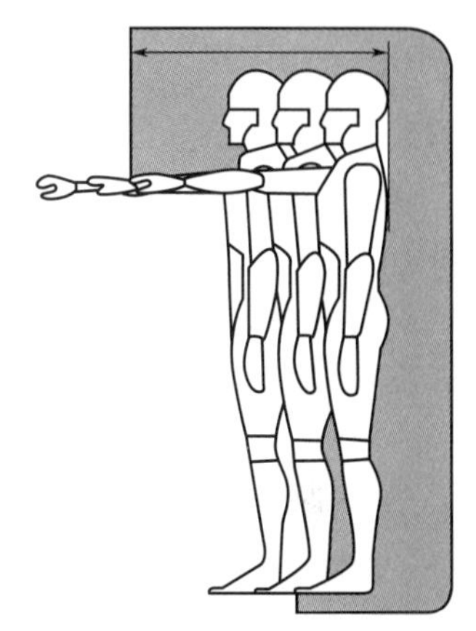

图 2-49 向前手握距离

应用：有时人们需要越过某种障碍物去够一个物体或者操纵设备，这些数据可用来确定障碍物的最大尺寸。如在工作台上方安装隔板或在办公室工作桌前面的低隔断上安装小柜。

注意：要考虑操作或工作的特点。

百分位选择：同侧向手握距离相同，选用第 5 百分位的数据，这样能适应大多数人。

2.6 产品功能尺寸的设定

2.6.1 产品功能尺寸设定的概念

产品最小功能尺寸是指为了保证实现产品的某项功能而设定的产品最小尺寸。

产品最佳尺寸是指为了方便、舒适地实现产品的某项功能而设定的产品尺寸。

国家标准《在产品设计中应用人体尺寸百分位数的通则》（GB/T 12985—91）中对产品最小尺寸和产品最佳尺寸进行了规定：

产品最小尺寸＝人体尺寸百分位数＋功能修正量

产品最佳尺寸＝人体尺寸百分位数＋功能修正量＋心理修正量

例如，在进行船舶的最低层高设计时，男子身高第 95 百分位数为 1775mm，鞋跟高修正量为 25mm，高度最小余裕量为 90mm。所以，船的最低层高＝1775＋(25＋90)＝1890mm。

在进行船舶的最佳层高设计时，男子身高第 95 百分位数为 1775mm，鞋跟高修正量为 25mm，高度最小余裕量为 90mm，高度的心理修正量为 115mm。所以，船的最佳层

高＝1775＋(25＋90)＋115＝2005mm。

2.6.2 功能修正量

功能修正量是为了保证实现产品的某项功能而对作为产品尺寸设计依据的人体尺寸百分位数所作的尺寸修正量。产品功能尺寸设定时为什么要考虑功能修正量呢？首先，因为GB/T 10000 中的列表值均为裸体测量的结果，在产品尺寸设计而采用它们时，应考虑由于穿鞋引起的高度变化量和穿着衣服引起的围度、厚度变化量。其次，在人体测量时要求躯干采取挺直姿势，但人在正常作业时，躯干采取自然放松的姿势，因此要考虑由于姿势的不同所引起的变化量。最后是为了确保实现产品的功能所需的修正量。所有这些修正量总计为功能修正量。

例如，着衣修正量：坐姿时的坐高、眼高、肩高、肘高加 6mm，胸厚加 10mm，臀膝距加 20mm。

穿鞋修正量：身高、眼高、肩高、肘高对男子加 25mm，对女子加 20mm。

姿势修正量：立姿时的身高、眼高等减 10mm；坐姿时的坐高、眼高减 44mm。

在确定各种操纵器的布置位置时，应以上肢前展长为依据，但上肢前展长是后背至中指尖的距离，因此对按按钮、推滑板推钮、搬动搬钮开关的不同操作功能应作如下修正：按减 12mm、推和搬减 25mm。

2.6.3 心理修正量

心理修正量是指为了消除空间压抑感、恐惧感或为了追求美观等心理需要而作的尺寸修正量。

在护栏高度设计中，对于 3000～5000mm 高的工作台，只要栏杆高度略微超过人体重心高就不会发生因人体重心高所致的跌落事故，但对于高度更高的平台来说，操作者在这样高的平台栏杆旁时，因恐惧心理而足发“酸、软”，手掌心和腋下出“冷汗”，患恐高症的人甚至会晕倒，因此只有将栏杆高度进一步加高才能克服上述心理障碍。这项附加的加高量便属于“心理修正量”。

在确定下蹲式厕所的长度和宽度时，应以下蹲长和最大下蹲宽为尺寸依据，再加上由于衣服厚度引起的尺寸增加和上厕所时所进行的必要动作引起的变化量作为功能修正量。但这时厕所的门就几乎紧挨着鼻子，使人在心理上产生一种“空间压抑感”，因此还应增加一项心理修正量。

本章思考题

一、填空题

1. 人体测量的主要内容包括：__________、__________和__________。

2. 统计学表明，任意一组特定对象的人体尺寸，其分布规律符合__________分布，绝大部分属于中间值，只有一小部分属于过大和过小值。

3. 第 5 百分位表示有__________的人的尺寸等于或小于该尺寸；第 95 百分位表示有__________的人体尺寸高于此尺寸；第 50 百分位表示__________的人体尺寸。

4. 人体构造尺寸指的是__________的人体尺寸，人体功能尺寸指的是__________的人体尺寸，是人在进行某种__________活动时__________所能达到的空间范围。

5. “够得着的距离”一般选用__________百分位的尺寸，以保证能够得着；“容得下的空间”一般选用__________百分位的尺寸，以保证能容得下。(填高或低)

6. 由人体某一部分决定的物体，诸如腿长、臂长决定的座面高度和手所能触及的范围等，其尺寸确定应按__________准则，即以人体测量数据的第__________百分位尺寸为依据。

7. 由人体总高度、宽度决定的物体，诸如门、入口、通道、座面的宽度、床的长度、担架等，其尺寸依据__________准则进行设计，常以人体测量数据的第__________百分位的人体尺寸数值为依据。

8. 门的净高经常以第__________百分位的__________尺寸来确定。

9. 确定可升降的椅子高度时，如果取第 5 百分位～第 95 百分位小腿加足高这个范围之内的值，说明此设计能满足__________%的人。

10. 柜台和学校的课桌高度常按第__________百分位的尺寸设计。

11. 在设计一种座面功能尺寸不可调的椅子时，座面的高度尺寸应以人体__________尺寸的第__________百分位为设计依据；座面的宽度尺寸应以人体__________尺寸的第__________百分位为设计依据；座面深度应以人体__________尺寸的第__________百分位为设计依据。

12. 如果设计中的问题是决定隔断或屏风的高度，以保证隔断后面人的私密性要求，隔断高度的确定应考虑人的__________尺寸，且应取第__________百分位或更高。

13. 对于确定柜台、梳妆台、厨房案台、工作台以及其他站着使用的工作表面的舒适高度时，__________尺寸是必不可少的数据。

14. __________是用于确定椅子扶手的关键人体尺寸。

15. 如果座椅前面的家具或其他室内设施没有放置足尖的空间，确定椅背到膝盖前方长障碍物的距离时，就应使用__________尺寸。

16. __________尺寸常用于确定衣帽架的最大高度。

17. 如果在工作台上方安装隔板或在办公室工作桌前面的低隔断上安装小柜，应考虑__________尺寸。

18. 国家标准《在产品设计中应用人体尺寸百分位数的通则》(GB/T 12985—91) 中对产品最小尺寸规定为：产品最小尺寸等于__________加上__________。

二、选择题

1. 在通道设计中，应参照（　　）的人体尺度进行设计。

A. 第 5 百分位　　B. 第 10 百分位　　C. 第 50 百分位　　D. 第 95 百分位

2. 人体测量学中的百分位数是指（　　）。

A. 比平均值大的百分位数

B. 比平均值小的百分位数

C. 有百分之多少的人其测量值等于或小于该值对应的数值

D. 与平均值相差不大的百分位数

3. 如果在设计中，由于经济原因，椅子的高度不能设计成可调式的，那么设计中应选择（　　）。

A. 中值　　B. 均值　　C. 大百分位数　　D. 小百分位数

4. 常用百分位取（　　）。

A. 第 50 百分位和第 100 百分位　B. 第 1 百分位和第 99 百分位
C. 第 5 百分位和第 95 百分位

5. 当确定手握距离时，应选用（　）的数据是合理的。
A. 大小百分位数均可　B. 大百分位
C. 50 百分位　D. 小百分位数

6. 当设计由人体总高度、宽度决定物体，如门、通道、座面宽度、床的长度等应以第（　）百分位的数值为依据。
A. 5　B. 95　C. 50　D. 0

7. 坐姿眼睛的高度可以用以确定（　）。
A. 门高　B. 窗高　C. 电视悬挂的高度　D. 座位面高度

8. 第 5 百分位的身高（　）第 95 百分位的身高。
A. 大于　B. 小于　C. 等于　D. 小于等于

9. 测得人的身高可以用以确定（　）。
A. 门高　B. 窗宽
C. 门的宽度　D. 厨房案台的高度

10. 由于活动空间应尽可能适应于绝大多数人的使用，设计时应以（　）人体尺寸为依据。
A. 低百分位　B. 高百分位　C. 中高百分位　D. 中低百分位

11. 对于设计“够得着的距离”，一般选用多少百分位上的尺寸？（　）
A. 第 5 百分位　B. 50 百分位　C. 95 百分位　D. 99 百分位

12. 在考虑门把手的设计高度时，设计人员应该参照的人体测量百分数值应为（　）。
A. 第 5 百分位　B. 第 50 百分位　C. 第 80 百分位　D. 第 95 百分位

13. 为了防止儿童意外伤亡，幼儿园的栏杆间距不宜超过（　）。
A. 11cm　B. 30cm　C. 40cm　D. 48cm

14. 设计的目的不在于确定界限，而在于决定最佳范围时，如确定设计门铃、电灯开关高度时应以第（　）百分位的数值为依据。
A. 95　B. 50　C. 5　D. 1

15. （　）是指对长度尺寸、体型、体积、体表面积等的测定。
A. 形态测量　B. 生态测量　C. 运动测量　D. 生理测量

16. 当设计数据有关人的安全时，如在设计栏杆间距时应以第（　）百分位的数值为依据。
A. 1　B. 5　C. 50　D. 60

17. 人的肘部高度可以用以确定（　）。
A. 门高　B. 窗高
C. 门的宽度　D. 厨房案台的高度

18. 在设计紧急出口的直径时应以第（　）百分位的数值为依据。
A. 99　B. 50　C. 5　D. 0

19. （　）是指测定生理现象，如疲劳测定、触觉测定、出力范围测定等。
A. 形态测量　B. 生态测量　C. 运动测量　D. 生理测量

20. 由人体某一部分决定的物体，诸如小腿加足高决定的座面高度，其尺寸应以人体测量数据的第（　　）百分位尺寸为依据。

A. 95　　B. 50　　C. 5　　D. 1

三、简答题

1. 请简要说明臀部—足尖长度和臀膝距在应用上有何差别？

2. 坐姿大腿厚在设计中主要用于哪些场合？

3. 人体尺寸的差异表现在哪些方面？

4. 人体尺寸分为哪两类？它们各自的定义是什么？

5. 什么是百分位？请说明百分位运用中的准则。

6. 已知某地区人的足长平均值为 264.0mm，标准差为 45.6mm，求适合于该地区 90％的人穿的鞋子长度值。

7. 公共汽车车门的高度一般是按男子与车门碰头机会在 0.01 以下来设计的，设某地区男子平均身高 170.0cm，标准差为 6cm，请问车门高度应如何确定？

3 人体动作空间

人体动作空间主要分为肢体活动范围和人体活动空间（作业空间）两类。

肢体活动范围是人体处于静态时，肢体围绕着躯体做各种动作，这些由肢体的活动所划出的限定范围即是肢体活动范围。它由肢体活动角度和肢体的长度组成，它强调作业时人的躯体保持静止，所得人体数据等同于人体尺度中的人体功能尺寸。

人体活动空间是指人体处于动态时的全身的动作范围，它强调人的肢体在躯体的帮助下究竟可以伸展到何种程度。例如，在人体姿势的变换或人体移动的情况下，在进行室内空间设计时就不能单纯地只考虑人体本身的尺度，还需考虑人体运动时肢体的摆动或身体的回旋余地所需的空间。

3.1 肢体活动范围

3.1.1 肢体活动角度

肢体的活动角度（图 3-1 和表 3-1）在解决某些问题上有用，如视野、踏板行程、扳杆的角度等。但很多情况下人的活动并非是单一关节的运动，而是多个关节协调的联合运动，所以单一的角度是不能解决所有问题的。

表 3-1　身体各部位的活动范围数据

身体部位	移动关节	动作方向	动作角度	
			编号	(°)
头	脊柱	向右转	1	55
		向左转	2	55
		屈曲	3	40
		极度伸展	4	50
		向一侧弯曲	5	40
		向一侧弯曲	6	40
肩胛骨	脊柱	向右转	7	40
		向左转	8	40

续表

身体部位	移动关节	动作方向	动作角度	
			编号	(°)
臂	肩关节	外展	9	90
		抬高	10	40
		屈曲	11	90
		向前抬高	12	90
		极度伸展	13	45
		内收	14	140
		极度伸展	15	40
		外展旋转(外观)	16	90
		外展旋转(内观)	17	90
手	腕关节	背屈曲	18	65
		掌屈曲	19	75
		内收	20	30
		外展	21	15
		掌心朝上	22	90
		掌心朝下	23	80
腿	髋关节	内收	24	40
		外展	25	45
		屈曲	26	120
		极度伸展	27	45
		屈曲时回转(外观)	28	30
		屈曲时回转(内观)	29	35
小腿 足	膝关节 踝关节	屈曲	30	135
		内收	31	45
		外展	32	50

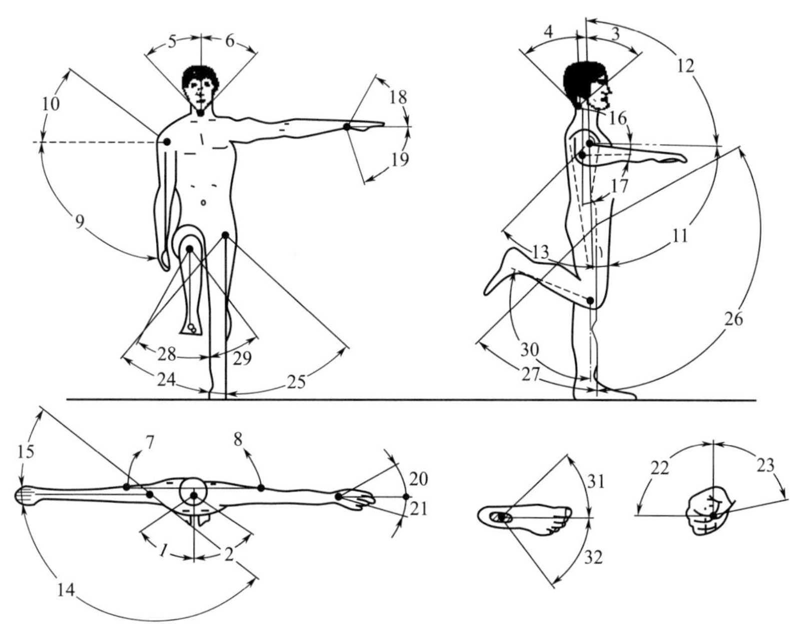

图 3-1 身体各个部位的活动范围

(各种动作的编号注解列于表 3-1 中)

3.1.2 肢体活动范围

肢体活动范围实际上也就是人们在各种作业环境中，在某种姿态下肢体所能触及的空间范围，因为这一概念也常常被用来解决人们在各种作业环境中的工作位置的空间问题，所以也被称为作业域。人在工作台、机器前操作时最经常使用的是上肢，此时的动作在某一限定范围内均呈弧形。人们工作时由于姿势不同，其作业域也不同。人们不可能对所有的情况都进行研究，只能考虑比较常见的情况。把人们经常采取的姿态归纳起来基本上是四种：立、坐、跪、卧。常用的立、坐、跪、卧等作业姿势的作业域可满足人体作业空间概略设计的需要。各种常见姿态的作业域见图 3-2。

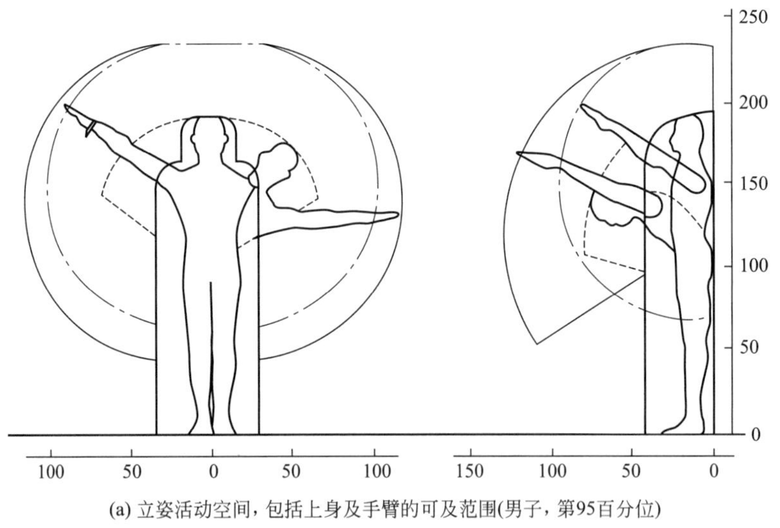

(a) 立姿活动空间，包括上身及手臂的可及范围(男子，第95百分位)

—— 稍息站立时的身体范围，为保持身体姿势所必需的平衡活动已考虑在内

—— 上身一起动时手臂的活动空间

------ 头部不动，上身自髋关节起前弯、侧弯时的活动空间

—·— 上身不动时，手臂的活动空间

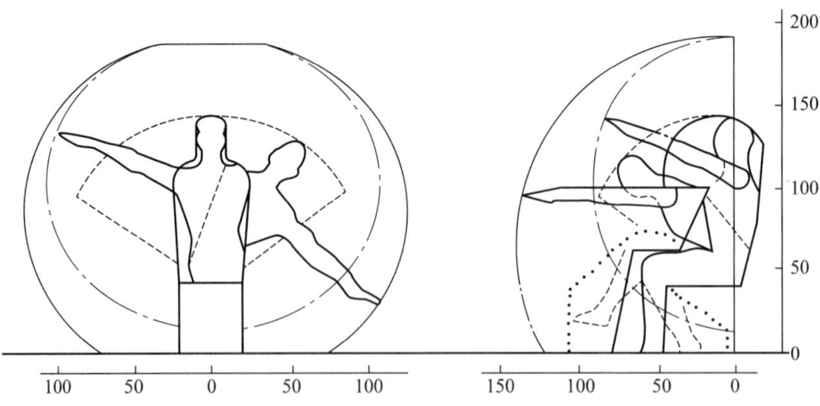

(b) 坐姿活动空间，包括上身、手臂和腿的活动范围(男子，第95百分位)

—— 上身挺直头向前倾的身体范围，为保持身体姿势而必需的平衡活动已考虑在内

—— 上身从髋关节起向前、向侧活动时手臂自肩关节起向前和向侧方的活动空间

------ 从髋关节起上身向前、向侧弯曲的活动空间

—·— 自肩关节起手臂向上和向侧方的活动空间，上身不动

······ 自髋关节、膝关节起腿的伸、曲活动空间

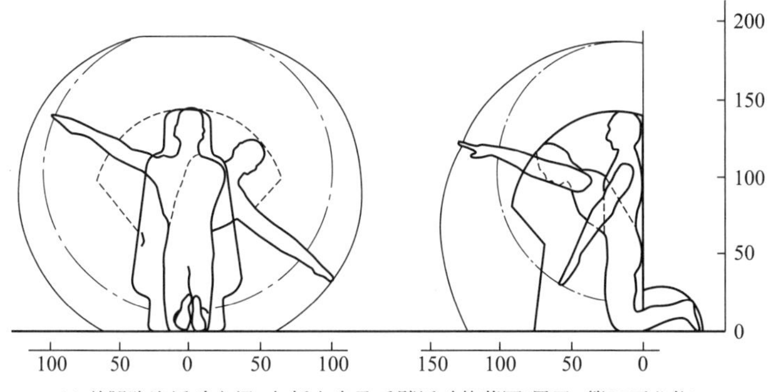

(c) 单腿跪姿活动空间，包括上身及手臂活动的范围(男子，第95百分位)

—— 上身挺直头前倾的身体范围，为稳定身体姿势所必需的平衡动作已考虑在内
—— 上身自髋关节起向前或侧仰时，手臂自肩关节起向前或向两侧的活动空间
----- 上身从髋关节起侧弯
—·— 上身不动，自肩关节起手臂向前、向两侧的活动空间

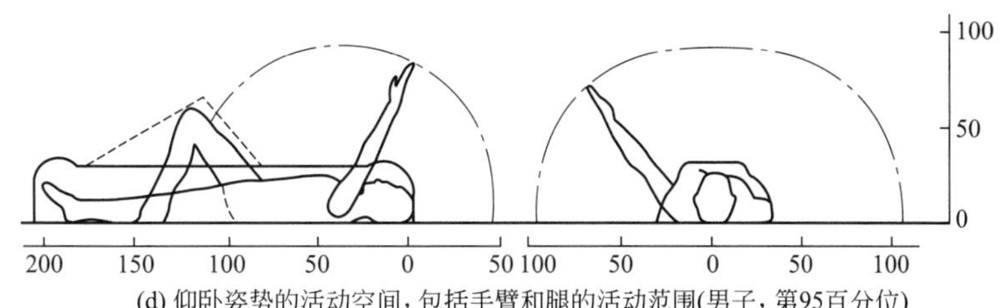

(d) 仰卧姿势的活动空间，包括手臂和腿的活动范围(男子，第95百分位)

—— 背朝下仰卧时的身体范围 —·— 自肩关节起手臂伸直的活动空间 ----- 腿自膝关节弯起的活动空间

图 3-2　各种姿势的活动空间

(1) 立姿活动空间　立姿时人的活动空间取决于身体尺寸、保持身体平衡动作以及身体放松状态。当脚站立平面不变时，为保持平衡，必须限制上身和手臂能达到的活动空间。

图 3-2(a) 为立姿活动空间及上身及手臂的活动范围。图 3-2(a) 中左图为正视图，零点位于正中矢状面上（从前向后通过身体中线的垂直平面)。右图为侧视图，零点位于人体背点的切线上，并以该垂直线与站立平面的交点作为零点。当贴墙站直时，背点与墙面相接触。

(2) 坐姿活动空间　图 3-2(b) 为坐姿活动空间及上身、手臂和腿的活动范围。图 3-2(b) 中左图为正视图，零点位于正中矢状面上（从前向后通过身体中线的垂直平面)。右图为侧视图，零点位于经过臀点的垂直线上，并以该垂线与脚底平面的交点作为零点。

(3) 单腿跪姿的活动空间　图 3-2(c) 为单腿跪姿活动空间及上身和手臂的活动范围。图 3-2(c) 中左图为正视图，零点位于正中矢状面上。右图为侧视图，零点位于经过背点的切线上，并以该垂直切线与跪平面的交点作为零点。

取跪姿时，承重膝常更换。由一膝换到另一膝时，为确保上身平衡，要求活动空间比基本位置大。

(4) 仰卧姿的活动空间　图 3-2(d) 为仰卧姿势活动空间及手臂和腿的活动范围。图 3-2(d) 中左图为正视图，零点位于正中矢状面上。右图为侧视图，零点位于经过头顶的垂直切线上，并以该垂直线与仰卧平面的交点作为零点。

3.1.3 手和脚的作业域

在日常生活中，无论是在厨房还是在办公室，总是或站或坐，手和脚在一定范围内做各种活动，所形成的包括左右水平面和上下垂直面的动作域，叫作手脚的作业域（图 3-3）。

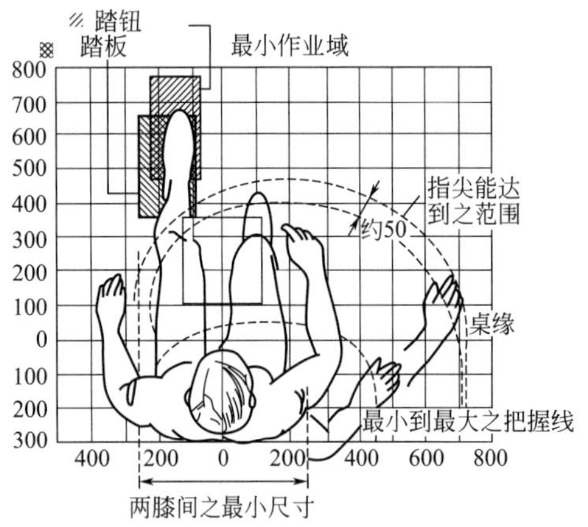

图 3-3　手、脚的作业域（单位：mm）

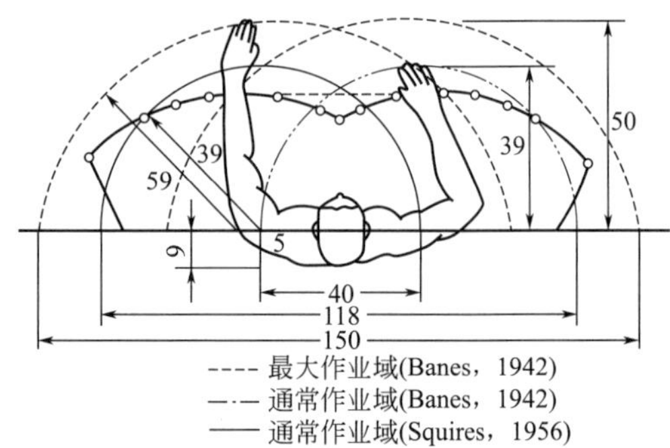

图 3-4　手的水平作业域（单位：cm）

3.1.3.1 水平作业域

水平作业域是指人于台面前，在台面上左右运动手臂而形成的轨迹范围。

1942 年，Banes 根据美国人体测量数据绘制出的水平作业域如图 3-4 所示。水平作业域可以分为最大作业域和通常作业域。

最大作业域是以肩峰点为轴，上肢完全伸直做回转运动所包括的范围，如图 3-4 中虚线所示。由图 3-4 可以看出，水平作业面的最大作业域在 590mm 范围内。

通常作业域是以上臂靠近身体、曲肘、前臂平伸做回转运动时所包括的范围，如图 3-4 中点画线所示，如写字板、键盘等手活动频繁的活动区应安排在此区域内。由图 3-4 可以看出，通常作业域在 390mm 范围内。如果以通常的手臂活动范围考虑，桌子的宽度有 400mm 就够了，但由于需要摆放各种用具，所以实际的桌子要大得多。

1956 年美国 P. C. Squires 通过实验所求得的最大作业域与 Banes 所描绘的最大作业域是一致的，但通常作业域是有差别的。Squires 认为前臂运动时，肘部并不固定于一点不动，而是做圆弧移动，考虑到这一点，通常工作时手的运动轨迹近似于长幅外摆线，如图 3-4 中的粗实线。

图 3-5　坐姿双臂作业近身空间

人在工作时，经常使用的操作器具，配置在通常作业区域内，从属的作业工具配置在最大作业区域。

3.1.3.2 垂直作业域

垂直作业域是指手臂伸直，以肩关节为轴做上下运动所形成的范围。

(1) 坐姿　坐姿作业通常在作业面以上进行，其作业范围为图 3-5 所示的三维空间。随作业面高度、手偏离身体中线的距离及举手高度的不同，其舒适的作业范围也在发生变化。

若以手处于身体中线处考虑，直臂作业区域由两个因素决定：肩关节转轴高度及该转轴到手心（抓握）距离（若为接触式操作，则到指尖）。图 3-6 为第 5 百分位的人体坐姿抓握尺寸范围。以肩关节为圆心的直臂抓握空间半径：男性为 65cm，女性为 58cm。直臂抓握尺寸范围对决定人在某一姿态时手臂触及的垂直范围有用，如隔板、挂件等，带书架的桌子也常用到上述物体的高度数值。设计直臂抓握的作业区时，应以第 5 百分位的人体尺寸为准。

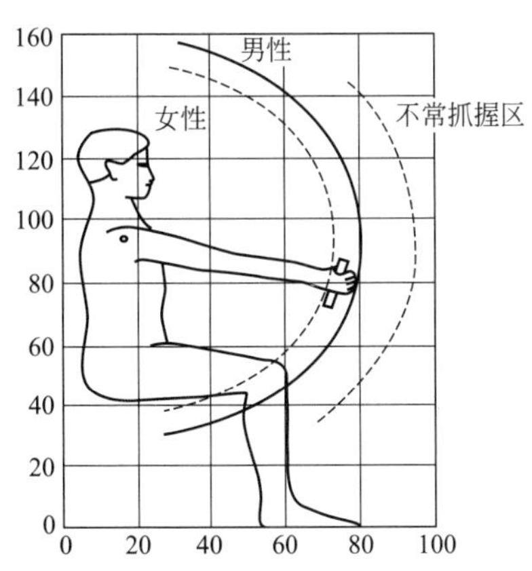

图 3-6　坐姿直臂抓握尺寸范围（单位：cm）

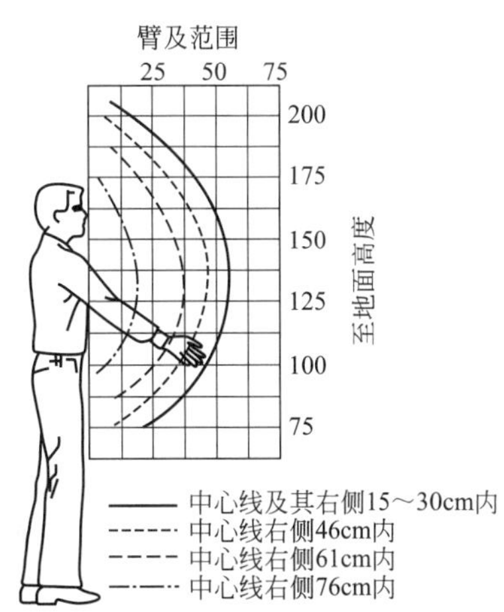

图 3-7　站姿单臂近身作业空间（单位：cm）

(2) 站姿　站姿作业一般允许作业者自由地移动身体，但其作业空间仍需受到一定的限制。图 3-7 所示为站姿单臂作业的近身作业空间，以第 5 百分位的男性为基准，当物体处于地面以上 110～165cm 的高度，并且在身体中心左右 46cm 范围内时，大部分人可以在直立状态下到达到身体前侧 46cm 的舒适范围（手臂处于身体中心线处操作），最大可及区弧半径为 54cm。

对于双手操作的情形，由于身体各部位相互约束，其舒适作业空间范围有所减少，如图 3-8 所示。这时伸展空间为：在距身体中线左右各 15cm 的区域内，最大操作弧半径为 51cm。

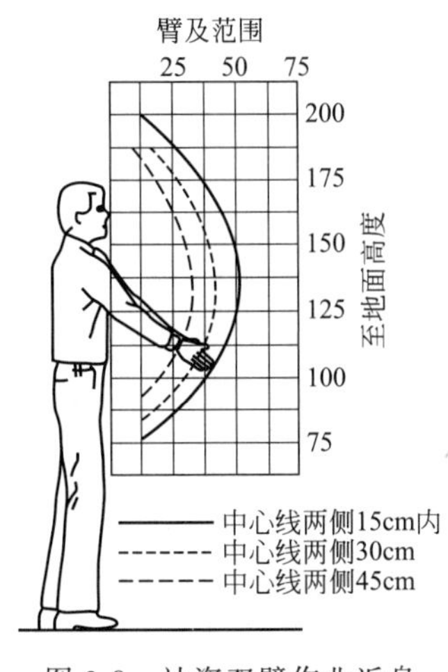

图 3-8　站姿双臂作业近身空间（单位：cm）

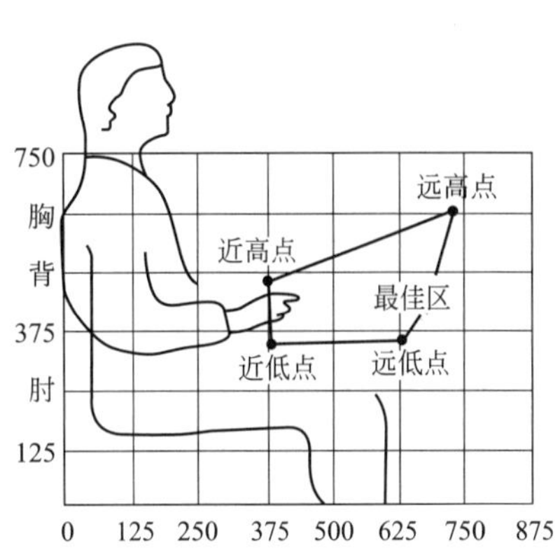

图 3-9　垂直平面内人体上肢最舒适的作业区域（单位：mm）

图 3-9 为垂直平面内人体上肢最舒适的作业区域。从图 3-9 中的垂直平面来看，人体上肢最舒适的作业区是一个梯形区域。

图 3-10 和图 3-11 为涉及作业域的实例。

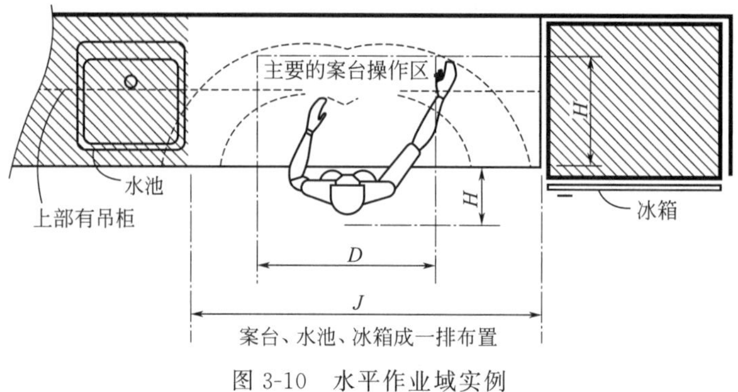

图 3-10 水平作业域实例

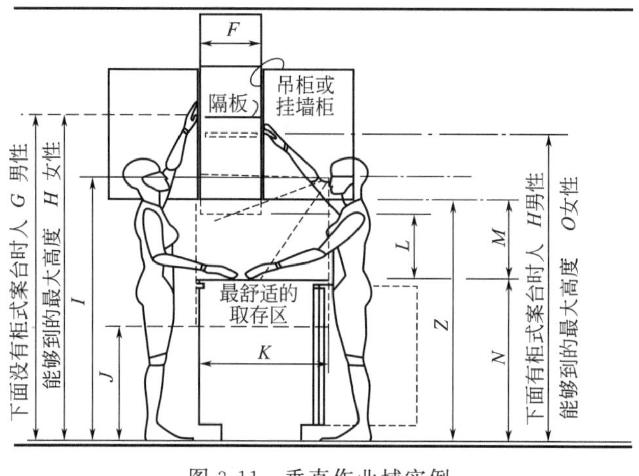

图 3-11 垂直作业域实例

① 摸高。摸高是指手举起时达到的高度。摸高与身高有关，摸高与身高的关系见图 3-12。

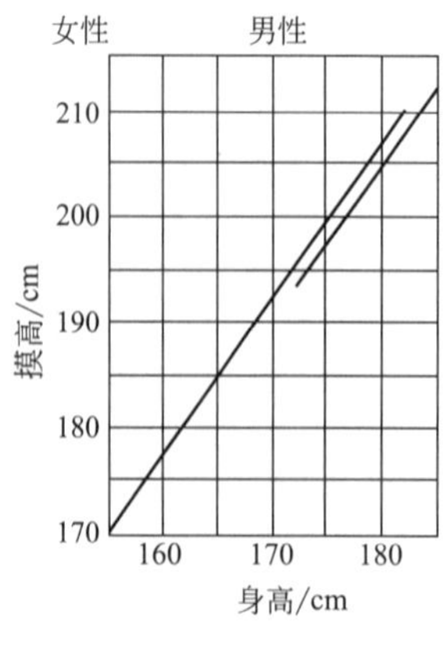

图 3-12 身高与摸高的关系

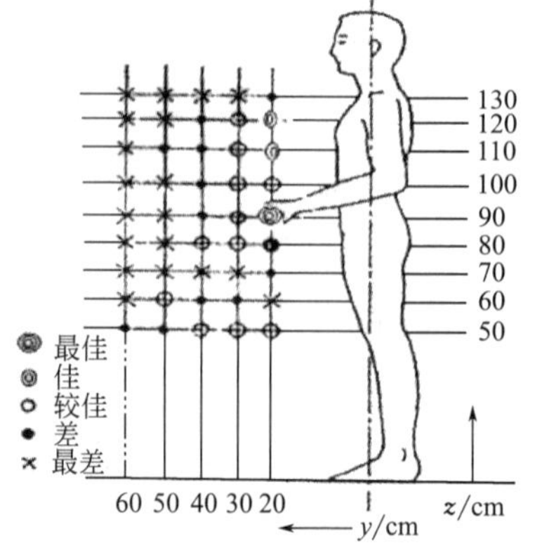

图 3-13 立姿操作最佳位置（成年男性）

垂直作业域与摸高是设计各种柜架、扶手和各种控制装置的主要依据，柜架的经常使用的部分应该设计在这个范围内。男性和女性的最大摸高见表 3-2。

表 3-2 男性和女性的最大摸高

项目	百分位	指尖高/mm	直臂抓摸/mm
男性：			
高大身材	95	2280	2160
平均身材	50	2130	2010
矮小身材	5	1980	1860
女性：			
高大身材	95	2130	2010
平均身材	50	2000	1880
矮小身材	5	1800	1740

② 拉手。建筑类家具以及门等的拉手位置要设置在最省力的位置，也就是能发出最大操作力的位置。用背肌活动度测定适宜操作位置，得到图 3-13 中关于立姿操作时的作业位置难易程度。图 3-13 为成年男性的数据，以立足面垂直向上 90cm、近身 20cm 的位置为最佳作业点，即最省力位置。女性最佳作业点在垂直方向比男子低约 5cm。

拉手位置与身高有关，开门的人老少皆有，身高相差悬殊，往往找不到唯一适合的位置。在欧洲，有的门上装两个拉手以供成人和儿童使用。一般办公室拉手的位置为 100cm，一般家庭为 80～90cm 比较合适（图 3-14），幼儿园还要低一些。

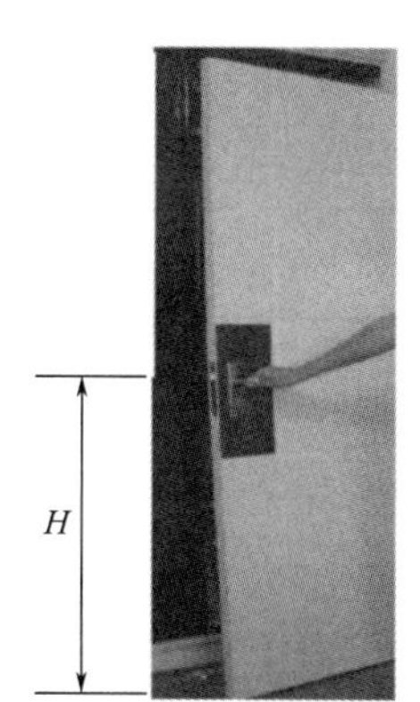

图 3-14 门拉手高度示意
H—拉手高度
办公室门：100cm
家庭门：80～90cm

图 3-15 开关高度示意
H—开关的高度，一般为 1.2～1.4m，
我国《建筑电气工程施工质量验收规范》
规定，H＝1.3m

开关的高度也应便于操作，一般开关距地 1.2～1.4m。我国《建筑电气工程施工质量验收规范》（GB 50303—2002）规定，开关距地面高度 1.3m（图 3-15），拉线开关距地面高度 2～3m，相同型号并列安装同一室内开关安装高度一致。对于插座，当不采用安全型插座时，托儿所、幼儿园及小学等儿童活动场所安装高度应不小于 1.8m；暗装的插座面板紧贴墙面，四周无缝隙，安装牢固，表面光滑整洁，无碎裂、划伤，装饰帽齐全；车间及试（实）验室的插座安装高度距地面不小于 0.3m；特殊场所暗装的插座不小于

0.15m；同一室内插座安装高度一致。

3.2 人体活动空间

现实生活中人们并非总是保持一种姿势不变，人们总是在变换着姿势，并且人体本身也随着活动的需要而移动位置，这种姿势的变换和人体移动所占用的空间构成了人体活动空间。

人体活动空间也叫“作业空间”。人体的活动大体上可分为手足活动、姿态的变换和人体的移动。

(1) 静态的手足活动 人体活动时有不同的姿势，归纳的基本姿势如图 3-16 所示。当人采取某种姿态时即占用一定的空间，通过对基本姿态的研究，大家可以了解人在一定的姿态下手足活动时占用的空间大小。

(a) 立位

(b) 椅坐位

(c) 跪位

(d) 坐位

(e) 卧位

图 3-16 常见基本姿态

各种姿态下手足的活动空间如图 3-17 和图 3-18 所示。

(2) 姿态的变换 姿态的变换所占用的空间并不一定等于变换前的姿态和变化后的姿态占用空间的重叠（图 3-19 和图 3-20），因为人体在进行姿态的改变时，由于力的平衡问题，会有其他的肢体伴随运动，因而占用的空间可能大于前述空间的重叠。

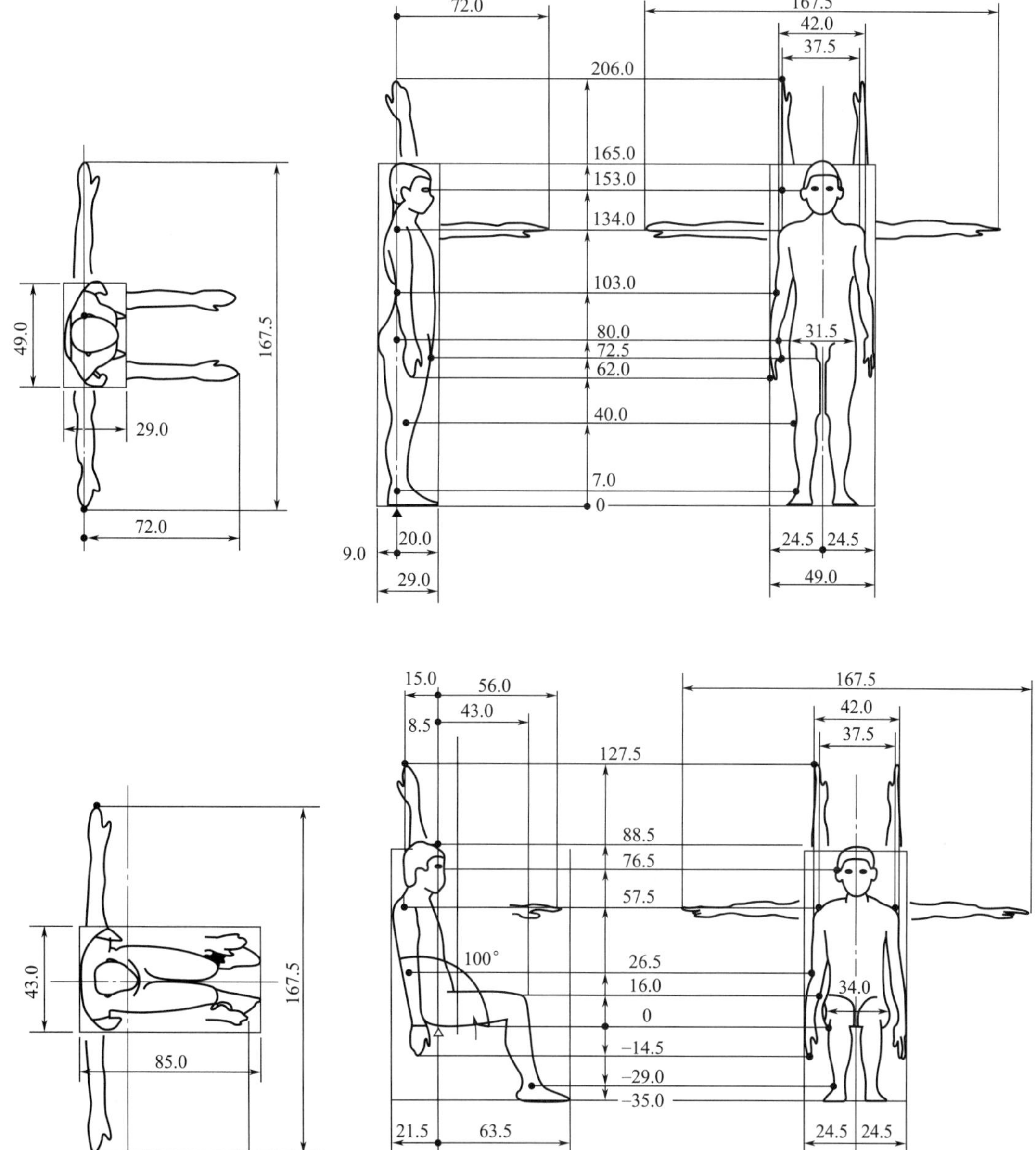

图 3-17 立、坐姿态手足的活动空间（单位：cm）

在现实生活中人们并非总是保持一种姿势不变，而是总变换着姿势。常见的姿势变换时所占用的空间见图 3-21。

(3) 人体移动 人体移动占用的空间不应仅仅考虑人体本身占用的空间，还应考虑连续运动过程中由于运动所必须进行的肢体摆动或身体回旋余地所需的空间（图 3-22）。

(4) 人与物的关系 人在进行各种活动中，很多的情况下是与一定的物体发生联系的。人与物体相互作用产生的空间范围可能大于或小于人与物各自空间之和。所以人与物占用的空间的大小要视其活动方式及相互的影响方式决定。例如，人在使用家具和设备

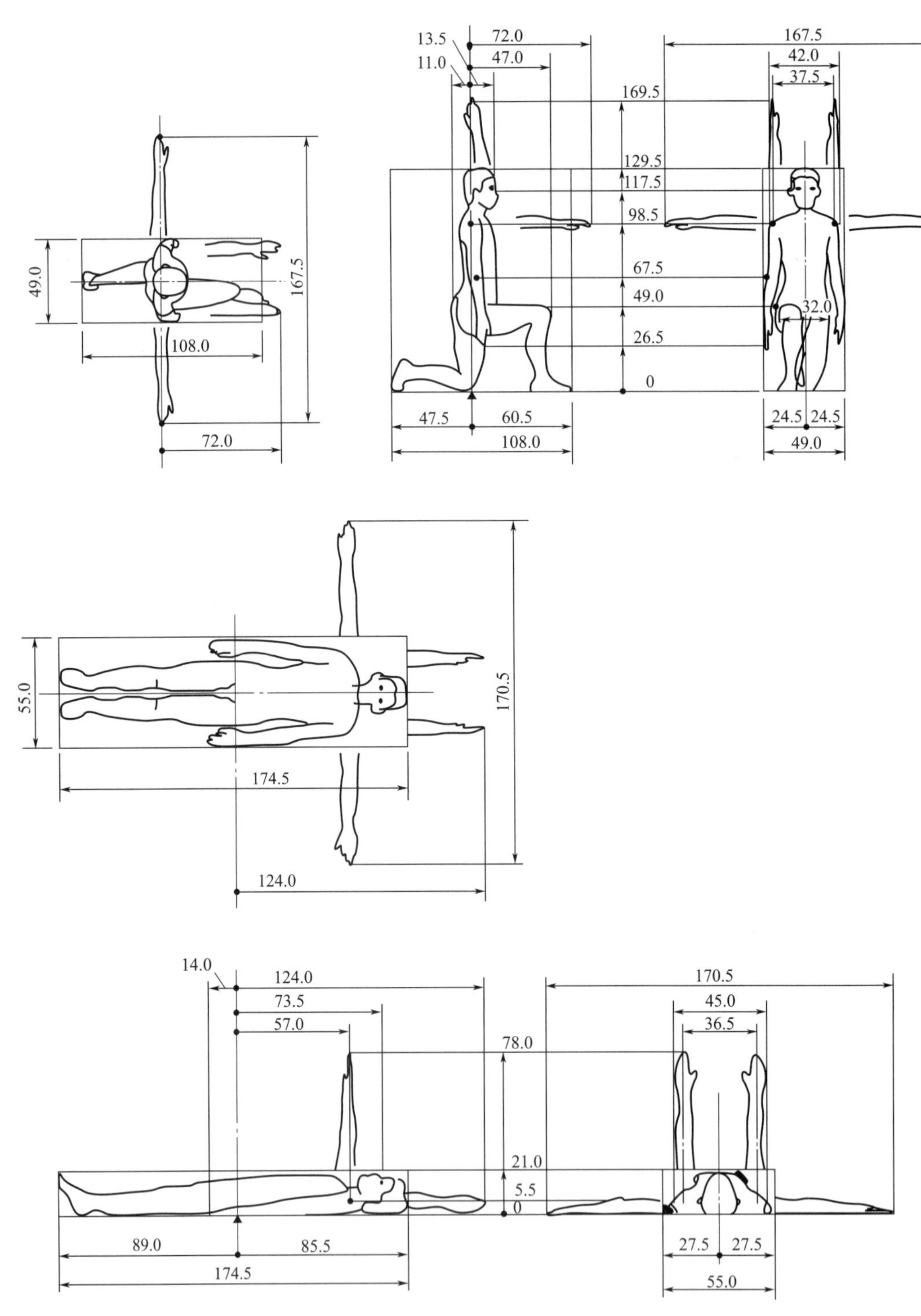

图 3-18　跪、卧姿态手足的活动空间（单位：cm）

时，由于家具或设备在使用过程中的操作动作或家具与设备部件的移动都会产生额外的空间需求（图 3-23 和图 3-24）；另外，有些生活产品由于使用方式的原因使人必须占用一定的空间位置来使用，如视听音响设备等（图 3-25 和图 3-26）。这些因素都会产生除了人体与家具设备之外的空间要求。

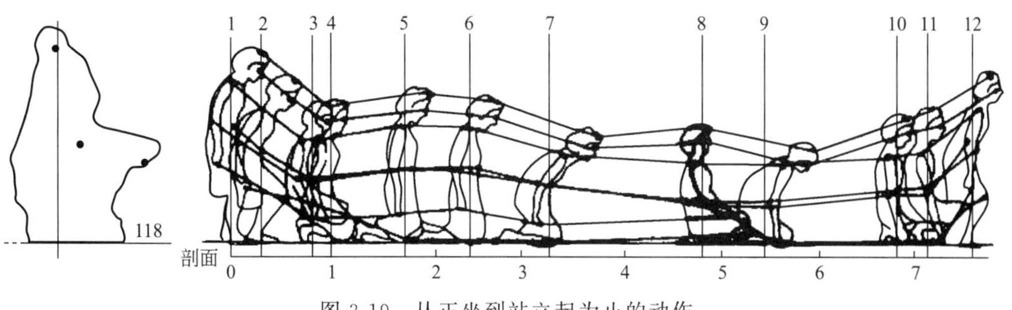

图 3-19 从正坐到站立起为止的动作

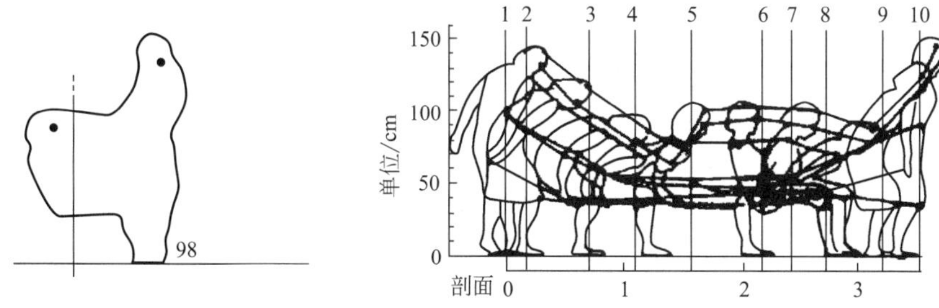

图 3-20 从休息椅子上站立起来的动作

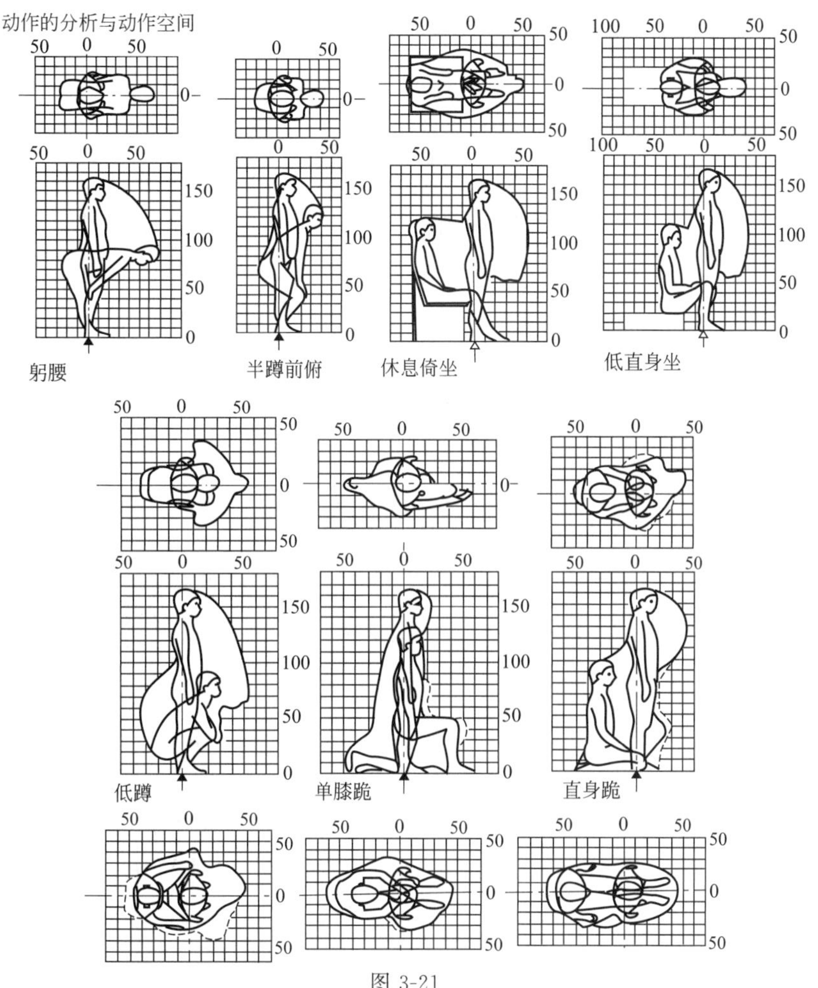

图 3-21

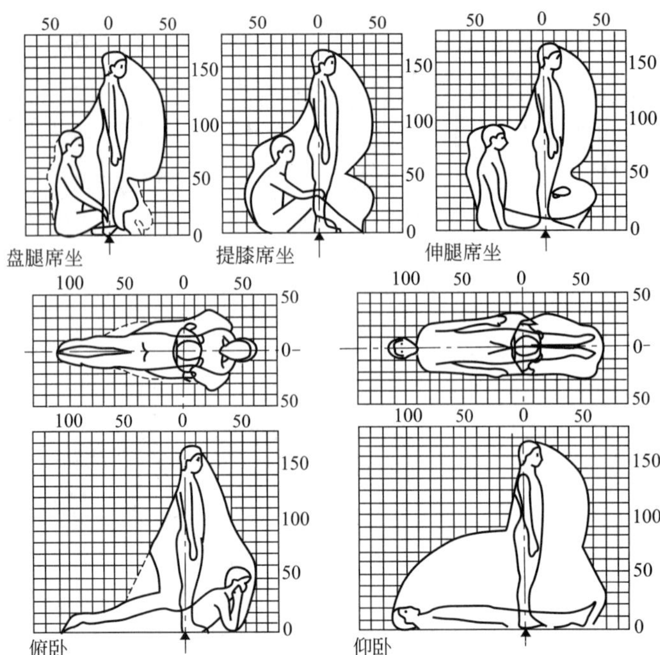

图 3-21　常见姿势变换时的活动空间（单位：cm）

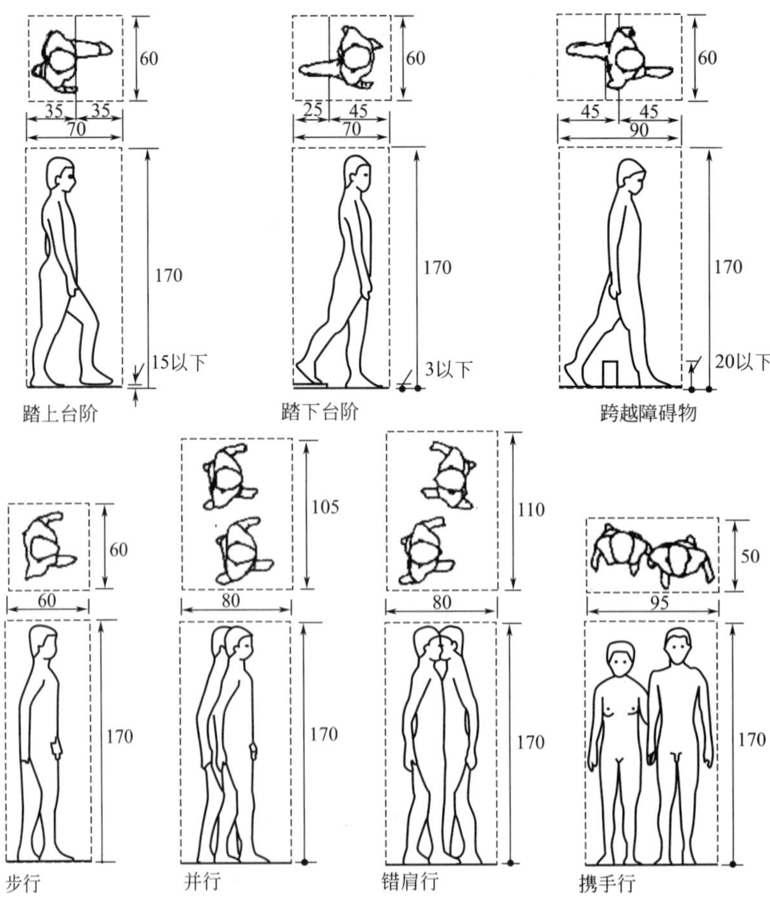

图 3-22　人体移动占用的空间（单位：cm）

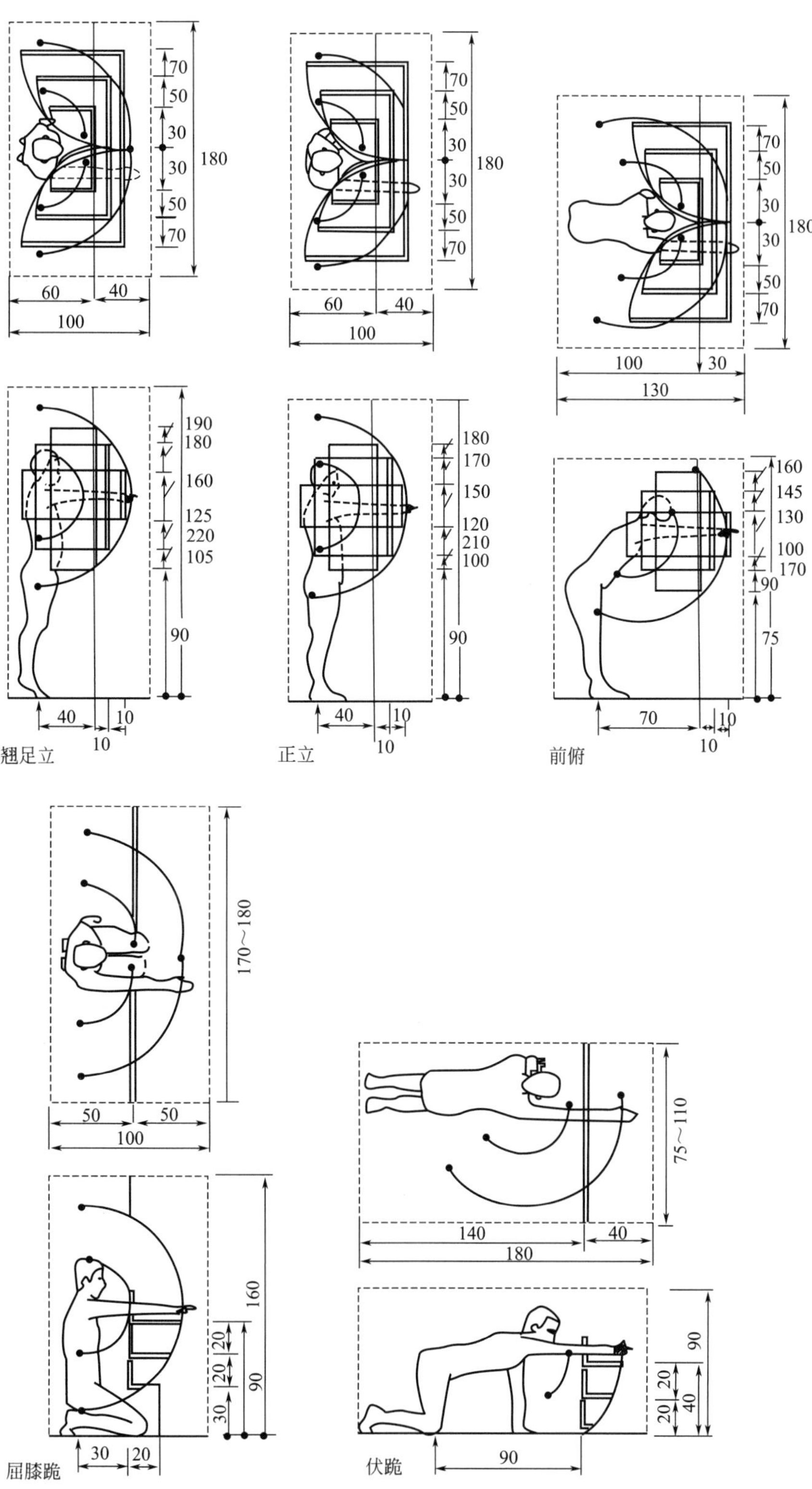

图 3-23　家具或设备在使用过程中的操作动作或家具与设备部件的移动产生额外的空间需求示例（一）（单位：cm）

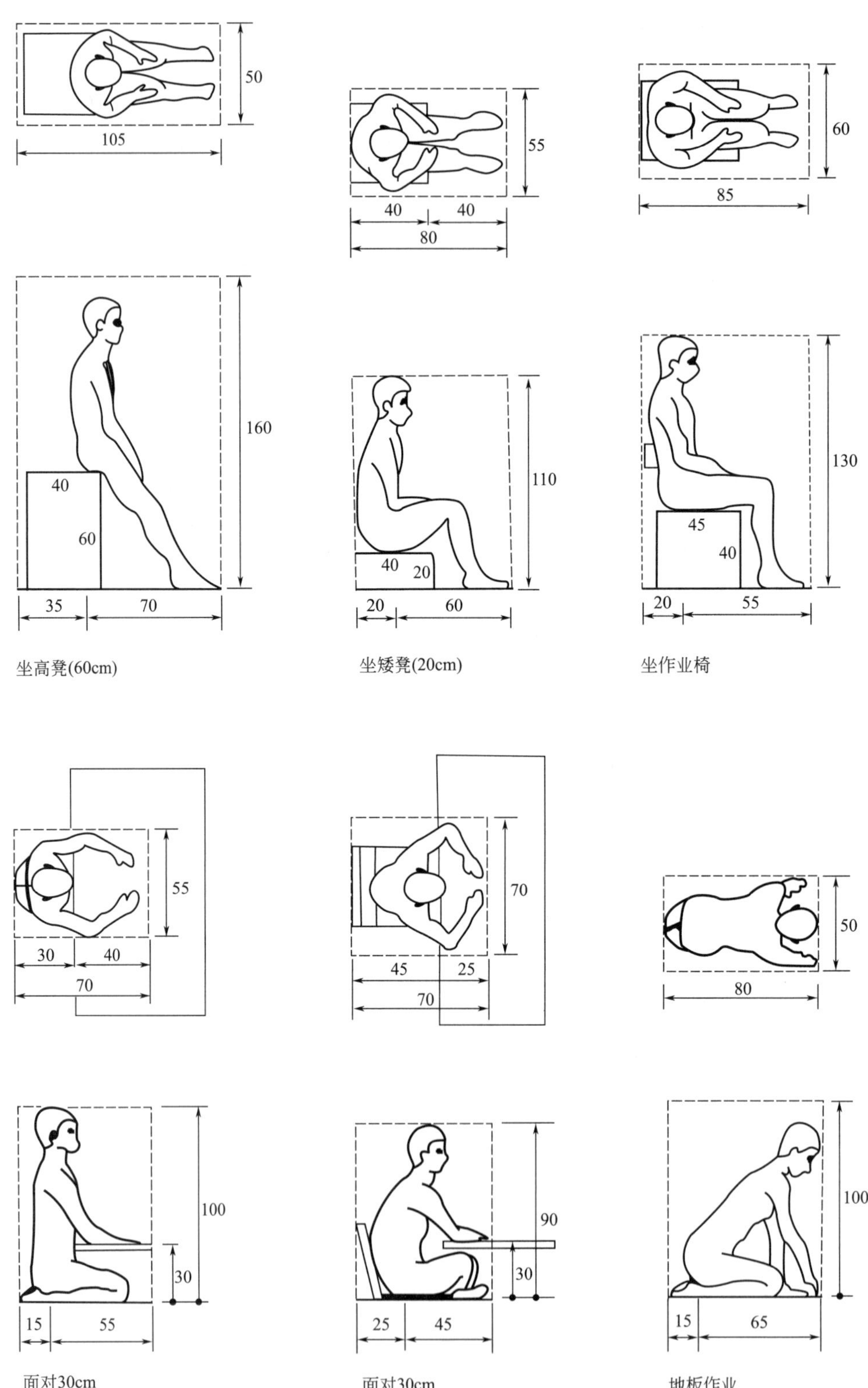

图 3-24　家具或设备在使用过程中的操作动作或家具与设备部件的移动产生额外的空间需求示例（二）（单位：cm）

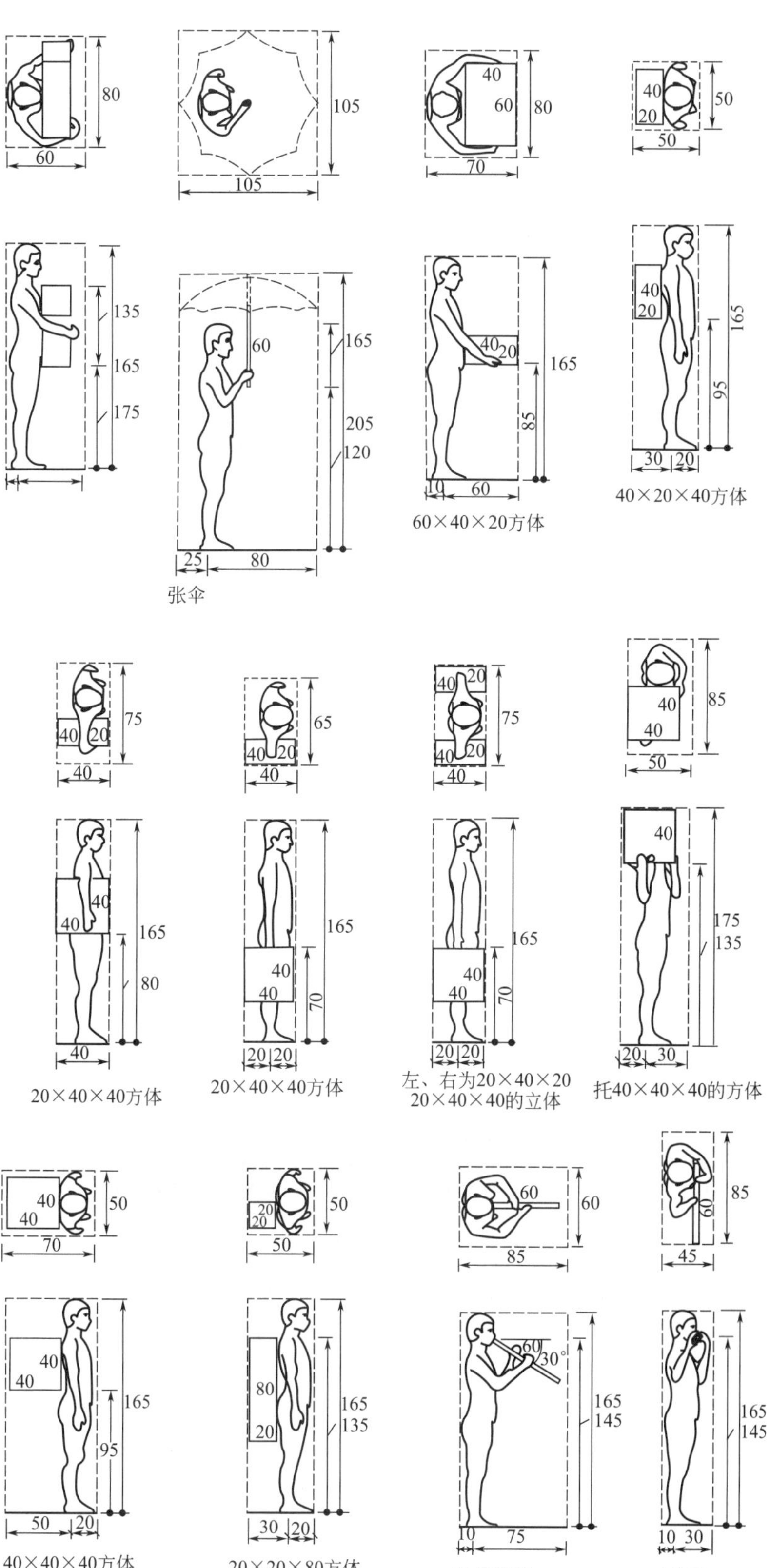

图 3-25　由于使用方式的原因产生的除了人体与家具设备之外的空间需求示例（一）（单位：cm）

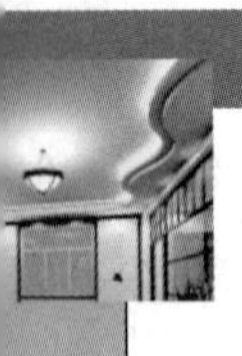

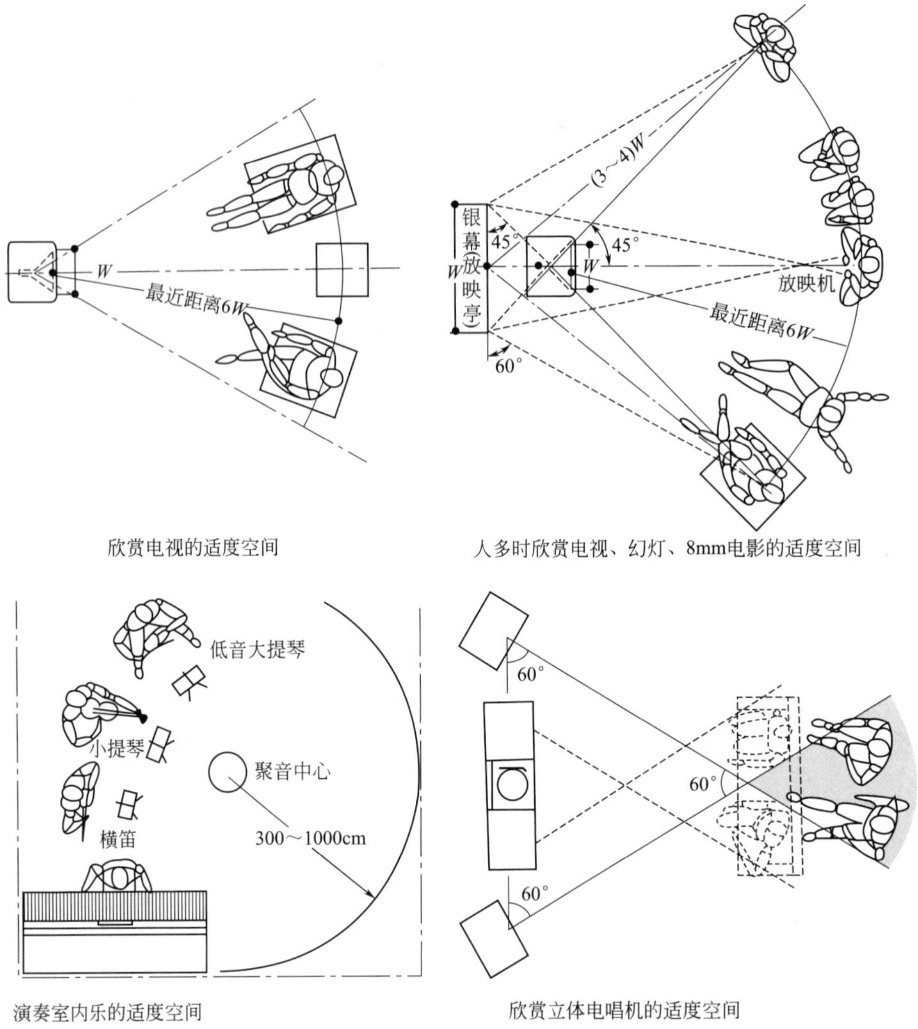
W
最近距离6W
欣赏电视的适度空间
(3～4)W
银幕(放映亭)
45°
45°
W
60°
放映机
最近距离6W
人多时欣赏电视、幻灯、8mm电影的适度空间
低音大提琴
小提琴
聚音中心
横笛
300～1000cm
演奏室内乐的适度空间
60°
60°
60°
欣赏立体电唱机的适度空间

图 3-26　由于使用方式的原因产生的除了人体与家具设备之外的空间需求示例（二）

3.3 居住行为与室内空间

室内空间尺度是由三部分组成的：一是根据居住行为所确定的人体活动空间尺度；二是根据居住标准所确定的家具设备的空间尺度；三是根据居住者的行为心理要求所确定的空间尺度（知觉空间或心理空间）。家庭生活的主要空间是起居室、卧室、厨房和卫生间等部分。

(1) 人体活动空间尺度　人体活动空间是由人体活动的生理因素决定的，也称生理空间。它包含人及其活动范围所占有的空间。如人站、立、坐、跪、卧等各种姿势所占有的空间；人在生活和生产过程中占有的空间，如通道的空间大小，打球则要满足在球运动中所占有的空间大小、看电影则要满足视线所占有的空间大小，劳动时则要满足工作场所的空间大小。

图 3-27 为餐厅活动空间；图 3-28 为起居室活动空间；图 3-29 为卧室活动空间；图

3-30为厨房活动空间；图 3-31 为卫生间活动空间。

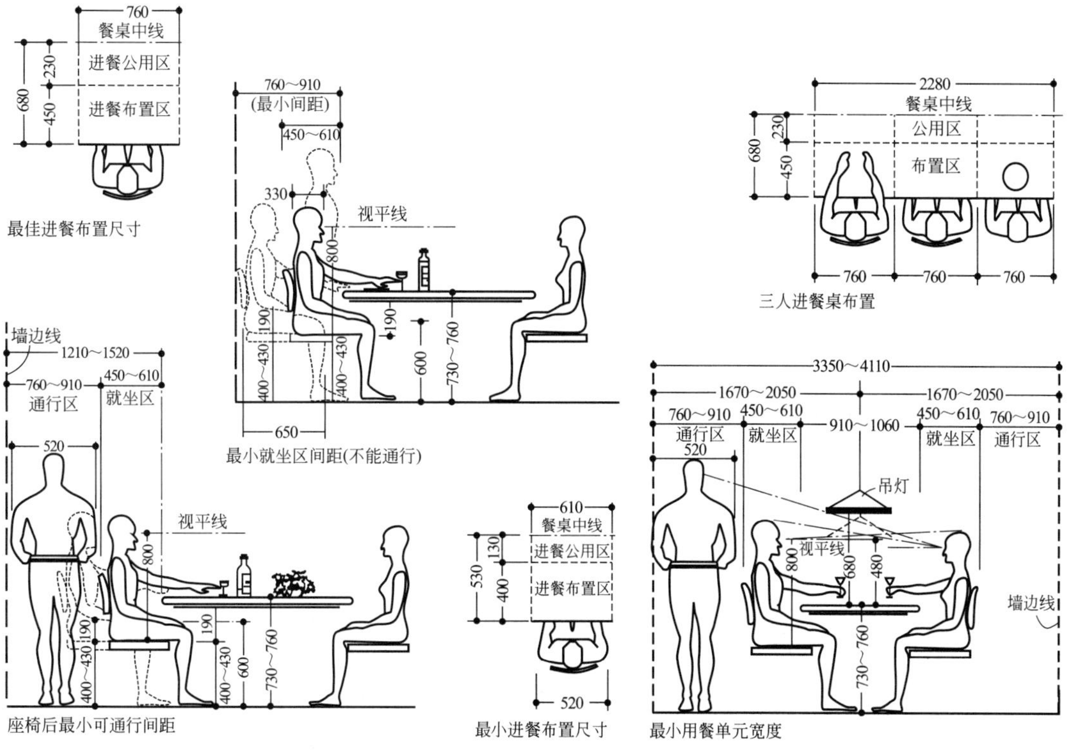

图 3-27　餐厅活动空间（单位：mm）

图 3-27～图 3-31 中活动尺度均已包括一般衣服厚度及鞋的高度。这些尺寸可供设计时参考。

根据上面的图示，可以粗略地估算出人在不同功能空间中的活动的基本面积，再考虑家庭成员等因素，进一步确定人群活动的空间范围。

(2) 家具设备空间尺寸　常见的起居室和卧室的家具见图 3-32；厨房设备见图 3-33；卫生设备见图 3-34。

根据上面的图示尺寸，便可以确定家具、设备所占的基本空间大小，再根据居住标准确定各种室内空间的家具、设备等级，便可粗略地估算出家具设备的空间尺寸。

(3) 心理空间（知觉空间）　心理空间是指人体活动空间和家具设备空间以外的空间尺度，是空余的空间，由人的心理因素决定的空间。

通过测试，人在户内活动的行为空间高度，均在 2.2m 以下（相当于第 95 百分位的男子摸高），因而家具设备的最大高度一般为 2.2～2.4m。如果将室内高度设计在 2.2m，对于起居室和卧室来说，就显得空间压抑。即使做到 2.4m，按人的习惯也觉得室内净空太低，有压迫感。我国《住宅设计规范》（GB 50096—2011）规定：住宅层高宜为 2.8m。这个高度能够满足心理空间要求，这里考虑人的心理因素。但是在室内装修时，吊顶以及地面处理等会降低棚顶高度，设计时要考虑心理空间，防止产生压迫感，室内色彩照明以及虚界面可以改善心理空间，在设计中注意使用。我国《住宅设计规范》还规定：①卧室、起居室（厅）的室内净高不应低于 2.4m，局部净高不应低于 2.1m，且这种局部净高的室内面积不应大于室内使用面积的 1/3；②利用坡屋顶内空间作卧室、起居室（厅）

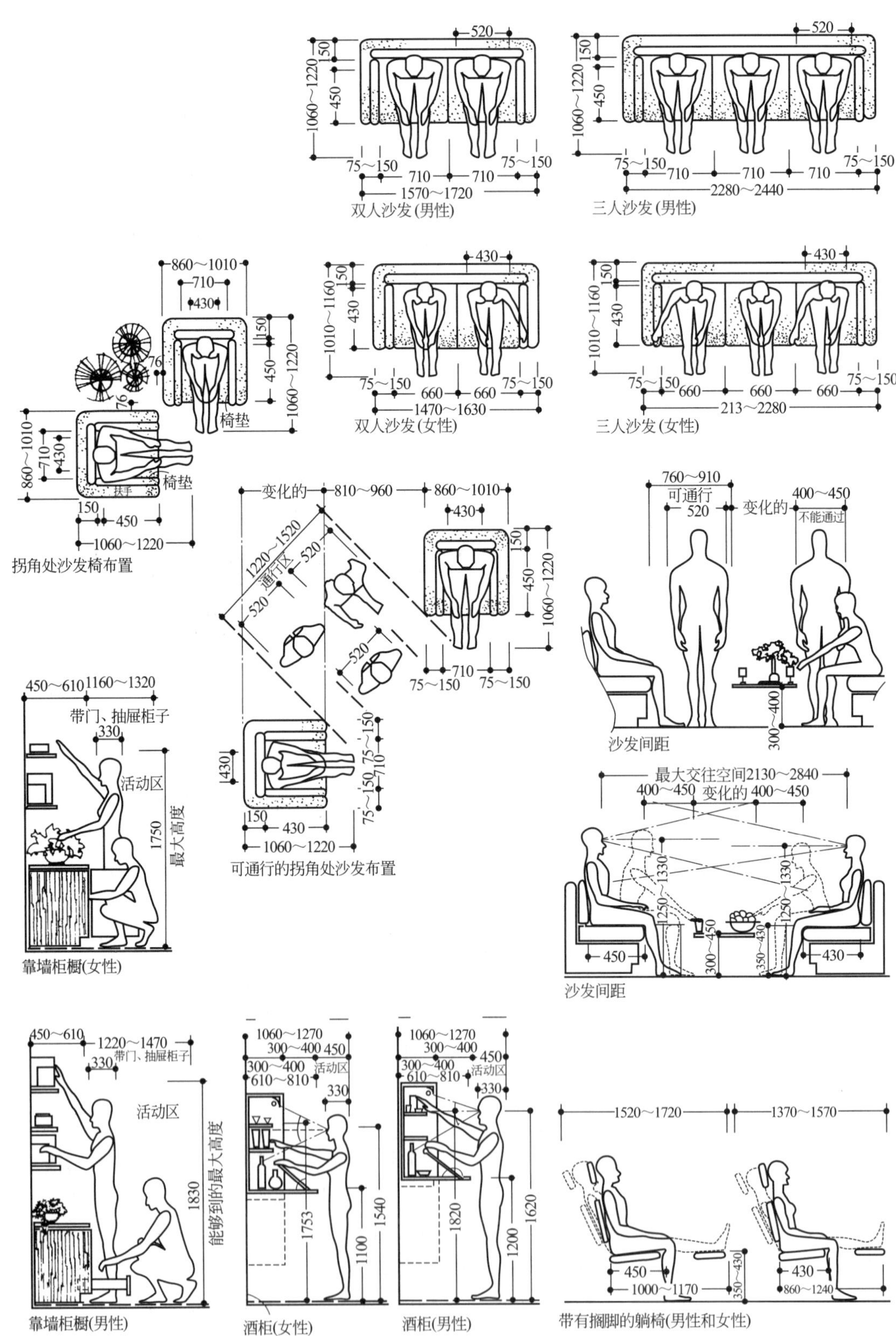

图 3-28　起居室活动空间（单位：mm）

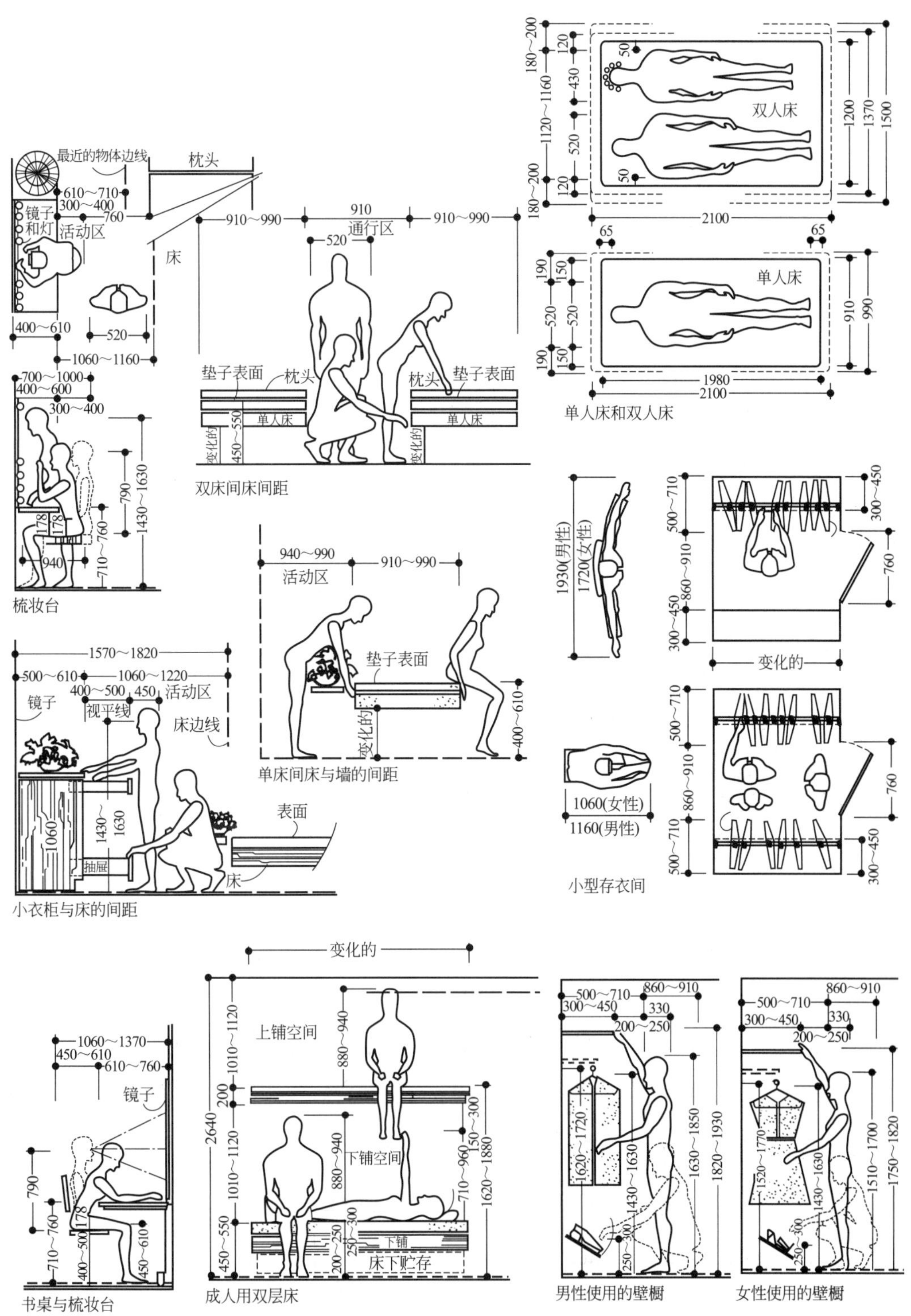

图 3-29　卧室活动空间（单位：mm）

时，至少有 1/2 的使用面积的室内净高不应低于 2.1m；③厨房、卫生间的室内净高不应低于 2.2m。

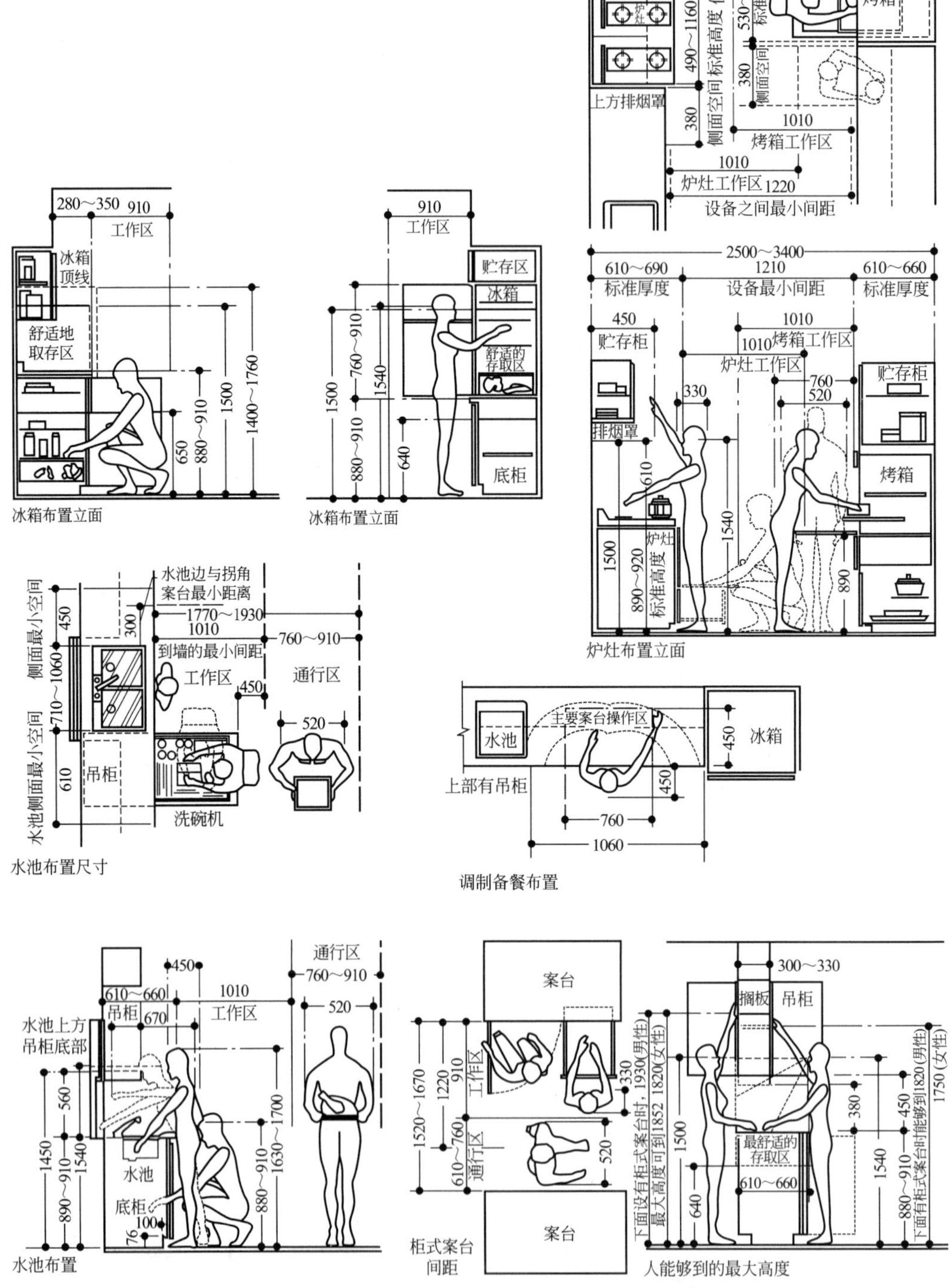

图 3-30　厨房活动空间（单位：mm）

3.3.1　客厅

客厅即简单会客的地方，有些地方也称之为起居室，是专供家庭人员生活起居和会客

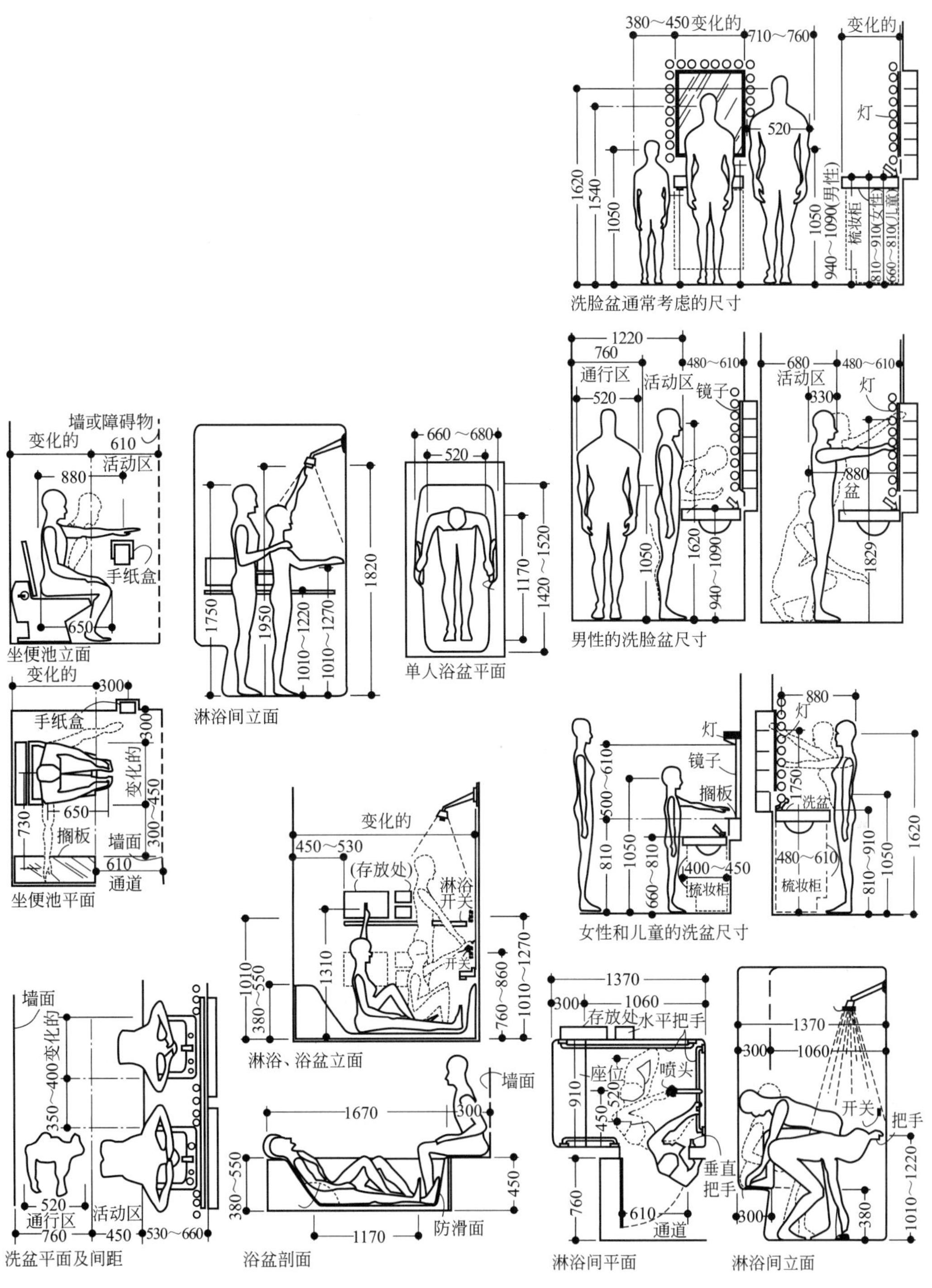

图 3-31　卫生间活动空间（单位：mm）

的场所。客厅的家具主要由沙发、茶几、电视柜等要素构成，这些家具的尺寸，直接影响着客厅所需的最小空间。很多资料中都介绍在客厅中需要一个 3m 左右的净墙面，主要是可以用来放置长的沙发。沙发以“3，1，1”的组合为准。布艺或皮革沙发的尺寸为(1800～2100)mm×(600～800)mm，一般单个沙发椅的大小为 400mm×500mm 或（600～

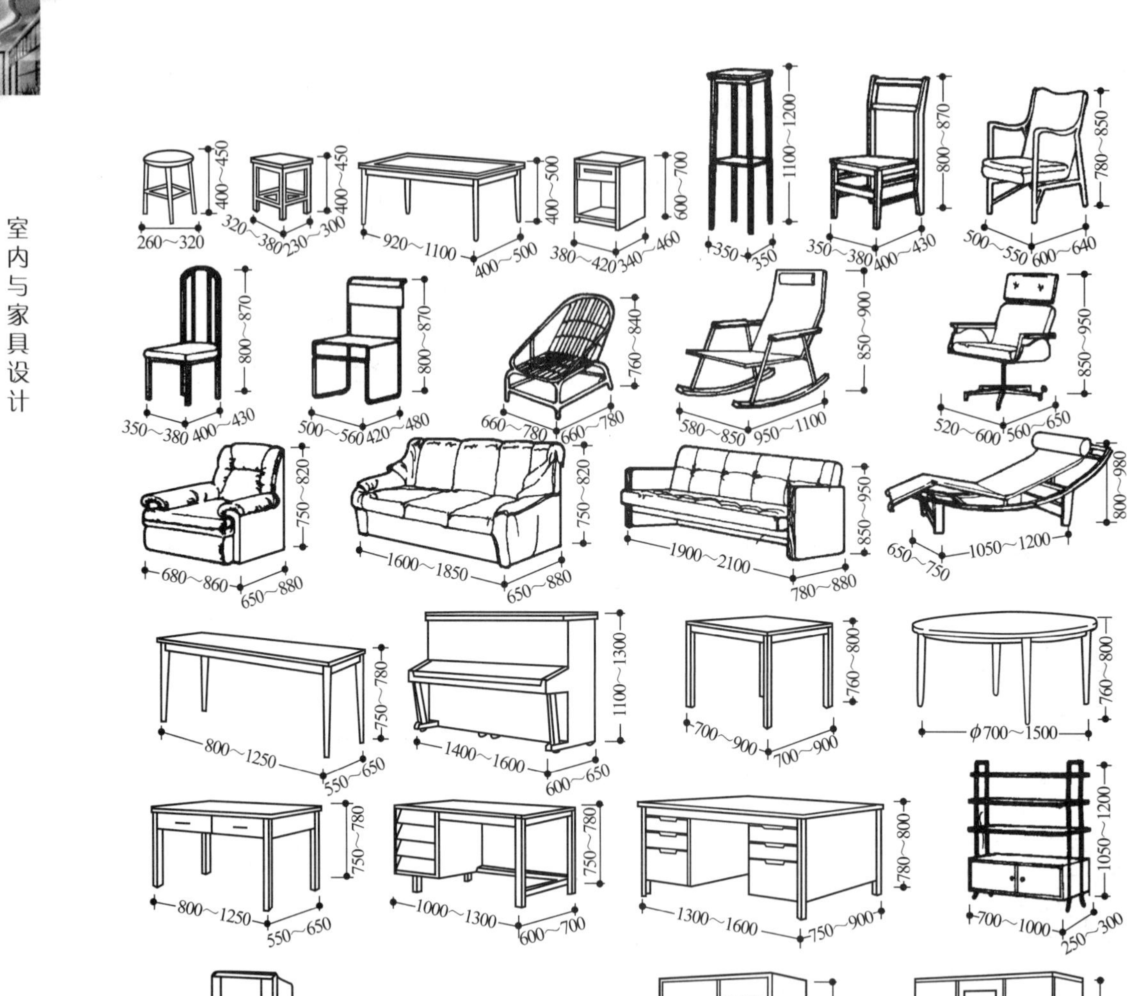

图 3-32　常见起居室和卧室的家具尺寸（单位：mm）

1000)mm×800mm 的大小。

3.3.2　卧室

卧室空间由重要功能的家具组成。为满足人体的相应需要，卧室中床宽是由人体的肩宽来决定的，即床宽是人肩宽（500mm）+人体的幅度（150mm×2），为更好地满足人体

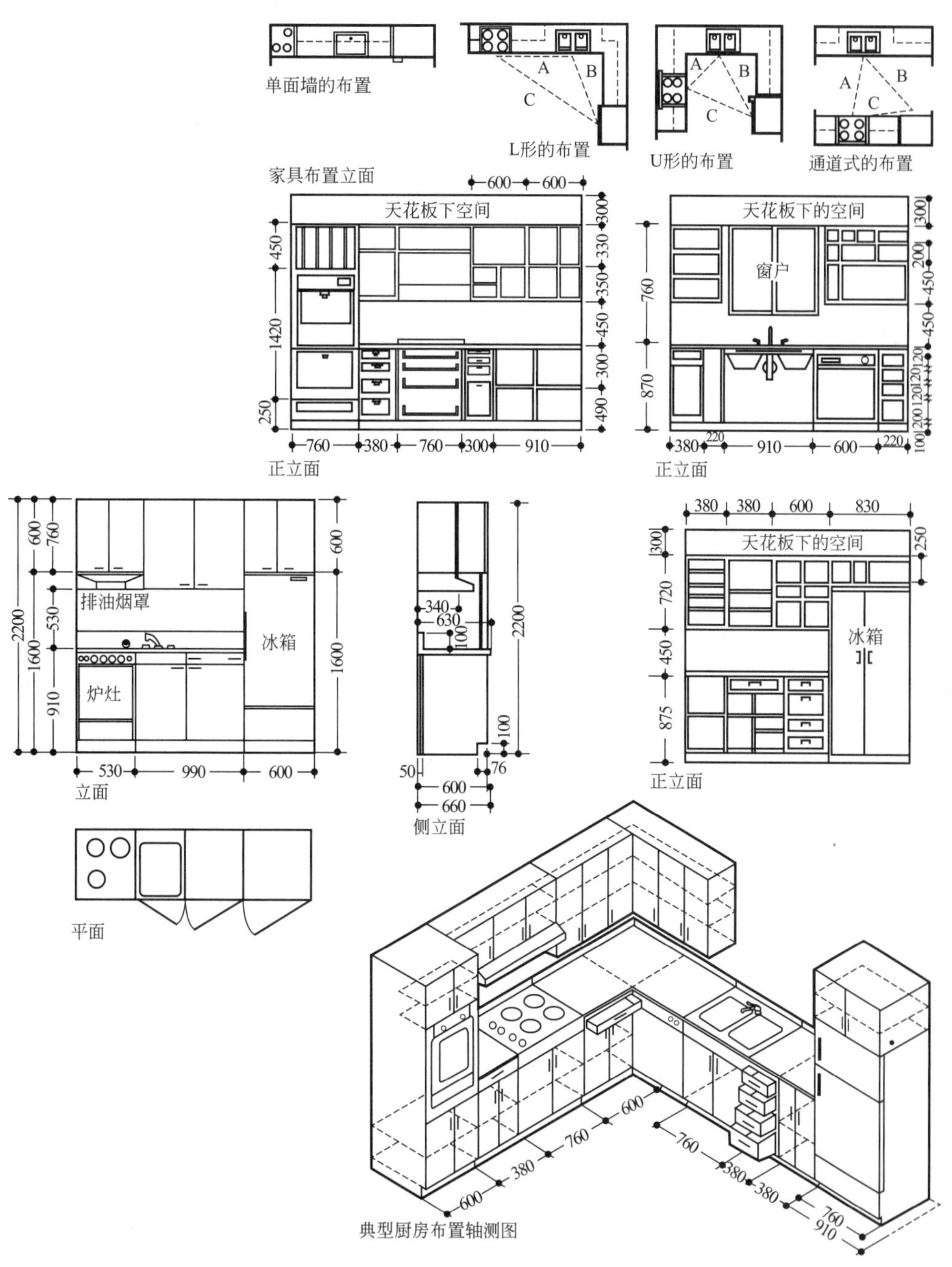

图 3-33 厨房设备尺寸（单位：mm）

的需要，单人床宽度的大小一般为 800～1200mm，双人床的宽度大小为 1350～2000mm，当然床的长度为 2～2.1m 就可以了。床的高度可以说以人体的膝盖部位以下为准，人体坐在床上，双脚能够平衡着地，而且床边部位以不压迫大腿部肌肉为最佳，这一点和椅子的高低原理是一致的。

在卧室中一般会有壁柜，壁柜的尺寸也是以人体尺度为准的。众所周知，壁柜的底部 100mm 以下的部分，人体要达到这个高度时身体会比较难受，降低人的血压，一般在设计时，100mm 高度以下，就不设计什么内容，这样做不仅可以减轻人的生理负担，而且

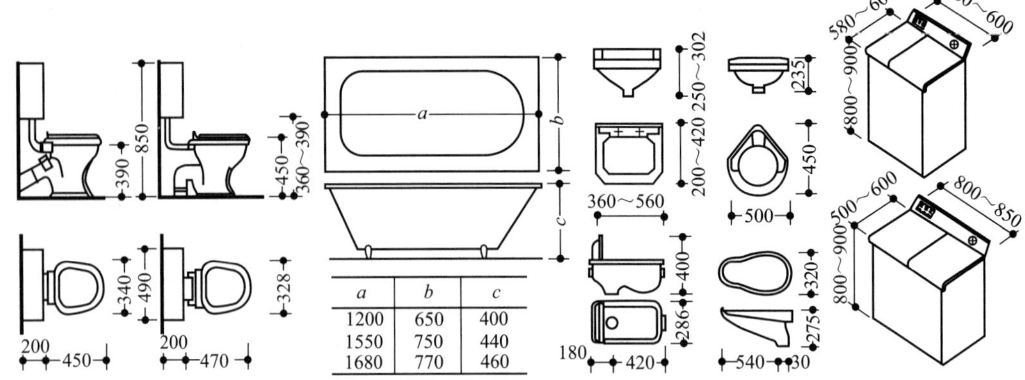

a	b	c
1200	650	400
1550	750	440
1680	770	460

图 3-34　卫生设备尺寸（单位：mm）

还可以使家具本身通风、防潮。壁柜设计的尺寸深度和人体尺度中的人的手臂长度有密切的关系。壁柜的深度常以 550～600mm 为基准。壁柜的高度一般为 2200mm，为人伸直手臂达到的一般极限。

在卧室中还需要存在的家具是梳妆台，梳妆台主要是为女士设计使用的，应以小巧为佳，符合人体的尺寸。梳妆台的台面宽度在 400～500mm，长度在 600～1200mm，高度以 720mm 为中间数值浮动，当然这些尺寸的设计都是为了满足女性的需要，以她们为主要参考对象。

卧室中主要的家具布置好后，为符合人体的动作域要给人体留一定的活动空间。例如，人在下床要穿鞋子时，这个动作的范围要保证在 550mm 的尺寸，这样才能稍微便于人的这种行为，人在床边行走时也需要 600mm 的净空间。又如，从图 3-29 中双床间床间距可以看出：两张并排摆放的床之间的距离应该至少留有 91cm，两张床之间除了能放下两个床头柜以外，还应该能让人自由走动，方便地清洁地板和整理床上用品。

床的两边可放上床头柜。条件许可，靠墙的一边留出 320mm 空隙，以便于上、下床。

此外，在摆放或制作家具时，还应考虑到居室门的开向，还要给门留出一定的空间，不要让门碰到家具。

根据人体工程学，墙与床之间至少要留出 56cm 的空间才够。一般床头是公共走道，床头与墙之间的距离至少要留出 1.06m，两个人才能方便地通行。所以在卧室设计上也要考虑人们在追求舒适度时变化的数据。

3.3.3　书房

书房是人们学习和工作的地方，在选择家具时，除了要注意书房家具的造型、质量和色彩外，还必须考虑家具应适应人们的活动范围并符合人体健康美学的基本要求。也就是说，要根据人的活动规律、人体各部位尺寸和使用家具时的姿态来确定家具的摆放位置（图 3-35）。

例如，某书房如果设计成如图 3-36 所示的布置方案，书桌的边缘离书架至少要留出 750mm 的空间，才能保证人方便地拿取书籍的活动。

另外，还应注意家具的结构、尺寸。书房中的主要家具是书架、书柜、写字台及座椅

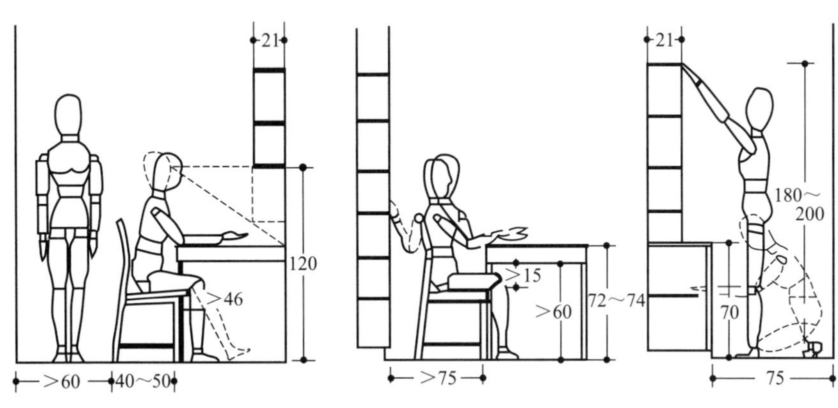

图 3-35 书房人体活动空间尺度示例（单位：cm）

或沙发。按照我国正常人体生理测算，写字台高度一般为 740～780mm，考虑到腿在桌子下面的活动区域，为适宜人体的尺度，桌子高度确定为在椅子高度的基础之上加 280mm，这样既可满足人长期工作的需要，又适合人的生理特点。在休息和读书时，沙发宜软宜低些，使双腿可以自由伸展，高度舒适，以消除久坐后的疲劳。

座椅应与写字台配套，高低适中，柔软舒适，椅子的高度一般以 380～440mm 为准。椅子造型曲线的设计和人体的结构曲线是一致的。一个单沙发宽度 650～850mm，前边应有 450～650mm 的空间，便于双腿能自如地活动。

图 3-36 书房的某一布置方案

写字台之前既应考虑留有放椅子的位置，还应考虑到拉开抽屉所占用的空间，前者需要 600mm 以上的宽度，后者则至少 400mm，留有的空间宽度应以多者为准。

3.3.4 厨房

在设计厨房时不仅需要考虑厨房的防水防潮问题，还要注意厨房家具设备的造型及尺度，提高人体操作时的舒适性。在橱柜布置设计中，操作者在厨房的三个主要设备——水池、炉灶和冰箱之间往来最多，三点之间的连线形成人的动作域，一般形成一个三角形，分析研究表明，三边之和在 3600～6600mm 为宜，过小会感到局促，过大易于疲劳。“U”形通道最小宽度为 1219mm。

操作台的标准高度为 800～910mm，深度为 600～660mm。

炉灶避免紧靠风道和通道布置；避免将炉灶直接设于窗下，因为开关门时风很容易将炉灶吹灭，而且油烟也容易飘进餐厅；有些人为了油烟能尽快散去，将灶台设置在窗户下，这是非常危险的。炉灶与冰箱保持距离，不要把冰箱装在炊具旁边，否则冰箱会因温度过高而需耗费较多电力以维持冷度；与水池间要有一定距离，以放置炊具；U 形布置时避免与水池正对，错开可节省空间。

水池避免角落布置，应留有一定的身体活动空间；避免邻门放置，影响出入；应多靠

墙在窗下布置，因光线好，视线开阔，久立窗前不易疲劳。冰箱应避免日光直接照射，否则会缩短冰箱的使用寿命；宜放在厨房入口处，便于存取食品。

油烟机布置在炉灶上方，距灶台面不宜太高，以 700mm 为宜；油烟气经过排风管道直接排向户外。

3.3.5 卫生间

卫生间有一定的私密性，因而卫生间在住宅中的位置，不宜正对入口或者直接对起居室开门。向起居室开门不仅会使使用者感到不便，而且会把卫生间气味带进起居室内，从而破坏室内环境气氛。对于大套型住宅，在有条件的情况下可考虑布置双卫，使主卧室拥有相对独立的卫生间。这样卫生间既能满足人口复杂家庭的使用方便或来客与家人分用，又避免了早上洗漱用厕高峰时的矛盾。

卫生间中主要的是浴盆、脸盆、坐便器和淋浴设备。考虑到家庭洗涤、贮物的需要，设计时应注意安排洗衣机位置和适当的贮物空间，因此卫生间实际是一组空间，这组空间围绕着浴、便、洗面化妆、洗涤四项基本卫生活动，分别组成了不同功能的活动空间。卫生间的管线比较多，平面组合要兼顾管线组合，用水设备应尽可能靠近，以便于几个卫生器具共用上下水立管。

图 3-37 卫生间设置挡水幕

卫生间的设备布置要合理。就浴盆来讲，为了使在进出浴盆时不觉得有突然的高度差，其底面应尽量降低，争取做到与地面齐平；为了适应人体对浴盆和淋浴的不同喜好，卫生间内可将两者结合布置；为了防止洗澡时有过多的水溅出地面上导致地面太滑，可考虑设置合适的措施，如设置合适的挡水幕（图 3-37）；也可采用可调式淋浴喷头，其安装高度应考虑到不同身高人的使用。

浴盆和淋浴地面宜使用防滑地面。为了洗澡时存取物品的方便，在浴盆边选择临时贮物的位置时，必须考虑淋浴者的手臂活动范围。距喷头 152mm 处设置一个毛巾架，在浴缸长边的墙的中心安装两根 457mm 长的水平扶手，安装防蒸汽灯，固定在浴室中心，为了便于控制水温，冷热水龙头的开关应尽量靠近，并用颜色或文字说明；开关安装的位置当然应便于操作。卫生间内的梳妆镜子的安装高度应考虑到人们站立洗漱的需要。肥皂盒、化妆品、剃须刀等都应设置在人洗脸能随时取到的范围内，电剃须刀插座应设在镜子边上。毛巾架安装位置须避免被水珠溅湿，各种类型的毛巾，如手巾、小浴巾等应有相应的安放位置，以便使用时能够方便地找到，切不可随意乱放。

坐便器要注意所占用的尺寸空间，800mm×800mm 或 900mm×1200mm，这是适合人体的简单尺寸空间。具体对淋浴设备变化的空间较大，这里就不再论述了。卫生间的门可以适当过一个人即可，即宽度为 750～800mm。

住宅中的卫生间最好采用天然采光和自然通风，采光窗地比不小于 1/10，通风口面积不小于地板面积的 1/20。无通风窗口的卫生间，必须设置通风道或机械等措施排气，门下留缝或门窗下部设百叶进风。暗卫生间采用人工照明，有条件时也可以通过高窗从邻近房间间接采光，间接采光最好不在要求安静的居室设置。

本章思考题

一、填空题

1. 人体动作空间主要分为__________和__________两类，其中前者是指人体处于静态时，肢体围绕着躯体做活动所划出的限定范围，它由__________和__________两部分构成。

2. 根据 Banes 的研究，手的通常作业域在以半径为__________ mm 而划出的范围内，手的最大作业域是以__________为轴，上肢完全伸直做回转运动所包括的范围，水平作业面的最大作业域在__________ mm 范围内。

3. 人在工作时，经常使用的操作器具，如写字板、键盘等配置在__________作业区域内，从属的作业工具配置在__________作业区域内。

4. __________与__________是设计各种柜架、扶手和各种控制装置的主要依据。

5. 一般办公室用门拉手的高度为__________ cm，一般家庭用高度为__________ cm 比较合适，幼儿园的门拉手高度还要低一些。

6. 设计直臂抓握的作业区时，应以第__________百分位的人体尺寸为准。

7. 肢体活动范围常被称作__________；人体活动空间也常被称作__________。

8. 人体的活动大体上可分为__________、__________和__________。

9. 现实生活中人们并非总是保持一种姿势不变，而总是在变换着姿势，并且人体本身也随着活动的需要而移动位置，这种姿势的变换和人体移动所占用的空间构成了__________。

10. 一般开关安装距地__________ m，根据我国《建筑电气工程施工质量验收规范》规定，开关安装的高度为__________ m。

11. 在日常生活中，无论是在厨房还是在办公室，总是或站或坐，手和脚在一定范围内做各种活动，所形成的包括左右水平面和上下垂直面的动作域，叫作手脚的__________。

12. 考虑到人的行为空间高度和知觉高度，我国《住宅设计规范》（GB 50096—2011）规定：住宅层高宜为__________ m。

二、选择题

1. 测得人直立时手向上的摸高可以用以确定（　　）。

A. 座高　　B. 衣帽架挂钩高度　　C. 电视悬挂的高度　　D. 窗高

2. 家庭中门把手的高度一般距离地面（　　）为宜。

A. 70～80cm　　B. 40～50cm　　C. 50～60cm　　D. 80～90cm

3. 人的动作空间可以分为（　　）。

A. 正常域　　B. 轻松域　　C. 作业域　　D. 作业空间

4. 室内空间的尺度一般由（　　）共同决定。

A. 人体活动空间　　B. 人体空间

C. 家具设备空间尺度　　D. 心理空间

三、简答题

1. 请简要回答手的水平作业域范围。

2. 室内空间主要由哪几部分组成?

四、分析题

请分析右图中手的水平作业域，按照图中台面上左右运动手臂而形成的轨迹范围，分别确定左、右手的通常作业域和最大作业域的范围，并将名称和范围填写到对应的符号后。

A ________________________;

B ________________________;

C ________________________;

D ________________________。

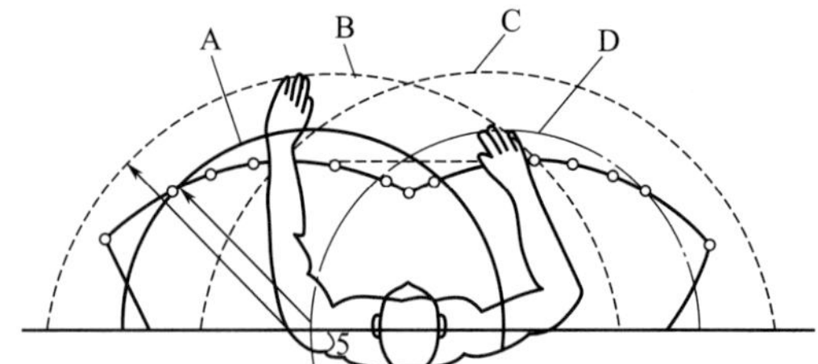

4 人体力学

与人体工程学所研究的人体数据相关的人体构造主要是由骨、关节和肌肉组成的运动系统，不同的运动会产生不同的作业姿势和不同的活动空间，这就需要不同的人体数据。而与室内及家具设计所需数据相关的人体运动系统主要包括：与作业姿势相关的骨骼系统；与作业平面及操作平台设计相关的肌肉系统；与某些空间设计相关的人体反应时间。作业姿势与脊柱运动的关系直接影响生理负荷和作业效率，例如，从地面举起重物，弯腰直膝姿势比直腰弯膝姿势对脊柱的负担大；再如，前倾坐姿与倚靠坐姿相比，前者脊柱椎间内压要大，因而不正常的姿势常导致腰痛，这些研究可为家具设计、活动空间设计所需尺寸提供相应的依据。肌肉系统中的肌肉收缩而产生的肌力是人体各种动作和维持各种姿势的动力源，如何有效地发挥肌力，减少肌肉疲劳，提高效率是室内人体工程学的课题之一。在建筑室内及家具设计中，要考虑各种作业姿势，如人立姿时，前臂与上臂呈70°角左右时，手臂所产生的力量最大；人坐姿时，手臂向上用力大于向下用力，向内用力大于向外用力，这些分析有利于为作业平面、操作平台的高度设计提供有效依据。

4.1 静态肌肉施力

4.1.1 肌肉施力的类型

无论是人体自身的平衡稳定或人体的运动，都离不开肌肉的机能。肌肉的机能是收缩和产生肌力，肌力可以作用于骨，通过人体结构再作用于其他物体上，称为肌肉施力。肌肉施力有动态肌肉施力和静态肌肉施力两种方式。在血液输送方面，动态肌肉施力和静态肌肉施力的基本区别之一在于它们对血液流动的影响（图4-1）。

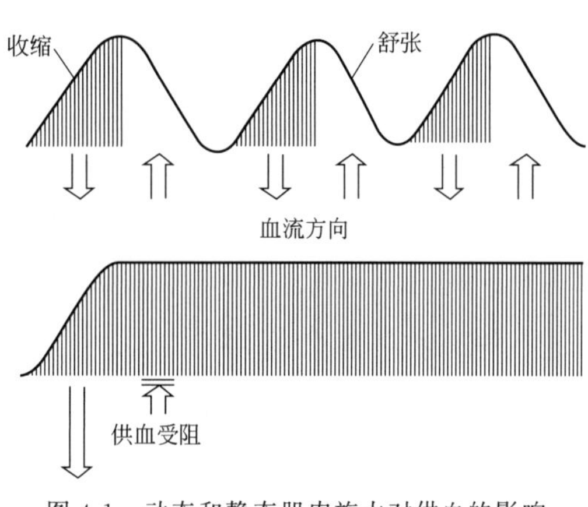

图4-1　动态和静态肌肉施力对供血的影响

4.1.1.1 静态肌肉施力

静态肌肉施力是依靠肌肉等收缩所产生的静态性力量，较长时间地维持身体的某种姿势，致使肌肉相应地做较长时间的收缩。在静态肌肉施力情况下进行的作业称为静态作业。如汽车行驶过程中，驾驶员的脚要长时间地踩在加速器上，此时脚跟的状态即为静态肌肉施力。

(1) 静态肌肉施力的生理效应 静态肌肉施力时，肌肉收缩时产生的内压对血流会产生影响，收缩达到一定程度时，甚至会阻断血流；由于收缩的肌肉组织压迫血管，阻止血液进入肌肉，肌肉无法从血液中得到糖和氧的补充，不得不依赖于本身的能量贮备；对肌肉影响更大的是代谢废物不能迅速排除，积累的废物造成肌肉酸痛，引起肌肉疲劳。由于酸痛难忍，静态作业的持续时间受到限制。

(2) 静态肌肉施力引发的病症 静态肌肉施力一方面加速肌肉疲劳过程，引起难忍的肌肉酸痛；另一方面长期受静态肌肉施力的影响，酸痛还会由肌肉扩散到腱、关节和其他组织，并损伤这些组织，引起永久性疼痛。

静态肌肉施力过大过久引发的病痛可分两类。第一类症状称为劳累性疼痛，痛的持续时间短，痛的位置容易确定，一般位于肌肉和腱上。只要卸掉肌肉的负荷，痛也随之消失，劳累通过休息即可恢复。第二类症状是疼痛的部位从肌肉和腱扩散到关节，即使停止工作，仍疼痛不止，而且这种疼痛总是与某个特别的动作或是身体姿势有密切关系。它出现比第一症状晚。

静态负荷太大，常可引起下列病症：

① 关节部位炎症；

② 腱膜炎；

③ 腱端炎症；

④ 关节慢性病变；

⑤ 椎间盘病症。

4.1.1.2 动态肌肉施力

动态肌肉施力是对物体交替进行施力与放松，使肌肉有节奏地收缩与舒张。在动态肌肉施力情况下进行的作业称为动态作业。

动态肌肉施力时，肌肉有节奏地收缩和舒张，这对于血液循环而言，相当于一个泵的作用，肌肉收缩时将血液压出肌肉，舒张时又使新鲜血液进入肌肉，此时血液输送量比平常提高几倍，有时可达静态输入肌肉血液量的10～20倍。血液的大量流动不但使肌肉获得了足够的糖和氧，而且迅速排除了代谢废物。因此，只要选择合理的作业节奏，动态作业可以延续较长时间而不产生疲劳。心脏的工作就是动态作业，在人的一生中，心脏不停地搏动，心肌从不“疲劳”。肌肉施力方式对血液输送的影响用图形表示更加一目了然（图4-2）。如何有效地发挥肌力，减少肌肉疲劳、提高效率是人体工程学的研究课题之一。

4.1.2 静态肌肉施力举例

日常生活中，有许多静态肌肉施力的例子。人在站立时，从腿部、臀部、腰部到颈部，有许多块肌肉在长时间地静态肌肉施力。实际上，无论人的身体姿势如何，都有部分肌肉静态施力。人在坐下时，由于解除了腿部静态受力，从而改善了人体肌肉受

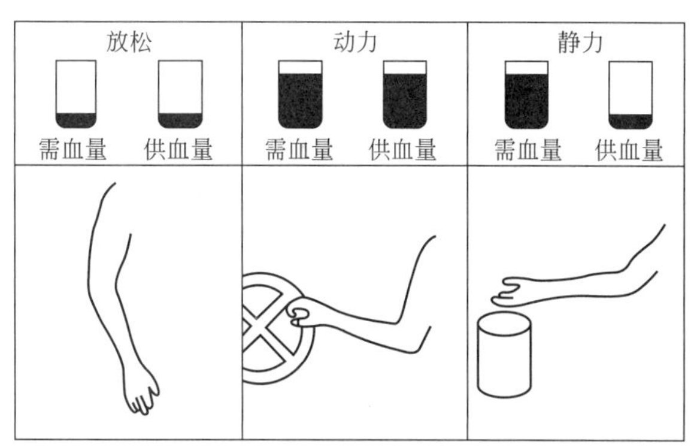

图 4-2　动态肌肉施力和静态肌肉施力

力状况。而人在躺下时，几乎可以解除所有的肌肉静态受力状况，所以躺下是最佳的休息姿势。几乎所有的工业和职业劳动都包含不同程度的静态肌肉施力。常见的静态作业方式有：

① 长时间或反复地向前弯腰或者向两侧弯腰，如身材高大的家庭主妇使用过低的厨房案台；

② 长时间用手臂夹持物体；

③ 长时间手臂水平抬起或双手前伸，如在设计过高的操作台上操作；

④ 一只脚支撑体重，另一只脚控制机器；

⑤ 长时间站立在一个位置上，如操作各种机床；

⑥ 推拉物体；

⑦ 长时间、高频率地使用一组肌肉，如手指长时间高速敲击键盘，导致手指、腕疲劳等。

在操作计算机的上机姿势中，操作员常常是手臂向前悬空着来操作键盘和鼠标的。手臂的悬空形成了肩颈部的静态疲劳，使得操作员不便将背部后靠在椅子靠背上作业（后靠姿势会加大悬空的手臂的前伸程度，从而增大肩部所需的平衡力矩，加快肩颈部的疲劳），而当操作员脱离靠背又手臂悬空时，体重就全部需要由脊柱来承担，其结果或者是腰背的疲劳酸痛，或者是腰肌放弃维持直坐姿势而塌腰驼背，或者是手臂疲劳酸痛。

从事检修作业的工人，如长时间保持特定姿势形成一种强迫体位，可引起某些部位的损伤或疾病，如肌肉骨骼损伤（下背痛，颈、肩、腕损伤等）、下肢静脉曲张等。

长时间站立于一个位置是许多职业中常见的工作姿势，它也是一种静态作业，此时脚、膝和臀部关节得不到活动。站立引起的肌肉施力并不大，因长时间站立引起的疲劳和不舒服，不完全是静态肌肉施力引起的，腿部静脉血压增高也是一个重要的原因。

4.1.3　避免静态肌肉施力的方法

避免静态肌肉施力的关键在于协调人机关系，使操作者在作业过程中能够采取随意姿势并能自由改变体位，从而保持身体的舒适、自然状态，而不迫使操作者只能采取一种姿势和不良姿势。避免静态肌肉施力的几个设计要点如下。

(1) 避免弯腰或其他不自然的身体姿势　当身体和头向两侧弯曲造成多块肌肉静态受

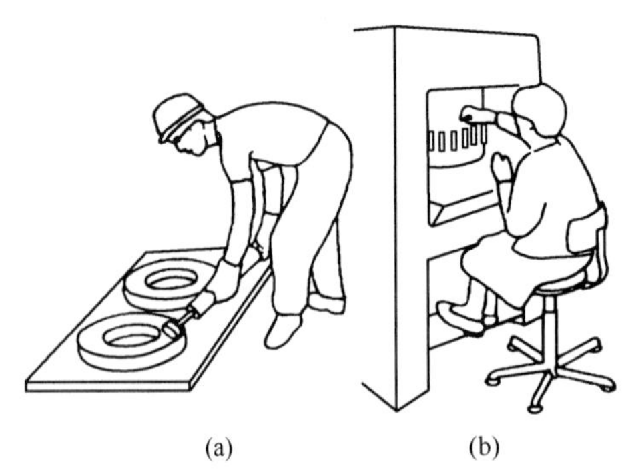

(a)　　(b)

图 4-3　不良的作业姿势

力时，其危害性大于身体和头向前弯曲所造成的危害性。图 4-3(a) 中操作的工人易腰痛，再如，如果厨房案台设计过低，当身材高大的人长期使用易腰痛。

(2) 避免长时间的抬手作业　抬手过高不仅引起疲劳，而且降低操作精度和影响人的技能发挥。图 4-3(b) 中操作者的右手和右肩的肌肉静态受力容易疲劳，易造成肩和手臂酸痛，而且使操作精度降低，影响工作效率。只有重新设计，使作业面降低到肘关节以下，才能提高作业效率，保证操作者的健康。

再如，电脑作业时肘部支撑的设计。人在操作电脑时（即操作键盘和鼠标），手臂因操作而离开了椅子的扶手，由于人的上肢没有支撑点或是一个依托，来支撑手和前臂从而减轻手、腕、颈、肩和腰部的肌肉疲劳、疼痛和劳损，使电脑操作不能够长时间地稳定进行，所以务必设计合理的支撑面。

近几年来，有一种按人体工程学原理设计的带有支肘板（折叠式或推拉式）的桌面结构新技术在市场面市。可以借鉴到电脑桌作业支撑的设计上，装在托板上，这种设计是当把左右两块支肘板打开时，矩形托板靠近人体的一侧就变成了凹形结构，即两端（支肘板）凸出（处于人的腰部两侧）中间凹进。人的腰部可以宽松地进入凹入部位，此时上臂放松地处于人体两侧的自然悬垂位置。两肘（即前臂）支撑在支肘板上，处于水平或稍向下斜的位置，保证肘部得到合理可靠的支撑，从而使身体有关部位的肌肉都可以感到放松，既减少了颈、肩、腕综合征的发生，又避免了弯腰驼背。

(3) 坐着工作比站着工作省力　工作椅的高度应调到使操作者能十分容易地改变站和坐的姿势的高度，如图 4-4 所示，可以减少站起和坐下时造成的疲劳，尤其对需要频繁走

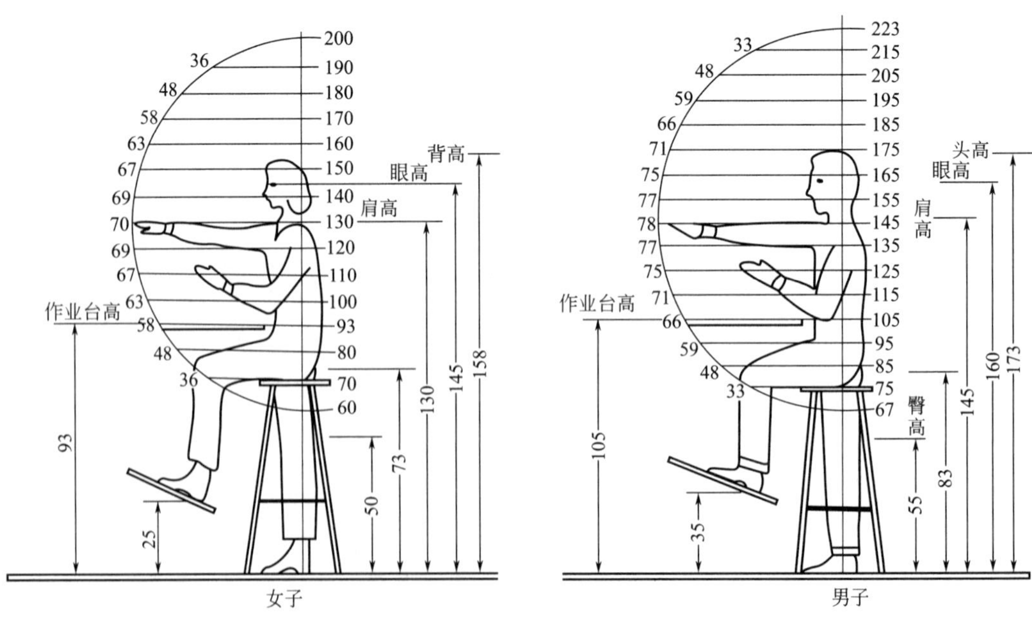

图 4-4　工作椅的高度设计成使操作者容易地改变站和坐的姿势（单位：cm）

动的工作，更应如此设计。

双手同时作业时，手的运动方向应相反或者对称运动，单手作业本身就造成背部肌肉静态施力。另外，双手做对称运动有利于神经控制。

作业位置高度应按照工作者的眼睛和观察时所需要的距离来设计。观察时所需要的距离越近，作业位置应越高，见图 4-5。作业位置的高度应保证工作者的姿势自然。

图 4-5 适应视觉的姿势

常用的工具，如钳子、手柄、工具和其他零部件、材料等，都应按其使用的频率安放在人的附近。最频繁的操作工作，应该在肘关节弯曲的情况下就可以完成。为了保证手的用力和发挥技能，操作时手最好距眼睛 25～30cm，肘关节呈直角，手臂自然放下。

当手不得不在较高位置作业时，应使用支撑物来托住肘关节、前臂或者手。支撑物的表面最好为棉布或其他不发凉的材料，支撑物应可调，以适合不同体格的人。图 4-5 中采用了手臂支撑，以避免手臂静态肌肉施力。脚的支撑物不仅应托住脚的重量，而且应允许脚做适当的移动。为了体现坐姿作业的优越性，必须为作业者提供合适的座椅、工作台、容膝空间、搁脚板、搁肘板等装置。

由于身体各部分要支持肢体重量，设计时要尽量设计肢体的支撑点。

如表 4-1 所列为身体各部分重量占整个身体重量的百分比。

表 4-1 身体各部分重量占整个身体重量的百分比

身体各部分	重量百分比/%	身体各部分	重量百分比/%
头	7.28	脚	1.47
躯干	50.70	小腿	4.36
手	0.65	小腿＋脚	5.83
前臂	1.62	大腿	10.27
前臂＋手	2.27	一条腿	16.10
上臂	2.63	两条腿	32.20
一条手臂	4.90	总计	99.98
两条手臂	9.80		

人体头部的重量大约占人体重量的 7.28%。如果一个人的体重是 90kg，那么头重大约为 0.0728×90≈6.6kg，颈支撑着头。如果一个人的体重是 90kg，那么一只手重大约为 0.6kg。一只手加一段前臂重大约 2kg，一条手臂的重量大约是 4.4kg。当手中虽然只捏着一根 2.5g 的鸡毛，但却同时支持着 4.4kg 的整个手臂。因此应避免长时间的敬礼姿势以及越过头顶的操作，如仰焊、涂刷顶棚等。手臂的位置影响血液流动，也影响手臂的温度。当向上举直手，流到该手臂的血液最少，并且手臂温度会下降大约 1.0℃。当把手垂下或身体躺下后把手平放在身体两边，则流到手臂的血液最多。

当双手捏物需要近处细看时，必须支持两个手臂的重量。如果把该件物品置于手臂的适当的位置，则眼睛不一定能看清楚这件物品。解决办法是手持这件物品靠近眼睛，但将手腕、前臂或肘部支撑在桌子上、靠垫上或座椅上。

4.2 提起重物

4.2.1 腰病发病原因

人的脊柱为“S”曲线形，12 块胸椎骨组成稍向后凸的曲线，5 块腰椎骨连接成向前凸的曲线，每两块脊椎骨之间是一块椎间盘。由于脊柱的曲线形态和椎间盘的作用，使整个脊柱富有一定的弹性；人体跳跃奔跑时完全依靠这种曲线结构来吸收受到的冲击能量。

脊柱承受的重量负荷由上至下逐渐增加，第 5 块腰椎处负荷最大。人体本身就有负荷加在腰椎上，在作业、尤其在提起重物时，加在腰椎的负荷与人体本身负荷共同作用，使腰椎承受了极大的负担，因此人们的腰病发病率极高。

4.2.2 正确提起重物的方法

用不同的方法来提起重物，对腰部负荷的影响不同。如图 4-6 所示，直腰弯膝提起重物时椎间盘内压力较小，而弯腰直膝提起重物会导致椎间盘内压力突然增大，尤其是椎间盘的纤维环受力极大。如果椎间盘已有退化现象，则这种压力急剧增加最易引起突发性腰部剧痛。所以，提起重物时必须掌握正确的方法。

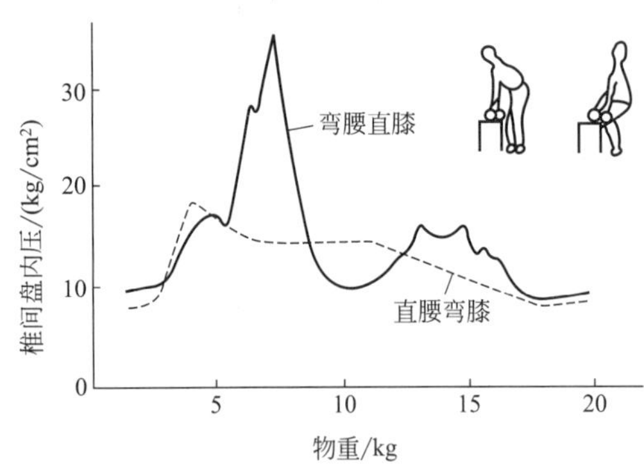

图 4-6　提起 20kg 重物时，第 3 与第 4 腰椎骨间椎间盘的内压力变化

为什么弯腰直膝提起重物会导致压力增大呢？因为弯腰改变了腰脊柱的自然曲线状态，不仅加重了椎间盘的负荷，而且改变了压力分布，使椎间盘受压不均，前缘压力大，向后缘方向压力逐渐减小（图 4-7），这就进一步恶化了纤维环的受力情况，成为损伤椎间盘的主要原因之一。另外，椎间盘内的黏液被挤压到压力小的一端，液体可能渗漏到脊神经束上去。总之，提起重物必须保持直腰弯膝姿势。

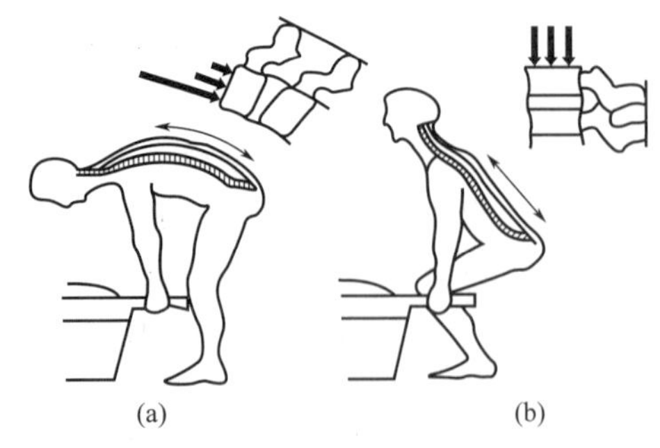

图 4-7　弯腰与直腰提起重物时的椎间盘压力分布

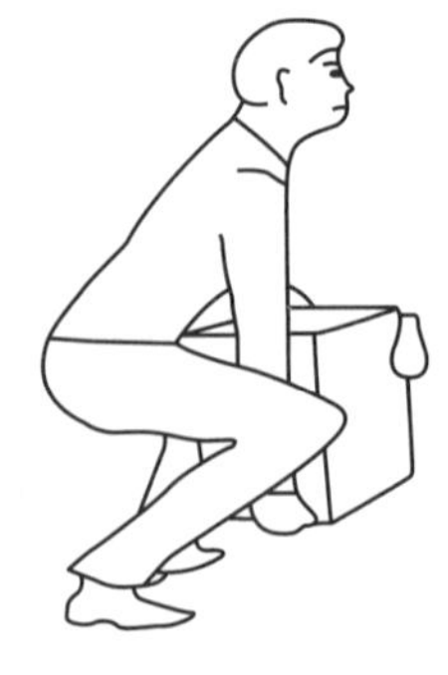

图 4-8　提起重物时应靠近重物

正确的提重方法：

① 抓稳重物，提起时保持：直腰；尽量弯膝。

② 身体尽量靠近重物（图 4-8）。

设计时应使重物的抓握部位高于地面 40～50cm，应有把手，否则会导致不正确的提重姿势。

4.3 手足的出力

了解肢体动作力量的目的是为设计控制器及作业方法提供依据。

肢体运动出力的大小取决于肌肉部位、姿势和持续时间。

肢体的运动出力主要是手足的出力。

4.3.1 手的出力

运动系统是人体完成各种动作和从事生产劳动的器官系统。由骨、关节和肌肉三部分组成，其中骨是运动的杠杆；关节是运动的枢纽；肌肉是运动的动力。三者在神经系统的支配和调节下协调一致，随着人的意志，共同准确地完成各种动作。肌肉收缩产生的力作用于骨骼上，骨骼以关节的形式互相连接。从力学的角度而言，人体运动系统是杠杆系统（图 4-9）。人在不同的方向上肢体出力的大小是不同的，手臂的内收力明显大于外展力。手在身体中心线前 30cm 处内收缩产生的力最大。最大内收力与肘关节转角的关系见图 4-10。手在左右移动时推力大于拉力（图 4-11），最大约 40kg。手在前后运动时拉力大于推力，见图 4-11。人体出力时的姿态与出力点的位置也会对力量的大小有影响，见图 4-12。在直立姿势下弯臂时，不同角度时的力量分布如图 4-13 所示，由图可知大约在 70°处可达最大值，即产生相当于体重的力量。这正是许多操纵机构（如方向盘）置于人体正前上方的原因所在。

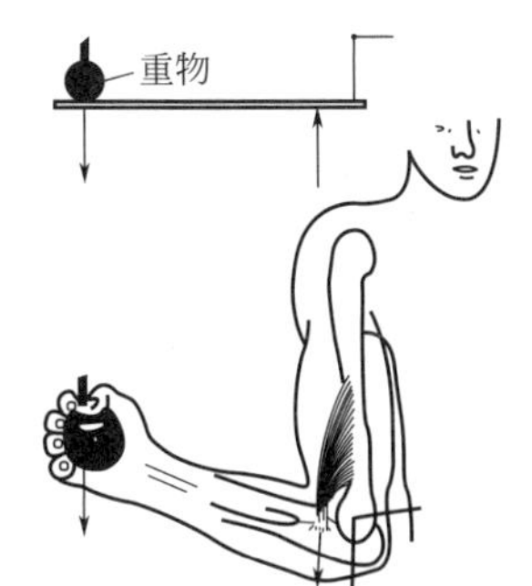

图 4-9　手臂受力的简化杠杆示意

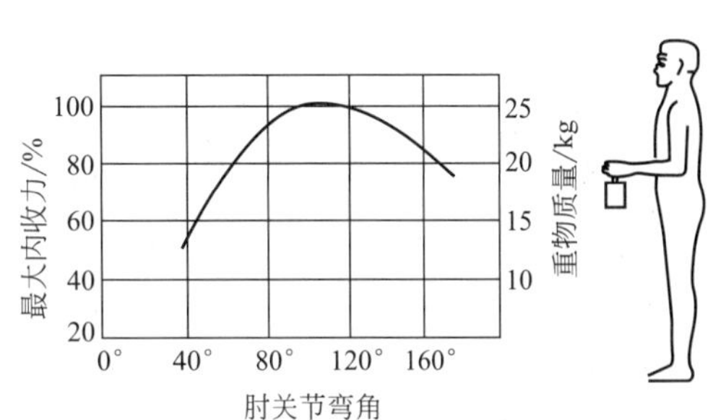

图 4-10　最大内收力与肘关节转角的关系

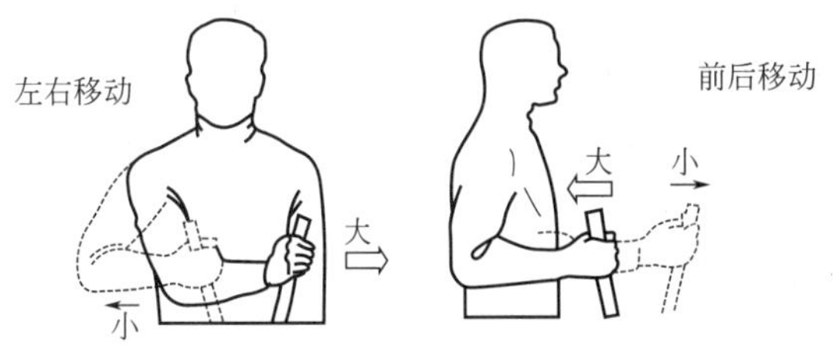

图 4-11　手在左右和前后运动时拉力和推力大小比较的示意

项目	高度/cm	持续力/N 平均	冲击力/N 平均	项目	高度/cm	持续力/N 平均	冲击力/N 平均
推	140	382	2080	拉	140	333	1070
	120	529	2390		120	431	1200
	100	568	2260		100	461	1210
	80	539	2100		80	480	1360
推	140	167	892	拉	140	274	1040
	120	363	1430		120	353	1110
	100	588	1530		100	441	1110
	80	617	1650		80	480	1010
推	100	1050	2310	拉	80	1000	931
	80	774	2210		60	1130	1240
	60	1640	2160		40	1030	1230
	40	696	1960		20	990	1430
					0	960	1220
推	200	696	2010	拉	80	941	1050
	180	853	2230		70	1030	951
	160	627	1830		60	1160	911
	140	843	1980				
	120	676	2160				

图 4-12　人体出力时的姿态与出力点的位置对力量大小的影响

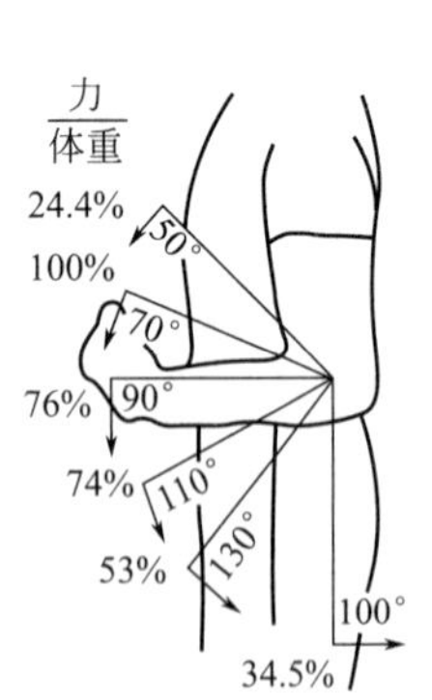

图 4-13　立姿弯臂时的力量分布

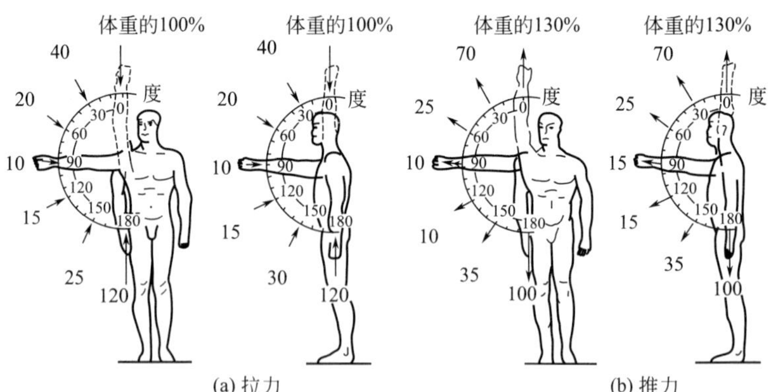

图 4-14　直立姿势下臂伸直时，拉力和推力的分布

在直立姿势下臂伸直时，不同角度位置上的拉力和推力的分布如图 4-14 所示。可见最大拉力产生在图 4-14 中 180°位置上，而最大推力产生在 0°位置上。

出力的大小还与时间有关，手的瞬时发力大约是 110kgf，持续拉力最大可达 30kgf。在手臂伸直的情况下，男子平均为 70kgf，女子平均为 38kgf。拉力的大小随持续时间的延长而降低。

人体每个部位所能承受的力量大小是一定的，握力左手为 35kgf，1min 持续时间为

28kgf，右手为 24kgf。握力与手的姿势有关，见图 4-15。

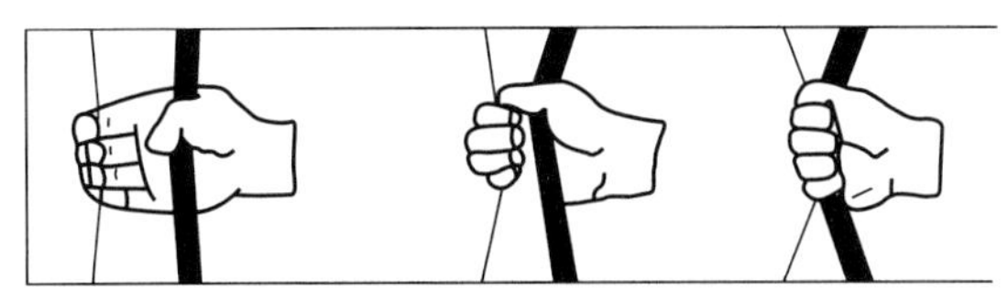

图 4-15 握力与手的姿势有关

4.3.2 足的出力

在作业中，用脚操作的情况也是很多的。脚产生的力的大小与下肢的位置、姿势和方向有关。下肢伸直比下肢弯曲时脚产生的力大，有靠背支持时，脚可产生最大的力；立姿脚用力比坐姿时大。坐姿右脚平均最大蹬力为 2620N，左脚平均最大蹬力为 2410N，标准差为 454N，保持 0.5min。

正常蹬力为 800～1800N，可保持数分钟。图 4-16 中的蹬力：膝部屈曲 130°～150°或 160°～180°时蹬力最大。

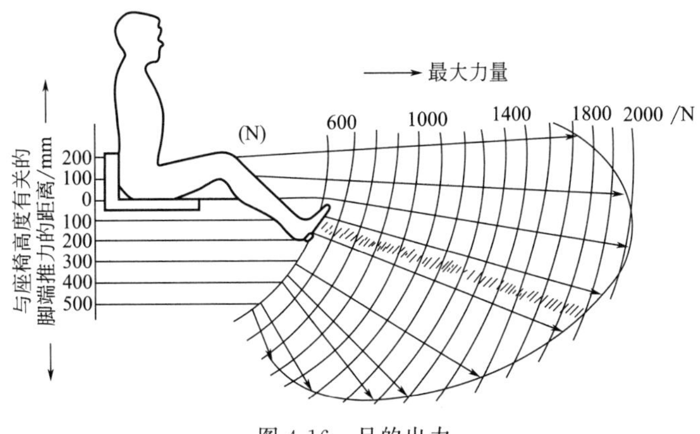

图 4-16 足的出力

4.4 重心问题

在设计中许多尺寸还应考虑重心问题，例如，栏杆的设计，简单来说，栏杆的高度应该高于人的重心，重心是考虑全部重量集中作用的点。当考虑人的重量时，就可以用这个点来代替人体重量之所在，所以如果栏杆低于重心，人体一旦失去稳定，就可能越过栏杆而坠落。而重心一般在人的肚脐后，所以当人们站在栏杆附近，如果发现栏杆比自己的肚脐还低，就会产生恐惧感。理论上的人体重心高度如以身高为 100cm，重心则为 56cm。如平均身高为 163cm，重心高度则为 92cm。栏杆设计时其高度应高于人体重心，且根据心理要求，阳台栏杆应随建筑高度增高而增高。我国《住宅设计规范》(GB 50096—2011）规定：①住宅的阳台栏板或栏杆净高，六层及六层以下的不应低于 1.05m；七层及七层以上的不应低于 1.10m。②住宅的公共出入口台阶高度超过 0.70m 并侧面临空时，应设防护设施，防护设施净高不应低于 1.05m。③住宅的外廊、内天井及上人屋面等临空处的栏杆净高，六层及六层以下不应低于 1.05m，七层及七层以上不应低于 1.10m。防护栏杆必须采用防止少年儿童攀登的构造，当采用垂直杆件作栏杆时，其杆件净距不应大于 0.11m。

一般来说，每个人的重心位置不同，主要是受身高、体重和体格的不同的影响。通常躯干长的人重心偏向下方，反之则偏上。根据测定，重心在身高一半以上的人不到 50%。

此外，重心还随人体位置和姿态的变化而不同（图 4-17）。人体重心的位置，随着四肢和躯干的姿势不同而改变，当人垂臂直立时，重心在骨盆的第二骶椎前约 7cm 处，约为站立高度的 55%，如把手臂举过头顶，重心随之升高，同样，如果身体下蹲时重心下降，甚至吸气时膈肌下降，重心也会下降。

图 4-17　不同姿态时人体重心的位置

现在家具的设计形式丰富多样，例如，椅子的设计，四条腿的一般稳定性较好，但是三条腿、一条腿的就有个重心问题（图 4-18）。人在坐姿时的重心很多人可能以为在座板的重心，其实不然，除了直立的重心，还要考虑重心的移动。

图 4-18　考虑重心的椅子

摇椅是一种休闲椅，它的设计与人体工程学的关系非常密切。摇椅影响舒适度的关键因素是摇腿的曲率，人体与摇椅构成一个摇摆振动系统，摇摆的频率直接影响舒适度。日本东京艺术大学美术学部建筑学科的奥村昭雄对摇椅进行了比较系统的人体工程学研究，他对4种不同曲率半径（76～140cm）的摇椅进行了测试研究（图4-19）。表4-2中为4种摇椅的尺寸参数。

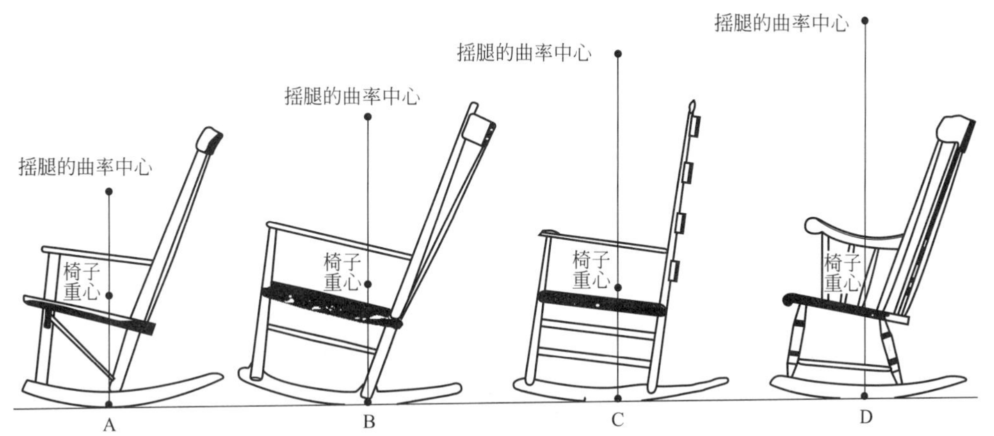

图4-19 奥村昭雄研究的摇椅

表4-2 4种摇椅的尺寸参数值

摇椅尺度参数	摇椅A	摇椅B	摇椅C	摇椅D
摇椅重量/kg	9.4	8.2	6.1	9.7
摇腿中央部分的曲率半径/cm	76.0	102.5	130.0	140
摇椅重心高/cm	39.1	43.0	39.7	40.6
座面高(摇腿曲率中心与摇椅重心连线与座面交点的高度)/cm	31.7	31.7	35.8	32.3
坐下后实际座面与地面的夹角/(°)	15.5	17.7	10.5	13.2
座面与靠背的夹角/(°)	95.5	98.5	86.6	95.8

研究表明在使用摇椅时，被试者主动摇动摇椅可使摇摆频率接近个人舒适的频率。摇椅A由于固有摆动频率小，被试者加快摇摆频率，其他3种则减慢摇摆频率。通过测试分析得出摇椅的摇腿曲率半径与体重的关系如图4-20所示。由于摇摆频率受摇腿

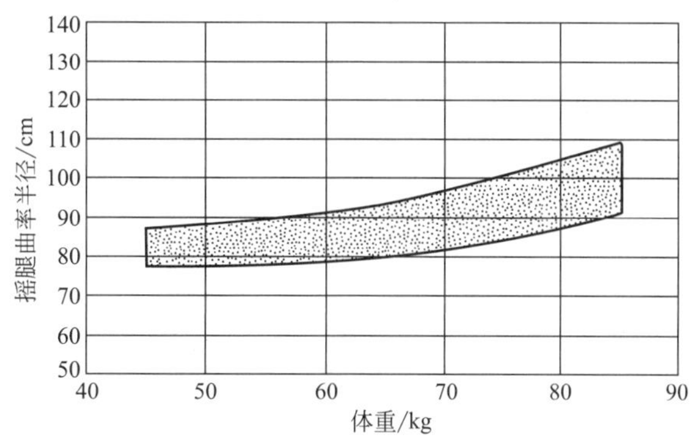

图4-20 摇椅的摇腿曲率半径与体重的关系
（人体重心高时，选择上部范围的值）

曲率半径、体重和椅子重心高的影响，在设计身高和椅子重心较高时，可选择图 4-20 中上部范围的值。在设计摇椅时，还要考虑摇腿前后部分曲率半径的变化。越靠近两端，曲率半径要减少，否则摇摆时需要的力就很大。座椅面与靠背的夹角以 95°～100°为宜。

由于摇椅设计时落座后的人体重心位置很重要，故奥村昭雄还通过日本人以及美国士兵的人体模型研究测试了落座后人体重心位置与身高、座面与靠背夹角的回归模型，如下：

$$L=0.12T-0.08Z+12.5$$

$$B=0.09T+125/(Z-65)+12.5$$

式中 L——座面到人体重心的垂直距离，cm；

B——靠背面到人体重心的垂直距离，cm；

T——人体身高，cm；

Z——座面与靠背面的夹角，(°)。

以上回归方程对于我国也可以适用，在设计时可以参考。

本章思考题

一、填空题

1. 肌肉的机能是收缩和产生肌力，肌力可以作用于骨，通过人体结构再作用于其他物体上，称为__________，它常有__________和__________两种方式。

2. 提起重物时必须掌握正确的方法，即提起重物必须保持__________的姿势。

3. 人在直立姿势下弯臂时，前臂与上臂呈__________°左右时，手臂所产生的力量最大；在直立姿势下臂伸直时，不同角度位置上的拉力和推力不同，最大拉力产生在__________位置上，而最大推力产生在__________位置上。

4. 一般来说每个人的重心位置不同，主要是受身高、体重和体格的不同的影响。此外重心还随人体位置和__________的变化而不同。

二、选择题

1. 静态肌肉施力的主要危害有（　　）。

A. 加速肌肉疲劳　　B. 影响骨骼　　C. 消化减弱　　D. 影响血液流动

2. 避免静态肌肉施力的方法主要有（　　）。

A. 避免弯腰或其他不自然的身体姿势

B. 采用单手作业来代替手运动方向相反或者对称运动的双手同时作业

C. 当手不得不在较高位置作业时，应使用支撑物来托住肘关节、前臂或者手

D. 电脑作业时设计肘部支撑

3. 提起重物必须保持（　　）的姿势。

A. 直腰弯膝　　B. 弯腰直膝　　C. 垂直双手　　D. 用力提起

4. 我国《住宅设计规范》(GB 50096—2011) 规定：住宅的阳台栏板或栏杆净高，六层及六层以下的不应低于（　　）cm；七层及七层以上的不应低于（　　）cm。

A. 105　　B. 90　　C. 100　　D. 110

5. 避免静态肌肉施力应该避免长时间（　　）。

A. 抬手作业　　B. 坐着作业　　C. 坐—站交替作业　　D. 作业距离过近

6. 为了安全考虑，栏杆的高度应该（　　）人体直立的重心高度。

A. 低于　　B. 高于　　C. 等于　　D. 小于

三、简答题

1. 简述静态肌肉施力的主要危害。

2. 简述避免静态肌肉施力的设计要点。

3. 简述正确提起重物的方法，并说明原因。

5 桌台类家具功能尺寸设计

桌台类家具与人体关系很密切，起着辅助人体活动和盛放物品的作用，如桌、几、案等。桌台类家具的基本功能是适应人在坐、立状态下，进行各种操作活动时，获得舒适而方便的辅助条件，并兼作放置和贮存物品之用。这类家具又分为两类，一类为坐姿时使用的桌台类家具，这类家具的尺寸以人坐下时的坐骨结节点作为尺度的基准；另一类为立姿时使用的桌台类家具，这类家具以人站立时的脚后跟作为尺度的基准。

工作面是指作业时手的活动面。不论是坐着工作还是站立工作，都存在着一个最佳工作面高度的问题，工作面的高度是决定人工作时的身体姿势的重要因素，不正确的工作面高度将影响着操作者的姿势，引起身体的歪曲，以致腰酸背痛。工作面过高，人不得不抬肩作业，超过其松弛位置，可引起肩、胛、颈部等部位疼痛性肌肉痉挛。工作面太低，迫使人弯腰弯背，引起腰痛。因此，作业面的高度对于作业效率及肩、颈、背和臂部的疲劳影响很大。这里需要强调的是，工作面高度不等于桌面高度，因为工作物件本身是有高度的。例如，打字机的键盘高度，一般为 25～50mm。不考虑具体的工作人员，一概采用固定的工作面高度，这不是一项好的设计。

工作面高度的设计应遵从下列原则：

① 应使臂部自然下垂，处于合适的放松状态，前臂一般应接近水平状态或略下斜，任何场合都不应使前臂上举过久，以避免疲劳，提高工作效率。

② 不应使脊柱过度屈曲。

③ 若在同一工作面内完成不同性质的作业，则工作面高度应设计成可调节型。

④ 应按高百分位数据设计，身材矮小的人可采用加高椅面和使用垫脚台。

⑤ 如果工作面高度可调节，其调节范围应能满足多数人使用的要求，可将高度调节至适合操作者身体尺寸及个人喜好的位置。

工作面高度设计主要应考虑的因素如下几个方面。

(1) 肘部高度 很早就有人研究后指出，工作面高度应由人体肘部高度来确定。随后许多研究都证明了这一点。由于不同人的肘部高度是不一样的，所以使用一个固定的数字来设计工作面高度显然是不合理的，应使前臂接近水平状态或略下斜。

(2) 能量消耗 有人对烫衣板高度与工作人员生理方面的关系进行了试验研究。试验中使用了人的能量消耗、心跳次数、呼吸次数等指标。多数受测者选择烫衣板距肘下150mm为宜。如果把烫衣板置于肘下250mm，则多数受测者呼吸情况稍有变化。

还有人对不同高度的搁架作过试验研究。试验中使用了距地面以上100mm、300mm、500mm、700mm、1100mm、1300mm、1500mm和1700mm的不同搁架。试验结果表明，最佳的搁架高度是距地面1100mm，这个高度即为高出人体肘部150mm。受测者使用这个高度的搁架，能量消耗最小。其他一些人的类似试验都一致指出，当搁架高度低于肘部时，随着搁架高度的下降，人的能量消耗增加较快。这是由于人体自身的重量造成的。

(3) 作业技能 工作面的高度影响人的作业技能。一般认为，手在身前作业，肘部自然放下，手臂内收呈直角时，作业速度最快，即这个作业面高度最有利于技能作业。但另一个对食品包装作业的研究结果与以上观点稍有不同（图5-1）。

由图5-1可见，当手臂在身体两侧，外展角度为8°～23°，前臂内收平放在工作台上时，食品包装的作业效能最高，即包装速度快，质量好，而且人体消耗的能量也随之减少。如果座椅太低，上臂外展角度达45°时，肩部承受了身体的平衡重量，将导致肌肉疲劳，所以作业效能下降，人体能耗增加。

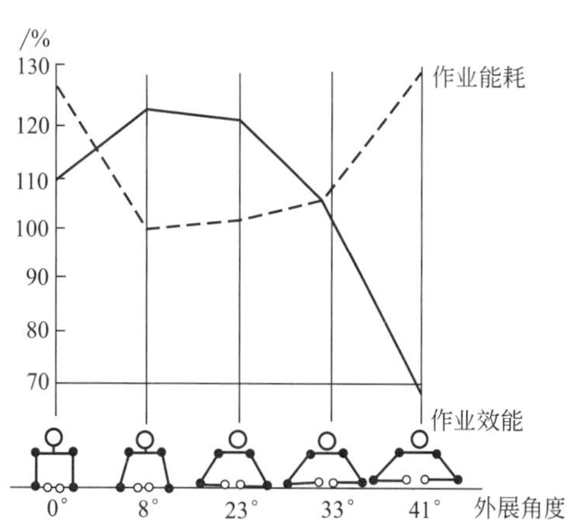

图5-1 上臂姿势对作业效能和作业能耗的影响

目前设计技能作业主要以速度和精确度为标准。但有些人体工程学专家认为还应考虑疲劳和“单调”两个因素。

(4) 头的姿势 作业时，人的视觉注意的区域决定头的姿势。头的姿势要舒服，视线与水平线的夹角应在所规定的范围内。

坐姿时，此夹角为32°～44°。

站姿时，此夹角为23°～34°。

只要头部是垂直的或向前稍有倾斜，颈部不会感到疲劳。

对五名办公室的工作人员在阅读和书写时所拍摄的1650张照片的统计结果显示，平均视角为头向下倾斜离垂直位置25°，阅读和书写几乎都是这个倾斜角。

总之，工作面高度主要由人体肘部高度来确定，对于特定的作业，其工作面高度取决于作业的性质、个人的喜好、座椅的高度、工作面的厚度、操作者大腿的厚度等。

工作面水平作业域见图3-4。办公桌、橱柜台面的尺寸设计要以此作为依据。

工作面的高度设计按基本作业姿势可分为三类：站立作业、坐姿作业和坐立交替式作业。

5.1 站立作业

工作面的高度决定于作业时手的活动面的高度，如绣花时，绣面的高度即为工作面的高度。

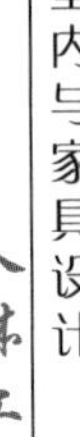

站立工作时，工作面的高度决定了人的作业姿势。一般情况下，前臂以接近水平状态或略下斜的作业面高度为佳。

作业性质也可影响工作面高度的设计。图 5-2 为三种不同工作面的推荐高度，图中零位线为肘高。

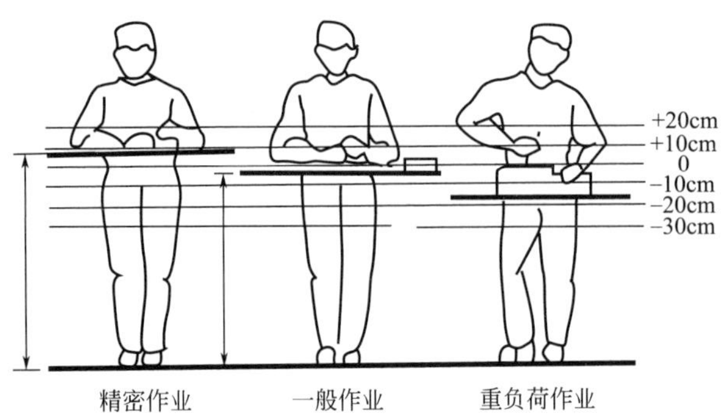

图 5-2　站姿工作面高度与作业性质的关系

(1) 精密作业　对于精密作业（如绘图），工作面应上升到肘高以上 5～10cm，以适应眼睛的观察距离。同时，给肘关节以一定支撑，以减轻背部肌肉的静态负荷。

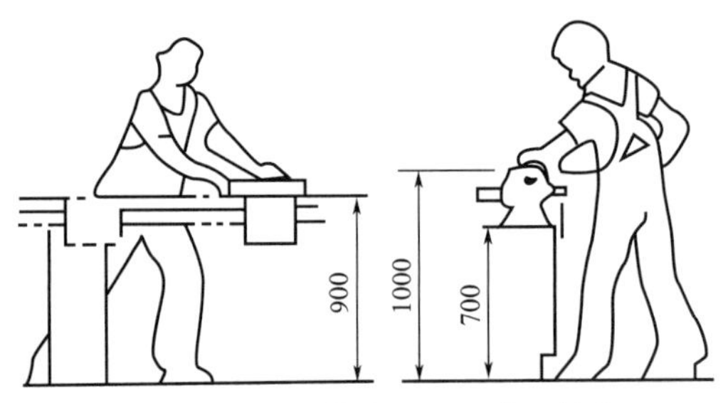

图 5-3　需要用力的工作台面的设计（单位：mm）

(2) 一般作业　对于一般作业，站立作业的最佳工作面高度为肘高以下5～10cm。

(3) 重负荷作业　立姿作业的工作台面高度设计时，还应考虑被加工件的大小和操作时用力的大小。被加工件越大，工作台面要越低些；操作需要用力的工作台面也应低一些（图 5-3），这样可以利用身体的重力做功，工作面应降到肘高以下 15～40cm。例如，木工推台锯需要借助身体的重量，工作面可低些，见图 5-4。

图 5-4　需要用力的木工推台锯工作台面的设计

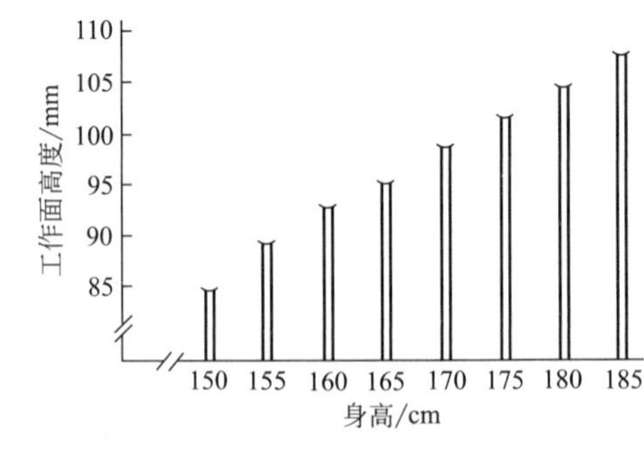

图 5-5　在轻负荷作业条件下，作业面与身高的关系

对于不同的作业性质，设计者必须具体分析其特点，以确定最佳工作面高度。

工作面高度应按身体较高的人设计，身体较矮的人可使用垫脚台。图 5-5 为在轻负荷作业条件下，工作面与身高的关系。不同身高的人应采用的调节高度可参照图 5-5。

从适应性而言，可调节高度的工作台是理想的人体工程学的设计。

5.2 坐姿作业

对于一般的坐姿作业，作业面的高度仍在肘高（坐姿）以下 5～10cm 比较合适。

5.2.1 桌子功能尺寸的设计

5.2.1.1 桌子的高度

桌子的高度尺寸是最基本的尺寸之一，也是保证桌子使用舒适的首要条件。桌子过高或过低，都会使背部、肩部肌肉紧张而产生疲劳，对于正在成长发育的青少年来说，不合适的桌面高度还会影响他们的身体健康，如造成脊柱不正常的弯曲和眼睛近视等。桌子高度应为身体坐正直立，两手撑平放于桌面上时，不必弯腰或弯曲肘关节。使用这一高度的桌子，可以减轻因长时间伏案工作而导致的腰酸背痛。桌子过低或过高都不舒服，桌子适宜高度如图 5-6 所示。

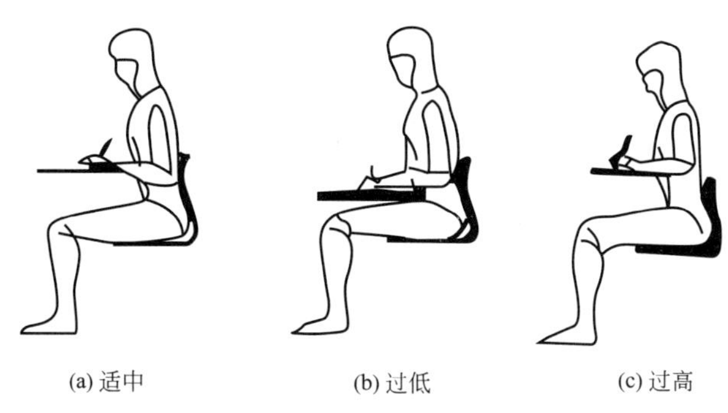

图 5-6　桌子适宜高度示意图

一般桌子的高度应该是与椅子座高保持一定的比例关系。在实际应用中桌子的高度通常考虑座高来确定的，即是将椅子座面高度尺寸，再加上桌与椅之间的高度差（也有人将坐时桌面与椅子的高度的垂直距离称作差尺）。图 5-7 为桌面高、座高和桌椅高差示意。

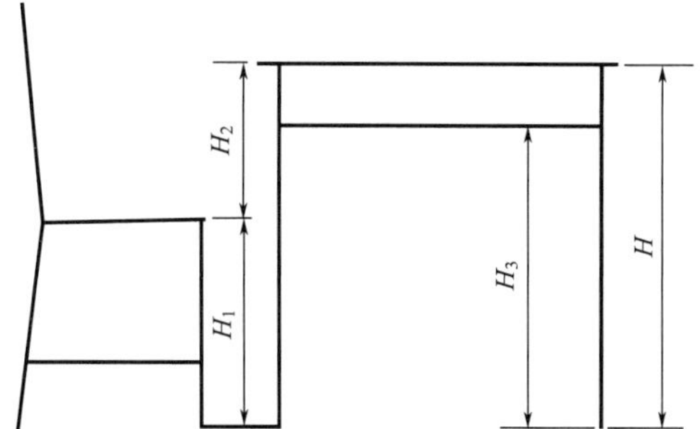

图 5-7　桌面高、座高和桌椅高差示意

H—桌面高度；H_1—椅子座面高度；

H_2—桌椅高差；H_3—容腿空间的高度

桌面高度按公式(5-1) 计算

$$H=H_1+H_2 \qquad (5\text{-}1)$$

式中　H——桌面高度；

H_1——椅子座面高度；

H_2——桌椅高差（桌椅高差可以通过测量来加以确定，我国一般以 1/3 座高为桌椅高差标准）。

我国国家标准 GB/T 3326—1997（桌、椅、凳类主要尺寸）对于桌面高、座高和桌椅高差已有明确规定（表 5-1）。标准中规定桌面高度尺寸 H 为 680～760mm；椅凳类家具的座面高度 H_1 为 400～440mm；桌面和椅面配套使用的桌椅高差 H_2 应控制在 250～320mm。1979 年国际标准（ISO）确定桌椅高差为 300mm。

表 5-1 我国国家标准 GB/T 3326—1997 规定的桌面高、座高和桌椅高差　　单位：mm

桌面高 H	座高 H_1	桌面和椅凳座面高差 H_2	尺寸级差 ΔS	容腿空间的高度 H_3
680～760	400～440 软面最大坐高 460(含下沉量)	250～320	10	≥580

一般写字台高 740～780mm，餐桌高 700～720mm，茶几也通常划为桌类家具，其高度应视沙发的高度而定，主要应考虑人坐在沙发上取拿物品方便。因此其高度可略低于沙发扶手的高度，约 300～450mm。

正确的桌椅高度应该能使人在坐姿时保持两个基本垂直：一是当两脚平放在地面时，大腿与小腿能够基本垂直。这时，座面前沿不能对大腿下平面形成压迫。二是当两臂自然下垂时，上臂与小臂基本垂直，这时桌面高度应该刚好与小臂下平面接触。这样就可以使人保持正确的坐姿和书写姿势。如果桌椅高度搭配得不合理，会直接影响人的坐姿，不利于使用者的健康。

5.2.1.2 桌面尺寸

桌面尺寸包括桌面宽度和桌面深度，桌面宽度指桌面在 X 轴方向的横向尺寸，桌面深度指桌面在 Y 轴方向的纵深尺寸。

一般来讲，桌面宽度取决于肩宽和人在坐姿状态下上肢的水平活动范围，桌面深度主要以人在坐姿状态下上肢的水平活动范围为依据。根据 Banes 的研究，人在水平面内的通常作业域为 390mm，但这个尺寸往往不够，桌面尺寸还要根据功能要求和所放置物品的多少及其尺寸的大小来确定。尤其对于办公桌，太小不能保证足够面积放置物品，不能保证有效的工作秩序，从而影响工作效率。但太大的桌面尺寸，超过了手所能达到的范围，造成使用不方便。桌面深度，若超过手臂前伸的长度范围，一般会使人不乐意去取用放置在前面的物品；当人体端坐于桌子中央时，左右两侧以手腕伸出长度为一般办公用桌限度，超出此限活动时，也会浪费劳力。不过，带万向轮的办公椅已可突破这一极限，因为随着椅子向两侧滑动，桌面的活动范围也随之延伸，所以有些大班台的桌面长度往往达到 2m 以上。较为适宜的桌面尺寸是长 1200～1800mm，宽 600～750mm。餐桌宽度可达 800～1000mm。

对于两人面对面使用或并排使用的桌子，则应考虑两人的活动范围会不会相互产生影响，应将桌面加宽。对于办公桌，为了避免干扰，还可在两人之间设置半高的挡板，以遮挡视线。多人并排使用的桌子，应考虑每个人的动作幅度，而将桌面加长。

5.2.1.3 桌面倾角

桌面倾角是指桌面与水平面之间的夹角。倾斜桌面有利于保持躯干的自然姿势，避免了弯曲过度，能改善作业身体姿势，躯干的运动减少，颈部弯曲减少，从而减轻工作疲劳和不适。同时，肌电图和个体主观感受测量都证明了倾斜桌面的优越性，倾斜桌面还有利于视觉活动。如果阅览桌、课桌等用途的桌面存在一定的倾角时，既方便于书写，又可以使背部保持着较自然的姿势，减少了弯腰与低头的动作，从而减轻了背部的肌肉紧张和酸痛现象。

5.2.1.4 容腿空间

桌台类家具台面下方到支撑面有一块空间用于人坐姿时腿部和足部的摆放，称作容腿空间。

桌台类家具的容腿空间一般仅指坐姿时使用的桌台类家具。坐姿使用的桌台的下部均应留出容腿空间，以保证办公人员有足够的腿的活动空间，使双腿可伸进桌下自由活动，因为，腿能适当移动或交叉对血液循环是有利的。如果桌下没有提供合适空间，会导致下肢不自然的姿势，如图 5-8 所示。

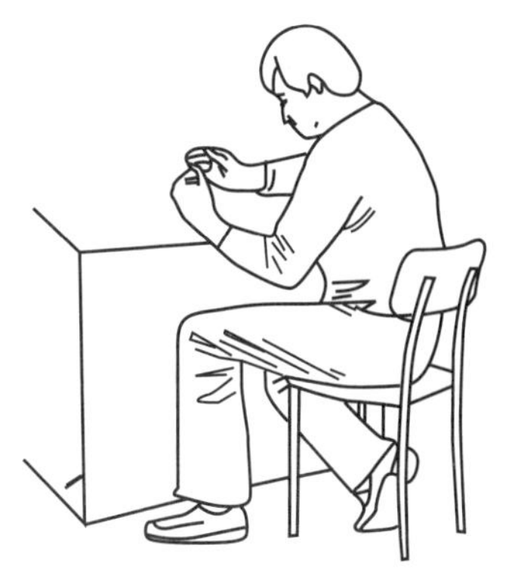

图 5-8　桌下没有活动空间

(1) 容腿空间高度　坐姿时容腿空间的高度取决于与桌类家具配套使用的座椅的高度以及使用者的大腿厚度，因为要保证容腿空间能舒适地放下双腿，必须保证坐姿时大腿的最高点在此空间内有足够的区域放置，并留有一定的活动余量。活动余量一般为 20mm，即容腿空间的高度应大于小腿加足高、大腿厚度以及预留活动余量之和。

容腿空间的高度由公式(5-2) 决定

$$H_3 \geqslant H_4 + H_5 + H_6 \tag{5-2}$$

式中　H_3——容腿空间的高度；

H_4——坐姿时小腿加足高；

H_5——坐姿大腿厚度；

H_6——预留的空间。

如果容腿空间不合理，会直接影响着人的坐姿，不利于使用者的健康。为此，国家标准 GB/T 3326—1997 还规定了写字桌台面下的容腿空间高不小于 580mm。桌面下如设置抽屉，则抽屉的底部不应触及膝部，应留有一定的空隙，抽屉下沿到座面的高度应考虑大腿厚度和预留空间，我国 95% 的男性和女性的坐姿大腿厚度为 151mm，再考虑预留空间，所以应保证椅面距抽屉底面留出至少 171mm 的距离。抽屉应在办公人员两边，而不应在桌子中间，以免影响腿的活动。

(2) 容腿空间深度　容腿空间深度指桌面下 Y 轴方向的纵深尺寸长。

人在坐姿时小腿可以围绕膝关节向前或者向后转动，足也可以围绕足腕关节转动以保持舒适的姿态。桌类家具的容腿空间要保证腿部的舒适和一定的活动度，则须保证小腿最大前伸时仍然有足够的空间放置人的小腿和足部。

容腿空间深度可以根据腿部伸长距离及关节活动角度来计算。人在坐姿时小腿最大的前伸的角度约为 125°，即在垂直的基础上前伸 35°。桌台类家具的容腿空间的深度最小值就是在小腿达到前伸 35°情况下，小腿前伸量加上足部的超出小腿部分再加上预留的活动余量。容腿空间的深度用公式(5-3) 表示为

$$L \geqslant L_1 \times \sin 35° + L_2 + L_3 \tag{5-3}$$

式中　L——容腿空间深度；

L_1——小腿加足长；

L_2——足部超出小腿部分，考虑到设计的普遍性，常取成人第 99 百分位的值 160mm；

L_3——预留的活动余量，主要是留出一定的鞋的余量，一般为 20mm。

(3) 容腿空间宽度　容腿空间宽度指桌面下 X 轴方向的横向尺寸长。

容腿空间宽度的设计不同于高度和深度，不仅要保证腿部空间在人稳定地坐在座椅上时感到舒适，而且还要预留人在坐姿和立姿之间转换时需要的空间。国家标准 GB/T

3326—1997 规定：对于单柜桌和双柜桌中间净空宽均需不小于 520mm；对于梳妆桌中间净空宽不小于 500mm。这是为了保证人在使用时两腿能有足够的活动空间。

一般办公桌的高度是否合适，取决于以下因素：视觉距离、椅面与桌面的距离和桌下容腿空间。

5.2.2 打字时的工作面高度设计

随着中文计算机的发展，打字工作越来越多。打字时的工作面高度决定于打字机的键盘高度和工作台的高度，如图 5-9 所示。

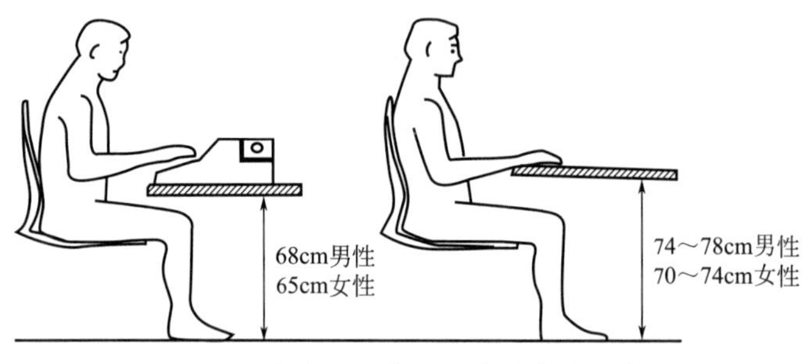

图 5-9 打字时的作业面高度参考示意

然而，降低工作台的高度受到腿所必需的空间的限制。最低的工作台高度可由公式（5-4）求得

$$L_H = K + R + T \tag{5-4}$$

式中 L_H——最低工作台高度；

K——坐姿膝高；

R——活动空隙，男性为 5cm，女性为 7cm；

T——工作台面厚度。

坐姿作业工作面高度见表 5-2。

表 5-2 坐姿作业工作面高度

作业类型	坐姿作业工作面高度/cm	
	男性	女性
精密，近距离观察	90～110	80～100
读、写	74～78	70～74
打字，手工施力	68	65

一般而言，办公桌应按身材较大的人的人体尺寸设计。这是因为身材小的人可以加高椅面和使用垫脚台。而身材较大的人使用低办公桌就会导致腰腿的疲劳和不舒服。

5.2.3 电子化办公台设计

（1）电子化办公台可调设计 现代电子化办公室内大多数人员是长时间面对显示屏进行工作的，因而要求办公台具有合理的形状和尺寸，以避免工作人员肌肉、颈、背、腕关节疼痛等疾病。

按照人体工程学原理，电子化办公台尺寸应符合人体各部位尺寸。如图 5-10 所示为依据人体尺寸确定的电子化办公台主要尺寸，该设计所依据的人体尺寸是从大量调查资料获得的平均值。

由于实际上并不存在符合平均值尺寸的人，因此，在电子化办公台按人体平均尺寸设计的条件下，必须给予可调节的尺寸范围，图 5-10 给出了高度尺寸变化范围和座椅靠背调节范围等。

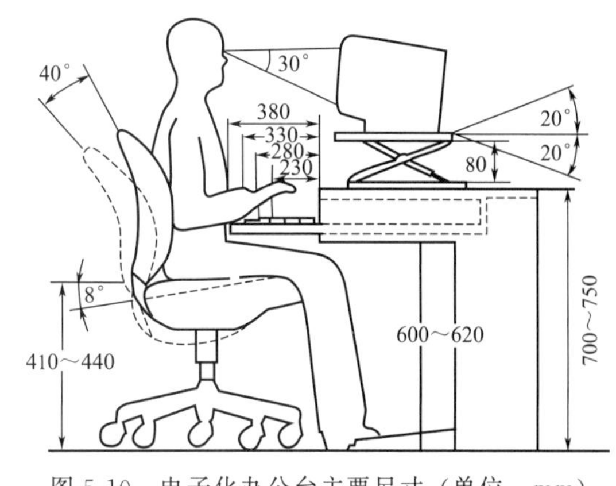

图 5-10　电子化办公台主要尺寸（单位：mm）

(2) 电子化办公台组合设计　采用现代化办公设备和办公家具，意味着要对办公室内进行重新布置，因而要求办公室隔断、办公单元系列化、办公台易于拆装、变动灵活等特点。为适应这些要求，电子化办公台大多设计成拆装灵活方便的组合式，见图 5-11。

(a)

(b)

(c)

图 5-11　电子化办公台组合设计

5.3 坐立交替式作业

这是指工作者在作业区内，既可坐也可站立。

当作业者操作对象分布范围较大，或者需要变换工作地，并且加工对象比较精密时，一方面要求作业者坐-立姿操作，另一方面还要求作业者立即去执行别的任务，应采用坐-立姿操作。

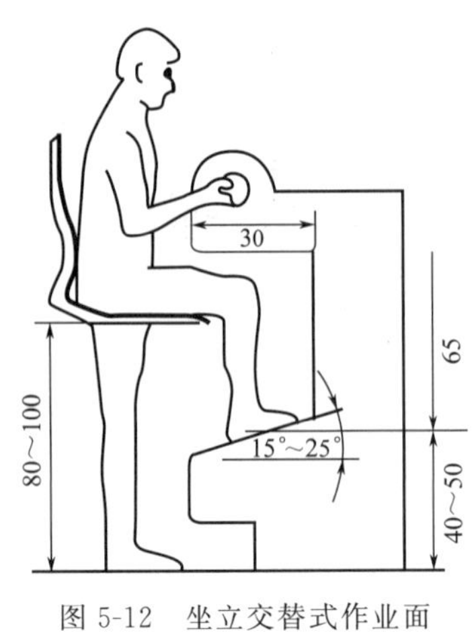

图 5-12　坐立交替式作业面的设计（单位：cm）

坐-立姿操作重要的和需要经常注意的视觉工作必须设计在舒服的视线范围内，从而避免由于头的姿势不自然而引起的颈部肌肉疼痛。

这种工作方式很符合生理学和矫形学（研究人体，尤其是儿童骨骼系统变形的学科）的观点。

坐姿解除了站立时人的下肢肌肉负荷，而站立时可以放松坐姿引起的肌肉紧张，坐与站各导致不同肌肉的疲劳和疼痛，所以坐立之间的交替可以解除部分肌肉的负荷，坐立交替还可使脊椎中的椎间盘获得营养。图 5-12是一台坐立交替式作业的机床设计。有关尺寸如下：

① 膝活动空间：30cm×65cm。

② 工作面至椅面：30～60cm。

③ 工作面：100～120cm。

④ 座椅可调范围：80～100cm。

5.4 斜作业面

实际工作中，头的姿势很难保持在舒服的范围内，如最常见的在写字台上读写书画。当人在桌台面上进行阅读、书写等工作时，为了能看得更加清晰，往往会低着头，头的倾角就超过了舒服的范围（即 8°～22°），这样会破坏原先正常的颈部弯曲，长时间则引起颈部肌肉疼痛。

为了解决这个问题，出现了桌面或作业面倾斜的设计，在某些经常需要进行阅读、书写等作业的桌面的设计上对台面的倾角做了一些改动，使得工作面与水平面形成一定的角度，以改善工作时需要低头的问题。绘图桌桌面设计成倾斜的，有利于保持躯体自然姿势，避免弯曲过度。图 5-13 中绘图桌都是已经批量生产的，从图中可以看出桌面角度与

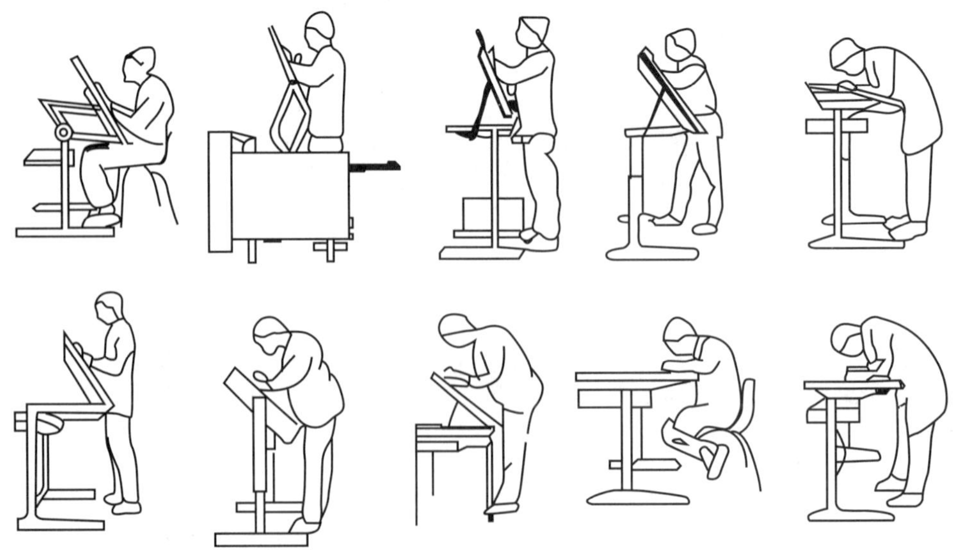

图 5-13　桌面角度与人体姿态的关系

人体姿态的关系。研究者根据人的作业姿势，从中选出 4 张设计好的和 4 张设计差的绘图桌进行比较，通过测量发现如下结果：

① 设计好的，躯体弯曲为 7°～9°；

② 设计差的，躯体弯曲为 19°～42°；

③ 设计好的，头的倾角为 29°～33°；

④ 设计差的，头的倾角为 30°～36°。

特别是当水平工作面位置太低时，因头部倾角不能超过 30°，绘图者就必须身体前屈、增加躯体的弯曲程度。因此，为了适应不同的使用者，绘图桌高度宜设计成可调式的；对于工作面倾斜桌面，人的头和躯体的姿势受工作面高度和倾斜角度两个因素的影响。

绘图桌的设计应注意以下要求：

① 桌面前缘的高度应在 65～130cm 内可调，以适应从坐姿到站姿的需要；

② 桌面倾斜度应在 0°～75°内可调。

从学生使用的课桌对姿势影响的研究中已经发现，当台面倾斜（12°和 24°）时，人的姿势较自然，躯干的移动幅度小，与水平作业面相比，疲劳与不适感会减小。国外学者 Bridger 研究表明，对于视觉作业（如阅读等）来说，倾斜的工作面要好于传统的水平工作面。他发现与水平工作面相比，工作面倾斜 15°后，头颈的弯曲减少，躯干更挺直，弯曲度也减少了（图 5-14）。正是由于具倾斜角度的桌面能提供使用者一个较佳的视觉角度，因此使用者不用像在水平桌面时为了弥补视角上的不足，而产生明显的屈颈、弯腰驼背等现象，倾斜桌面可使学生获得健康的姿势。但工作面的倾角必须适中，倾角太大容易造成桌面上的物品下滑跌落，倾角太小起不到解决颈部疼痛的问题。

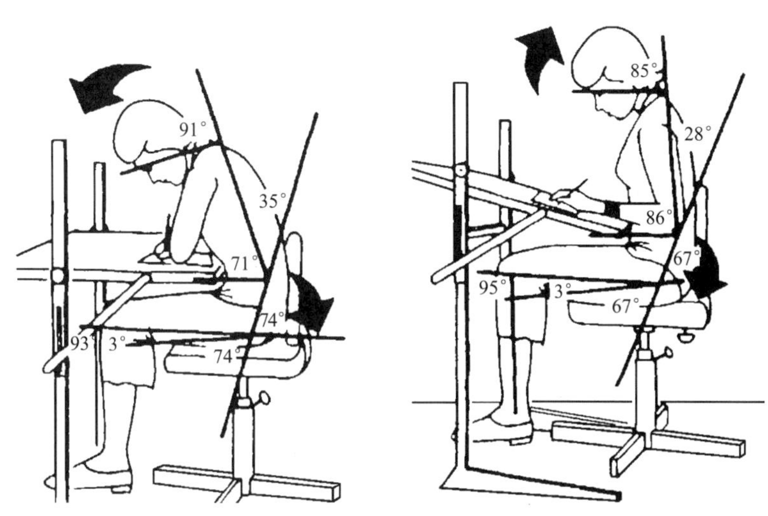

图 5-14　倾斜 15°工作面与水平工作面对身体的影响

青少年学习常遇到的是姿势和近视眼问题。为了防止青少年写字时驼背和近视眼，人们曾设计出各种姿势纠正器具来限制弓腰，使学生写字时保持直坐姿势。难题实际上在于，人的眼睛适合对物体作正面的观察。而看作业本就要求面部向下倾斜，这时要挺直脊柱，必然导致颈部弯曲角度的加大；如果又要挺胸又要直颈，学生就只好使劲儿向下撇眼

睛。在作业中自然形成的适度的驼背姿势，把这个角度的扭曲交由脊柱、颈部和眼睛来共同分担，可能是更适合人的生理特性的姿势。这个问题合理的解决办法之一，是让桌面具有适当的斜度。

目前市场上出现一种根据儿童成长特点设计的健康学习桌椅，该学习桌具有两个显著特点：一是根据孩子成长特性，满足孩子身高不断发生变化的需求，桌面高度可以调节，合适的高度是让手臂平放桌面，不必弯腰或弯曲肘关节，不耸肩，桌子高度调节可在53～79cm的范围。二是桌面倾角可调节。桌面倾角的调整可让孩子学习时不必过度低头弯腰，避免了时间长而形成的习惯性驼背，也避免对颈椎造成的伤害，可有效预防驼背、近视、颈椎病的发生。一般依据不同工作情境，并结合对桌案面摩擦力和颈部弯曲的共同的考虑，来调整桌面角度以维持正确坐姿。例如，书写的时候，可将桌面小角度倾斜，约3°；使用笔记本电脑，可将桌面倾斜12°；阅读的时候，可将桌面倾斜到大角度，如15°～18°，以保持健康坐姿。另外，桌面倾斜时还要考虑采取适当措施有效防止物品下滑，如设计适当的书挡。与该学习桌配套的椅子，其椅子高度、座椅深度和椅背高度均可随孩子成长而调整。图5-15为一款护童儿童成长书桌椅。

图5-15　一款护童儿童成长书桌椅

本章思考题

一、填空题

1. 当人在桌台面上进行阅读、书写等工作时，为了能看得更加清晰，往往会低着头，头的倾角就超过了舒服的范围（即8°～22°），这样会破坏原先正常的__________，长时间则易引起颈部肌肉疼痛。为了解决这个问题，将某些经常需要进行阅读、书写等作业的桌面设计成__________，以改善工作时需要低头的问题。

2. 桌台类家具台面下方到支撑面有一块空间用于人坐姿时腿部和足部的摆放，称作__________。其高度应大于__________、__________以及预留活动余量之和。

3. 在站立作业的工作面设计中，对于精密作业（如绘图），工作面应上升到肘高以上__________cm；对于一般作业台面高度应降到肘高以下__________cm；对于重负荷作业，需要借助身体的重量（木工、柴瓦工），工作面应降到肘高以下__________cm。

4. 在坐姿作业中评判办公桌的高度是否合适，取决于以下因素：视觉距离、__________和__________。

5. 立姿工作面高度主要由__________人体尺寸来确定。

6. 一般桌子的高度应该是与椅子座高保持一定的比例关系。在实际应用中桌子的高度通常是考虑座高来确定，即是将__________高度尺寸，再加上__________。

7. 工作台应按照身材__________的人来设计，身材较矮的人可以使用高椅面和使用垫脚台。

二、简答题

1. 简要说明工作面高度设计应遵从哪些原则。

2. 影响工作面设计的主要因素有哪些？并说明精密作业、一般作业和重负荷作业站立作业工作面的高度如何确定。

3. 请简要说明说明桌子功能尺寸是如何确定的。

4. 坐姿用桌桌面高度是如何确定的？

5. 为什么绘图桌的桌面往往设计成倾斜面？

6 坐卧类家具功能尺寸设计

坐卧类家具与人体直接接触，起着支撑人体的作用，如椅、凳、沙发、床等。它们的功能尺寸的设计对人们是否坐得舒服、睡得安宁、提高工作效率有直接关系，所以其设计要符合人的生理和心理特点，使骨骼肌肉结构保持合理状态，血液循环和神经组织不过分受压，尽量设法减少和消除产生疲劳的各种条件，从而使人的疲劳降到最低限度。

6.1 坐姿生理和生物力学分析

坐姿是人体较自然的姿势，它有许多优点：

① 与立姿相比，坐姿肌肉施力停止，肌肉承受的体重负荷较立姿明显减小，能耗降低，减少下肢肌肉疲劳，故坐姿可以减轻劳动强度，提高作业效率；

② 坐姿时腿部血管的静压力降低，对血液回流至心脏的阻力减少，有利于血液循环；

③ 坐姿更有利于保持身体的稳定，这对精细作业更合适；

④ 坐姿将以足支撑全身的状况转变为以臀部为主要支撑部位，有利于发挥足的作用。在用脚操作的场合，坐姿更有利于作业。

但是坐姿也有其缺点：

① 坐姿限制了人体活动范围，尤其是需要上肢出力的场合往往需要站立作业，而频繁地起坐交替也会导致疲劳；

② 长期保持坐姿还会影响人体的健康，引起腹肌松弛，下肢肿胀等。坐姿如果不正确，也容易腰酸背痛，甚至影响脊椎、压迫神经，最终影响身体健康。

目前，大多数办公室工作人员、脑力劳动者和部分体力劳动者都采用坐姿工作。随着技术的进步，越来越多的体力劳动者也将采取坐姿工作。因而，工作座椅设计和相关的坐姿分析，已日益成为人们关注的问题。

原始人只会蹲、跪、伏，并不会坐，那么座椅是怎么产生的呢？经过人类学家的研究，人类最早使用座椅完全是权力地位的象征，坐的功能是次要的。以后座椅又逐步发展成一种礼仪工具，不同地位的人座椅大小不同。座椅的地位象征意义至今仍然存在。直到21世纪初，人们才开始认识到坐着工作可以提高工作效率，减轻劳动强度。不论在工作

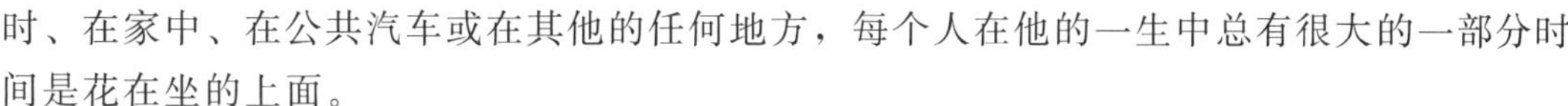

时、在家中、在公共汽车或在其他的任何地方，每个人在他的一生中总有很大的一部分时间是花在坐的上面。

今天在工业国家内几乎 3/4 的工作是坐姿作业，从经验可知，座椅必须舒适，并配合不同的工作需要，这不仅与工作有关，而且与人的健康有着密切的关系。不良的设计（不考虑人体生理解剖等特点）使人们处于不自然的工作姿势，会造成一些“职业病”。颈椎病、腰椎病等成为目前的常见病，并且患病人群有年轻化趋的势。因此，座椅的研究设计受到了广泛的重视。在介绍座椅设计原理之前，先来了解一下坐姿的生理特征。

6.1.1 坐姿生理

6.1.1.1 人体的腰椎曲线

为了解决坐姿的问题，先了解人的腰椎曲线。

脊柱位于人体背部中线处，人站立时，脊柱显示了 4 个弯曲（图 6-1）。从图 6-1 中可见，脊椎从侧面看，有颈曲、胸曲、腰曲、骶曲四个生理弯曲。从正面看脊柱由颈骨至尾骨呈一条线，从侧面观察则可见其弯曲形态。顶端颈椎段向前弯曲；接于其下的胸椎向后弯曲；腰椎段向前弯曲；骶骨和尾骨则显著向后弯曲，以女性为著。

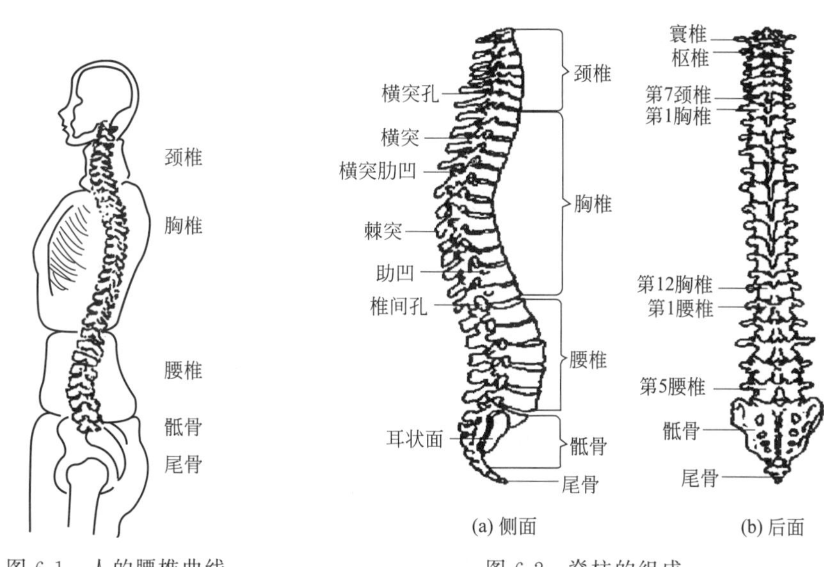

图 6-1　人的腰椎曲线　　图 6-2　脊柱的组成

脊柱由 33 块椎骨组成，包括 7 块颈椎、12 块胸椎、5 块腰椎和下方的 5 块骶骨及 4 块尾骨（图 6-2），由椎间盘和韧带连接构成。在两块脊椎骨之间的是椎间盘。椎间盘像一块充满弹性的软垫，承受着上下脊椎骨的压力，同时使整个脊柱具有可变形性。

脊柱的四个生理弯曲中与坐姿的舒适性直接相关的是腰曲，它由 5 块腰椎组成。

6.1.1.2 坐姿的生理特征

为了解决坐姿的问题，必须了解人在坐着时发生的解剖学上的变化。坐姿与立姿的脊柱变形情况如图 6-3 所示。

人的最自然的姿势是直立站姿，直立站姿时脊柱基本上是呈 S 形，见图 6-3(a)，脊柱的腰椎部分前凸，椎间盘上受的压力均匀而轻微，几乎无推力作用于韧带，韧带不拉伸，腰部无不适感。

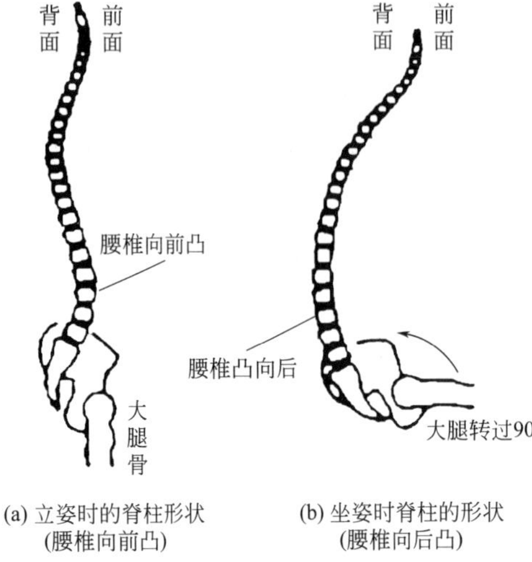

图 6-3　立姿和坐姿时的脊柱形状

与直立站姿相比，坐姿的脊柱形状是如何变化的呢？从图 6-3(b) 可以看出：与直立站姿［图 6-3(a)］相比，人在坐姿时，骨盆向后方倾转，从而使背下端的骶骨也倾转，身体的脊柱由站立时的“S”形（正常形）向拱形变化，如图 6-3(b) 所示。这样使脊柱的椎间盘受到推挤和摩擦，迫使它向韧带作用一个推力，从而引起腰部不适感，长期积累极有可能造成椎间盘病变。

由上可知，人由站立到坐下时腰椎由朝前凸出变为朝后凸，即坐姿时，脊柱由直立的 S 形（正常形）向拱形变化，这样就使得人脊柱的椎间盘受到了很大的压力，从而导致腰痛等疾病。研究表明，此时人的第三和第四腰椎间所受的压力最大，长时间的处于受压状态会导致腰痛。

人体姿势是决定椎间盘内压力的主要因素，椎间盘内压力过高是损坏椎间盘的直接原因。矫形学家测量了人在四种姿势下椎间盘的内部压力变化，如图 6-4 所示。直立站姿是人的最自然的姿势，若将人体直立时第 3 和第 4 腰椎之间所承受的压力定为 100%，则其他不同姿势状态下腰椎间盘内压与直立位腰椎间盘内压的比例关系见图 6-4。从图 6-4 中看出，脊柱不同姿态下，椎间盘所受压力有较大差异。比较站立、仰卧、直腰坐、弯腰坐四种姿势椎间盘压力可以看出，椎间盘压力由大到小的顺序为：坐姿＞站姿＞仰卧。仰卧时椎间盘压力最小，为 24%，站姿椎间盘压力比坐姿时小，两种坐姿中，直腰和弯腰坐姿下椎间盘压力分别为 140%和 190%，弯腰坐几乎比直立时椎间盘压力增加了近一倍，可见，坐着时脊柱负担不是减轻了，而是加重了。平时人们认为坐着舒服，这只是对脚而言的，其实腰部却一直处于不合理的状态。人的脊柱在短时间内是能够承受高于直立时的压力的，问题是坐着工作的人长年累月地使脊椎超负荷工作，易使其受损。

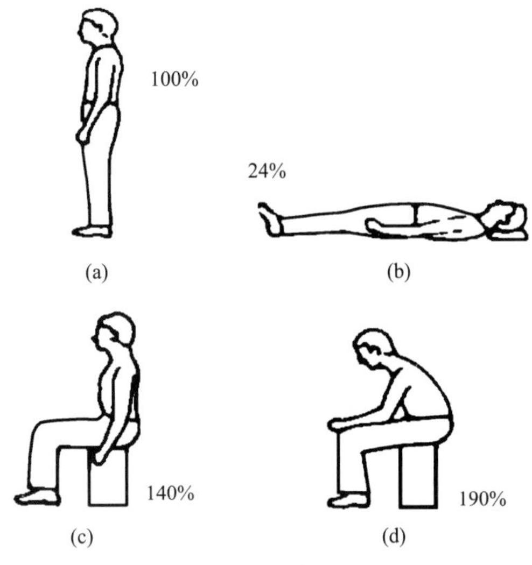

图 6-4　四种姿势下第 3 和第 4 腰椎之间的压力情况

坐姿在很大程度上受坐位制约，人只有坐在一个设计合理的坐位上，才能保证正确的坐姿。一个设计不当的座椅，不仅达不到省力、舒适和提高功效的目的，而且还会引起腰部和背部疲劳，严重的形成椎间盘突出症。由此可见座椅设计优劣对人体健康有重要作用。

座椅设计要保证椎间盘所受压力尽可能小。

6.1.1.3 不同姿势下的腰椎曲线

在良好的姿势下，压力适当地分布于各椎间盘上，肌肉组织上分布均匀的静载荷，见图 6-5(a)。当处于非自然姿势时，椎间盘内压力分布不正常，见图6-5(b)，产生腰部酸痛、疲劳等不适感。舒适的坐姿应保持腰曲弧形处于正常状态。在这种状态下，各椎骨之间的间距正常，椎间盘上的压力轻微而均匀，腰背肌肉处于松弛状态，从上肢通向大腿的血管不受压迫，保证血液循环正常。如果人体以一种违反脊柱的自然形态坐在椅子上，则椎间盘上可能分布不正常的压力负荷，长时间腰部即会产生不适感。因此，保持正确姿势是绝对必要的，坐着的时候，应当设法保持生理弯曲。

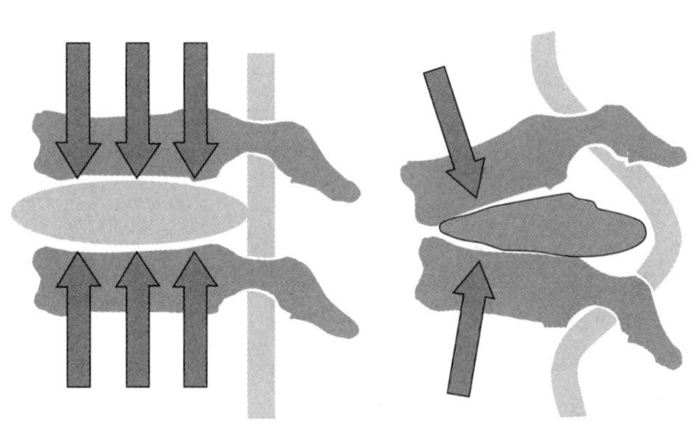

(a) 良好的姿势　　(b) 非自然姿势

图 6-5　不同姿势下椎间盘上压力的分布示意

处于不同的身体状态时，脊椎的曲度不同。以 X 光照片研究人体处于各种不同姿势下腰椎所产生的曲线变化，见图 6-6。

由图 6-6 中可以看出从 a 到 g，人的腰椎曲度逐渐减小，上身对腰椎部的压力负荷逐渐增大，从而引起腰椎向前凸的曲度被拉直，增加了脊椎骨间的椎间压力并使肌肉组织紧张引起不适。特别是到 e、f、g 状态下，人体躯干前倾，这些姿势会使本来向前凸的腰椎曲线被拉直甚至反向弯曲，影响了胸椎和颈椎的正常弯曲，使颈、背部产生疲劳。

人体正常腰曲弧线是松弛状态下侧卧的曲线，如图 6-6 中曲线 b 所示。当人体舒适地侧躺着，大腿与小腿适度地弯曲时，脊柱即维持其自然的姿势，此时背部肌肉群即可处于最佳的轻松状态。

人性化的家具应该最大程度减轻人们的疲劳度，而保证腰椎曲线的正常形状是获得舒适坐姿的关键。在图 6-6 中曲线 c 是最接近人体脊柱自然状态的姿势，即要使坐姿能形成接近于脊柱的自然形态，其躯干与大腿间必须大于 90°角，且在腰椎部位有所支撑。人体工程学提出了靠腰设计的解决方案，即在腰部提供一个支撑，以减少脊柱向后凸的变形，从而减轻椎间盘的压力。

由于正常的腰弧曲线是微微前凸，为使坐姿下的腰弧曲线变形最小，座椅应在腰椎部位提供所谓两点支撑。在第 5～6 胸椎高度相当于肩胛骨的高度，设置第一支撑位——肩靠。在第 3～4 腰椎之间的高度上设置第二支撑位——腰靠。腰靠和肩靠一起组成座椅的靠背。

图 6-6 中曲线 d 会使向前凸出的腰椎拉直，导致其向后弯曲，影响腰椎的正常曲度，因椎间盘上压力不能正常分布，身体上部的负荷加在腰椎部，这就是人坐在约 90°角的靠

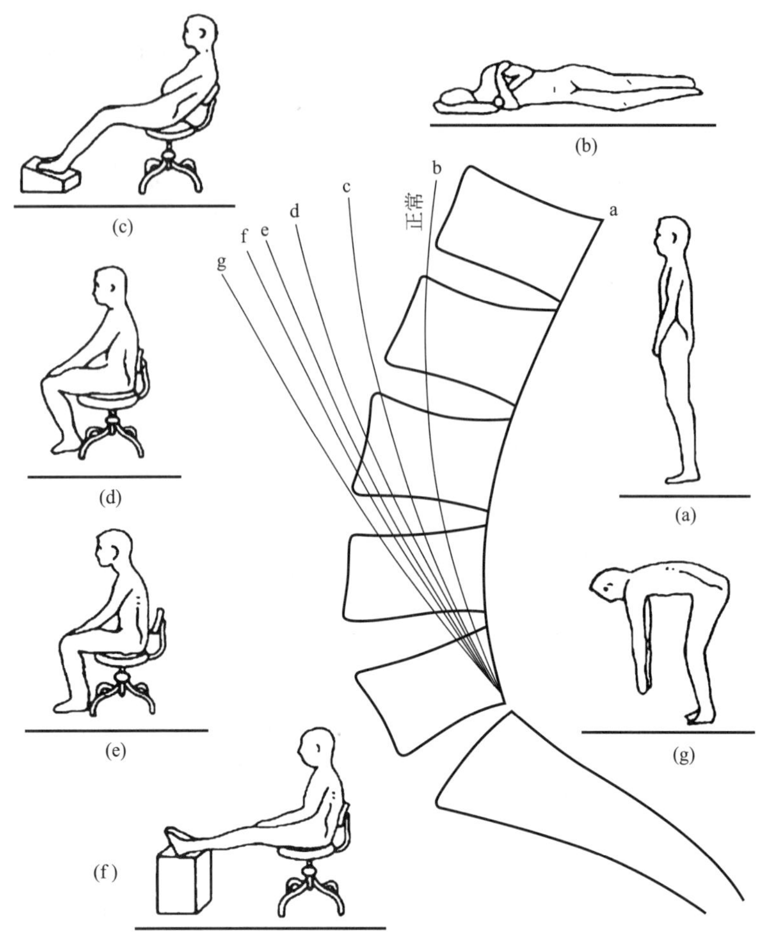

图 6-6　各种姿势的腰椎曲线

a—直立状态；b—舒适侧卧状态；c—人坐在座面和靠背呈大于 90°角的座椅上；d—人坐在座面和靠背呈 90°角的座椅上；e—人坐在座面和靠背呈小于 90°角的座椅上；f—人坐在座椅上并且足部有与座面等高度支撑的状态；g—人处于伏身的状态

背椅子上感到不舒适的原因。因此 90°的靠背椅是不良的设计。曲线 d 会使脊柱骨弯曲较严重，这种姿势因而也极不舒服，影响了胸椎和颈椎的正常弯曲。

综上所述，从坐姿生理学角度，应保证接近人体站立时候脊柱的正常生理弯曲，也就是使人在坐姿时保持腰椎曲线微向前凸，从而预防和减少人体脊柱尤其是腰椎方面的疾病。因此，座椅的设计应使坐者脊柱接近正常状态，腰部有适当的支撑。具体结论如下：

① 90°的靠背椅和小于 90°的靠背椅易使腰椎曲线改变原来正常的形状（躯干挺直或前倾的坐姿很容易引起疲劳）；

② 大于 90°的靠背椅能使人的人体脊柱接近自然状态；

③ 设置适当的靠腰，使腰椎部位有所支撑，可减轻椎间盘的压力。

6.1.1.4　影响椎间盘内压力的主要因素

坐是一个对脊柱结构施加压力的姿势。虽然坐着比站立或行走要省力，但对腰椎有相当大的压力。在如今的社会，许多人会在办公室或机器设备前坐上一整天，这种久坐的生活方式可能会导致许多健康问题，为了避免加剧发展腰部的问题，重要的是需要有一个符合人体工程学的座椅，支持腰部和养成良好姿势。因此，应首先了解影响椎间盘内压力的主要因素。

(1) 坐姿 坐姿的最严重问题是对腰椎和腰部肌肉的有害影响，不正确的坐姿不但不能减轻腰部的负荷，反而加重了这一负荷。60%的人有过腰痛的体验，其中最常见的痛因就是椎间盘的问题。

椎间盘位于相邻两椎体之间，椎间盘通常包括三个部分（图 6-7)：①软骨板；②纤维环；③髓核。椎间盘实际上是一个密封的容器，上下有软骨板，上下的软骨板与纤维环一起将髓核密封起来。纤维环由多层呈环状排列的纤维软骨环组成，纤维环坚韧而有弹性，前宽后窄，围绕在髓核的周围，可防止髓核向外突出；内部的髓核是一种富有弹性的胶状物质，位于椎间盘的中部稍偏后方，有缓和冲击的作用，它被限制在纤维环之内，受到压力则有向外膨出的趋势。纤维环的前侧及两侧较厚，而后侧较薄。纤维环的前部有强大的前纵韧带，后侧的后纵韧带较窄、较薄。因此，髓核容易向后方突出，压迫神经根或脊髓。椎间盘的结构，允许椎体间借助髓核的弹性和移动以及纤维环的张力做运动，但是由于某种原因，椎间盘也可能退化，从而丧失强度，这时椎间盘变得扁平；严重时腰椎间盘纤维环破裂、其间包裹的髓核就会穿过破损的纤维环向外突出，即发生了椎间盘突出（脱出）（图 6-8)，压迫脊髓或神经根，引起腰腿疼痛、麻木、肌肉萎缩、下肢运动功能障碍等一系列症状，甚至腿瘫痪。不正确的作业姿势和坐姿可能加速椎间盘退化，引起上述种种病痛。

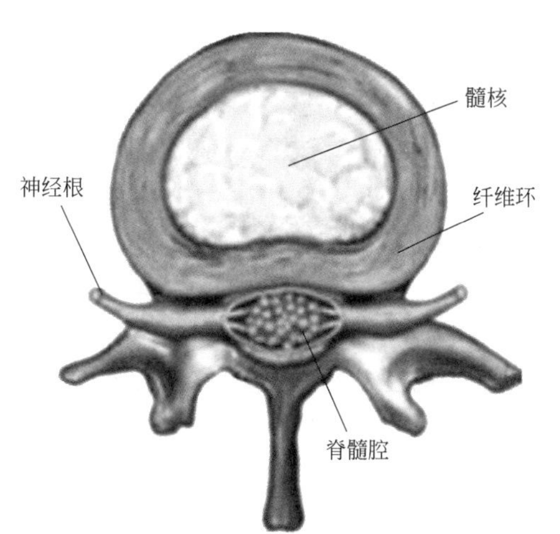

图 6-7 椎间盘的剖面图

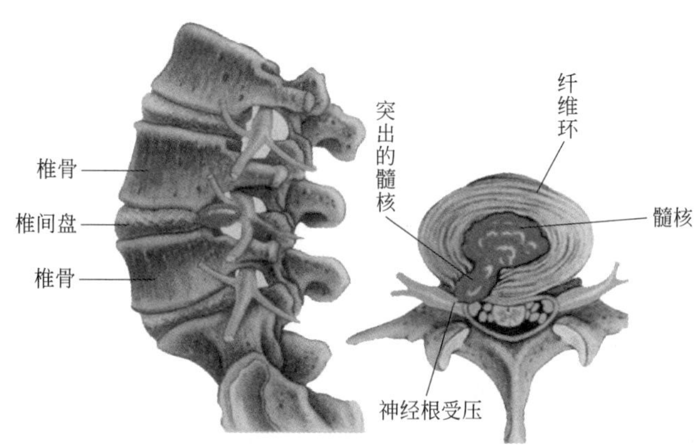

图 6-8 腰椎间盘突出的髓核示意

椎间盘内压力过高是损坏椎间盘的直接原因，而人体姿势又是影响椎间盘内压力的主要因素，如图 6-9 所示为正确坐姿和不良坐姿下椎间盘状态的示意。

当人体自然站立时，脊柱呈理想的“S”形曲线状，腰椎不易疲劳，如图 6-9(a) 所示。

当人体取坐姿工作时，往往会因座椅设计的不科学而促使人们采用不正确的姿势，从而迫使脊柱变形，疲劳加速，并产生腰部酸痛等不适症状，如图 6-9(b）所示。由此看出坐姿健康很重要。

如果座椅设计的能让腰部得到充分的支撑，使腰椎恢复到自然状态，那么疲劳就会得到延缓，从而得到轻松舒适感，如图 6-9(c）所示。

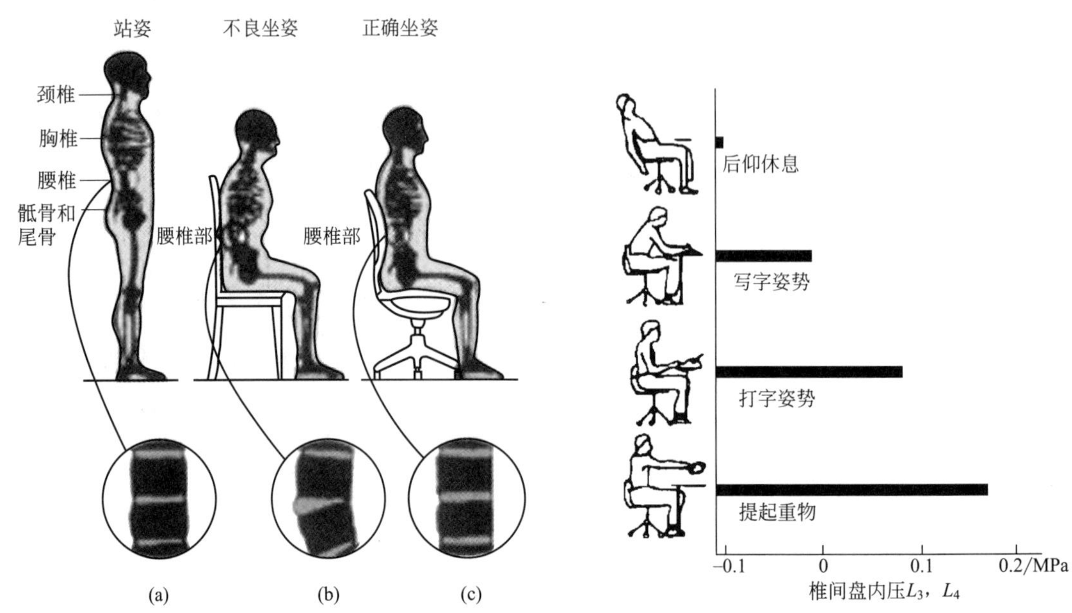

图 6-9　不同坐姿下椎间盘所处状态示意

图 6-10　不同坐姿下的椎间盘内压力

矫形学研究使用现代复杂的科学仪器测量了人在不同坐姿下椎间盘的内部压力变化，如图 6-10 所示。图中零点的绝对压力为 0.5MPa，它是参考压力，其他是相对压力比。由图 6-10 中可以看出当人后仰和放松时，椎间盘内压力最小。

但在生活中，工作时的坐姿一般无法后仰，而需直腰或弯腰坐着。许多人建议人应直腰坐着，以保持脊柱的自然 S 形。在人直腰坐着时，椎间盘内压力比弯腰坐时小。但是，在坐着时适当放松，稍微弯曲身体，可以解除背部肌肉的负荷，使整个身体感觉舒服。由肌电图中可以很容易证明这一点（图 6-11)。研究人员测量了背部肌肉的电活动，结果表明，当直腰坐时，电活动增加，而放松坐时，电活动明显下降，这说明身体稍微前倾的放松坐姿，有利于解除背部肌肉的负荷。

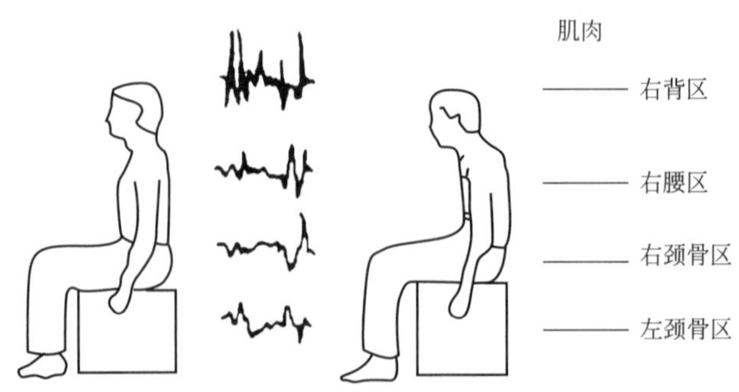

图 6-11　直腰和放松坐时，背肌的肌电图

事实上，多数人的坐姿是放松的，即多数人习惯于弯腰坐着。可以看出，肌肉和椎间盘对坐姿的要求是矛盾的。直腰坐椎间盘内压力较弯腰坐椎间盘内压力低，但肌肉负荷增大；弯腰坐有利于肌肉放松，却增加了椎间盘的内压力。

(2) 靠背倾角 座椅的构造与椎间盘内压力有关，为减少椎间盘内压力，必须使用符合人的生理特性的座椅构造。除了人体坐姿影响椎间盘压力，靠背倾角（靠背与坐面的夹角）也可影响椎间盘压力和背部肌肉。如图 6-12 所示是不同靠背倾角下的肌电图和椎间盘内压力。图 6-12 中椎间盘的内压力以靠背倾角为 90°时的压力值为零点，其绝对压力为 0.5MPa（$5kg/cm^2$），因此，图中为相对压力。由于座面与靠背的夹角大小影响脊柱的姿势，所以对椎间盘内压力以及肌肉收缩都有影响。从图 6-12 中可知，当座面与靠背夹角在 110°以上时，椎间盘内压力显著减小，所以人体上身向后倾斜 110°～120°为佳，事实上沙发的靠背倾角就应当以此为设计基准。

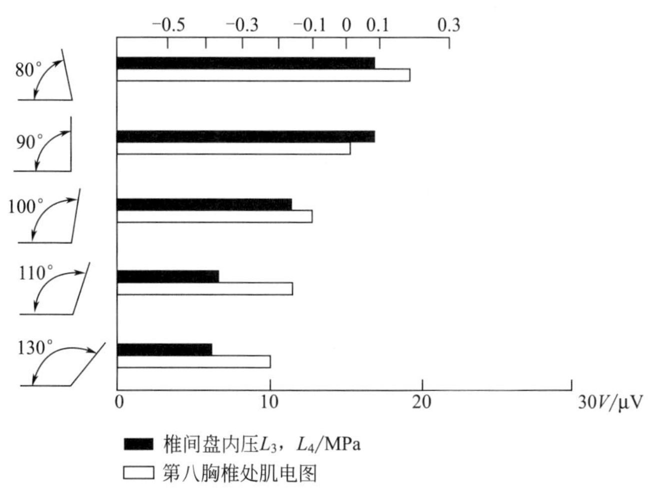

图 6-12　座面与靠背倾角与椎间盘内压力和肌电图的关系

综合上述内容和图 6-12 中的数据，可以得出以下几点结论：

① 人的背部后仰时，椎间盘内压力较小；

② 靠背倾角越大，肌肉负荷越小；

③ 当靠背倾角超过 110°后，倾斜的靠背支撑着身体上部分的重量，从而减小了椎间盘内压力。

(3) 腰靠 腰靠也可以减少椎间盘内压力。腰靠的位置应处于第三至第四腰椎间部位，腰靠厚度以 5cm 为宜。5cm 厚的短腰靠（靠住腰部，也叫低腰靠）与平面的靠背相比，可降低椎间盘压力，减轻肌肉负荷。

(4) 座椅的侧面轮廓 椅子的设计应按人体背部特点而设计成一定的曲率，椅子靠背形状（轮廓）设计成符合人体自然曲线“S”形曲线，与人的脊柱弯曲基本吻合，这种“S”形曲线的靠背再加上适当的靠背倾角，可降低椎间盘内压力，使人感觉很舒服。

6.1.2 坐姿生物力学分析

6.1.2.1 肌肉活动度

脊椎骨依靠其附近的肌肉和腱连接，椎骨的定位正是借助于肌腱的作用力。一旦脊椎

偏离自然状态，肌腱组织就会受到相互压力（拉或压）的作用，使肌肉活动度增加，导致疲劳酸痛。肌腱组织受力时，产生一种活动电势。根据肌电图记录结果可知，在挺直坐姿下，腰椎部位肌肉活动度高，因为腰椎前向拉直使肌肉组织紧张受力。提供靠背支撑腰椎后，活动力则明显减小；当躯干前倾时，背上方和肩部肌肉活动度高，以桌面作为前倾时手臂的支撑并不能降低活动度。

6.1.2.2 体压分布

椅凳类家具的设计要解决人使用这类家具时身体的支撑。体压分布是人坐着时身体所受压力的分布状态。臀部、大腿、腘窝等部位，特别是臀部的体压分布，是影响座椅舒适性的重要因素。椅凳类家具的设计要有舒适的体压分布，体压应合理地分布到坐垫和靠背上。一般位于主要受力点所承受的压力最大，并向周围递减。由于坐骨结节点是主要受力点，因此，在座面处合理的体压分布是最大受压处位于坐骨结节点，其周围压力逐渐向外扩展减弱，直至大腿后部和臀部后。

(1) 臀部与大腿的体压 当一个人坐在椅子内，身体的重量并非均匀地分布在整个臀部上，而是大部分由两块坐骨来承受，见图 6-13。

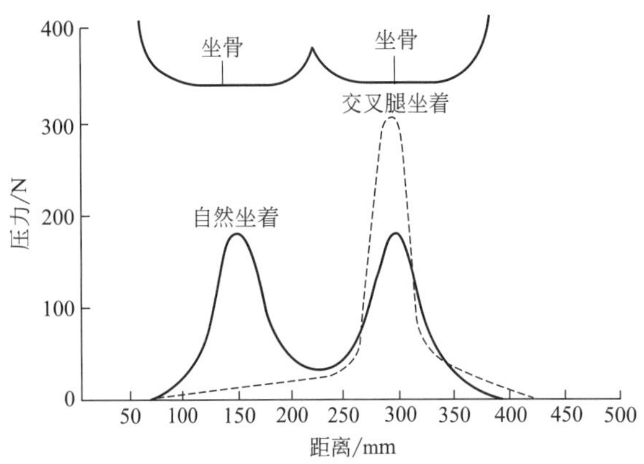

图 6-13 座椅上的压力分布

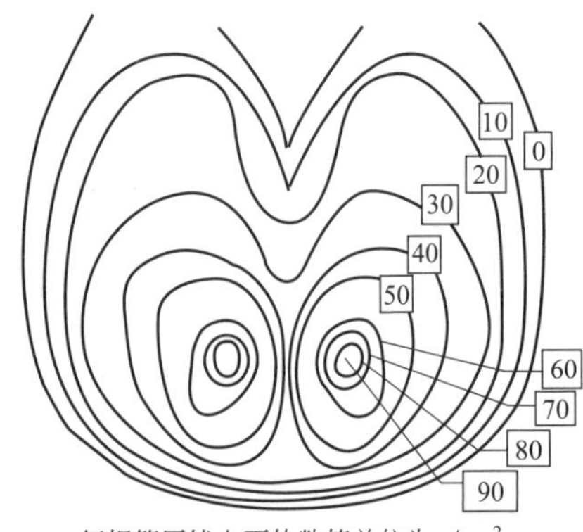

图 6-14 等压线表示的坐板压力分布

由人体解剖学可知，人体坐骨粗壮，粗大健壮、坐骨处局部皮肤也比较厚实。与周围的肌肉相比，能承受更大的压力，但压力也不能过于集中，压力过于集中会阻碍微血管血液循环和局部神经末梢受压过重。而大腿底部有大量的血管和神经系统，压力过大会影响血液循环和神经传导而感到不适，由两块坐骨承受坐姿的大部分体压比均匀分布更加合理。所以人体的重量应主要是由坐骨结节支撑，人的感觉最舒服。座椅面的设计应与此相适应，以坐骨结节处为最大受力点，由此向外压力逐渐减少，直至座椅面前缘与大腿接触处压力最小。图 6-14 为较为理想的坐板压力分布曲线，它用等压线表示了坐板压力分布。图 6-14 中每一根线代表相等的压力分布，由图中可以看出：座面上的臀部压力分布在坐骨结节处最大，由此向外，压力逐渐减小，直至与座面前缘接触的大腿下部，此处压力为最小。从坐骨结节下的最大值 $90g/cm^2$ 至最外边的 $10g/cm^2$，因此，此坐板压力分布较为理想。

体压过于集中和压力均匀分布均为压力分布不合理。图 6-15 为座位面的体压分布的不良状况。图 6-15(a) 为坐骨处受力太集中，图 6-15(b) 为大腿前部受压。

影响椅面上体压的主要因素是椅面软硬、座椅高度、椅面倾角及坐姿等。

(2) 腘窝处的压力 膝盖的背面称为腘窝。从大腿通向小腿的血管和神经都从腘窝处

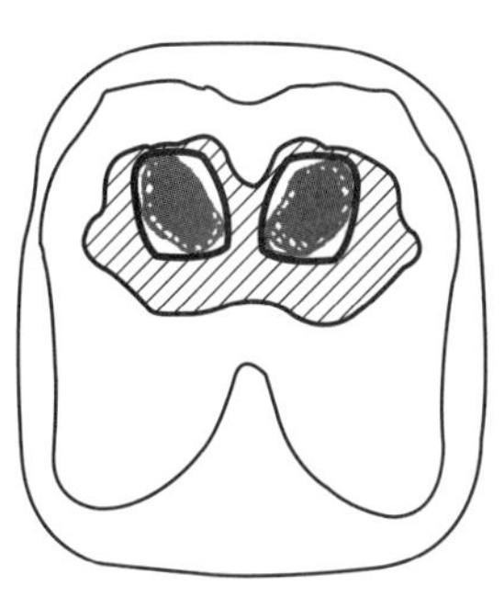
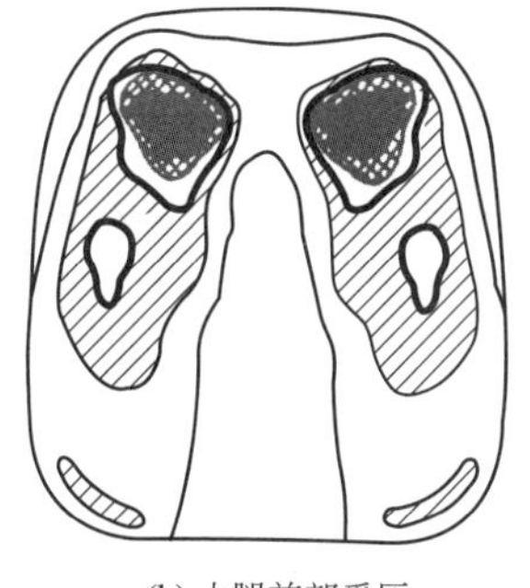
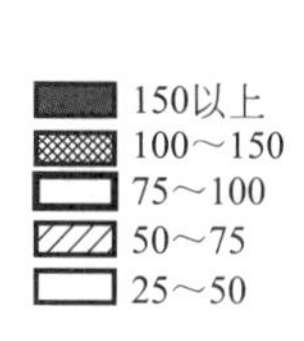

(a) 坐骨处受力太集中　　(b) 大腿前部受压

图 6-15　座位面的体压分布的不良状况（单位：g/cm²）

经过，且距离体表较浅，腘窝处的皮肤又薄，因此腘窝是对体压敏感的部位。腘窝受压，会阻碍血液循环，小腿麻木。座面过高或座面过深，都会造成腘窝受压（图 6-16），设计中应避免。

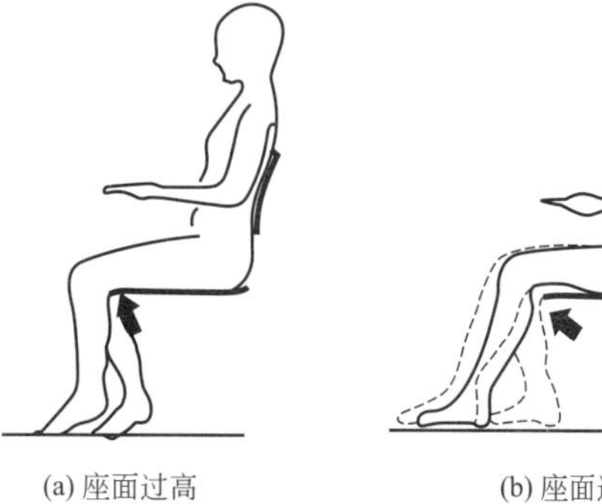

(a) 座面过高　　(b) 座面过深

图 6-16　造成腘窝受压的两种原因

(3) 靠背压力分布　靠背高度不同，主要的受力部位也不同。带有肩靠和腰靠的座椅靠背压力分布应该是肩胛骨和腰椎骨两个部位的压力最大（两点支撑）。肩靠在肩胛骨处提供支撑，位于第 5～6 节胸椎高度；下面的支撑点为腰曲部分提供依靠，称为腰靠，腰靠位置一般相当于第三、第四腰椎骨的高度。由于靠背倾角直接影响支撑点的高度，不同靠背倾角下具体的支撑点位置见表 6-6。

综上所述，从坐姿生理学角度，座椅设计应保证人体腰椎曲线正常；从坐姿生物力学角度，应保证肢体免受异常力的作用。

6.2 座椅的设计

按照座椅的使用目的的不同，座椅基本分为以下三类。

① 工作椅。为了一定工作要求而设计的座椅，用于各类工作场所。

② 休息椅。专供休息用的座椅，如沙发、躺椅等。

③ 多功能椅。此类座椅，兼顾多种用途，例如，它可能与桌子配合，可以是工作、休息兼用。

6.2.1 座位设计的基本原则

与座位有关的舒适程度和功能效用是由人体的结构及生物力学关系所构成的。座位的用途不同显然要求不同的设计，但仍然有一些一般的准则。

座椅设计必须考虑的因素很多，可以概括出如下一些基本原则。

① 座椅的形式与尺度和它的用途有关，即不同用途的座椅应有不同的座椅形式和尺度；座椅按用途可以分为休息用椅、工作椅和多用椅等，根据座椅用途的不同，设计的还

会有所差别。

② 座椅的尺度必须参照人体测量学数据设计，例如，座面高度设计要考虑小腿加足高，还应与桌面相配合，尽量减少身体的不舒适感。

③ 座椅的设计应对人体能提供有足够的支撑与稳定作用。

支撑包括臀部支撑、腰背部支撑以及其他部位支撑（头部支撑、肘部支撑、膝部支撑、足部支撑等），对腰背部的支撑可采用腰椎下部的腰靠提供，可设置适当的靠背以降低背部紧张度等。

座椅设计时保证身躯的稳定性时考虑应使身体的主要重量由围绕坐骨结节的面积来承受；根据座位功能，选取正确的座位角度和靠背角度、确定座位靠背的曲线；表面材料的选择应防止身体下滑；身体的稳定性还可借助扶手来帮助等。

④ 为减轻坐姿疲劳，应设计合理的靠背支撑点：腰椎下部应提供支撑，使用形状和尺寸适当的靠背，减少不必要的肌肉活动。但是，靠背一定不能限制脊柱和手臂的活动，否则影响正常的作业。

⑤ 座椅应能方便地变换姿势，但必须防止滑脱。

⑥ 要有舒适的体压分布，体压合理地分布到坐垫和靠背上。

身体的重量主要应由臀部坐骨节承担，坐垫前缘接触的大腿下压力应最小；坐垫必须有充分的衬垫和适当的硬度，使之有助于将人体重量的压力分布于坐骨结节区域。休息时腰背部也应承担重量。

6.2.2 座椅主要部分的设计要求

椅子设计的关键包括座高、座深、座宽、座面倾角、扶手、靠背、座椅椅垫等方面的设计。

如图 6-17 所示为座椅的几何尺寸。

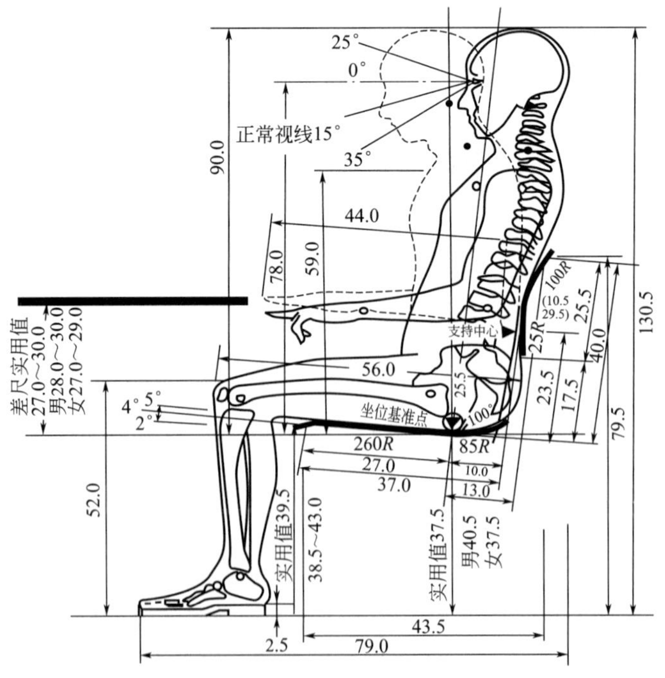

图 6-17　座椅的几何尺寸（单位：cm）

6.2.2.1 座椅的高度

通常以座前沿中至地面的垂直距离作为座椅的座高，即座面前缘高度。

(1) 座椅高矮的影响 座高是影响坐姿舒适程度的主要因素之一，座高不合理会导致坐姿的不正确，而且容易使人体腰部产生疲劳。

舒服的坐姿应使就坐者大腿近似呈水平的状态，小腿自然垂直，脚掌平放在地上[见图 6-18(a)]。经实验测试，座面过高 [见图 6-18(b)]，则两腿悬空碰不到地面，体压有一部分分散在大腿部分，使大腿血管受到压迫 [图 6-19(b)]，妨碍血液循环，容易产生疲劳。座面过低 [见图 6-18(c)]，使膝盖拱起，体压过于集中在坐骨上，时间久了会产生疼痛感。另外，座面过低也会造成起身时的不便，尤其对老年人来说更为明显。

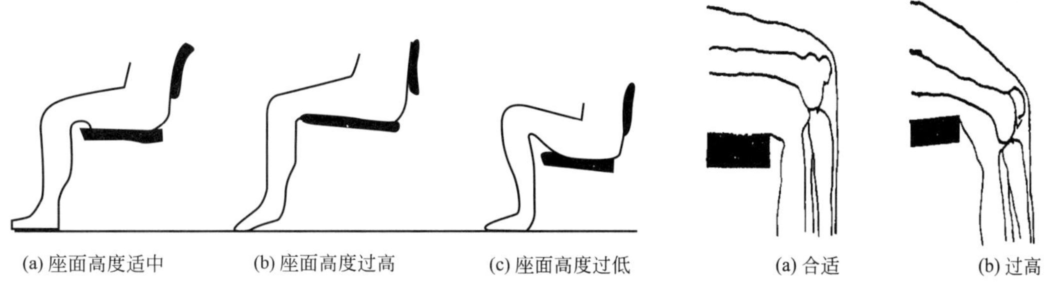

图 6-18 座面高度示意　　图 6-19 座面前缘对大腿的压迫

座面的体压分布与座板高度的关系见图 6-20。

由图 6-20 可以看出，当座高低于膝盖高度 5cm 时，体压集中在坐骨骨节部分；当座高与膝盖同样高时，体压主要分布在坐骨骨节部分，但稍向臀部分散；当座高高于膝盖高度 5cm 时，由于两腿悬空，则体压有一部分分散在大腿部分，使大腿后部受压，妨碍血液循环而引起腿部疲劳。由于人的臀部能承受较大的压力，因此，当座高低于膝盖高度 5cm 和座高与膝盖同样高时，这两种情况与人体构造及生理现象较符合。

(2) 决定座椅高度的因素 座椅高度的设计除了考虑小腿加足高，还要考虑工作面高度。

① 小腿加足高。为了避免大腿下有过高的压力，座位前沿到地面或脚踏的高度不应大于脚底到大腿弯的距离。据研究，合适的座高应等于小腿加足高加上 25～35mm 的鞋跟厚再减去 10～20mm 的活动余地，即：

椅子座高＝小腿加足高＋鞋跟厚－适当空间

小腿加足高一般选取适合所有第 5 百分位以上的人。

国家标准 GB/T 3326 规定椅座高为 400～440mm。

就工作用椅而言，其座高宜比休息用椅稍高，且座高宜设定为可调整式的，以适应多数人使用，可确定工作椅可调节高度为 360～480mm（表 6-1)，可以适合各种高度的人的需要。沙发座前高可以降低一些，使腿向前伸，靠背后倾，有利于脊椎处于自然状态。我国轻工行业标准 QB/T 1952.1《软体家具 沙发》规定：沙发的座前高一般为 340～440mm（表 6-1)，图 6-21 为沙发尺寸示意。

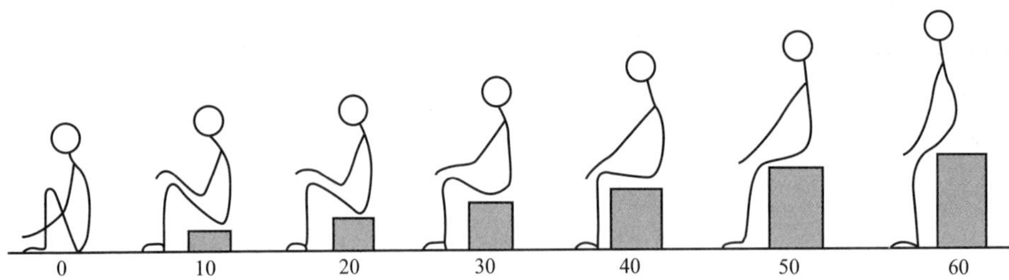

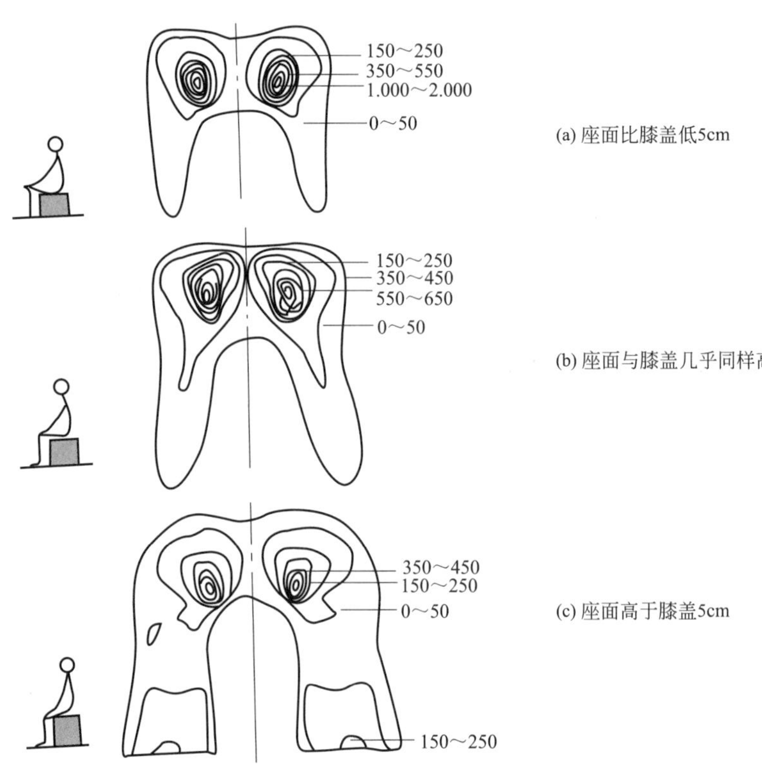

图 6-20 座面体压分布与座板高度的关系（单位：g/cm²）

表 6-1 我国轻工行业标准 QB/T 1952.1 的沙发主要功能尺寸 单位：mm

座前高 H_1	座深 T	座前宽 B	背高 H_2
340～440	480～600	单人沙发≥480；双人沙发≥960；双人以上沙发≥1440	≥600

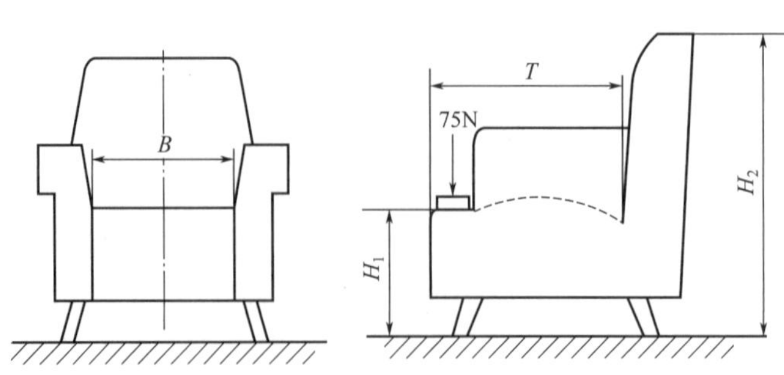

图 6-21 沙发主要功能尺寸示意

② 根据工作面高度决定座椅高度。在很多情况下，座椅与餐桌、书桌、柜台或各种各样的工作面有直接关系。

餐桌较高而餐椅不配套，就会令人坐得不舒服；写字桌过高，椅子过低，就会使人形成趴伏的姿势，缩短了视距，久而久之容易造成脊椎弯曲变形和眼睛近视，因此，座椅的高度还应考虑工作面高度。决定座椅高度最重要的因素是椅凳面和工作面之间要有一个合适距离（图6-22），即桌椅高差，国家标准 GB/T 3326 规定了桌椅类配套使用标准尺寸，桌面与椅凳面高度差控制在 250～320mm。在桌椅高差这个距离内，大腿的厚度占据了一定高度。95%我国男性和女性的大腿厚度 151mm。由于考虑到工作面的需要，可能椅子高度造成人脚达不到地面，这时应该使用垫脚。

(a) 桌椅高差过小

(b) 桌椅高差过大

图 6-22　差尺大小示意

6.2.2.2　座位的深度

座位的深度是指椅子座面前沿至后沿的距离，它对人体舒适感的影响力很大。座位的深度应满足三个条件：

① 臀部得到充分支撑；

② 腰部得到靠背的支撑；

③ 座面前缘与小腿之间留有适当的距离，以保证腘窝不受挤压，小腿可以自由活动。

座椅的深度要恰当，如果座面过深［见图 6-23(a)］，则背部支撑点悬空，使靠背失去作用，同时膝窝处会受到压迫，使小腿产生麻木感；如座深过浅［见图 6-23(b)］，大腿前部悬空，将重量全部压在小腿上，使小腿很快疲劳。

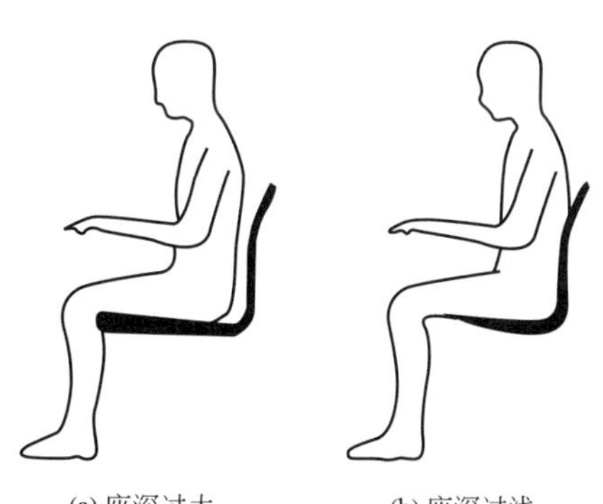
(a) 座深过大　　(b) 座深过浅

图 6-23　座面深度示意

坐深是确定座位深度的关键尺寸，据研究，座位的深度以略小于坐姿时大腿水平长度为宜。即

座位的深度＝坐深－60mm(间隙)

一般讲座位的深度应该适应小个子，即座位的深度应以坐深的第 5 百分位数值进行设计。

座位的深度应该取决于座位的类型，在国标 GB/T 3326 中，对扶手椅、靠背椅和折椅的座位深度作了规定（表 6-2），对长方凳、方凳和圆凳的座深作了规定（表 6-3）。图 6-24 和图 6-25 分别为各种椅类和各种凳类尺寸示意。

表 6-2　国标 GB/T 3326 规定的扶手椅、靠背椅和折椅尺寸　　单位：mm

椅子种类	座深 T_1	座宽	扶手高 H_2	背长 L_2	尺寸级差 ΔS	靠背倾角 β	座面倾角 α
扶手椅	400～440	≥460(扶手内宽 B_2)	200～250	≥275	10	95°～100°	1°～4°
靠背椅	340～420	≥380(座前宽 B_3)	—	≥275	10	95°～100°	1°～4°
折椅	340～400	340～400(座前宽 B_3)	—	≥275	10	100°～110°	3°～5°

表 6-3 国标 GB/T 3326 规定的长方凳、方凳和圆凳尺寸 单位：mm

凳子种类	座深 T_1	凳面宽(或直径)B_1(或 D_1)	尺寸级差 ΔS
长方凳	≥240	≥320	10
方凳	≥260	≥260	10
圆凳	—	≥260	10

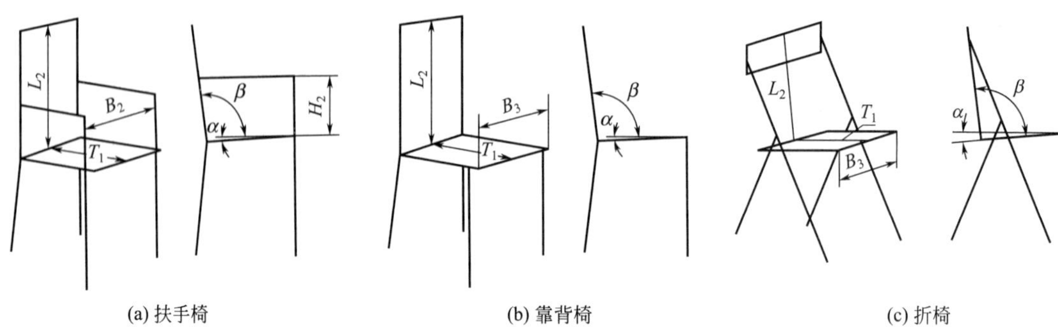

(a) 扶手椅 (b) 靠背椅 (c) 折椅

图 6-24 扶手椅、靠背椅和折椅尺寸示意

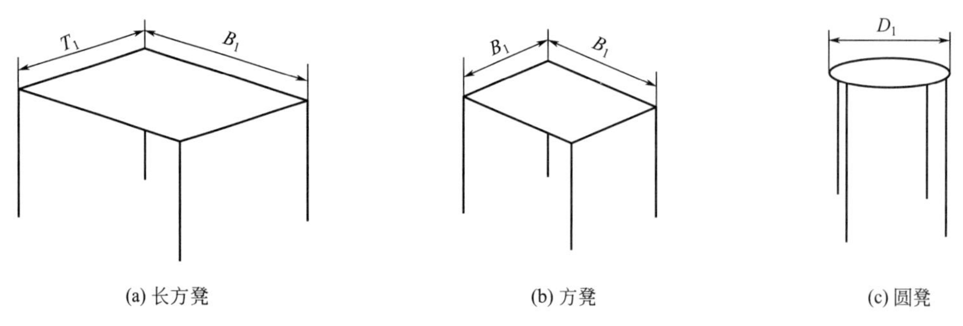

(a) 长方凳 (b) 方凳 (c) 圆凳

图 6-25 长方凳、方凳和圆凳尺寸示意

沙发及其他休闲用椅由于靠背倾斜较大，故座深可设计稍大些，一般座深＝480～600mm（表 6-1），过深则小腿无法自然下垂，腿肚将受到压迫；过浅，就会感觉坐不住。

6.2.2.3 座位的宽度

座位的宽度指座面的横向宽度。

座宽应使人体臀部得到全部支撑并有一定的活动余地，使人能随时调换坐姿。座宽是由人体臀部尺寸加适当的活动范围而定的。在空间允许的条件下，以宽为好。宽的座椅允许坐者姿势可以变化。座宽的设定必需适合于身材高大的人，其相对应的人体测量尺寸是臀宽。而此种人体尺寸值受性别的影响很大，故座宽通常以女性臀部宽度尺寸的第 95 百分位进行设计，以满足大多数人的需要。

① 国标 GB/T 3326 规定：靠背椅座位前沿宽≥380mm（表 6-2）。

② 扶手椅要比无扶手的座面宽一些，这是因为如果太窄，在扶扶手时两臂必须往里收紧，不能自然放置；如果太宽，双臂就必须往外扩张，同样不能自然放置，时间稍久，都会让人感到不适（图 6-26）。对于有扶手的座椅，两扶手之间的距离即座面宽度。因为扶手的存在一定程度上限制了人们上肢的活动范围，所以需要留出更大的活动空间，否则即使能够使臀部保持舒适，双臂活动依然要受到扶手的阻挡。此时座面宽度应该能够满足

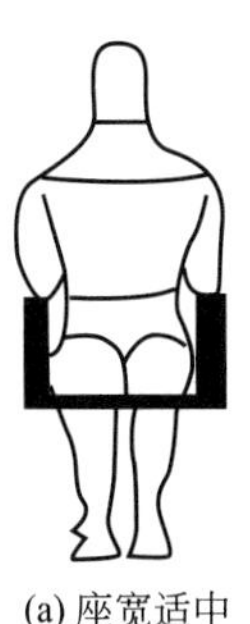
(a) 座宽适中

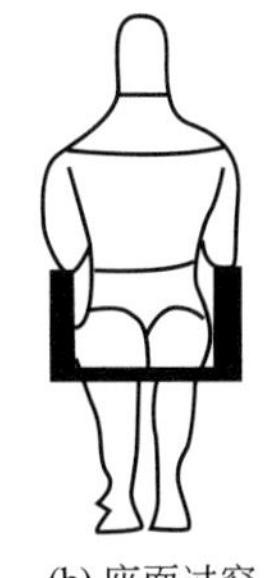
(b) 座面过窄

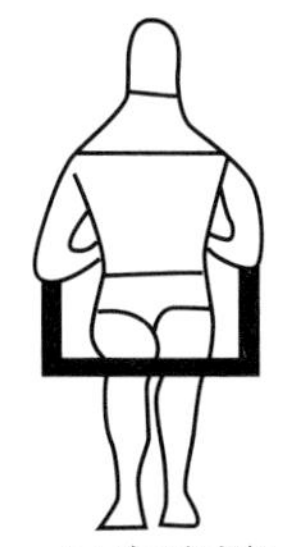
(c) 座面过宽

图 6-26　扶手椅座宽

人体双臂的自由运动为宜，数值上是以人体的肩宽加上适当余量而定的，即

$$B=L_1+L_2+L_3$$

式中　B——座面宽度（扶手间距）；

L_1——人体肩宽；

L_2——衣物厚度；

L_3——预留的活动余量，一般为 60mm。

国标 GB/T 3326 规定扶手椅内宽≥460mm，不会妨碍手臂的运动（表 6-2）。

③ 国标 GB/T 3326 规定：折椅座前宽 340～400mm。

④ 如果是排成一排的椅子，如观众席座椅还必须考虑肘与肘的宽度。如果穿着特殊的服装，应增加适当的间隙。

⑤ 我国轻工行业标准 QB/T 1952.1《软体家具 沙发》规定：单人沙发座前宽不应小于 480mm（表 6-1）。小于这个尺寸，人即使能勉强坐进去，也会感觉狭窄。一般为 520～560mm。

6.2.2.4　座面倾角

座面倾角指座面与水平面的夹角。

座椅的设计应有助于保持身躯的稳定性，这一点，座面倾角起着重要的作用，当然，与座位靠背的曲线和座位的功能亦有很大的关系。

通常椅子座面稍向后倾，座面向后倾有两种作用：一是防止臀部逐渐滑出座面而造成坐姿稳定性差；二是由于重心力，躯干会向靠背后移，使背部有所支撑，减轻坐骨结节点处的压力，使整个上身重量由下肢承担的局面得到改善，下肢肌肉受力减小，疲劳度减小。一般情况下，座面向后倾角越大，靠背分担座面的压力比例就越高。

椅凳类家具的座面倾角决定使用者在使用时的身体姿势，从而影响使用者的身体疲劳度，因而不同类型的椅凳类家具的座面角度不同。对工作椅而言，座面倾角不宜太大，因作业空间一般在身体前侧，座面过分后倾，脊椎因身体前倾作业而会被拉直，破坏正常的腰椎曲线，形成一种费力的姿势。如图 6-27 所示，这类椅凳类家具在使用时使用者

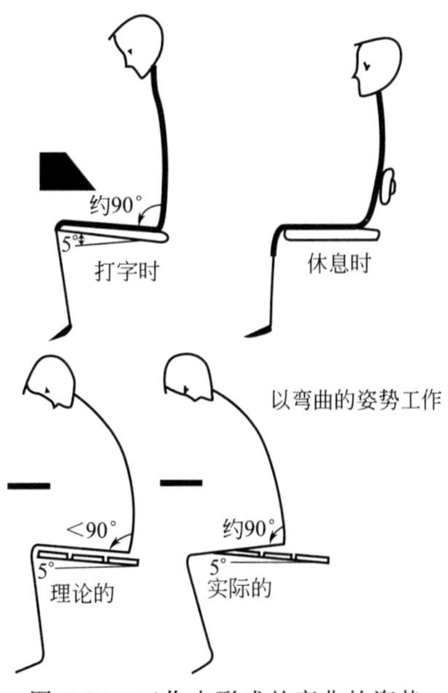

图 6-27　工作中形成的弯曲的姿势

上身需要前倾，若座面倾斜向后，人的上身前曲的幅度会增大，导致脊椎骨过度弯曲，造成脊椎骨局部劳损，易于引发脊椎疾病。据研究，工作用椅座面倾角 0°～5°，推荐的工作用椅的座面倾角为 3°～4°，此时人感到比较舒适。新型办公椅可顺应前倾工作姿势座面前倾，且角度在一定范围内自动调节。餐椅的座面倾角也比较特殊，通常是水平的，因为虽然餐椅使用时间不长，但是人在进餐时胸腔和腹腔要保证正常状态，前倾或者后倾的座面都会影响腹腔内各器官在消化时的功能。休息椅应用较大的倾角，有利于肌肉放松，大座面倾角和靠背倾角构成近于平躺的休息姿势。休息用椅座面倾角一般为 5°～23°（依休息程度不同）。

表 6-4 是根据舒适度决定的不同椅凳类家具的座面倾角的建议值。

表 6-4　常见椅凳类家具座面倾角

椅凳类家具种类	座面倾角/(°)
餐椅	0
工作椅	0～5
休息用椅	5～23
躺椅	≥24

6.2.2.5　扶手

(1) 扶手的作用　休息椅和部分工作用椅还需设扶手。

扶手的主要作用是使人坐在椅子上时手臂自然放在其上，减轻两臂负担，也有助于上肢肌肉的休息，增加了舒适感；在就坐起身站立或变换姿势时，可利用扶手支撑身体；在摇摆颠簸状态下，扶手还可帮助身体稳定。

(2) 扶手的合适高度　扶手的高度应合适。扶手过低时，两肘不能自然落靠，容易引起上臂疲劳；扶手过高时，两臂不能自然下垂（见图 6-28），易引起肩部酸痛。因此扶手的高度要合适，设计时依据第 50 百分位的坐姿肘高来确定椅子扶手的高度，一般扶手与座面的距离以 200～250mm 为宜，同时扶手前端略高点，随着坐面倾角与靠背斜度而倾斜。

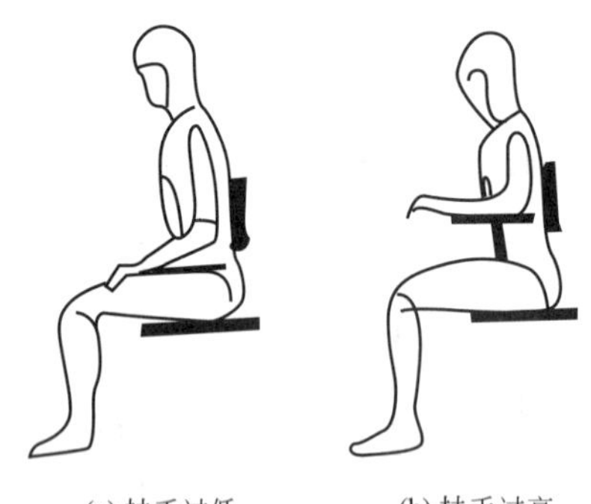

(a) 扶手过低　(b) 扶手过高

图 6-28　扶手高度示意

扶手高度最好设计成可调节的，这样可满足大多数人的要求。

6.2.2.6　靠背

椅子的靠背能够缓解体重对臀部的压力，减轻腰部、背部和颈部肌肉的紧张程度。椅子的靠背是决定椅类家具是否舒服的根本要素。

(1) 靠背倾角　靠背倾角指靠背与座位之间的夹角。在椅子的使用过程中，靠背倾角的增加能增强人体的舒适感，一般讲，靠背倾角越大，人体所获得的休息程度越高，因为身体向后仰时，身体的负载移向背部的下半部和大腿部分。当靠背倾角达到 110°时，椎间盘内压力显著减小，人体的肌电图的波动明显减少，被试者有舒服的感觉。越躺下，越感觉到舒服，完全躺下就是床的设计了。工作用椅靠背倾角较小，一般取 95°～115°，常用 100°～110°。休息用椅则较大，而且休息程度越高其靠背倾角也越大。常见椅凳类家具靠背倾角见表 6-5。

表 6-5　常见椅凳类家具靠背倾角

椅凳类家具种类	靠背倾角/(°)
餐椅	90
工作椅	95～115
休息椅	110～130
躺椅	115～135

更为人性化的设计是一把椅子其靠背倾角可调整。人们在工作之余，往往都会放松地倚在座椅靠背上，使用者通过在座椅上改变姿势，防止疲劳。因此，现在出现了一种座椅靠背倾角能在一定范围内调节的座椅，在座面下配置控制装置使座椅靠背角度连续调整，控制靠背角度的装置可由坐者重心的移动来实现。这种自动调节可以使座椅适应不同使用者习惯的坐姿，使用者也可以在座椅上时常改变姿势，以防止久坐对身体局部的压力积累。调整后，座椅还可以在任意角度锁紧。

(2) 腰靠和肩靠　有的座椅靠背能支持人的肩部以及腰部，具有较高的凹面形状，可以给整个背部较大面积的支撑。在靠背的设计中，除了注意靠背倾角外，还要注意能够提供“两个支撑”，设计腰靠和肩靠的位置。

一般来说，靠背的压力分布在肩胛骨和腰椎两个部位最高，这就是在靠背设计中所强调的两个支撑的原因。

“两个支撑”指的是腰椎部分和背部肩胛骨部位的两个支撑部位，见图 6-29，当座位有两个支撑时，人们在坐着的时候会感到后背部及腰部十分舒适。

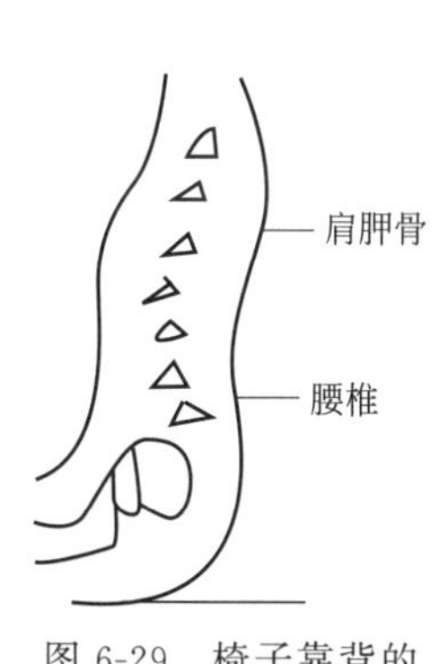

图 6-29　椅子靠背的两个支撑点的位置

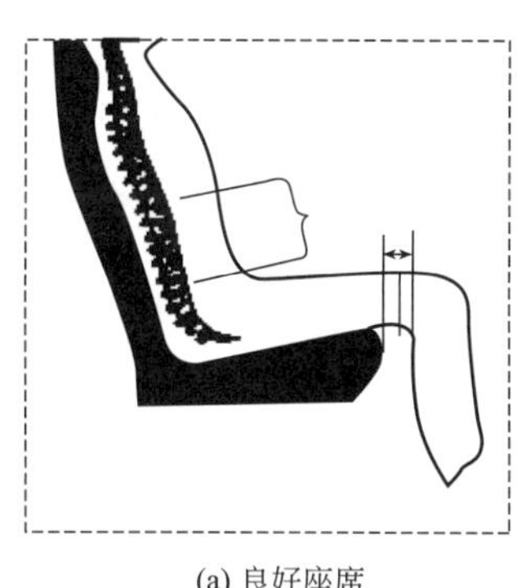

(a) 良好座席

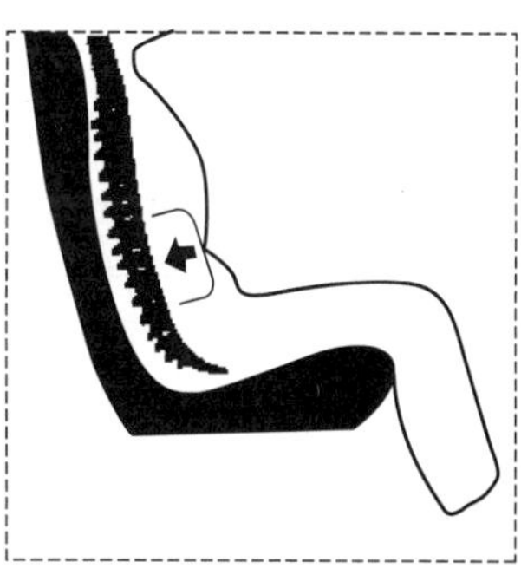

(b) 不良座席

图 6-30　坐垫的软硬及压力分布的改变

因为人的肩胛骨分左右两块，所以两个支撑实际上是两个支撑位、三个支撑点。其中上部支撑点为肩胛骨部位提供凭靠，称为肩靠；下部支撑点为腰曲部分提供凭靠，称为腰靠。

腰部支持点是椅类家具靠背设计中必需的也是最重要的一个支持点，它为使用者提供了腰曲部分的凭靠。在家具的设计中，应有腰靠的凸缘，用以支持腰部。如果座椅不设计腰靠，坐时人的腰骶部基本处于悬空状态，坐久了会有不适感。

如果尽管设计了腰靠，但腰部支撑点过高或过低，都容易引起支撑点的前凸顶在脊椎的胸曲或者骶曲的某一位置上，不仅起不到增加椅类家具舒适性的作用，反而会增大脊椎变形的可能性。靠背的腰靠要符合人体脊柱自然弯曲的曲线。凸缘的顶点应在第三腰椎骨与第四腰椎骨之间的部位，即顶点高于坐面后缘 10～18cm。腰部支撑点的高度是指腰部

支撑点到座位基准点的高度。腰靠的凸缘有保持腰椎柱自然曲线的作用。图 6-30(a) 为良好座席，由于对腰椎支撑的高度适当，使脊柱近似于自然状态，由于伸直脊柱，腹部不受压；而图 6-30(b) 为不良座席，由于没有支撑腰椎，脊柱呈拱形弯曲，腹部受压。

靠背倾角直接影响支撑点的高度，见表 6-6。研究表明的最佳支撑条件如图 6-31 所示。

表 6-6　良好的背部支撑位置与角度

支持点＼条件		上体角度/(°)	上部		下部	
			支持点高/cm	支持面角度/(°)	支持点高/cm	支持面角度/(°)
一个所支持	A	90	25	90	—	—
	B	100	31	98	—	—
	C	105	31	104	—	—
	D	110	31	105	—	—
两个所支持	E	100	40	95	19	100
	F	100	40	98	25	94
	G	100	31	105	19	94
	H	100	40	110	25	104
	J	100	40	104	19	105
	J	100	50	94	25	129

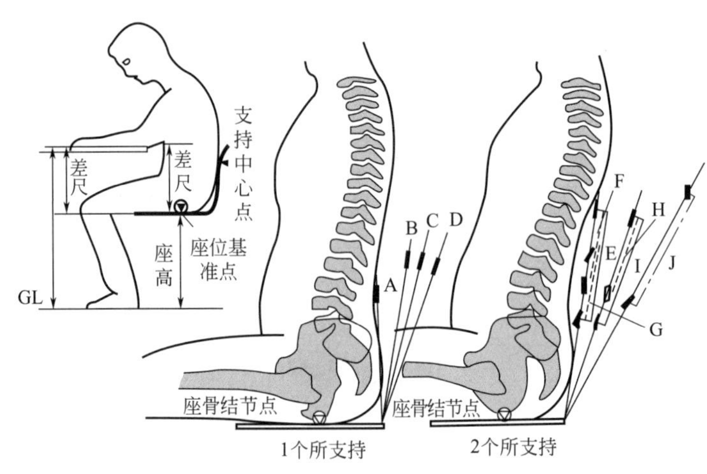

图 6-31　良好的背部支撑位置

“一个支撑”和“两个支撑”的区别在于是否有背部支撑点，有些对舒适度要求不高的工作椅等椅类家具常选择使用“一个支撑”，即靠背在大约第三、四腰椎的位置上设计有腰靠。选择“一个支撑”或“两个支撑”以及支撑位置的确定应根据座椅的用途，即使用者的使用目的来确定。

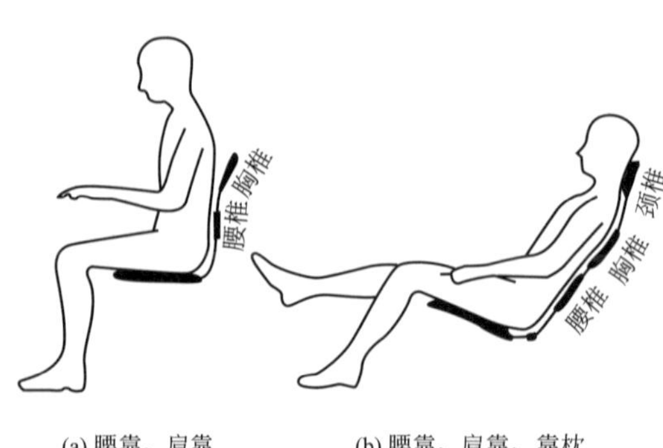

图 6-32　靠背支撑形式

靠背支撑形式见图 6-32。腰靠和肩靠是靠背较为简易的形式，当靠背倾角增大到一定程度或者在设计交通工具的座椅时，还要增加靠枕（包括颈枕和头枕），以保证坐姿的舒适性，并防止由于运动冲击引起的颈椎和头部损伤。例如，在轿车座椅（图 6-33）、一些大客车座椅，或者有些老板椅（图 6-34）的靠背上部，都有一道鼓起来的凸包。这道凸包是用来垫靠颈部的凹处，使人的头颈更舒服些。但要注意的问题是，一定要根据人体测量尺寸，正确设计靠枕的位置，否则垫颈的凸包就会顶住后脑勺，令人很不舒服。

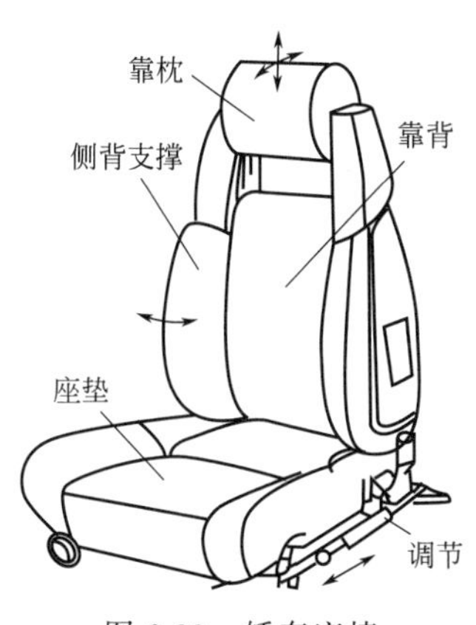

图 6-33 轿车座椅

图 6-34 具有靠枕的老板椅

一般来讲，靠背高度上的腰靠、肩靠和颈枕三个关键支撑点的位置大致如下：腰靠应低于腰椎上沿，支撑点位置以位于上腰凹部（第 3～4 腰椎处）最为合适；肩靠应低于肩胛骨（相当于第 5～6 节胸椎之间的高度），以肩胛的内角碰不到椅背为宜；颈枕应处于颈椎点，一般应不小于 660mm。

(3) 靠背的尺寸

① 靠背的宽度。对于工作座椅，人的肘部会经常碰到靠背，所以靠背宽度以不大于 325～375mm 为宜。

② 背长（靠背的高度）。靠背高度可视椅子不同功用而定。最基本活动姿态所用的椅子可以不设靠背；简单靠背的高度，大约 125mm 就可以了。靠背不宜过高，通常设置的肩靠应低于肩胛骨下沿，高约 460mm。过高则易迫使脊椎前屈，这个高度也便于转体时舒适地将靠背夹置腋下。休息用椅靠背倾角增大，又因上身由垂直趋向水平，所以靠背必须超出肩高，使背部有支持，身体自然舒展，才能达到休息的效果。

在 GB/T 3326—1997 中，各类椅子家具的背长的规定见表 6-2。

(4) 座椅的侧面轮廓 从人体工程学的观点来看，座椅是坐的机器。从简单的板凳到牙科诊所的医疗椅，座椅的复杂程度以及它与人的关系大不相同。但是，对人体影响很大的是座椅的侧面轮廓，如图 6-35 所示，图 6-35(b) 为休息用椅，休息椅侧面轮廓使人感觉特别舒服。

在座椅的设计过程中，必须进行实验，以确定座椅的侧面轮廓是否感觉舒服。用来休息的座椅，称为休息椅。由于椎间盘内压力和肌肉疲劳是引起不舒服感觉的主要原因，因此，座椅的侧面轮廓若能降低椎间盘内压力和肌肉负荷，并且使之降到尽可能小的程度，就能产生舒服的感觉。

椅子的设计应按人体背部特点而设计成一定的曲率，椅子靠背设计成“S”形曲线，与人的脊柱弯曲基本吻合，应使椅子适应人，且保持 100°～105°的靠背倾角，这是人体保持放松姿态的自然角，而且在这种角度时，从人体工程学的角度分析，这种“S”形曲线

(a) 多功能座椅　　(b) 休息用椅

图 6-35　座椅的侧面轮廓（每格 10cm×10cm）

的靠背对人的背部有两个支撑点，一个在腰骶部，一个在肩胛骨。

对于有软垫的椅子，其侧面轮廓是指人坐下后产生的最终形状。图 6-36(a) 显示的是良好的软椅，采用柔轻座面，增大臀部与座面接触面积，可改善坐骨结节受力集中情况，此时扶手高度适当，肩部不感酸痛。图 6-36(b) 显示的是不良的座椅，虽然可能原来的形状好，但人坐下后的最终形状不好，座面过于松软，使股骨处于受压迫位置而承受载荷，臀部肌肉承受压迫，并使肘部和肩部受力，从而引起不舒服感，此时扶手显得过高。

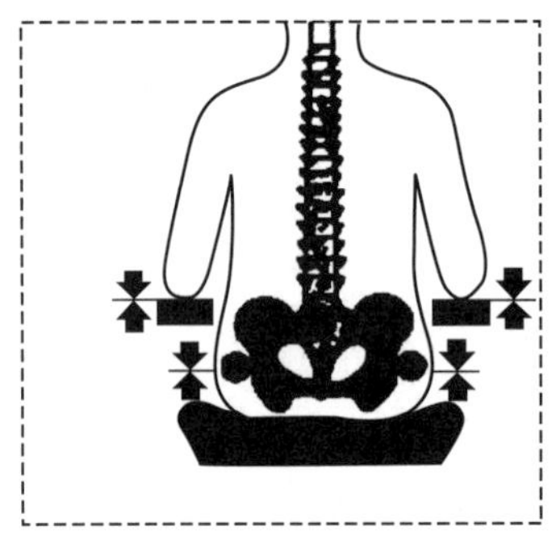

(a) 良好坐垫

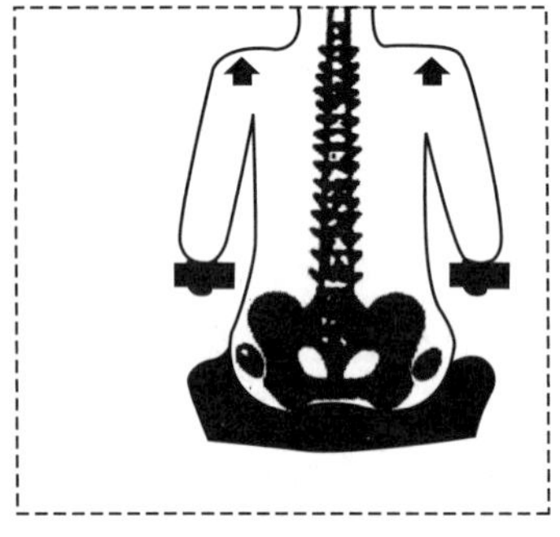

(b) 不良坐垫

图 6-36　坐垫的软硬及压力分布的改变

总之，理想的座椅，应使就坐者体重分布合理，大腿近似呈水平状态，两足自然着地，上臂不负担身体的重量，肌肉放松，操作时躯干稳定性好，变换坐姿方便，给人以舒适感。

6.2.2.7　座椅椅垫

椅垫具有以下两种重要功能。

第一，椅垫可使体重在坐骨隆起部分和臀部产生的压力分布比较均匀，不致产生疲劳感。

人坐着时，人体重量的 75%左右由约 $25cm^2$ 的坐骨结节周围的部位来支撑，这样久坐足以产生压力疲劳，导致臀部痛楚麻木感。若在上面加上软硬适度的坐垫，则可以使臀部压力值大为降低，压力分散。

第二，椅垫可使身体坐姿稳定。

椅垫设计时应主要考虑椅垫的软硬性能和椅垫材质的生理舒适性这两个因素：

(1) 考虑重量分布，选择软硬适中的椅垫　考虑重量分布，座面的一定缓冲性是需要

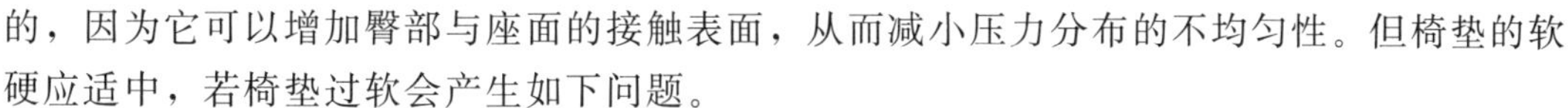

的，因为它可以增加臀部与座面的接触表面，从而减小压力分布的不均匀性。但椅垫的软硬应适中，若椅垫过软会产生如下问题。

① 人体坐在柔软椅垫上，很容易使整个身体无法得到应有的支撑，从而产生坐姿不稳定的感觉。

人体在休闲椅的柔软材质上只有双脚依靠在坚实的地面上才有稳定感，因此，弹力太大的座椅非但无法使人体获得依靠，甚至由于需要维持一种特定姿势，肌肉内应力的增加导致疲劳产生。

② 人体坐在柔软椅垫上，人体臀部和大腿会深深地凹陷入座垫内，全身受到座垫的接触压力［见图 6-36(b)］，想保持正确的坐姿和改变坐姿都很困难，容易使人疲劳。

但若椅垫过硬，使人的体重集中于坐骨隆起部分，而得不到均匀的分布，易引起坐骨部分的压迫疼痛感。太软太高的椅垫造成身体不易平衡和稳定，反而不好。

由前文可知，由于大腿下面至膝盖后面有主动脉，受力后容易产生麻木感，当人体的重量主要是由坐骨结节支撑时，人的感觉最舒服。座椅面的设计应以坐骨结节处为最大受力点，由此向外压力逐渐减少，直至座椅面前缘与大腿接触处压力最小。要达到这一分布状态，就需要设计合理的椅垫。

一般椅垫的高度是 25mm。

另外，一般简易沙发的座面下沉量以 70mm 为宜，中大型沙发座面下沉量可达 80～120mm。背部下沉量为 30～45mm，腰部下沉量为 35mm 为宜。

(2) 椅垫表面材料其材质的生理舒适性要好　椅子表面的材料应透气性良好，保持皮肤的干爽；表面不过于光滑，以减少身体下滑；触感应柔软、暖和，而不是硬挺、僵冷。

6.2.3 常用座椅设计实例

座椅的样式造型复杂，不同用途的座椅设计要求不同，按照不同的使用目的座椅基本可以分为以下三类。

6.2.3.1 工作椅

人在工作时，身体前倾，凸缘支承住腰部，而放松休息时，人体后靠，靠背又保持了脊柱的自然“S”形曲线。工作椅并不一定需要靠背，工厂车间和医院的工作椅一般就没有靠背（图 6-37）。而办公室的工作椅一般需要靠背，这取决于工作性质。图 6-38 为一种典型的工作椅。

图 6-37　无靠背的工作椅

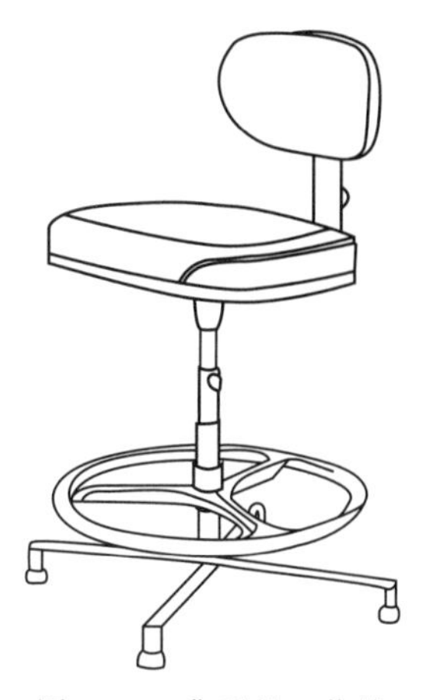

图 6-38　典型的工作椅

工作椅设计重点如下。

稳定性是主要因素，工作椅主要用于工作场所，设计时还要考虑座椅的舒适性，腰部应有适当的支持，重量要均匀分布于坐垫（或座面）上，同时要适当考虑人体的活动性、操作的灵活性与方便等。

我国国家标准 GB/T 14774—93《工作座椅一般人类工效学要求》给出了工作座椅设计的一般人类工效学要求，设计要点如下几点。

① 工作座椅的结构型式应尽可能与坐姿工作的各种操作活动要求相适应，应能使操作者在工作过程中保持身体舒适、稳定并能进行准确的控制和操作。

② 工作座椅的座高和腰靠必须是可调节的。座高调节范围在 GB 10000 中“小腿加足高”的女性（18～55 岁）第 5 百分位数到男性（18～60 岁）第 95 百分位数。GB/T 14774—93 规定工作椅的高度范围为 360～480mm。

工作座椅坐面高度的调节方式可以是无级的或间隔 20mm 为一档的有级调节。

工作座椅腰靠高度的调节方式为 165～210mm 的无级调节。

③ 座宽要满足臀部的宽度，GB/T 14774—93《工作座椅一般人类工效学要求》规定座宽为 370～420mm。

④ 座深应能保证臀部得到全部支撑，在腘窝不受压的条件下，腰背部容易获得腰椎的支托。GB/T 14774—93《工作座椅一般人类工效学要求》给出的座深为 360～390mm。

⑤ 工作座椅腰靠结构应具有一定的弹性和足够的刚性。腰靠倾角一般为 95°～115°。

⑥ 坐面倾角为 0°～5°，推荐值为 3°～4°。

⑦ 工作座椅可调节部分的结构构造，必须易于调节，必须保证在椅子使用过程中不会改变已调节好的位置并不得松动。

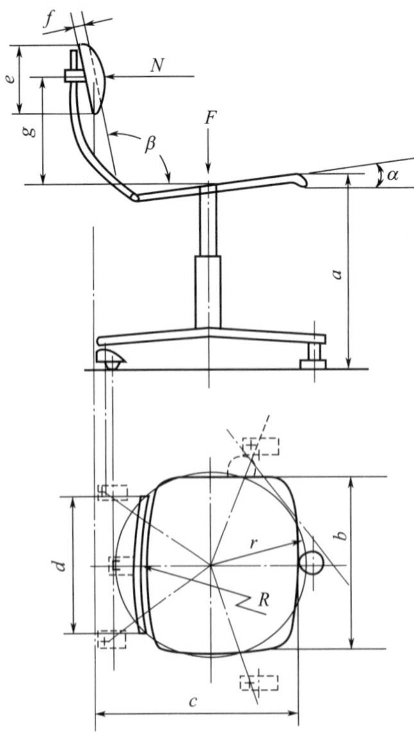

图 6-39 工作椅的结构形式及参数

⑧ 工作座椅各零部件的外露部分不得有易伤人的尖角锐边，各部分不得存在可能造成挤压、剪钳伤人的部位。

⑨ 无论操作者坐在座椅前部、中部还是往后靠，工作座椅坐面和腰靠结构均应使其感到安全、舒适。

⑩ 工作座椅一般不设扶手。需扶手的座椅必须保证操作人员作业活动的安全性。

⑪ 工作椅的结构材料和装饰材料应耐用、阻燃、无毒。座垫、腰靠、扶手的覆盖层应使用柔软、防滑、透气性好、吸汗的不导电材料制造。

⑫ 工作座椅坐面，在水平面内可以是能够绕座椅转动轴回转的，也可以是不能回转的。

GB/T 14774—93 关于工作椅的主要参数见表 6-7，其参数意义及结构形式如图 6-39 所示。

表 6-7 工作座椅的主要参数（GB/T 14774—93） 单位：mm

参数	符号	数值
座高	a	360～480
座宽	b	370～420 推荐值 400
座深	c	360～390 推荐值 380
腰靠长	d	320～340 推荐值 330
腰靠宽	e	200～300 推荐值 250
腰靠厚	f	35～50 推荐值 40
腰靠高	g	165～210
腰靠圆弧半径	R	400～700 推荐值 550
倾覆半径	r	195
坐面倾角	α	0°～5° 推荐值 3°～4°
腰靠倾角	β	95°～115° 推荐值 110°

图 6-40 为靠背办公座椅、工作面、踏脚的配合尺寸的示例。

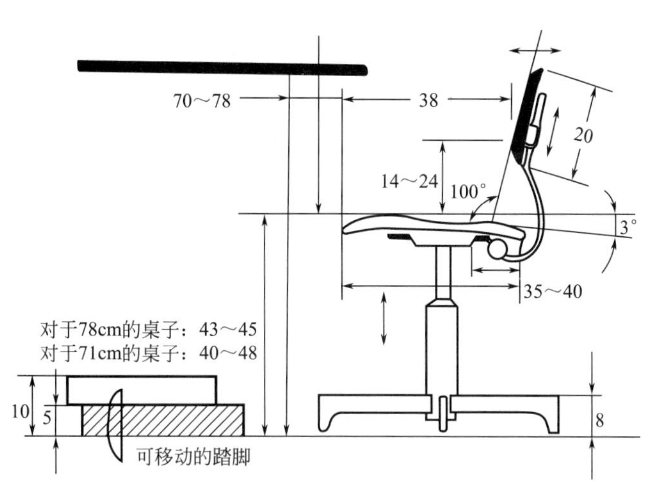

图 6-40 靠背办公座椅、工作面、踏脚的配合尺寸（单位：cm）

6.2.3.2 休息椅

休息椅设计重点在于使人体得到最大的舒适感，消除身体的紧张与疲劳，合理的设计应使人体的压力感减至最小。

设计休息椅应注意以下几点（功能设计原则）。

① 为了防止臀部前滑，座面应后倾一个角度（座面水平易下滑），一般为 5°～23°，依休息程度不同而异，休息程度越高，倾角越大。

② 靠背倾斜角度，相对于水平面为 110°～130°。

③ 靠背应提供腰部的支撑，可降低脊柱所产生的紧张压力。垫腰要符合人体脊柱自

然弯曲的曲线，垫腰的凸缘顶点应在第三腰椎骨与第四腰椎骨之间的部位，即顶点高于座面后缘 10～18cm。垫腰的凸缘有保持腰椎柱自然曲线的作用。

④ 如果设计有脚踏板的话，脚踏板高度接近座高时，可使休息座椅的舒适度达到最佳化。

休息椅可分轻度休息椅、中度休息椅和高度休息椅。轻度休息椅的设计尺寸如图 6-41 所示，座面高 330～360mm，座面倾角 5°～10°，靠背倾角 110°，靠背较高，适宜长时间会议和会客用。

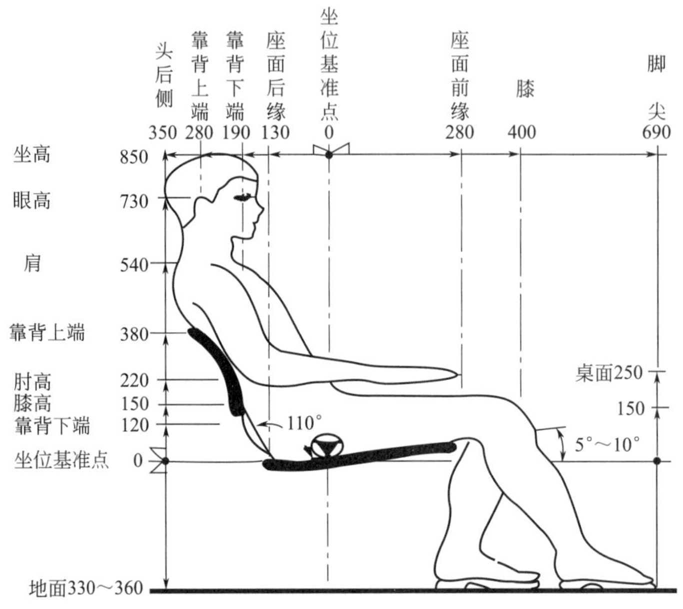

图 6-41 轻度休息椅设计尺寸（单位：mm）

如图 6-42 所示为中度休息椅的设计尺寸，腰部位置较低，适合于家庭客厅和会议室

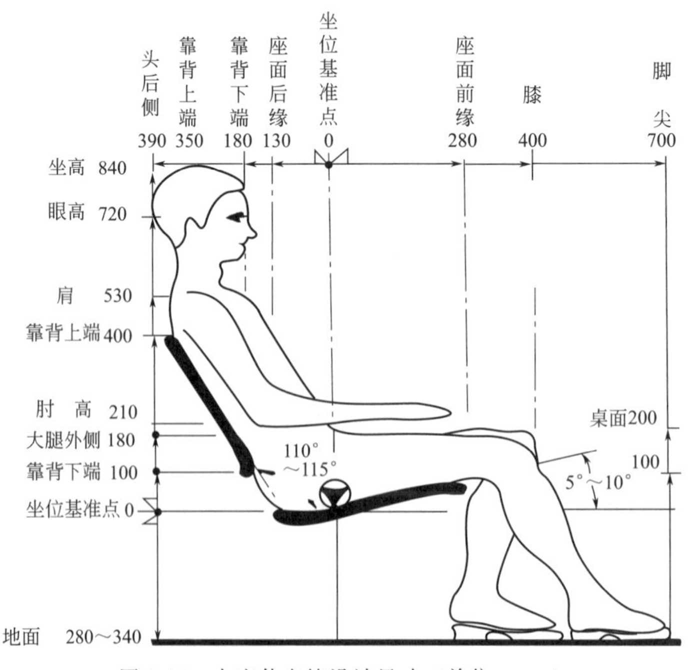

图 6-42 中度休息椅设计尺寸（单位：mm）

长时间休息和会客用，沙发就属于这一类休息椅。

如图 6-43 所示为高度休息椅的设计尺度，靠背倾角较大，一般有头靠和脚凳，可用于轻度睡觉使用。

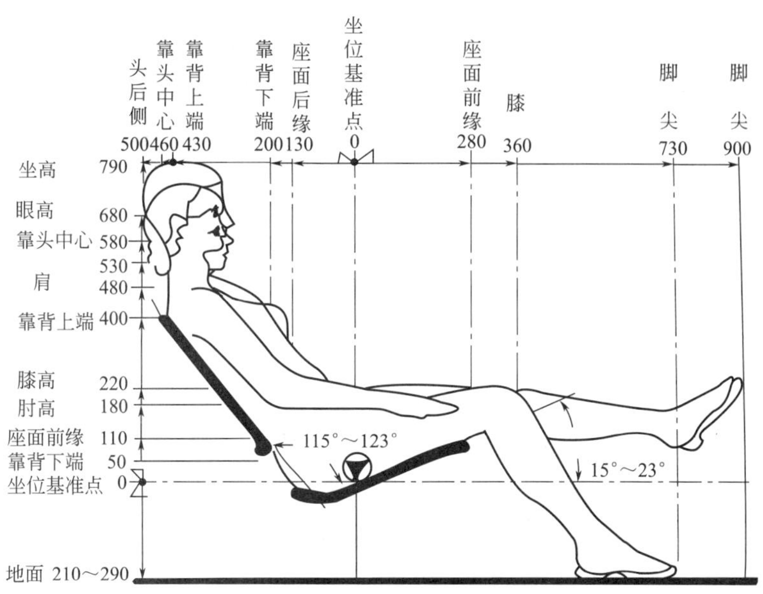

图 6-43 高度休息椅设计尺寸（单位：mm）

6.2.3.3 多功能椅

这类座椅以多种功能为设计重点，它可能与桌子配合，可能是工作、休息兼用，也可能是作为备用椅可以折叠收藏起来。

座位的细节问题必须由其特定的用途决定。

6.3 提高工作舒适性的方法

提高工作舒适性涉及很多因素，而工作姿势在其中起着很大的作用，就家具设计而言，则主要涉及座椅和工作面这两方面的因素。在家具设计中，提高工作舒适性的主要方法有以下几个方面。

(1) 将桌面倾斜 实际工作中，最常见的在写字台上读、写、书、画，头的倾角往往超过了舒服的范围，人不得不增加躯体的弯曲程度，因此，出现了桌面或者作业面倾斜的设计，倾斜桌面有利于保持躯体自然姿势，避免弯曲过度。

当桌面坡度为 10°的情况下，工作时，背部弯曲也相应地减少 10°。当桌面坡度为 30°时，大多数人在书写和阅读时可有正确的姿势，并可使书本与视线大致保持垂直（图 6-44）。

图 6-45 为深圳一家公司设计的倾斜桌面的儿童学习桌，将高度和桌面倾斜角设计成可以调节，适合不同场合和不同身材个人使用。

(2) 采用较高的桌子 当身体向前俯伏在桌子上工作时，肘部一般总是搁在工作面上。如果工作面偏低，人就得增加躯体的弯曲程度，容易增加人体腰背部的疲劳感。适当提高工作面高度，易于使人处于放松状态（图 6-46）。

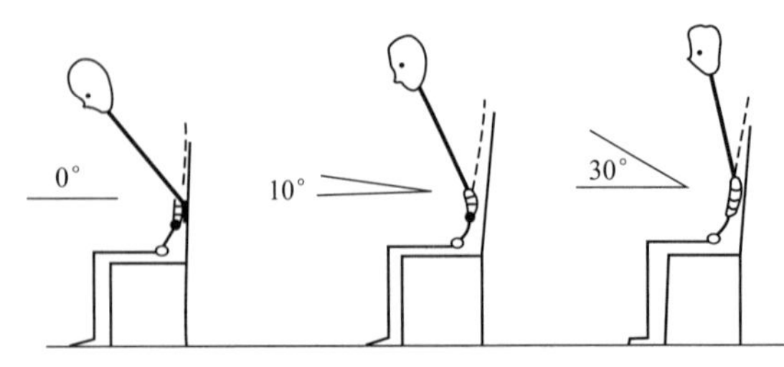

图 6-44　桌面角度与工作姿势

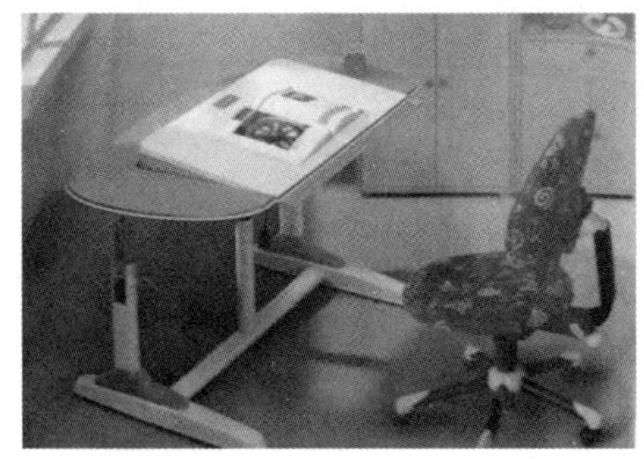

图 6-45　倾斜桌面的儿童学习桌

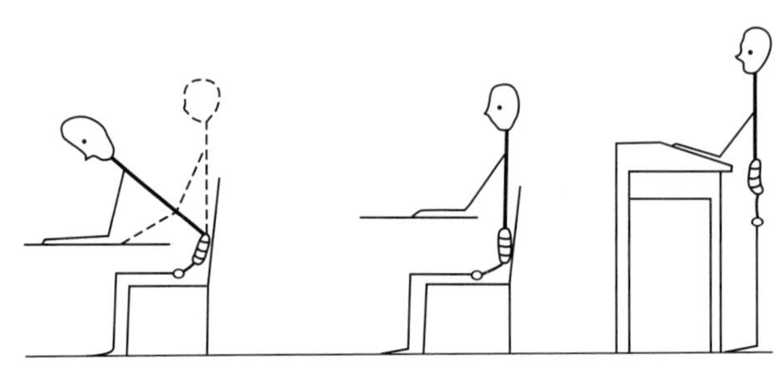

图 6-46　较高桌子与工作姿势

(3) 采用较高的椅子　如果一个人在普通的桌子边上工作，当坐在高凳（高 72cm）上时，大多数人可以保持原来的腰椎曲线不变，臀部关节实际上接近于人体正常休息姿势的状况；当坐在普通椅子（高约 43cm）上时，即使其躯体垂直，但其腰椎曲线将会大约变平 30°，当坐在一只低的凳子（高约 30cm）上时，就会成驼背状态（图 6-47）。

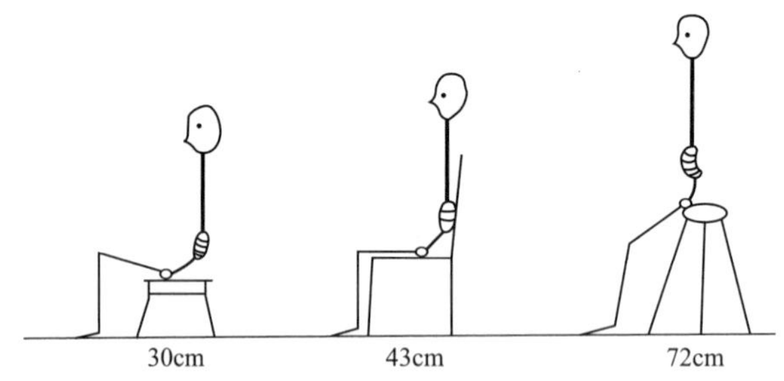

图 6-47　较高椅子与工作姿势

(4) 向前倾斜的座位　传统座椅的座面呈水平状或略向后倾斜，一般后倾角度为 3°～5°，这主要是为了防止下滑。但另一方面，座面向后倾斜符合休息用椅的休息功能需要，并不适合工作用椅的功能需求。长期坐在这样的椅子上，背部比其他任何部位受到更加长期的紧张。人在取坐姿工作时，椅子座面如果向后倾斜，显然有悖于功能要求。工作椅的结构设计应该建立在坐着的人的解剖知识的基础上，而不应由传统所决定。

“办公人员是职业的坐客”，舒适的座椅是必不可少的。

当人们在进行阅读、书写、绘图等工作时，为了使眼睛与书保持一个相当的距离（20～30cm），一般情况下人的躯干向前倾斜，弯背地伏在桌子上。我们常常看到孩子们伏在桌子上学习时，将椅子的前脚支地并向前倾斜，如图 6-48 所示。大家也可能有这种生活经验，当工作得较累时偶尔翘起椅子（支在前脚上）可以舒适一些，人们从中可以获得某些启发。向后倾斜的椅子使得工作时向前弯曲很困难，目前国内大部分工作用椅的座面一般呈水平状态或略向后倾斜，难以使工作人员达到最佳的坐姿和工作状态。因此出现了向前倾斜的座位。研究表明，采用座面适当前倾设计的工作椅会更适合于工作（图 6-49），尤其是办公室工作，如对写字和绘图用椅的设计，如图 6-50 所示。当要求座高较高时，对于倾斜式绘图桌用椅，前倾角应达 15°以上。

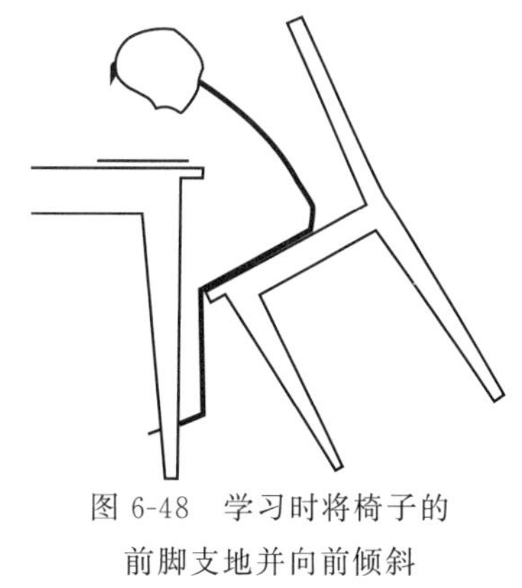
图 6-48 学习时将椅子的前脚支地并向前倾斜

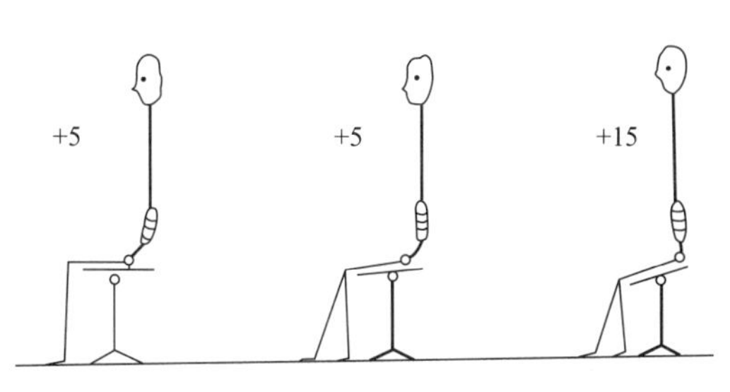

图 6-49 座面向前倾斜的座位与工作姿势

图 6-50 座面前倾的写字、绘图用椅

座面倾斜的椅子使臀部比其他任何工作椅子更明显地接近休息时的姿势。

6.4 座椅设计的新概念

据调查，坐姿劳动者的腰部疼痛的发病率逐年升高，腰椎疼痛、腰椎间盘突出、臀部及肩部的肌肉酸痛已成为坐姿办公一族的常见疾病，而这一现象的元凶则主要为不良坐姿。因此如何解决坐姿问题一直是一个极富挑战性的设计课题。长期以来，国内外的座椅设计者和人体工程学研究者一直致力于新型座椅的设计和研究。

6.4.1 Ab 工作椅

办公人群不仅要向后坐，而且还经常处于伏案工作状态。在伏案工作状态时，腹部也和腰椎一样会感到酸胀，因此，Ab 工作椅在解决两种工作状态时利用了一个 360°可调节的椅背，如图 6-51 所示。

当人后倾呈休闲状态时，这个可旋转的椅背即成为靠背；当人前倾呈伏案工作状态时，这个可旋转的椅背即成为支撑腹部的软垫（图 6-52）。Ab 工作椅就是以靠背可旋转的方式来达到工作人员在前倾后倾两种坐姿下都能保持舒适的坐姿。

图 6-51 Ab 椅

图 6-52 Ab 椅使用状态

6.4.2 马鞍椅

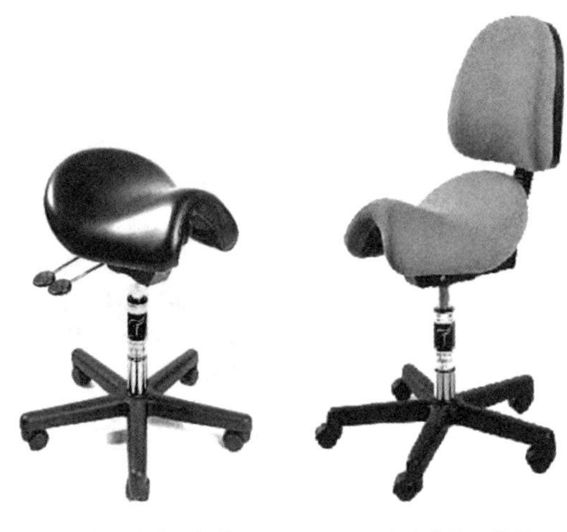

(a) 高度可调节马鞍椅　(b) 有靠背的马鞍椅

图 6-53 马鞍椅

马鞍椅是一款从马鞍演变而来的座椅，如图 6-53 所示。马鞍椅的保健原理是马鞍椅的独特曲面，人在工作状态时也能像骑士一样高昂，可保持脊柱的挺立，坐姿良好（图 6-54），大腿向下倾斜 45°，于是骨盆顺势向前倾斜，接近站立时位置，使人体脊柱保持正常弯曲状态（图 6-55），这一点对座椅的设计是相当重要的。使用马鞍椅时身体的重量由坐骨支撑，这样能有效防止臀部和大腿过度受到来自坐垫的压力。双脚自然分开着地，也有利于脚进行操作。马鞍椅的设计有助于保持工作人员脊柱的健康，养成健康的坐姿习惯，减轻身体疲劳感，使操作更敏捷，工作姿态更佳。

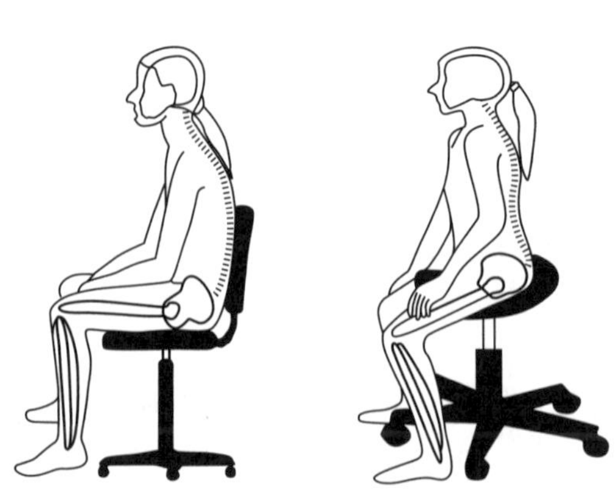

图 6-54 老式椅与马鞍椅的坐姿

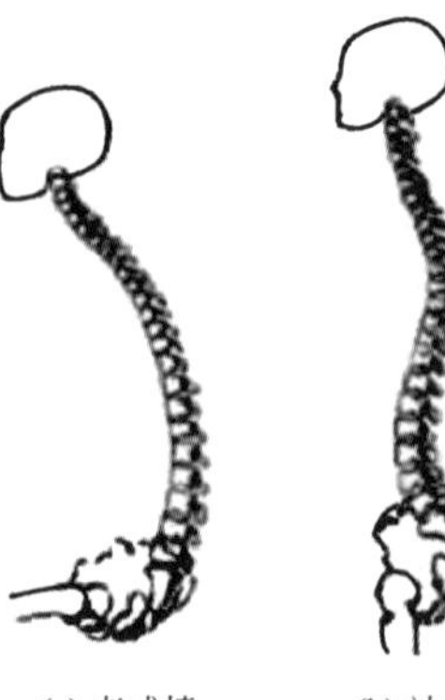

(a) 老式椅　(b) 站立　(c) 马鞍椅

图 6-55 马鞍椅的人体脊柱

然而，马鞍椅也有它自身的缺点，多数马鞍椅没有腰靠，并且下倾的椅面容易使人产生下滑感。因此人坐在马鞍椅上常通过往后坐来避免身体下滑，但是当人往后坐时，非常容易产生后仰的不稳定感觉，所以马鞍椅在座面前端设计一个凸起，以防止下滑。

6.4.3 Capisco 椅

Capisco 椅类似于马鞍椅的座椅造型，且它有一个功能靠背，工作人员可选前后两个方向进行工作，独特的十字形靠背能使双腿有摆放之处，同时能使双臂搁在靠背上，如图 6-56 所示。

图 6-56 Capisco 椅

6.4.4 跪式椅

对于坐姿，人体椎间盘内压力和肌肉的负荷之间是一对矛盾体。当直腰坐时，身体保持 S 形，脊椎保持人体站立时最自然的姿势，椎间盘内压力小，但肌肉负荷增大。当弯腰坐时，虽然减少了肌肉负荷，但也增加了椎间盘的内压力，这种坐姿自然会使人的脊椎弯曲，腿部、腰部、臀部负担加重，久坐产生腰酸背痛。

人坐在跪式坐椅上（图 6-57），人体躯干略微前倾，脊柱最接近于站立时人体脊柱的自然状态，从而有效地预防脊柱弯曲。又因身体重量均匀分布在臀部、大腿和膝盖上，血液循环与神经组织不过分受压，有助于人体血液循环和呼吸的改善。当需要前倾工作时可采用这种跪式椅，为避免在上面坐不住、往下滑，往往加一个软的“膝”靠，对膝部提供支撑（图 6-58）。

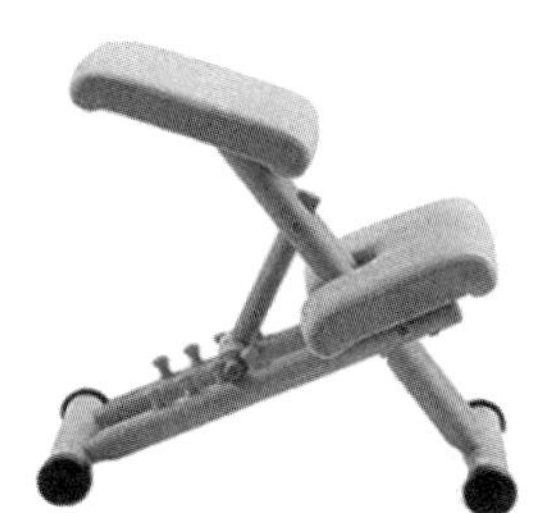

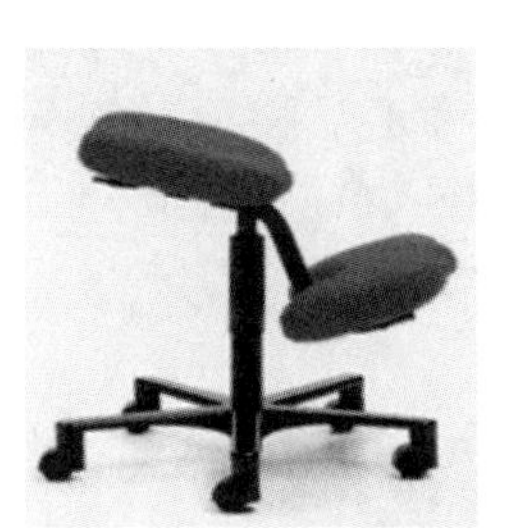

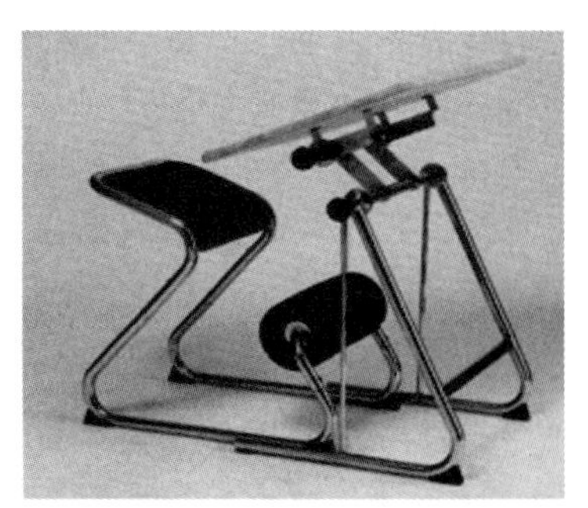

图 6-57 跪式椅

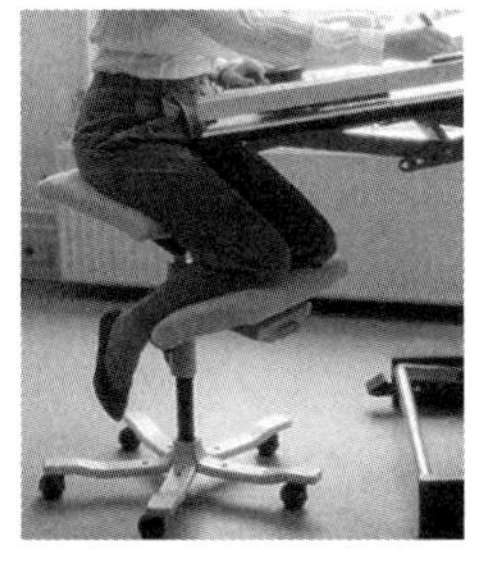

图 6-58 跪式椅使用状态

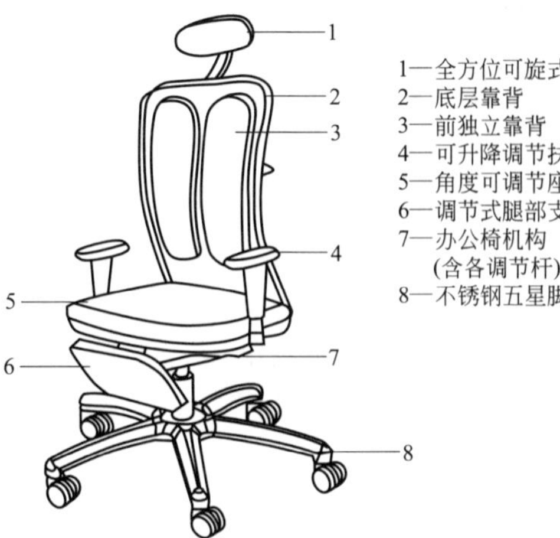

图 6-59 新型办公椅结构

但是，跪式座椅在可变性方面却不尽如人意。使用者在跪式椅上工作，始终保持一种前倾的姿势，而很难转变坐姿进行休息，长时间使用也会造成使用者的肌肉疲劳。

6.4.5 可转变坐姿的新型办公椅

目前出现了可转变坐姿的办公椅（图 6-59）。人坐在其上，可以轻松转变人体坐姿的三种状态：普通办公椅的使用状态、跪式椅使用状态和躺椅使用状态。坐姿的转变有利于最大限度地减少办公人员由于长时间工作而产生的腰部酸痛、颈、背部疲劳等不适症状。这种新型办公椅特别适合在电脑前长时间工作的工作者使用。

此新型办公椅的靠背设计非常新颖独特，它由前独立靠背和底层靠背两部分组成。前靠背造型接近人体肩胛骨，内置压缩弹簧与底层靠背连接，外部由记忆海绵包裹，在使用时可根据压力不同而独自转动，而且中间的空隙设计可减轻靠背对脊椎的压力。靠背可根据不同的坐姿进行角度调节，由跪姿实验结果和躺姿靠背角度分析，靠背调节范围在 80°～120°为宜，新型办公椅使用功能分析有如下几个方面。

(1) 普通办公椅使用功能 当新型办公椅腿部支撑弹回到座面底部就成为平时使用的普通办公椅状态，此时的腿部支撑既不影响普通坐姿，又不失美观，如图 6-60(a) 所示。

(2) 跪式坐姿使用功能 通过坐姿调节杆使座椅转变到跪式椅的使用状态，此时腿部支撑弹出，座面下倾，靠背前倾，使人体身体重心前移，座面下部的腿部支撑托住人体两膝，大腿与腰部形成理想的张开角度，减少躯干压迫内脏而对呼吸和血液循环的影响，大大减轻臀部的压力，足踝也得以自由舒展。此状态最大优点是使脊椎挺直，骨节间平均受压，避免脊椎的变形受压，使肌肉处于放松状态，如图 6-60(b) 所示。

(3) 躺姿使用功能 通过坐姿调节杆使座椅转变到躺椅的使用状态，此时腿部支撑弹出并旋转，靠背后仰与座面后倾，人体重心后移，人体处于放松休息状态。此坐姿便于现代办公人员中午在办公室里午休，如图 6-60(c) 所示。

(a) 普通办公椅使用功能

(b) 跪式坐姿使用功能

(c) 躺姿使用功能

图 6-60 可转变坐姿的新型办公椅

6.5 床的设计

6.5.1 睡眠的生理

睡眠是每个人每天都进行的一种生理过程。每个人的一生大约有 1/3 的时间在睡眠，

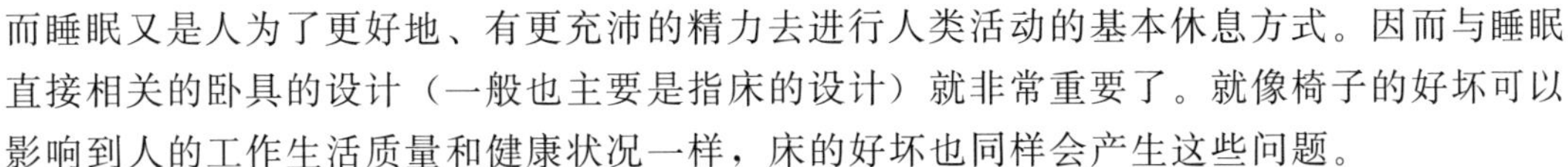

而睡眠又是人为了更好地、有更充沛的精力去进行人类活动的基本休息方式。因而与睡眠直接相关的卧具的设计（一般也主要是指床的设计）就非常重要了。就像椅子的好坏可以影响到人的工作生活质量和健康状况一样，床的好坏也同样会产生这些问题。

睡眠的生理机制十分复杂，至今科学家们也并没有完全解开其中的秘密，只是对它有一些初步的了解。人们可以简单地把睡眠这样描述：睡眠是人的中枢神经系统兴奋与抑制的调节产生的现象，日常活动中，人的神经系统总是处于兴奋状态。到了夜晚，为了使人的机体获得休息，中枢神经通过抑制神经系统的兴奋性使人进入睡眠。休息的好坏取决于神经抑制的深度，也就是睡眠的深度。

图 6-61 是通过对人的生理测量获得的睡眠过程的变化，通过测量发现人的睡眠深度不是始终如一的，而是在进行周期性变化的。

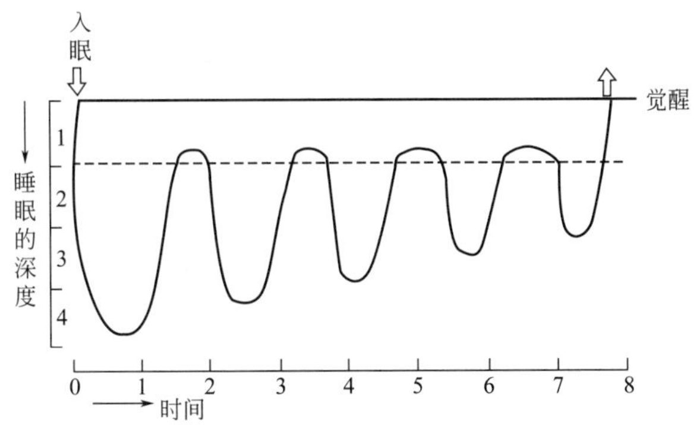

图 6-61　睡眠深度随时间的变化

睡眠质量的客观指征主要有：

① 对睡眠深度的生理量的测量；

② 对睡眠的研究发现人在睡眠时身体也在不断地运动，见图 6-62。睡眠深度与活动的频率有直接关系，频率越高，睡眠深度越浅。

图 6-62　睡眠时身体的运动

6.5.2　床垫软硬度

卧是人体最为舒适的姿势，卧姿使人体骨骼肌肉完全放松，有利于恢复体力。床是供人睡眠休息，消除一天疲劳、恢复体力和补充工作精力的主要用具。因此，床的设计必须要考虑到床与人体生理机能的关系。

6.5.2.1 卧姿人体脊柱形态

人体在仰卧时的骨骼肌肉不同于人体直立时的骨骼结构。人直立时，人体脊柱是最自然的姿势，背部和臀部凸出于腰椎 4～6cm，呈 S 形状；仰卧时，这部分差距减少至 2～3cm（图 6-63），腰椎接近于伸直状态。人体站立时各部分重量在重力方向上相互叠加，垂直向下；当人躺下时，人体各部分重量同时垂直向下，由于各部分的重量不同，因而各部分的下沉量也不同。如果支撑人体的垫子太软，重的身体部分（臀部）下陷就深，轻的身体部分则下陷小，这样使腹部相对上浮造成身体呈 W 形（图 6-64），使脊柱的椎间盘内压力增大，结果难以入睡。

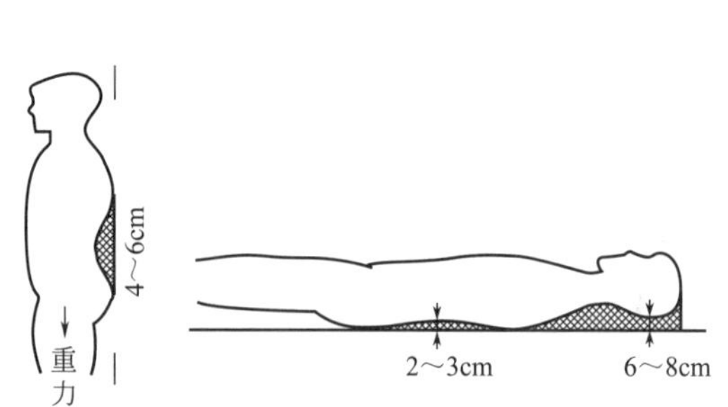

图 6-63　站姿与卧姿背部形状差异

A
B
垫性好
C
垫性一般
D
E
F
垫性差，人体呈W形

图 6-64　人体在不同垫性床垫上的仰卧下沉曲线

6.5.2.2 卧姿体压分布与床垫垫性

偶尔在公园或车站的长凳上躺下休息时，起来会感到浑身的不舒服，身上被木板压的生疼。因此，像座椅一样，人们常常在床面上加一层柔软材料，而软硬的舒适程度与体压的分布直接相关，卧姿状态下，与床垫接触的身体部分受到挤压，其压力分布状况是影响睡眠舒适感的重要因素。因为有的部位感觉灵敏，而有的部分感觉迟钝，迟钝部分的压力应相对大一些，灵敏部分的压力应相对小一些，这样才能使睡眠状态良好，图 6-65 为不同软硬床垫的压力分布。

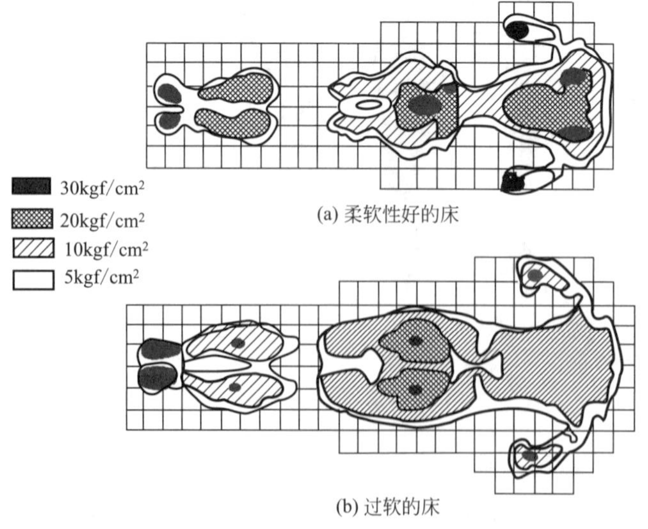

图 6-65　床垫软硬不同的压力分布

(a) 软床垫时　　(b) 硬床垫时

图 6-66　仰卧时软硬床垫背部的等高线图

图 6-66 所示的等高线图中，软床垫［图 6-66(a)］的身体接触面大。如果床垫比较硬时，背部的接触面积小，压力较大，分布不均匀［图 6-66(b)］，集中在几个小区域，造成局部的血液循环不好，肌肉受力不适等，也使人不舒适。因此，床垫的软硬必须合理。

床的软硬程度对睡眠姿势也有影响，调查发现，使用过软的床时约有 8%的时间处于仰卧状态，软硬适中时 45%时间仰卧，偏硬的床时有 30%时间仰卧。

6.5.2.3 床垫结构形式

床垫不是越软越好，为了实现舒适的卧姿，必须在床垫的设计上下工夫。床垫设计主要应从床垫的软硬度、缓冲性等构造因素上着手。

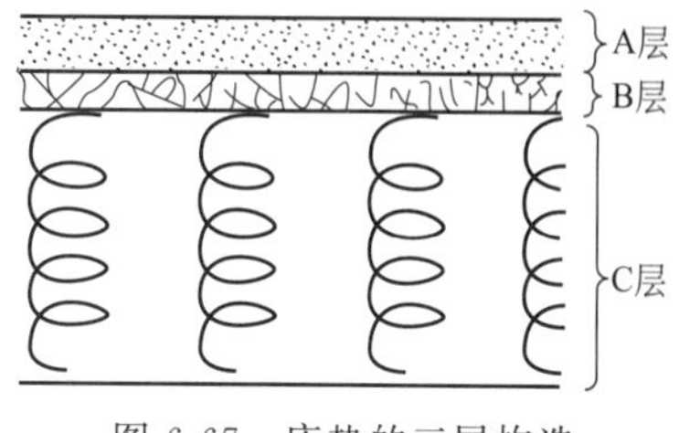

图 6-67 床垫的三层构造

床具的生命在于缓冲性。床垫材料应选用缓冲性能好的，其缓冲性构造以三层构造为好，如图 6-67 所示，最上层 A 层是与身体接触的部分，必须是柔软的，可采用棉质等混合材料来制造；中间 B 层采用较硬的材料，保持身体整体水平上下移动；最下层 C 层要求受到冲击时起吸振和缓冲作用，可采用弹簧、棕垫等缓冲吸振性较好的材料制造。由这样三层结构组成的具有软中有硬特性的床垫能够使人体得到舒适的休息。

由于人体脊柱结构呈 S 形，因此，人在仰卧时，床的结构应使脊椎曲线接近自然状态，并能产生适当的压力分布于椎间盘上，以及均匀的静力负荷作用于所附着的肌肉上。凡是符合此种要求的床，便是符合人体工程学要求的好床。

软硬适度的床最好，也就是说背部与床面成 2～3cm 空隙的软硬度最好。软硬适度可使人在睡眠时颈、背、腰、臀、腿的自然曲线与床很好的贴合，科学呵护脊柱。不同材料的床垫由于软硬程度不同，对背部形状有不同的影响（图 6-64）。图 6-64 中上面 A、B 是最理想的材料，它的体压分布最为合适，而下面 E、F 则是最差的材料，由于它的弹性太大，所以不利于人体压力的合理分布。

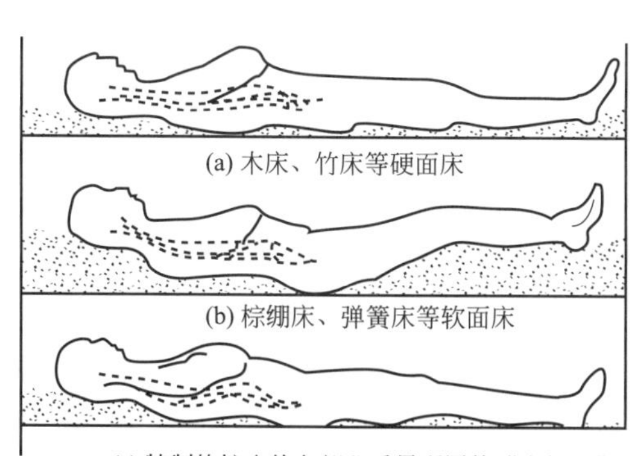
(a) 木床、竹床等硬面床

(b) 棕绷床、弹簧床等软面床

(c) 特制的按人体各部分重量配置的“席梦思”

图 6-68 人仰卧时承载体对姿势的影响

图 6-68 为人仰卧时承载体对姿势的影响。

床垫经过了海绵、草棕、弹簧，直到现在的乳胶，既是一个漫长的过程，也是一个逐步提高的过程。乳胶床垫选用天然橡胶为原料，运用高科技工艺使其在低温冷却塔内经超常压力高速雾化，然后喷进 100℃ 高温模具内迅速膨胀，经 150t 重压一次成型。它的最大特点是高回弹性，可以使人体与床面完全贴合，且透气性良好，能够均匀支持人体各个部分，有效地促进人体的微循环。根据人体工程学原理，乳胶床垫设计针对头、肩、背、腰、臀、腿、脚七个部位不同着力的要求，提供精确的对应支撑，令人感到很舒适。

床垫的选择应根据居住地气候、个人生活习惯、喜好及经济条件，但最基本的是要软硬适中。太硬的床垫使脊骨部分悬空，未能全面支撑腰部以下的部分；太软床垫虽然肌肉会舒适，但未能给予脊柱有力的承托，人体脊柱呈 W 形弯曲，有损睡眠健康；软硬适中的床垫会给予脊柱均匀支持，令脊柱保持自然状态。

6.5.3 床的功能尺寸设计

6.5.3.1 床的宽度

(1) 睡眠深度与床宽尺寸 到底多大的尺寸合适，在床的设计中，并不能像其他家具一样以人体的外廓尺寸为准，其一是人在睡眠时的身体活动空间大于身体本身，睡觉时人体活动区是不规则的图形（见图 6-69）；其二是科学家们进行了不同尺度的床与睡眠深度的相关试验。发现床的宽度与人们的睡眠效果关系密切，床的宽窄直接影响人睡眠的翻身活动。据日本学者的试验研究，睡窄床人的翻身次数要比睡宽床的次数多，自然也就不能熟睡了。研究还发现，人处于将要入睡的状态时床宽需要 50cm，由于熟睡后需要频繁地翻身，通过脑波观测睡眠深度与床宽的关系，发现床宽的最小界限应是 70cm。比这宽度再窄时，睡眠深度会明显减少，影响睡眠质量，使人不能进入熟睡状态。图 6-70 为不同宽度与睡眠深度的对应关系，47cm 的宽度虽然大于人体的尺寸，但从图 6-70 中可以看出并不是理想的。70cm 显然要好得多，当然这也只是满足了最低限度，所以实际上日常生活中的床尺寸都大于这个尺寸。

图 6-69 睡眠时的活动空间

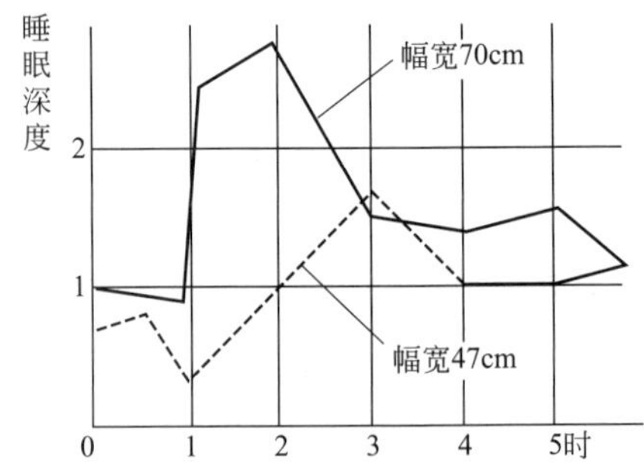

图 6-70 器具的幅宽与睡眠的深度

(2) 床的宽度确定 床的合理宽度应为人体仰卧时肩宽的 2.5～3 倍。即床宽为：

$$B=(2.5\sim3)W$$

式中 W——成年男子平均最大肩宽（我国成年男子的平均最大肩宽为 431cm）。

国家标准 GB 3328—1997《床类主要尺寸》规定：

单人床宽度为 720mm、800mm、900mm、1000mm、1100mm、1200mm；

双人床宽为 1350mm、1500mm、1800mm。

6.5.3.2 床的长度

在长度上，考虑到人在躺下时的肢体的伸展，所以实际比站立的尺寸要长一点，再加上头顶（如放枕头的地方）和脚下（脚端折被的余量）要留出部分空间，所以床的长度比人体的最大高度要多一些，见图 6-71。床长为

$$L=1.05h+\alpha+\beta$$

式中 L——床长；

α——为头部余量，常取 10cm；

β——脚后余量，常取 5cm；

h——平均身高。

为了使床能适应大部分人的身长需要，床的长度应以较高的人体尺寸作为标准进行

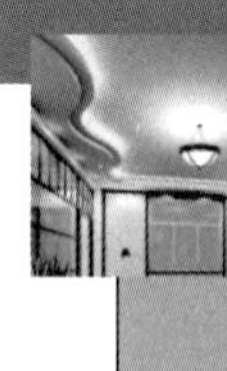

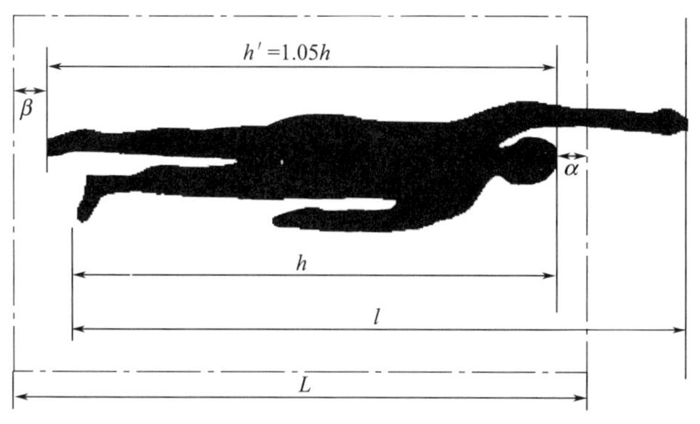

图 6-71 床的尺寸

设计。

国家标准 GB 3328—1997 规定：单床屏的床床面长度有 1900mm、1950mm、2000mm、2100mm 四种。从舒适度上考虑，目前床的长度为 2000mm 或 2100mm 比较流行。双床屏的床床面长有 1920mm、1970mm、2020mm、2120mm 四种。

宾馆的公用床，一般脚部不设床架，便于特高人体的客人可以加接脚凳使用。

6.5.3.3 床的高度

床高指床面距地面的垂直高度。床铺以略高于使用者的膝盖为宜，使上、下感到方便。床高在 400～500mm，一般是 420mm。一般床的高度与椅高一致，使之具有坐、卧功能，同时也要考虑就寝、起床宽衣穿鞋等动作的需要。民用小卧室的床宜低一些，以减少室内的拥挤感，使居室开阔；医院的床宜高一点，以方便病人起床和卧下；宾馆的床也宜高一点，以便于服务员清扫和整理卧具。

双层床的层间净高必须保证下铺使用者在就寝和起床时有足够的动作空间，但又不能过高，过高了会造成上、下床的不便和上层空间的不足。因此，按国家标准 GB 3328，底床铺面离地面高度不大于 420mm，层间净高不小于 950mm。

枕头的高度应与一侧肩宽相等，这样可使头略向前弯曲，颈部肌肉充分放松，呼吸保持通畅，胸部血液供应正常。但不满周岁的婴儿则以不高于 6cm 为宜，老年人用枕头不宜过高，以免头部供血不足。

6.5.3.4 床屏

床屏是床的视觉中心，是最具有视觉效果表现的部件。在人体工程学上，床屏要考虑到对人体的舒适支撑，涉及头部、颈部、肩部、背部、腰部等身体部位的舒适度和人体工程学的生理方面。床屏的第一支撑点为腰部，腰部到臀部的距离是 230～250mm。第二支撑点是背部，背部到臀部的距离是 500～600mm。这是东方人的一般尺寸。第三支撑点是头部。在人体工程学上，当倾角达到 110°时，人体依靠是最舒适的。于是设计床屏的高度为：420mm（床铺的一般高度）+（500～600mm）＝920～1020mm。对于儿童房家具，使用者大部分的尺寸小于以上的成人尺寸。床屏的高度可以适度缩小，取 800～1000mm 的尺度作为儿童房床屏的高度。床屏的弧线倾角取 90°～120°，以符合人体工程学对背部舒适度的要求。儿童房家具要帮助青少年培养良好的生活习惯。躺于床上看书是对青少年的视力严重影响的一个负面因素。因而可以设计一个直板倾角为 90°的床屏。直板床屏可以防止青少年躺在床上看书，但也将妨碍正常的倚靠休息。可设计一个布艺隐囊，作为倚

靠时的小靠垫，同时还可以防止好动少年睡觉时因易动而与直板床屏的碰撞，另外，直板床屏可以减少弧形的加工工序。

本章思考题

一、填空题

1. 当一个人坐在椅子上，他身体的重量并非均匀地分布在整个臀部，而是大部分由________来承受。

2. 坐姿最严重的问题是对腰椎和腰部肌肉的有害影响，________是决定椎间盘内压力的主要因素，________过高是损坏椎间盘的主要原因。

3. 直腰坐比弯腰坐________降低，但________增大；弯腰坐有利于减轻________，却增加了________。

4. 在靠背的设计中，往往考虑能够提供“两个支撑”，即要设计________和________位置的支撑，这“两个支撑”分别是________和________。

5. 人体的测量尺寸中________是确定座椅高度的关键尺寸；________是确定座椅深度的关键尺寸；________是确定座椅宽度的关键尺寸。

6. 当靠背倾角达到________时，椎间盘内压力显著减小。一般工作用椅靠背倾角较休息用椅的________。

7. 为适应前倾的工作姿势，座面倾角应向________方向倾斜。

8. 人的睡眠深度主要与床的________尺寸有关。

二、选择题

1. 人坐在座椅上，臀部在（　　）处压力最大。

A. 大腿内侧　　B. 坐骨　　C. 大腿根部　　D. 大腿外侧

2. 工作座椅的坐面倾角推荐值是（　　）。

A. 0°～8°　　B. 1°～6°　　C. 3°～4　　D. 0°

3. 工作椅靠背与椅面的最佳角度可选取（　　）。

A. 90°　　B. 100°　　C. 120°　　D. 125°

4. 根据人体工程学，座椅的椅面高度可选取（　　）。

A. 300～350mm　　B. 250～300mm　　C. 400～440mm　　D. 480～550mm

5. 根据人体工程学，应该根据（　　）人体尺寸决定座椅高度。

A. 人的身高　　B. 小腿加足高　　C. 大腿水平长度　　D. 工作面高度

6. 在设计倾斜式绘图桌用椅时，椅面的前倾角应达到（　　）以上。

A. 10°　　B. 20°　　C. 15°　　D. 25°

7. 座椅的腰靠支撑点的位置一般设计在（　　）位置处最合适，即顶点高于座面后缘10～18cm。

A. 第一与第二腰椎　　B. 第二与第三腰椎

C. 第三与第四腰椎　　D. 第四与第五腰椎

8. 床面材料的选用会影响（　　）。

A. 人体躺卧时的体表压力分布　　B. 椎柱的弯曲形状

C. 床的宽度

9. 座椅扶手与座面的距离以（　　）为宜。

A. 200～250mm　　B. 250～300mm　　C. 300～350mm　　D. 350～400mm

10. 国家标准GB/T 3326《桌、椅、凳类主要尺寸》规定：扶手椅、靠背椅和折椅的靠背高度要大于（　　）。

A. 125mm　　B. 275mm　　C. 460mm　　D. 660mm

三、简答题

1. 说明座椅设计的人体工程学基本原则。
2. 在设计座椅时，为使身躯具有稳定性，应考虑哪些方面?
3. 工作椅设计重点包括哪些方面?
4. 说明床的几何尺寸与睡眠质量的关系。
5. 说明床设计的一般原理。
6. 说明床面材料设计的生理原因。
7. 直腰坐和弯腰坐对椎间盘内压力和肌肉负荷有何影响?在座椅的设计中哪些设计可以降低椎间盘内压力?
8. 简述休息型座椅功能尺寸设计的主要原则。
9. 从设计的角度考虑，如何提高工作舒适性?
10. 在床的设计中，床的尺寸为什么不仅仅以人体的外廓尺寸为准?

7 贮存类家具功能尺寸设计

日常生活和工作中总有很多物品需要存放，这就要靠柜、架等贮藏性家具来承担。这类家具与人体产生间接关系，起着贮存物品和兼作空间分隔的作用，如橱、柜、架。这类家具应依据人体操作活动的可能范围，即人站立时，手臂的上下动作幅度进行设计，一般按存、取物的方便程度，进行分段。

人收藏、整理物品的最佳幅度或极限，一般以站立时手臂上下、左右活动能达到的范围为准。物品的收藏范围可根据繁简、使用频率以及功能来考虑。直观地说，常用的物品放在人容易取拿的范围内，力求做到收藏有序，有条不紊，要充分利用收藏空间，并应了解收藏物品的基本尺寸，以便合理地安排收藏。

一般来讲，贮藏性家具的高度可分上、中、下三段（图 7-1）。在设计中要考虑到使用的方便性。590mm 以下的部分，取拿物品时身体要蹲下，不太方便，一般放置一些较重或不常用的物品，也可放置鞋子等杂物。中段是在 590～1880mm 这一区段内，为较佳的贮存区，不仅取拿物品方便，也是人的视线最易看到的区域，宜放置使用频率高的物品，可设计为放季节性的常用衣服，1880～2400mm 为上区段，人在立姿单手托举的最大高度为 188cm，由于太高，人取存物品需要搭梯子方能够及，因此，一般设计放置一些不常用的物品。

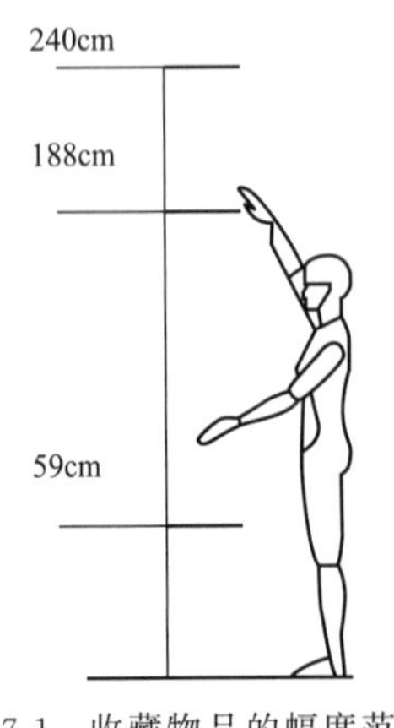

图 7-1　收藏物品的幅度范围

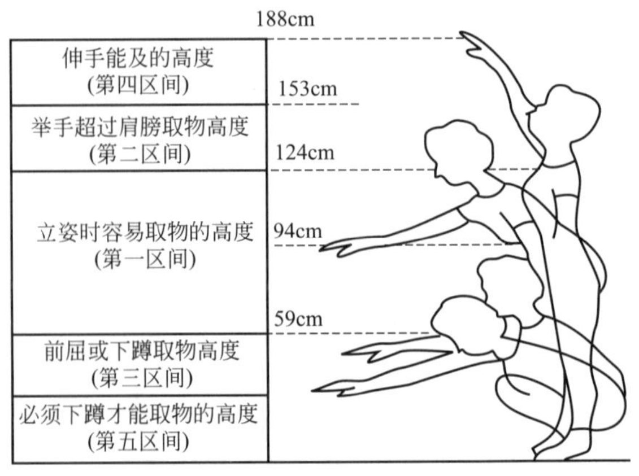

图 7-2　收纳空间尺度划分

对于下段和中段的贮存空间又可进一步划分区域，如图 7-2 和表 7-1 所示，可作为设计时的参考。

表 7-1　贮存空间尺度划分

区间	存取难易程度	高度/cm
第四区间	伸手能及的高度	153～188
第二区间	举手超过肩膀取物高度	124～153
第一区间	立姿时容易取物的高度	59～124
第三区间	前屈或下蹲取物高度	
第五区间	必须下蹲才能取物的高度	

7.1 衣柜功能尺寸设计

国家标准 GB/T 3327—1997《柜类主要尺寸》对衣柜类的某些尺寸作了限制，如表 7-2 所列。图 7-3 为衣柜空间尺寸。

表 7-2　GB/T 3327—1997 规定的衣柜尺寸

限制内容	尺寸范围
挂衣空间宽 B_1	≥530mm
挂衣棒上沿至顶板表面的距离 H_1	≥40mm
挂衣棒上沿至底板表面的距离 H_2	≥900mm(挂短衣)
	≥1400mm(挂长衣)
柜体空间深 T_1	挂衣空间深≥530mm
	折叠衣物放置空间深≥450mm
顶层抽屉上沿离地	≤1250mm
底层抽屉下沿离地高	≥50mm
抽屉深	≥400mm
底部离地面净高 H_3	亮脚产品≥100mm 围板式底脚(包脚)产品≥50mm
镜子上沿离地面高	≥1700mm

在家具设计中确定家具的外围尺寸时，主要以人体的基本尺寸为依据，同时还应照顾到性别及不同人体高矮的要求。贮存各种物品的家具，如衣柜，书柜、橱柜等，其外围尺寸的确定主要是根据存放物品的尺寸和人体平均高度及活动的尺度范围而定。

(1) 衣柜高度　衣橱的高度是按照服装长度的上限 1400mm，加挂衣棒距顶的距离、衣架高尺寸和应留空间，再加底座高，一般确定为 1800～2000mm，同时这个尺寸在人们操作中也是比较适宜的。一般不宜超过 2000～2200mm。

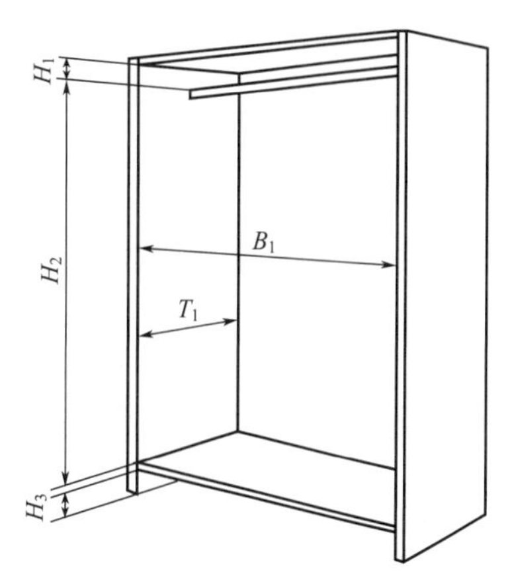

图 7-3　衣柜空间尺寸示意

(2) 衣柜深度　柜体的深度要考虑存放物品的尺

寸和取放物品的伸够距离。衣柜的深度主要考虑人的肩宽因素，柜体的深度按人体平均肩宽再加上适当的空间而定，但深度最好不超过上臂的长度，国家标准 GB/T 3327—1997 规定为衣柜的深度大于 530mm。衣柜的深度如果太浅，则只有斜挂才能关上柜门。

(3) 挂衣棒高度 大衣柜挂衣棒的高度要求与人站立时上肢能方便到达的高度为准。国家标准 GB/T 3327—1997 规定，衣柜空间中挂长衣时挂衣棒上沿至底板表面的距离 H_2 不得小于 1400mm；挂短衣时挂衣棒上沿至底板表面的距离不得小于 900mm。挂衣棒上沿至柜顶板的距离大于 40mm，但太大，浪费空间；小了，则放不进挂衣架。

(4) 底部容脚空间 柜的底部应做出容脚空间。亮脚产品底部离地面净高（H_3）不小于 100mm。围板式底脚（包脚）产品的柜体底面离地面高（H_3）不小于 50mm。

(5) 抽屉 衣柜中常设有抽屉，抽屉的宽度和深度是按衣服折叠后的尺寸来定的，一般单衣折叠后的尺寸为 200～240mm；同时考虑柜体在造型和比例上的需要，以及抽屉本身在抽出和推进过程中的要求，确定抽屉的高度；抽屉深应≥400mm。为了使抽屉能达到标准化生产，也可以将抽屉按其功能编排成系列。顶层抽屉上沿离地高度最好不小于 1250mm，特别是老年人的房间更要考虑在 1000mm 左右，这样使用更顺手。

(6) 镜子 如果附有穿衣镜的橱体，尚须考虑穿衣镜的高度。国家标准 GB/T 3327—1997 规定：镜子上沿离地面高不小于 1700mm，装饰镜不受高度限制。

用人体工程学可指导衣物的收存，首先应根据不同衣物合理划分存放区域和存放方式。在衣柜内最方便存取的地方存放最常用的衣物，在衣柜上层或底部存放换季节衣物。大衣、风衣和西装等上衣要挂放，衬衫内衣等可以叠放，下班后更换的工装要有临时挂衣架，或在门厅的柜内存放，以便第二天使用。对要洗的衣物也要设置专用的衣筐，不要胡乱堆放。为了对付日益增多的衣物存放，可以在室内装修时，设置专用的大型封闭的存衣室，内设隔板和落地式的可移动挂衣架，以便大量合理地存放全家人的衣物。

国家标准 GB 28007—2011《儿童家具通用技术条件》对儿童家具通用技术条件进行了规定：为了防止家具倾倒对儿童的伤害，所有高桌台及高度大于 600mm 的柜类产品，应提供固定产品于建筑物上的连接件，并在使用说明中明示安装使用方法。另外，对于柜类产品应开个网状口，通风透气，以避免儿童捉迷藏造成窒息。近年来，儿童因捉迷藏长久藏匿家具中，造成窒息死亡的事件时有发生，其中很大原因是家具通风性太差。对此，国标 GB 28007—2011 对封闭式儿童家具进行了详细的规定。当封闭式柜体的连续空间大于 $0.03m^3$、内部尺寸均大于或等于 150mm 时，儿童家具应设一个单个开口（面积为 $650mm^2$），且相距至少 150mm 的两个不受阻碍的通风开口，或等效面积的通风开口。即便将家具放置在地板上，且靠在房角的两个相交 90°角的垂直面时，通风口也应保持不受阻碍。通风口还需安装上透气性良好的网状或类似的部件。也就是说，当一个封闭空间可容纳一名儿童进入时，就要具备一定的通风透气功能，以排除儿童产生窒息的潜在危险。

7.2 橱柜功能尺寸设计

7.2.1 厨房布局的基本形式

厨房面积虽然相对于其他房间很小，但其内在环境很复杂。各种管道纵横交错，给装修、配置家具带来一定的难度。考虑厨房布置时宜根据厨房面积形状选择适用的布置方式。

(1) 单排型 单排型厨房布局提供简洁的工作中心，所有贮藏物均能触手可及，此种布局形式适于人口不多的小面积厨房（图 7-4），这是由于如果用于大型厨房，对面墙未加利用，空间显得不紧凑。单排型厨房最小净宽尺寸为 1400mm。

图 7-4 单排布置的厨房

图 7-5 呈 L 形布置的厨房

(2) L 形 L 形厨房布局空间合理，工作效率高，对面可安排就餐和额外贮藏区。但是，L 形交角处形成死角贮藏，取物不易完全触及，需在角柜增加旋转装置。因此比单排和双排布置投资稍大。图 7-5 为呈 L 形布置的厨房。L 形厨房最小净宽尺寸为 1700mm。

(3) 双排型 双排布置的厨房（图 7-6）空间比较紧凑，在操作中比其他布置形式少走路，能提供最好的工作台面，所有的贮藏空间方便可及。当厨房宽度较大时可选用。双排型厨房最小净宽尺寸为 1800mm。

图 7-6 双排布置的厨房

图 7-7 呈 U 形布置的厨房

(4) U 形 U 形布置的厨房空间紧凑（图 7-7），适合于大面积的厨房。缺点是出现两处死角贮藏区，为了有效地利用这种贮藏空间，均需做成有旋转装置的角柜。U 形比单排型、双排型装备费用高。U 形厨房最小净宽尺寸为 2200mm。

7.2.2 橱柜的功能尺寸设计

在橱柜设计中也越来越注重运用人体工程学的原理，使餐具存取自如。厨房上方做一排长长的吊柜，地面靠墙处造一组底柜，中间配置组合式餐具，所有管道均被巧妙地暗

藏、附设于吊顶及底柜内部。随着人们生活水平的不断提高，厨房用具也越来越多：如冰箱、煤气灶、消毒柜、微波炉、烤箱等，因此橱柜的尺寸设计中还必须充分考虑各种用具的尺寸。

7.2.2.1 底柜

(1) 底柜高度 对于橱柜的高度、宽度和深度的确定，应依据通过实测、统计、分析等得到的人体舒适数据来进行，譬如操作台高度的确定，事实上，人在切菜、备餐时如果一直弯腰，极易疲劳，但如果架着胳膊去工作，也不舒服。研究表明，人在切菜时，上臂和前臂应呈一定夹角，这样可以最大程度地调动身体力量，双手也可相互配合地工作。在抽样调查中，不同身高的人去体验菜案的高度，得出表 7-3 所列的数据。

表 7-3 不同身高的人与最舒适操作高度

身高/cm	150	153	155	158	160	163	165	168	170
最舒适操作高度/cm	79	80	81.5	83	84	85.7	86.5	88	89

由表 7-3 可知，身高相差 5cm，最舒适操作高度一般相差 2.5cm 左右，在确定放置炉灶的工作台高度时（内藏炉灶的工作台案除外），要减去炉灶的高度 10～11cm。

(2) 底柜深度 人手伸直后肩到拇指梢距离，女性为 65cm，男性为 74cm，在距身体 53cm 的范围内取物工作较为轻松。又因为排油烟效果较好的深罩式机壳的纵深已达 53cm，台面过窄会影响抽油烟率。这些因素决定了厨房操作台面的深度一般在 60cm 左右。

(3) 主要案台操作台面宽度 人在站立操作时所占的宽度女性为 66cm，男性为 70cm，但从人的心理需要来说，必须将其增大一定的尺寸。根据手臂与身体左右夹角呈 15°时工作较轻松的原则，厨房主要案台操作台面宽度应至少保证宽 76cm 为宜（图 7-8）。

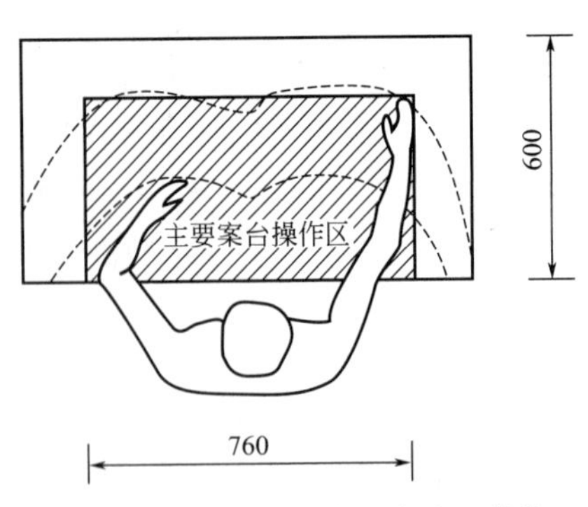

图 7-8 操作台面的适宜深度及宽度（单位：mm）

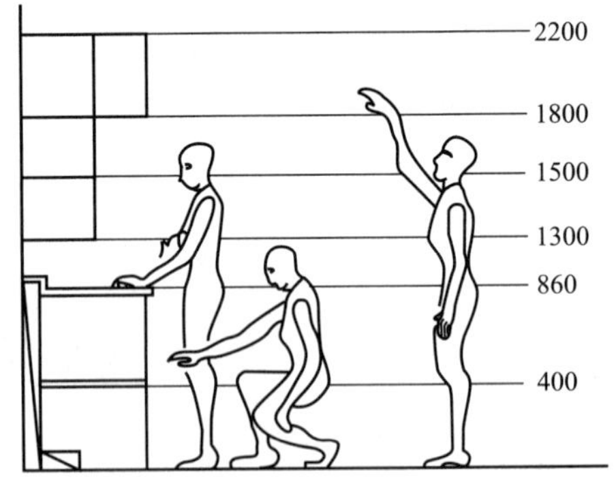

图 7-9 厨房中橱柜的适宜高度（单位：mm）

7.2.2.2 吊柜

吊柜安装在底柜的上方。在吊柜的设计上，还要考虑吊柜的厚度、安装的高度，避免造成撞头的危险。

人们对手臂能触及的范围按不同姿势，分成 5 个层次（图 7-9），人们可以按照这 5 个层次设计橱柜高度和贮存物品。以人为基准，人向上伸直手臂，指梢高度女性为 220cm，这决定了吊柜的高度应≤220cm。另外，考虑到老年人的身体需要，老龄化家庭的厨房吊柜高度不宜超过 180cm。女性肩高约为 128cm，也决定了在距地面 130～150cm 的贮存区

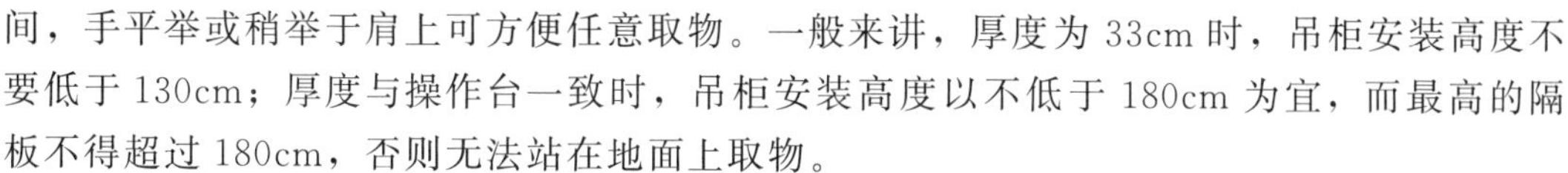

间，手平举或稍举于肩上可方便任意取物。一般来讲，厚度为 33cm 时，吊柜安装高度不要低于 130cm；厚度与操作台一致时，吊柜安装高度以不低于 180cm 为宜，而最高的隔板不得超过 180cm，否则无法站在地面上取物。

如单独安装吊柜，则柜底距地高度不能低于人的身高。

总的说来，现代的厨房家具也开始趋向配套化、规格化。市场竞争使得家具的设计更加合理、舒适，更加体现以人为本的设计。

厨房家具的主要尺寸有如下几方面。

(1) 底柜

① 底柜高度：800～910mm。

② 底柜深度：≥450mm，常用深度在 600～660mm。

③ 操作台底座高度：≥100mm。

(2) 吊柜

① 吊柜深度：≤400mm。吊柜深度推荐尺寸为 300～350mm。吊柜的门不应超出操作台前沿，以消除碰头的危险感。

② 地面至吊柜底面间净空距离为 1300mm+(n×100)mm。

③ 抽油烟机与灶的距离：0.6～0.8m，在这个范围内一般来说能够比较好地发挥功能，抽油烟机与灶的距离超过 0.8m 就起不了很好的抽油烟作用了。

7.2.3 厨房中的人体工程学

(1) 照明注意事项 良好的照明对于安全是重要的，且能给空间以活力。设计厨房照明要满足以下要求：

① 整体照明明快，不耀眼；

② 工作照明（即局部照明）明亮、直接；

③ 吃饭与休息照明灵活，可控制亮度；

④ 各类灯宜分设开关，可独立使用，使之灵活性更大；

⑤ 厨房内不同区域应有不同的照明强度；

⑥ 操作面的照明应是高标准的。

具体情况如下。

a. 洗涤池、操作台的照明 。洗涤池、操作台设置照明灯时，要注意避免眩光和光线直射眼睛。一般常与调料架、吊柜等结合进行遮光处理，要做到遮而不封，以免灯具的热量散发不出去。

b. 灶台的照明。灶台的照明一般与油烟机罩结合处理。由于烹饪时温度高、油烟大，因此灯具在设计上要注意安全，防污和便于更换清扫。灯具可选用日光灯或白炽灯。

(2) 橱柜设计中人体工程学举例 人体工程学是一门充满人性化考虑的科学，也是最贴心、最舒适的科学。以清洁餐具为例，习惯上，在清洁水池上方吊柜存放餐具，如果没有按科学测量设计，吊柜设计得太高，操作起来的结果是拿放物品非常费劲。如果按人体工程学的原理加以设计，加宽水池的宽度，延展的宽度作为后操作台，同时降低吊柜的高度，只是改变一点，就可以把工作的强度降到最低。

冰箱、洗涤池、加工的操作台及灶台应遵循准备、清洗、加工和烹调的顺序安放。冰箱应避免日光直接照射，否则会缩短冰箱的使用寿命；宜放在厨房入口处，便于存取食

品。水槽避免角落布置，应留有一定的身体活动空间；避免邻门放置，影响出入；水槽应多靠墙在窗下布置，因光线好，视线开阔，久立窗前不易疲劳。一般的厨房工作流程会在洗涤后进行加工，然后烹饪，因此最好将水池或灶台设计在同一流程线上，并且二者之间的功能区域用直通的台面连接起来作为操作台，这样操作者在烹饪中能避免不必要的转身，也不用走很多冤枉路。水池或灶台之间需要保持 760mm 的距离，1000mm 更好，这段间距用于厨房中材料的准备。所需的炊具和调料要放在随手可及的地方。合理安排灶具、水池和配菜台三者之间的相互位置，保证三者之间的距离为最短，以减少人在厨房工作时的劳动强度。炉灶避免紧靠风道和通道布置；炉灶不宜正对门口或直接设于窗下，因为风很容易将炉灶吹熄，带来危险，而且油烟也容易进餐厅。炉灶与冰箱保持距离，不要把冰箱装在炊具旁边，否则冰箱会因温度过高而需耗费较多电力以维护冷度；与水槽要有一定距离，以放置炊具；U 形布置时避免与水槽正对，错开可节省空间。

人在双肘弯曲操作时两肘之间宽度在 550cm 左右，水池或灶台至墙面至少要保留 40cm 的侧面距离，才能有足够空间让操作者自如地工作，这段自由空间可以用台面连接起来，成为便利有用的工作平台。

现代高雅清净厨房的实现也要靠厨房用具、物品收存的合理设计与有序存放。例如，在水槽下方的橱柜里，设置适合摆放洗菜用具的隔层，常用的炊具要挂放在显眼的易于存取的地方，如吊柜之下。而餐具则应收存在厨房下部可以抽出的搁架上，并配有专用的金属柜，为了充分利用转角处的空间，还应设置可以旋转的贮物柜。调味品应放便于随时取用的地方。

为了取用方便，拿取高度应设定在使用者手伸长后脚下不垫任何台阶所达到的高度，最常用的物品应该放在 70～180cm，这段区域被称为舒适存贮区，人要拿取这个区域以上的物品，就要抬起脚跟。有的人为了使吊柜打开门时不磕到头部，将吊柜安在较高的位置，这是很不可取的。一些人，尤其是上了年纪的人，弯腰和下蹲会有困难。可拉出的层板、大抽屉底柜或拉篮可以使他们容易取放东西。例如，如果采用对开门的柜子贮藏物品，取存放在底柜下层的物品物时，要打开柜门，蹲下才可以拿到物品。如果用抽屉贮存物品，拉开抽屉，就可以看到全部的物品，即使是最下层的物品，拉开抽屉就能随手可及，轻松取物，免去了蹲下身向里面够东西的麻烦。因此，底柜下部最好设计成可拉出的层板、大抽屉柜等形式。

如果操作台与吊柜之间的高度设计不够合理，操作起来，阻隔视线，一不小心，还有碰头的危险。另外，橱柜的开启方式，直接影响使用是否方便。传统的开启方式——吊柜、底柜都采用对开门的形式，占用空间，如吊柜门在侧开时操作者要拿取旁边操作区的物品稍不留意就会撞到头部，可将柜门设计为向上折叠的气压门，吊柜的进深也不能过大，不超过 40cm 最合适。

(3) 通风、排气 按住宅建筑设计规范规定，厨房须对外开窗进行自然通风或风道通风。这是指人活动时空间的全面通风和局部排风。

组织厨房通风、排气的目的，不仅使厨房能保持空气新鲜，而且不影响其他房间，更重要的是保证炊事行为者在操作过程中不受有害气体的侵害。所以厨房除全面通风外，还必须将炊事行为过程中产生的有害物在扩散前直接排除。对此，国内外普遍采用的是排油烟机。

7.3 书柜功能尺寸设计

国家标准 GB/T 3327—1997《柜类主要尺寸》对书柜家具的某些尺寸作了限制，见表 7-4。

表 7-4 书柜家具尺寸限制

宽	600～900mm 级差 50mm
深	300～400mm 级差 20mm
高	1200～2200mm 第一级差 200mm,第二级差 50mm
层高	第一种 ≥230mm 第二种 ≥310mm

书柜的隔板间距，按多数书籍的高度进行分层，层间高通常按书本上限再留 20～30mm 的空隙，以便取书和有利于通风。目前发行的图书尺寸规格，一般为 16 开本或 32 开本，因此书柜的层间高通常分为 2 种，即 230mm 和 310mm。国家标准规定调板的层间高度不应小于 230mm。小于这个尺寸，就放不进去 32 开本的普通书籍。考虑到摆放杂志、影集等规格较大的物品，各层间高一般选择 300～350mm，这样能兼顾到不同书籍的存放，较为合理。书柜最大高度为 2200mm。

书柜的功能是存放书籍和杂志，除了层高和深度应符合各类书籍的大小外，还须按人体的动作尺度来考虑它的高度和结构上的接合强度。柜内分隔所形成的空间，要与存放物品的尺寸相吻合，并略加裕度，以便物品顺利放进和取出。

本章思考题

一、填空题

1. 一般来讲，贮藏性家具的高度可分上、中、下三段。__________ mm 以下的部分，取拿物品时身体要蹲下，不太方便；中段是在__________ mm 这一区段内，为较佳的贮存区，不仅取拿物品方便，也是人的视线最易看到的区域；__________ mm 为上区段，人取存物品需要搭梯子方能够及。

2. 厨房布局的基本形式有__________、__________、__________和__________四种。

3. 在设计衣柜时一定要注意衣柜的功能尺寸要合理，衣柜空间深度竖挂不得小于__________ mm；挂大衣的空间高度不得小于__________ mm；挂短衣的空间不得小于__________ mm。

二、选择题

1. 确定居室内大衣柜深度的尺寸主要依据人体的（ ）尺寸。

A. 臀部宽度　　B. 两肘宽度　　C. 肩部宽度

2. 书柜的隔板间距，即层间高，常按（ ）进行分层。

A. 书本高度　　B. 手臂能触及的范围　　C. 肩部高度

3. 根据人体工程学，衣柜的深度可采用（ ）。

A. 200～300mm　　B. 300～400mm　　C. 400～500mm　　D. 530～600mm

4. 根据人体工程学，橱柜台面高度常取（ ）mm。

A. 700～760　　B. 750～800　　C. 800～910　　D. 910～950

5. 抽油烟机与灶的合适距离为（　　）。

A. 0.3～0.4m　　B. 0.4～0.5m　　C. 0.6～0.8mm　　D. 0.8～1.0mm

6. 根据人体工程学，橱柜底柜深度常取（　　）为合适。

A. 300～450mm　　B. 450～500mm　　C. 500～600mm　　D. 600～660mm

7. 根据人体工程学，橱柜吊柜深度推荐尺寸为（　　）为合适。

A. 200～250mm　　B. 250～300mm　　C. 300～350mm　　D. 400～450mm

三、简答题

1. 说明衣柜设计的主要尺寸。
2. 根据人们手臂能触及的范围，对收纳空间尺度可划分为哪几个区域？
3. 绘图并说明厨房家具的主要功能尺寸。

8 人的知觉、感觉与室内环境

人类总是生活在具体的环境中的，良好的生活环境可以促进人的身心健康，提高工作效率，改善生活质量，环境与人类是息息相关的。影响人类的环境因素可分为以下四种。

① 物理环境：声、光、热的因素。

② 化学环境：各种化学物质对人的影响。

③ 生物环境：各种动植物及微生物对人的影响。

④ 其他环境。

其中物理环境与环境设计的关系最密切。

人体接受外界环境的刺激，需要具备良好的感觉器官，这是能否正确接受外界刺激的前提。人的主要感觉器官有眼、耳、鼻、舌、身，因而相应也有五类感觉，即视觉、听觉、嗅觉、味觉和触觉（躯体觉）。

知觉与环境是互相对应的。视觉-光环境、听觉-声学环境、触觉-温度和湿度环境、嗅觉-嗅觉环境。

8.1 视觉与视觉环境设计

人体工程学对视觉要素的计测为室内视觉环境设计提供科学依据。即对室内光照设计、室内色彩设计、视觉最佳区域等提供了科学的依据。

视觉环境设计主要分为三个问题：

一是视觉陈示设计；

二是光环境设计；

三是室内色彩设计。

8.1.1 视觉特性

8.1.1.1 视觉刺激

视觉的适宜刺激是光。光是放射的电磁波，如图 8-1 所示，呈波形的放射电磁波组成广大的光谱，其波长差异很大。整个范围从最短的宇宙射线到无线电和电力波。图 8-1 下

部还表示出，为人类视力所能接受的光波只占整个电磁光谱的一小部分，即不到1/70。在正常情况下，人的两眼所能感觉到的波长大约是380～780nm（$1nm=10^{-9}m$）。如果照射两眼的光波波长在可见光谱上短的一端，人就知觉到紫色；如果照射两眼的光波波长在可见光谱上长的一端，人则知觉到红色；在可见光谱两端之间的波长将产生蓝、绿、黄各色的知觉；将各种不同波长的光混合起来，可以产生各种不同颜色的知觉，将所有可见的波长的光混合起来则产生白色。

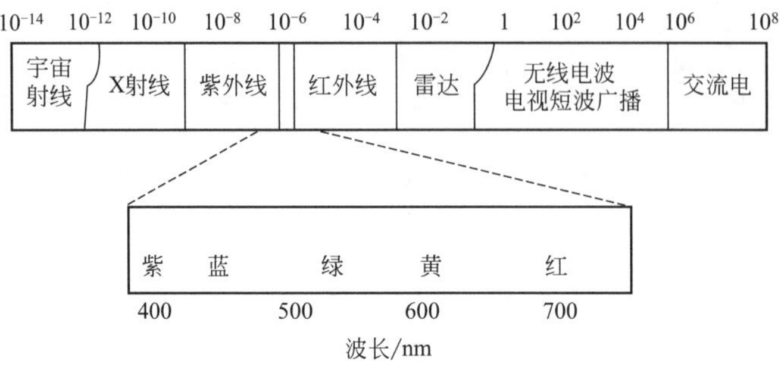

图8-1 全部电磁光谱中的可见光谱

光谱上的光波波长小于380nm的一段称为紫外线；光波波长大于780nm的一段称为红外线。而这两部分波长的光都不能引起人的光觉。

8.1.1.2 眼睛结构和视觉过程

视觉是光进入眼睛才产生的。通过视觉能感知物体的大小、形状、颜色和位置以及仪表的数值，大约87%的信息由视觉得到，视觉是最重要的感觉通道。人眼结构示意见图8-2所示。

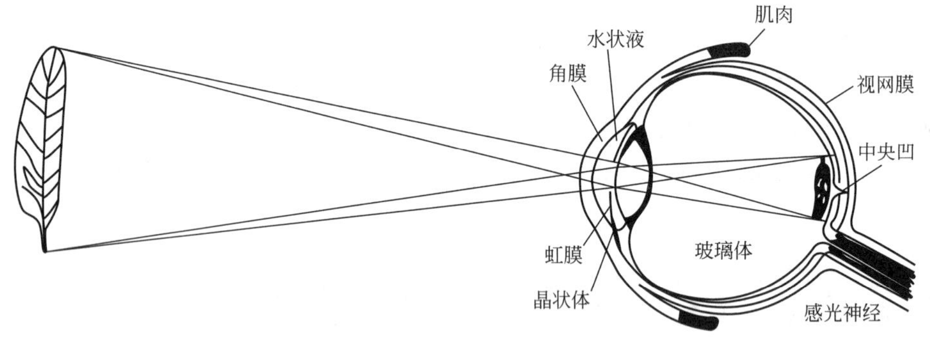

图8-2 人眼结构示意

人眼成像的视觉过程是一个从眼球到大脑的极其复杂的过程。来自外界的光景经瞳孔进入眼球内部，通过水晶体和眼球内部的液体，在视网膜上形成影像。然后通过从视网膜发出的视神经传递给大脑，于是形成了视觉影像。

视网膜由三层神经细胞组成，最外层是最重要的，其中包括视杆细胞和视锥细胞，它们是接受信息的主要细胞。视杆细胞和视锥细胞的性质见表8-1所示。

表8-1 视网膜视杆细胞和视锥细胞的不同性质

视杆细胞	视锥细胞
在低水平照明时(如夜间)起作用 区别黑白 对光谱绿色部分最敏感,在视网膜远离中心处最多 对极弱的刺激敏感	在高水平照明时(如白天)起作用 区别颜色 对光谱黄色部分最敏感,在视网膜的中部最多 主要在识别空间位置和要求敏锐地看物体时起作用

8.1.1.3 视觉特性

视觉特性是视觉器官觉察、识别外界客观事物能力的特点，包括视角、视力、视野、光感和视距等。

(1) 视角 视角是被看目标物的两点光线投入眼球时的夹角，如图 8-3 所示。眼睛能分辨被看物体最近两点的视角，称为临界视角。

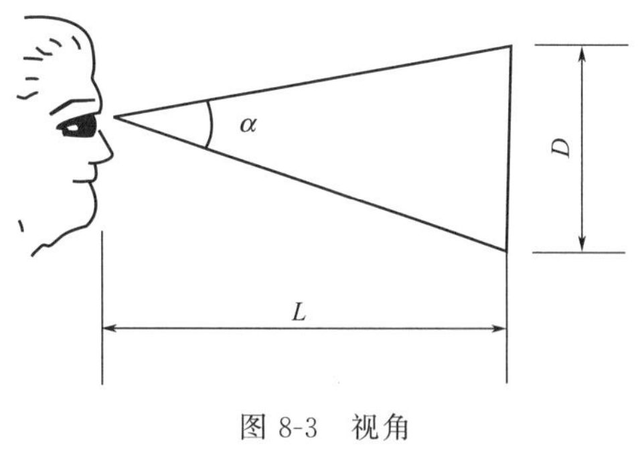

图 8-3 视角

视角 α 与观察距离 L 和被看目标物上两点之间的直线距离 D 有关，可用公式(8-1)表示：

$$\alpha = 2\arctan\frac{D}{2L} \tag{8-1}$$

式中 α——视角，单位用（′）表示，即（1/60)°；

L——观察距离；

D——被看目标物上两点之间的直线距离。

(2) 视力 视力是眼睛分辨物体细微结构能力的一个生理尺度，常以临界视角的倒数来表示，即

$$视力=\frac{1}{能够分辨的最小物体的视角}$$

检查人眼视力的标准规定，当临界视角为 1′时，视力等于 1.0，此时视力为正常。当视力下降时，临界视角必然要大于 1′，于是视力用相应的小于 1.0 的数值表示。

视力在眼球的分布是不均匀的，中心部分视力最佳。只有在 1°的视角内看得最清楚。

视力的大小还随年龄、观察对象的亮度、背景的亮度以及两者之间亮度对比度等条件的变化而变化。影响视力最明显的因素是光的亮度。视力与亮度成正比。亮度影响视力是因为在感光细胞中有各种敏感度的细胞，许多的细胞只有当亮度达到一定的程度才起作用。正常人良好的情况下可以看清 0.5mile（0.5mile＝804.672m）远的一根电线。因此，需要细致观察的场所应提高亮度。

(3) 视野 视野是指当人的头部和眼球不动时，人眼所能看到的范围（通常以角度表示）。在视野研究中，一只眼的视野称为“单眼视区”，双眼的视野称为“双眼视区”。

① 水平视野。人眼在水平面内的视野如图 8-4 所示。人眼在水平面内视野是：单眼视野界限为标准视线向左向右各 94°～104°。在 30°～60°颜色易于识别；在 10°～20°则字体易于识别；在 5°～30°则字母易于识别。

② 垂直视野。人眼在垂直面内的视野如图 8-5 所示。人眼在垂直平面内视野是：最大视区为视平线以上为 50°，视平线以下为 70°；人眼站立时和坐着时的自然视线均低于 0°的标准视线。站立时自然视线低于标准视线 10°，坐着时自然视线低于标准视线 15°。观看展示物的最佳视区在低于标准视线 30°的区域里。

视野的研究对于操作控制及视觉空间的设计非常重要，如飞机座舱、汽车驾驶室和各种控制室等。人们往往需要注视某一方向，并兼顾控制仪表。这时显示器的位置就要在不影响观察的情况下尽量安排在视野内，并且使用频率高的、需要辨认的放在主视野内，不常用的或提示与警告性的放在余视野内，有这样的规则：

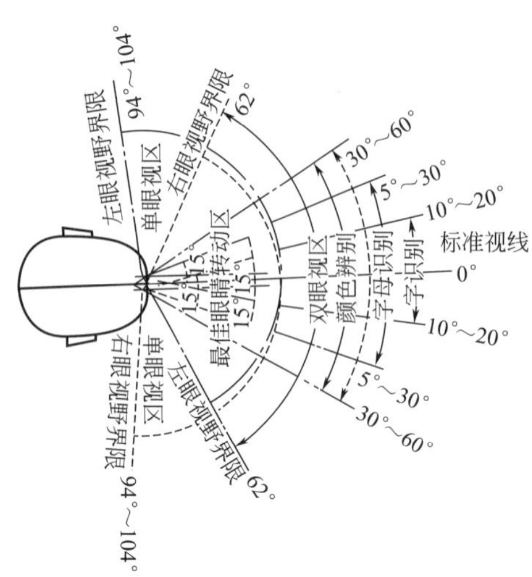

图 8-4　水平面内视野

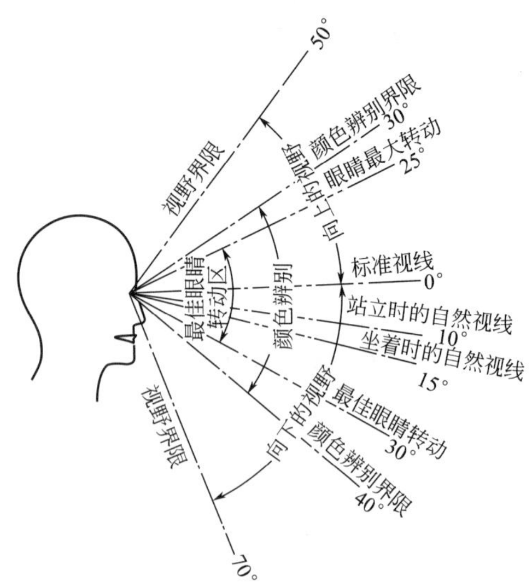

图 8-5　垂直面内视野

重要的在 3°以内；

一般的在 20°～40°以内；

次要的在 40°～60°。

一般不在 80°视野之外设置，因其视觉效率太低。对于视觉观察不利的因素应尽量安排在视野之外，如强烈的眩光。

③ 色觉视野。不同的颜色对人眼的刺激不同，所以不同色彩的视野也不相同（图 8-6），图 8-6 给出了垂直和水平方向的几种色觉视野范围。从图中可以看出，白色的视野最大，人眼中对黄色、蓝色、红色、绿色的视野依次减小。

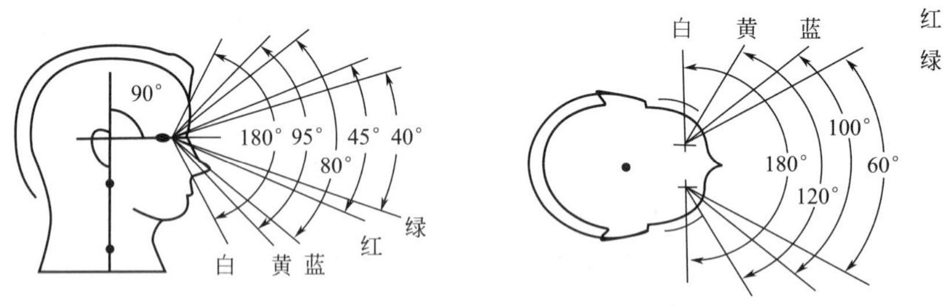

图 8-6　人眼对不同颜色的视野范围

(4) 光感

① 绝对亮度。绝对亮度是指眼睛能感觉到光的强度。

人眼是非常敏感的。完全暗适应的人能看见 50mile 远的火光。

② 相对亮度。对于一般的使用来说，绝对亮度意义不大，而相对亮度更有意义。相对亮度是指光强度与背景的对比关系，称为相对值。

在一个暗背景中，亮度很低的光线也可以看得很清楚，然而在一个亮背景中，同样的光线就可能看不出来。例如，白天看不见星星。

根据光感的特性，在视觉设计中，如果希望光或由光构成的某种信息容易为人们感觉到，就应提高它与背景的差别，增大光的面积；反之，如果不希望光或由光构成的某种信息容易为人们感觉到，则应相反处理。问题的关键不在于光的绝对亮度，而是它与背景的差别和面积的大小。因为一般来讲，明亮的地方总比黑暗的地方容易吸引人的注意力，为了突出室内空间的某一部分，常需加强这一部分的照明设计（见图 8-7），或设置一些与其他部分不同的灯具。如在商场内，总是将商品陈列部分照得最为明亮，既吸引人们的注意力，又使商品熠熠生辉，诱发人们的购物欲。

图 8-7　提高与背景的差别（亮度）突出墙转角处的装饰物

(5) 视距　视距是指人在操作系统中正常的观察距离。一般操作的视距范围在 38～76cm。视距过远或过近都会影响认读的速度和准确性，而且观察距离与工作的精确程度密切相关，一般应根据观察目标的大小和形状以及工作要求确定最佳的视距。通常，观察目标在 560mm 处最为适宜，小于 380mm 时会引起目眩，超过 760mm 时细节看不清。此外，进行观察时，头部的转动角度，左右均不宜超过 45°，上下均不宜超过 30°。当视线转移时，约 97%时间的视觉是不真实的，所以应避免在转移视线中进行观察。

表 8-2 所列为根据工作要求建议采用的视距值。

表 8-2　不同工作要求建议采用的视距值

工作要求	工作举例	视距(眼至视觉对象)/mm	固定视野直径/mm	备注
最精细工作	安装最小部件(表、电子元件)	120～250	200～400	完全坐着、部分地依靠感觉辅助手段(放大镜、显微镜)
精细工作	安装收音机、电视机	250～350(多为 300～320)	400～600	坐着或站着
中等粗活	在印刷机、钻井机、机床等旁边工作	500 以下	至 800	坐着或站着
粗活	粗磨、包装等	500～1500	800～2500	多为站着
远看	黑板、开汽车等	1500 以上	2500 以上	坐着或站着

研究表明，博物馆成年观众的视区仅仅是其水平视线 0.3～0.91m 的范围，平均视距为 7.3～8.5m。美术馆观众的视距小于上述数字。当画幅在 0.6m×0.6m 左右时，观众的平均视距为 0.8～1.2m，当画幅在 1.2m×1.2m 左右时，观众的平均视距为 2.5～3m。陈列室空间的形状和放置展品的位置都要考虑这个有效范围，否则会造成眼睛的疲劳，甚至造成错觉。

8.1.2 视觉现象

8.1.2.1 常见的视觉现象

(1) 眩光 当视野内出现的亮度过高或对比度过大，超过人眼当时的适应条件，感到刺眼并降低观察能力，这种刺眼的光线叫作眩光。如司机夜晚开车时突然眼睛被对面开远光灯的车照射就会造成眼睛眩光。夜晚在睡梦中醒来突然眼睛被灯光照射也会造成眼睛眩光。眩光是一种不良的照明现象，眩光轻则使眼睛产生不适，重则会损害视力，尤其长期承受眩光照射，会让青少年容易患上近视，老年人得白内障的概率大幅度上升。

光是人类活动是最基本的环境要素，没有光，人们的工作、学习、生产、生活就无从谈起，由此可见光是有益的。但当光线过强或不适当地进入人们的眼睛形成耀眼的眩光时，它就成为污染。当不恰当地使用光源和灯具或光环境令人不舒适而形成眩光时，就成为“眩光污染”。

克服眩光主要靠对它的适应，结果是提高了视野的适应亮度，使眼睛的敏感度降低，还降低了对视野中暗的部分的视力，这样的眩光称为视力降低眩光。夜晚的汽车灯，较暗房间的窗户就是这种情况。另外，当环境或物体的亮度超过了人眼的感受极限时也会感到不适。如直视太阳或阳光下的雪地会出现这种现象。一般认为是视网膜超过了满意活动界限，可以说达到了饱和状态，这种现象称为不适眩光。

眼睛在经过强光刺激后，会有影像残留于视网膜上，这是由于视网膜的化学作用残留引起的。

残像的问题主要是影响观察，因此应尽量避免眩光的出现。不要长时间注视明亮的发光体或反射光体。

(2) 明暗适应 当外界光线亮度发生变化时，人眼的感受性也随之发生变化，这种人眼感受性随刺激发生顺应性变化叫作视觉适应性。视觉适应性分为明适应和暗适应。

从明亮环境突然变化到黑暗环境，眼睛开始时什么也看不清，经过 5～7min 才渐渐看见物体，大约经过 30min，眼睛才能完全适应。这种视觉逐步适应黑暗环境的过程称为暗适应。

去过电影院的人都有体会，从亮处走进正在演电影的大厅时，最初感到一片漆黑，除了银幕上的形象之外，几乎什么也看不见，过一会儿才能看见周围的轮廓，这就是暗适应。这一暗适应过程主要原因如下：一方面原因是瞳孔的直径在黑暗环境时为 8mm，强光下缩小为 3mm，在进入暗环境时，瞳孔逐渐放大，进入眼睛的光通量增加，瞳孔直径由 3mm 变为 8mm 比较慢，需 10s；另一方面，人眼中有两种感觉细胞——视锥细胞和视杆细胞。视锥细胞在明亮时起作用，而视杆细胞对弱光敏感，人在突然进入黑暗环境时，视锥细胞失去了感觉功能，由于视杆细胞转入工作状态的过程较缓慢，不能立即工作，因而需要一定的适应时间。

如果从黑暗的电影院走向强光照射的地方，最初感到一片耀眼发眩，看不清外界的东西，只要稍过几秒就能逐渐看清，这种现象是明适应。

明适应过程开始时，瞳孔缩小，进入人眼中的光通量减少，同时转入工作状态的视锥细胞数量迅速增加，因为对较强刺激敏感的视锥细胞反应较快，因而明适应过程较快，大约 1min 后明适应过程就趋于完成。

明适应较暗适应能力强的多。大约需 30s 可以基本适应，60s 可以完全适应。

视觉适应在室内设计方面的研究也值得人们注意。视觉的明暗适应特征，要求工作地照度均匀，避免频繁地适应，缓解视觉疲劳，提高工作效率和工作质量，保证生产安全。场地布置时，要注意明暗适应。例如，在眼睛已经习惯于户外亮光的时候，突然进入很暗的门厅，在刚刚进屋的一刹那，不只是有一种阴暗的感觉，而且由于眼睛瞬时还不适应，往往会绊倒在门槛上，甚至有时在楼梯一脚踏空，很可能会造成重伤。在这种情况下既要有一定亮度局部照明，以便能看清需要的东西，又要保持较好的对黑暗环境的暗适应，因此只能采用少量的光源进行照明。一般采用弱光照明，然而，采用普通的灯光其暗适应性较差，红色光对暗适应影响最小，因此，在暗环境下多采用较暗的红光照明。

(3) 视错觉　观察注意对象所得到的印象与实际注意对象出现差异的现象，叫作视错觉。

在视错觉中以几何图形的错觉最为突出，包括关于线条的长度和方向的错觉，图形的大小和形状的错觉等。

① 透视错觉。由于透视角度的变化，知觉对象与它的环境发生了变化，人们就会产生错觉，图 8-8(a) 中 AB 和 CD 两条线段是等长的，但是 AB 线段看起来比 CD 好像要长一些。

② 角度错觉。图 8-8(b) 中左图 3 根水平线的两端折线角度不同，因此是 3 根长度相等的水平线产生长短不一的感觉，折线角度越大，显得越长。图 8-8(b) 中右图下面的横线看起来比上面的明显的长。

③ 图形错觉。图 8-8(c) 中左图正方形在圆形的影响下看上去发生了变化，正方形的边线有向里弧的感觉。右图中两横线本来是平行的，但看起来却不是平行的。

④ 对比错觉。图 8-8(d) 中左边两个相等的扇面形状，由于短弧和长弧对比，结果 B 形似乎小于 A 形。图 8-8(d) 中右边两个平行四边形的对角线相等，由于平行四边形的面积不同，看起来 A 线长于 B 线。

⑤ 断位错觉。图 8-8(e) 中，A、B 原本是一条直线，由于中间被切割开来，看上去却成了 2 根错位的线段。

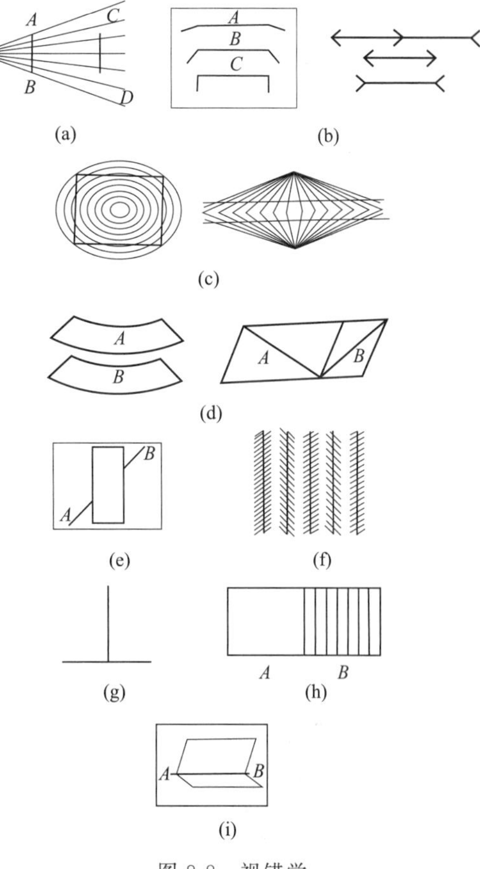

图 8-8　视错觉

⑥ 方向错觉。图 8-8(f) 中的 5 根竖立的平行线在短斜线的影响下，看上去不平行。

⑦ 横竖错觉。图 8-8(g) 中的垂直线与水平线等长，但是看起来垂直线长于水平线。

⑧ 分割错觉。图 8-8(h) 中两个面积相等的正方形，其中被分割的 B 形似乎比 A 形大一些。

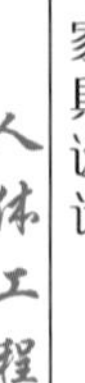

⑨ 反转错觉。图 8-8(i) 中的 AB 线既可以看成是凸出的线，也可以看成是凹进的线。

错觉已被人们大量地利用来为设计服务。例如，表面颜色不同而造成同一物品轻重有别的错觉，早被设计师所利用，小巧轻便的产品涂着浅色，使产品显得更加轻便灵巧；而机器设备的基础部分则采用深色，可以使人产生稳固之感。从远处看，圆形比同等面积的三角形或正方形要大出约 1/10，交通上利用这种错觉规定圆形为表示“禁止”或“强制”的标志，等等。

8.1.2.2 在室内设计中利用视错觉拓展空间

视错觉有害也有益。视错觉常造成观察、监测、判断和操作的失误，但在室内设计中可以利用视错觉使室内空间显得宽阔些。客观上，确实无法改变居室的实际面积，但是可以通过视觉，让居室的感觉比实际要大，从主观上增加居室面积。对于室内设计来说，这是一种非常有用的手法。

(1) 降低家具高度使空间变大（以小比大） 采用矮小的家具，可衬托出较大的空间。人们居住的房间，一般高 3m、面积 $15m^2$ 左右合适。但如建一个面积 $200m^2$ 的阅览室或会议厅等，层高 3m，则会产生强烈的压抑感，甚至引起人们的不安，这与空间的相对尺度大小和顶棚材料的重量感引起下坠倾向有关。如果人们的居室高度又矮面积又小，人们总是想让其显得大些以获得更多的视觉空间，减少压抑感，减小家具的体积感，自然能获得居室的开阔空间感。因此，利用视错觉拓展空间常用的办法是尽量减小家具尺度，尤其是高度，尽量不遮挡四周的墙面，给人以屋顶较高的感觉。

例如，日本的居室面积一般都比较小，可是日式家具相对比较矮小，它所衬托出的空间显得并不狭窄。

(2) 利用划分的作用扩展空间（划大为小） 视错觉的原理告诉大家以下几点。

① 重复的竖线能造成增高空间的感觉，如对于低矮的居室在设计时，可选择垂直线条或细碎图案的墙纸，一直贴到天花顶，以增高空间感。

图 8-9 通过在墙面上制作装饰横格在视觉上增宽电视背景墙

② 众多的横线条能使墙面有增宽感（图 8-9），这正如一个胖子不宜穿蓝白相间的横格子的衣服，否则越发显得肥胖的道理一样。

③ 为了造成深度上的视错觉，选择色彩淡雅的落地式窗帘和窗纱，可使空间产生纵向延伸的效果。

④ 室内空间不大时，常将顶棚或墙面，甚至地面的铺砌，均采用小尺度的空间或界面的分格，造成视觉的小尺度感，与室内整个空间相比而显示其空间尺度较大。

(3) 用装饰画或照片扩展空间 色彩淡雅，层次丰富，透视感强的风景画或是风景照片，不仅能增加空间景深，而且还能使室内空间显得“开敞”。特别是布满整个墙面的风景画，其视觉效果会使人们的眼睛因没有视觉终端而感觉空间特别开阔。

(4) 利用镜子创造“虚拟空间”来调节空间大小 “空间感”只是一种感觉，有时候只是一种“错觉”。利用镜面创造“虚拟空间”，视野会扩大一倍。在狭长的房间里利用室内的另一侧墙面镶上一大块镜面来反映室内景物，能使房间显得宽敞、鲜明而生动。在景深较浅的小房间里，通过镜映能使得房间变得较深并极富气派。假如餐厅面积较小，可考虑在靠墙的一面装上大的墙镜，可以造成舒心悦目的空间幻觉效果，既增强了视觉通透感，又通过反光使居室显得明亮，整个空间也就感觉开阔了许多。而在小小的卫生间里巧用镜映，不仅会增加浴室的容积感，而且还能使浴室拥有一种特别的情调。

(5) 采用以低衬高 当室内净高较小时，常采取局部吊顶，造成高低对比，以低衬高。

(6) 界面的延伸 当室内空间较小时，有时将顶棚（或楼板）与墙面交接处，设计成圆弧形，将墙面延伸至顶棚（相对缩小了顶棚面积），使空间显得较高，或将相邻两墙的交接处（即墙角）设计成圆弧或设计成角窗，使空间显得大。墙面下的踢角线上，涂饰与地板相同的色彩，也可以扩大地板的视觉面积。

8.1.3 视觉陈示设计

陈示是指各种视觉信息通过一定的形式陈列显示出来。陈示是以视觉为感觉方式的形式来传递各种信息的。

如何根据眼睛的特征，使需要的信息更容易被视觉接收，接收得更准确，这就是视觉陈示研究的问题。如：交通标志何种形式为好，哪种光适合作夜间标志，标志的大小尺寸如何等。

视觉陈示的方式多种多样，如光线、显像管、仪表、图形、印刷等，通常大致可分为两种：动态和静态。随时间变化的为动态的视觉陈示；固定不变的为静态视觉陈示。

动态的多数是仪表和显像管等，静态的大多数是各种标志，如图片、图形等。

8.1.3.1 视听空间中的电视、幻灯陈示

(1) 周围照明 周围照明是指屏幕外的照明，长期以来人们总是以为周围的照度最好是黑暗的，其实并非如此。实验表明：屏幕黑暗部分的亮度与周围的亮度相一致时观察效果最优。周围照明过暗易造成视觉疲劳。因此，看电视时，要在适当的照明条件下观看，明暗对比不宜过大，否则会损伤眼睛。

(2) 暗适应 在显示器前工作应注意的问题是：

① 人眼睛要适应显示器的亮度；

② 周围环境不宜过暗，以造成需要观察周围时的暗适应问题。

(3) 屏幕大小和位置 因为人的视野是一定的，在较少移动目光的情况下，人观察的范围是有一定大小的，它与屏幕的大小有一定的关系，过大则人只能观察到中心的信息，而过小则会造成视觉疲劳且只注意边缘的信息。因此屏幕的面积与视距是成一定的比例的（图 8-10）。

当房间比较狭窄时，视距达不到 6 倍于电视机屏幕对角线的最佳距离时，可把电视放在房间一角，沙发摆放在房间对角线的另一角，以扩大视距（图 8-11）。

由于人眼坐着时的自然视线低于水平线 15°。因此，设计时电视柜的尺度就要考虑人坐着时的眼高，以保证电视屏幕中心处于人的最佳视角之内（视平线以下 15°）（图 8-12），

当然如果电视采用挂件挂放（图 8-13），也可以通过调节电视挂放高度以使电视屏幕中心处于人的最佳视角之内。另外，屏幕的位置最好与人的视线垂直。

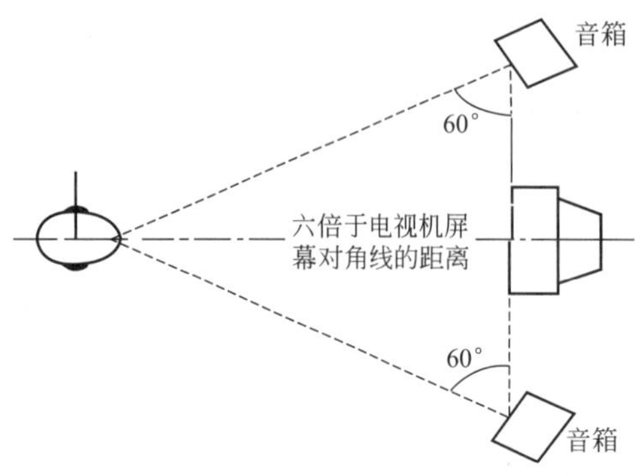

图 8-10 观赏电视的适度空间

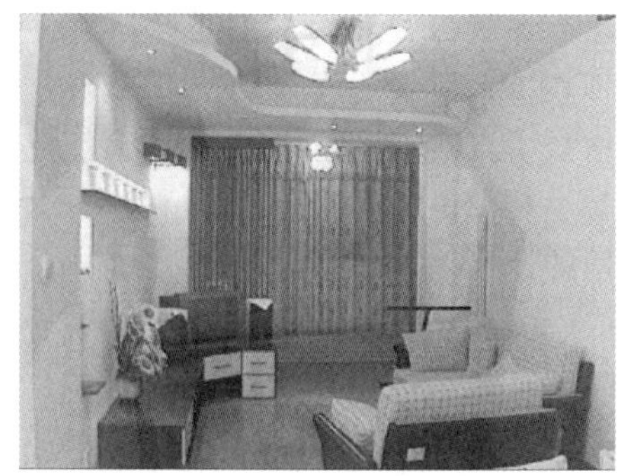

图 8-11 利用房间对角线作为视距

图 8-12 电视柜的尺度要保证电视屏幕中心处于人的最佳视角之内

图 8-13 采用电视挂放保证电视屏幕中心处于人的最佳视角之内

8.1.3.2 信号灯陈示

信号灯是以灯光作为信息载体的，在设计上涉及光学原理和人的视觉特性。

信号灯应清晰、醒目，保证必要的视距。

灯光陈示最主要的是亮度因素。灯光若要引起人们的注意，则其亮度至少要两倍于背景的亮度，因强光信号比弱光信号更易引起注意，但光的强度不能大到刺眼和眩目。亮度的大小取决于环境背景的要求，而不是越大越好，还应避免分散注意力和眩光。因此，与环境相适应时还要控制光强的变化。

同样的亮度，闪光更易引起人的注意。闪光信号的闪烁频率一般为 0.67～1.67Hz，当亮度对比较差时，闪光频率可稍高些。较优先和较紧急的信息可使用较高的闪烁频率(10～20Hz)。

不同背景的灯光信号对人的读数效果有较大的影响，如果背景的灯光信号也为闪光，人将很难辨认出作为警告用的闪光信号灯。

(1) 灯光陈示的色彩 应尽量避免同时使用含糊不清的色彩，色彩也不应太多，为了使人能分辨，不应超过 22 色，最好 10 种以内。

(2) 安全色 当人从远处辨认前方的多种不同颜色时，其易辨认的顺序是红、绿、黄、白，即红色最先被看到。所以，停车、危险等信号标志都采用红色。警告灯主要起警告作用，重在醒目，一般用红色或加以有节奏的闪烁，同周围有较强烈的对比来突显。如：灯塔、机场跑道上的导航灯、汽车的油量缺少警告灯等。表 8-3 所列为安全色的规定。

表 8-3　安全色的规定

颜色	含义	说明	举例
红	危险或告急	有危险或需要立即采取行动	1. 温升已超过极限 2. 有触电危险
黄	注意	情况有变化或即将发生变化	1. 温升(或压力)异常 2. 发生尚能承受的暂时过载
绿	安全	正常或允许运行	1. 冷却通风正常 2. 机器准备启动
蓝	按需要指定用意	除红、黄、绿三色之外的任何指定用意	

当两种颜色相配在一起时，易辨认的顺序是：黄底黑字、黑底白字、蓝底白字、白底黑字等。因而公路两旁的交通标志常用黄底黑字（或黑色图形）。

8.1.4　光环境设计

人们生活和工作中的大量活动，都需要良好的光线，而光线的来源有两种，天然采光和人工照明。利用自然界的天然光源，解决作业场所的照明叫作天然采光。利用人工制造的光源来解决作业场所的照明叫作人工照明。由于现代建筑的内部空间越来越复杂，完全采用天然采光已不可能，照明设计的好坏对工作和生活的影响很大，光环境设计更显重要。

8.1.4.1　采光与照明常用的度量单位

(1) 光通量　光通量是指人眼所能感觉到的辐射能量。单位：流明（lm）。

40W 的日光灯：1800lm；40W 的灯泡：340lm。

(2) 发光强度　点光源在一定方向里单位立体角的光通量，单位为坎德拉（cd）。

(3) 照度　落在受照射物体单位面积上的光通量叫作照度，单位：勒克斯（lx），$lx=1m/m^2$。

(4) 亮度　物体表面发出（或反射）的明亮程度。

① 发光体：单位为熙提（sb），$sb=cd/cm^2$。

② 发射体：单位为亚熙提（asb），$1asb=\frac{1}{\pi}cd/cm^2$（亮度=反射率×照度）。

8.1.4.2　照明方式

人工照明按灯光照射范围和效果，分为一般照明、局部照明和混合照明。

(1) 一般照明　为照亮整个场所而设置的照明，这种照明方式的灯具通常均匀对称地分布在被照面的上方。

在家居中，这是不可缺少的基础照明工作，若这项工作失败，家中就成了黑山洞，再好的房子也会因没有光亮而大打折扣。

(2) 局部照明　局限于某个空间或者场合的固定或移动的照明。对于局部需要高照度，并对照射方向有要求时，宜采用局部照明，例如，书房的工作桌台、陈列在客厅中用于展示精美收藏的展示柜。

图 8-14　餐桌上方悬挂吊灯的局部照明

但在整个场所不应只有局部照明而无一般照明，因为这会造成工作点和周围环境间极大的亮度对比，导致工作面与环境的强烈对比，使人眼不舒服，以致疲劳。

例如，在餐厅的照明设计中除了要设置一般照明以使整个房间有一定的明亮度外，还要采用局部照明，以突出餐桌的效果。一般餐厅照明以悬挂在餐桌上方的吊灯效果较好（图 8-14），吊灯安装在桌子上方 80cm 为宜，柔和的光晕聚集在餐桌中心，具有凝聚视觉和用餐情绪的作用。

(3) 混合照明　由一般照明和局部照明共同组成的照明方式。对于工作位置需要较高照度并对照射方向有要求的场所，宜采用混合照明。混合照明中的一般照明应按混合照明总照度的 5%～10%选取，且最低不低于 20lx（勒克斯）。

8.1.4.3　照明设计的要素

照明设计主要考虑的要素有适当的亮度、照明均匀度、避免眩光和阴影、注意暗适应问题、灯光色彩等。

(1) 适当的亮度　亮度指照明的水平，是指工作面上的照度值。

环境照明对视力、生产率和安全防护都有影响，具体如下。

① 照明影响视力。照度低会看不清，但当照度超过一定的临界时，会造成眩光，影响视力，另外，过亮的环境会使眼睛感到不适，增大视力的疲劳。

研究表明，视力是随着照度的变化而变化的，见图 8-15。

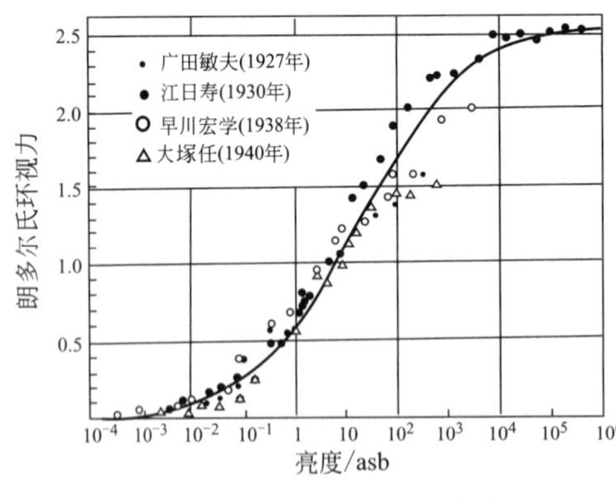

图 8-15　视力与照度的关系

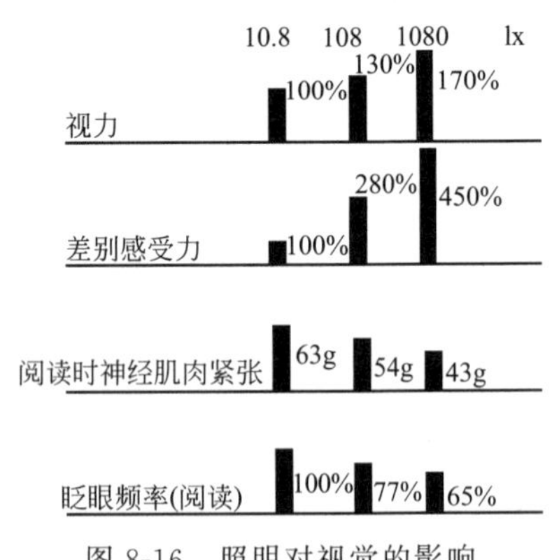

图 8-16　照明对视觉的影响

要保持足够的观察能力，必须提供一定的照度，不同的活动、不同的人对照度有不同的要求。

a. 细微的工作要求照度高，粗放的工作要求照度低。

b. 观察运动的物体要求照度高，观察静止的物体要求照度低。

c. 用视觉工作要求照度高，不用视觉工作要求照度低，见图 8-16 所示。

d. 儿童要求照度低，老人要求照度高。

照度由视觉工作条件决定。不同作业类型要求的照明见表 8-4。

表 8-4 不同作业类型要求的照明

作业种类	举例	照明/lx
粗	库房	80～70
中等精度	实验室,简单装配车床,木匠	200～500
精密	阅读、写作,图书馆,精密装配	500～700
非常精密	制图、色形检查,电子产品装配	1000～2000

照度低会看不清，但是不是照度越高越好呢？不是，当照度超过一定的临界时视力并不随着照度的提高而提高，而且会造成眩光，影响视力，另外，过亮的环境会使眼睛感到不适，增大视力的疲劳。因此，照度应保持在一个舒适的范围内。一般人眼能适应 10^{-3}～10^{5}lx 的照度范围。人的活动、注意力可通过提高照度而得到加强。但人的视力不仅受目标物体亮度的影响，还受到背景亮度的影响。当背景亮度与目标物体亮度相等或稍暗时，人的视力最好；反之，则视力下降。

如图 8-17 所示为眼病与照度的关系。

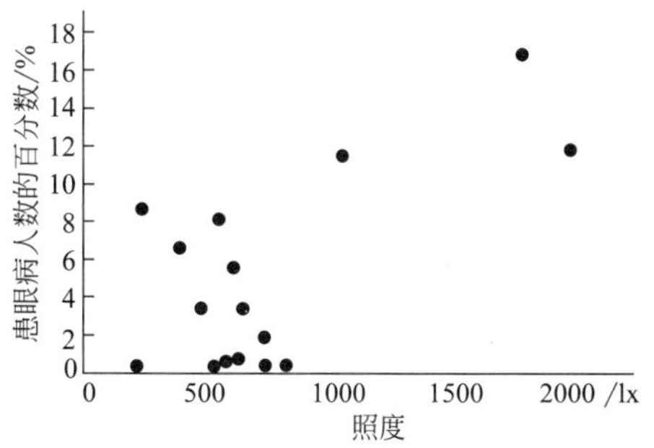

图 8-17 眼病与照度的关系

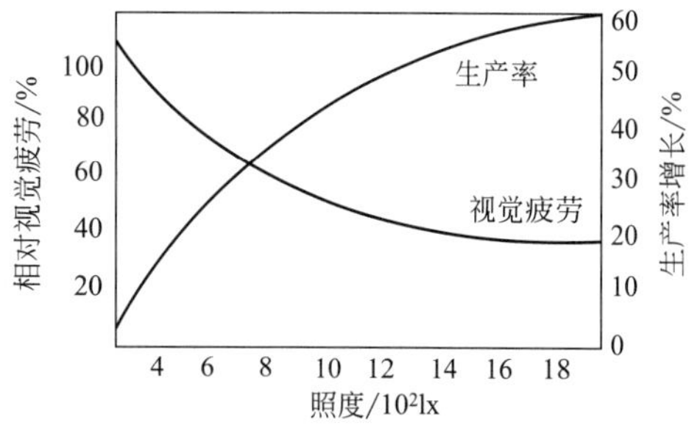

图 8-18 生产率、视觉疲劳与照度的关系

② 照度对生产率的影响。照明不仅影响视力，还影响工作效率。在照明条件差的环境下，作业者长期反复辨认目标，会引起眼睛疲劳，视力下降，影响工作效率。如图 8-18 所示为一精密加工车间照度值逐渐增加，劳动生产率随之提高且视觉疲劳也逐渐下降的关系曲线。改善照明条件不仅可以减少视觉疲劳，而且可以提高工作效率。

③ 环境照明对安全的影响。良好的照明对降低事故发生率和保护工作人员的安全有明显的效果。人们在作业环境中进行生产活动，主要是通过对外界的情况做出判断而行动的。若作业环境照明条件太差，操作者就不能比较清晰地看到周围的物体，容易接受错误的信息，从而做出错误的判断，导致操作错误甚至发生事故。由于设置和改善道路照明而减少夜间交通事故的效果也是明显的，有资料表明一般能使交通事故减少 20%～75%。

(2) 照明均匀度 照明均匀度是指室内的照明位与环境背景的亮度差。

室内照明应具有良好的均匀度，局部的照明与环境背景的亮度差别不宜过大，太大容易造成视觉疲劳，因光线变化太大眼睛需不断地调节。

为避免灯具光源与背景间的亮度比过大，可以降低光源表面亮度或增加环境的照度水平，前者比较经济。降低光源表面亮度可以选用功率较小或表面积较大的灯具；亦可化整为零，用多个小功率灯具的组合来代替单个大功率的灯具；亦可在光源表面加设磨砂玻璃、乳白玻璃等，使光线变得柔和。

但不管怎样，亮度比还得结合室内空间环境的各种照明来统一考虑。一般认为工作表

面的照明与周围环境的照明比在（2～3）∶1或更小的范围。过大的比例，则易使眼睛疲劳。最大推荐亮度比为：工作表面的照明与较远环境的照明的亮度比应小于10∶1。光源与邻近表面之间的最大亮度比为20∶1，视野中的最大亮度比为40∶1。这些最大推荐亮度比的建议参考值见表8-5。

表8-5　最大推荐亮度比

条件	最大亮度比
工作表面的照明与周围环境的照明比	3∶1
工作表面的照明与较远环境的照明	10∶1
光源与邻近表面	20∶1
视野中的最大亮度比	40∶1

(3) 避免眩光和阴影

① 眩光的分类。眩光是视野范围内亮度差异悬殊时产生的。

眩光按产生的原因可分为三种，即直接眩光、反射眩光和对比眩光。

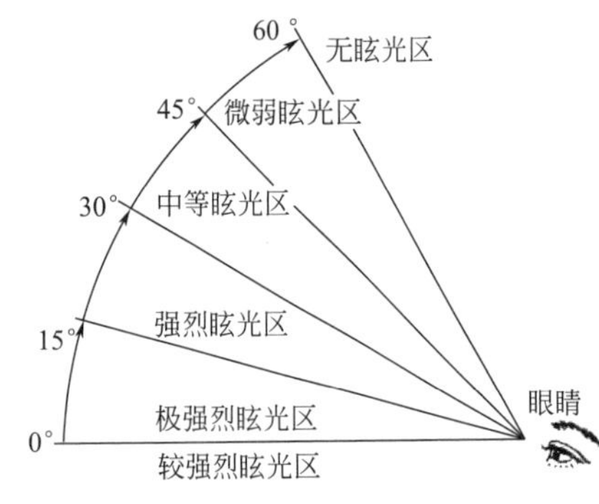

图8-19　眩光与光源位置的关系

直接眩光是由强烈光源直接照射引起的，如电焊光、日光等。直接眩光与光源位置有关，如图8-19所示。

反射眩光是强光经过一些光滑物体表面反射到眼部造成的，如在办公桌上铺一块大玻璃板，就常常会感到天花板上的荧光灯反射而来的耀眼眩光。

对比眩光是物体与背景明暗相差太大所致。

② 眩光的危害及应采取措施。眩光的主要危害在于产生残像，破坏暗适应，降低视力，分散注意力，产生视觉疲劳。在室内照明设计中产生眩光有以下几个主要因素：一是光源的亮度过高；二是光源位置过于接近人眼；三是周围环境与光源处亮度反差过大。根据以上几个因素，在室内照明设计中为防止和控制出现眩光，可采取如下措施。

a. 限制光源的亮度。当光源亮度大于16sb（1.6×10^5 cd/m^2）时，会产生严重眩光。对于白炽灯灯丝亮度达300sb（3×10^6 cd/m^2）以上时，应考虑用半透明或不透明材料减少其亮度或将其遮住。

b. 合理布置光源。由于灯具安装位置不佳，使光线直射或反射到人的眼睛而导致的眩光，这是应该避免的。应尽可能将光源布置在视线外微弱刺激区以上，如采用适当的悬挂高度和保护角度，使光源在水平线45°范围以上，眩光就不明显了，使光源在水平线60°范围以上便不会产生眩光，如图8-20所示。也可采用不透明材料将眩光源挡住，使灯罩边缘至灯丝连线与水平线构成一定角度，该角度以45°为好，至少不应小于30°。

图8-21为提高悬挂高度避免眩光的一个实例。

c. 使光线转为散射，采用间接照明。反射光和漫射光都是良好的间接照明方式，可消除眩光。因此，可将光线经灯罩或天花板、墙壁漫射到工作场所。

d. 对于反射眩光，应通过变换光源位置或工作面位置（图8-22和图8-23），使反射光不处于视线内。由图8-23可知，光线的反射角与它的入射角是相同的，台灯位置放置不正确会产生眩光，使人不安。因此，台灯位置应按图 8-24(b) 中放置。

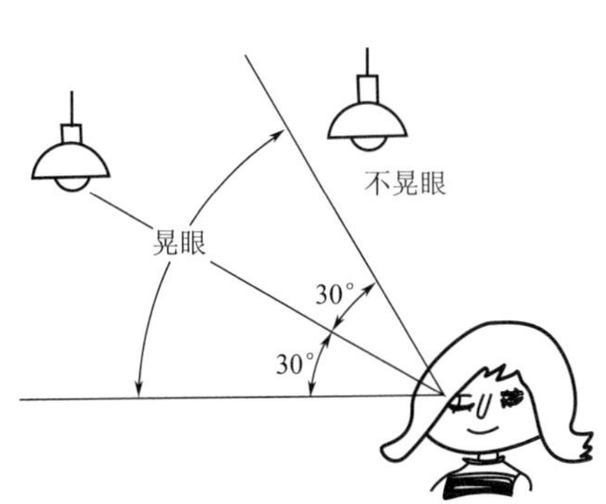

图 8-20　消除眩光的方法

图 8-21　提高悬挂高度避免眩光的一个实例

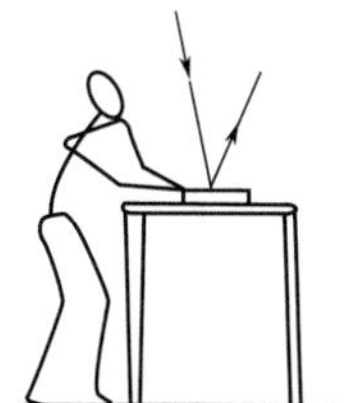

(a) 防止反射眩光

(b) 反射光线与视线一致

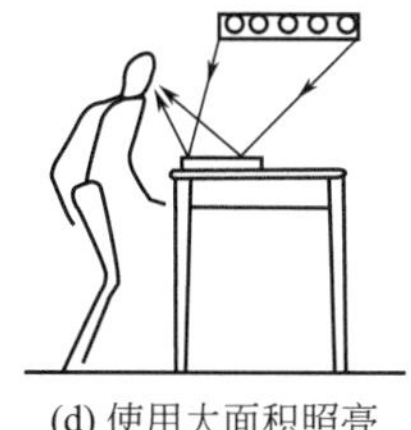

(c) 侧射光线

(d) 使用大面积照亮

(e) 透射法

图 8-22　5 种不同的照明方法

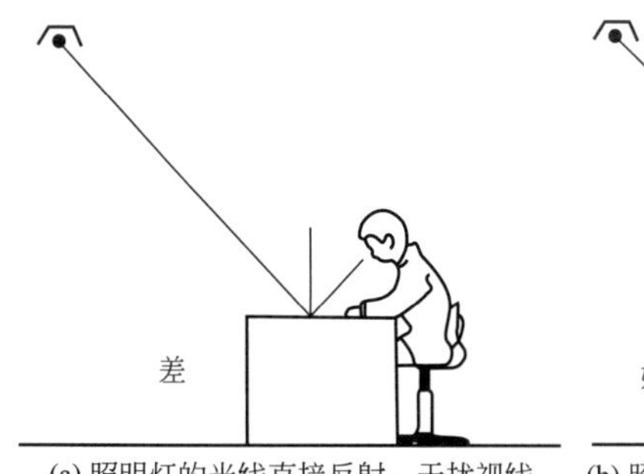

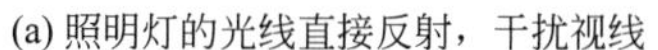

(a) 照明灯的光线直接反射，干扰视线

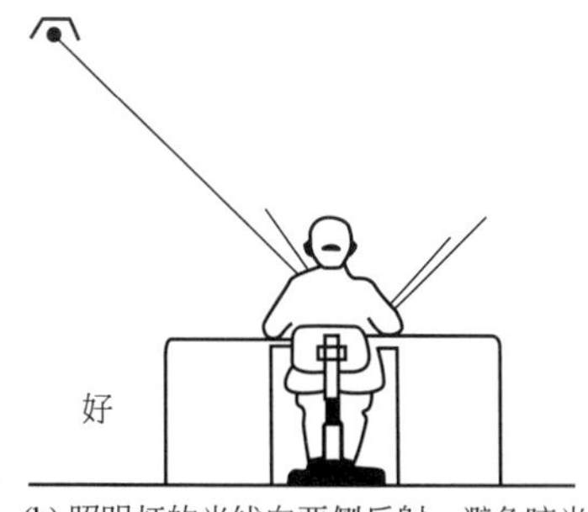

(b) 照明灯的光线向两侧反射，避免眩光

图 8-23　照明灯的光线与眩光

另外，还可通过选择材质和涂色来降低反射系数，避免反射眩光。例如，若书桌面过于光亮，产生的眩光对眼睛刺激强烈，因此，书桌面宜采用色彩柔和的亚光面为宜，如浅褐色、木质本色等。

e. 适当提高环境亮度，尽量减少物体亮度与背景亮度之比，防止对比眩光的产生。

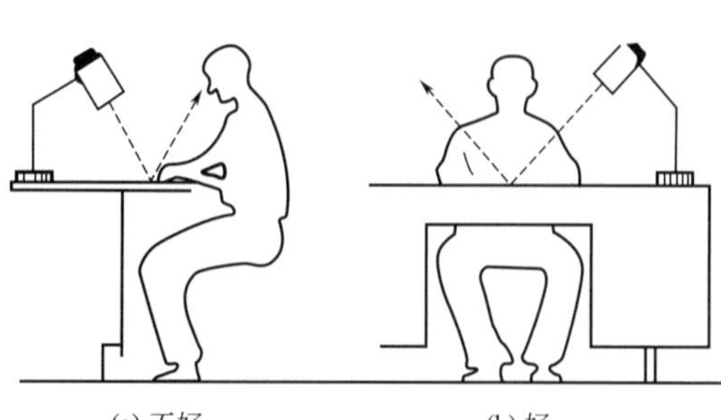

(a) 不好　　(b) 好

图 8-24　台灯的放置位置

(4) 暗适应问题

① 照度平衡。当工作面上的照度不稳定（闪烁或忽明忽暗）或分布不均匀，作业者的视线从一个表面移到另一个表面时，则发生明适应或暗适应过程，在适应过程中，不仅眼睛感到不舒服，而且视觉能力还要降低，如果经常交替适应，必然导致视觉疲劳。在照明设计时应考虑各个空间之间的亮度差别不应太大，进行整体的照度平衡。

② 黑暗环境的照明。某些活动往往要在比较黑暗的环境中进行，如电影院、舞厅、声光控制室等。在这种环境中既要有一定亮度局部照明，以便能看清需要的东西，又要保持较好的对黑暗环境的暗适应，以便观察其他的较暗的环境，因此，只能采用少量的光源进行照明，在黑暗环境下多用较暗的红光照明。

再如，飞机内的照明。飞行员在夜间飞行时要既能看到机舱内、各种仪表显示，也能看机舱外的世界。旧有的机舱照明是采用荧光。因为飞行员在夜间飞行时要看舱内、外两种不同亮度的环境，人的视觉特点是由亮处转移到黑暗的环境下，眼睛要经过暗适应。经过人体工程学对光的波长范围、亮度、适应度的研究后发现驾驶舱内照明应用红光，这样飞行员才能兼顾到舱内、外的一切。

(5) 灯光色彩 各种光源都有固有的颜色，而光源的各种各样固有的颜色可用色温来表示。当热辐射光源（如白炽灯、卤钨灯等）的光谱与加热到温度为 T_C 的黑体发出的光谱分布相似时，则将温度 T_C 称为该光源的色温，其单位是绝对温度（K）。各种光源的色温度见表 8-6。

表 8-6 各种光源的色温度

光源	色温度/K
太阳(大气外)	6500
太阳(在地表面)	4000～5000
蓝色天空	18000～22000
月亮	4125
蜡烛	1925
煤油灯	1920
弧光灯	3780
钨丝白炽灯(10W)	2400
钨丝白炽灯(100W)	2740
钨丝白炽灯(1000W)	2020
荧光灯(昼光灯)	6500
荧光灯(白色)	4500
荧光灯(暖白色)	3500
金属钠铊铟灯	4200～5500
金属镝铟灯	6000
金属钪钠灯	3800～4200
高压钠灯	2100

光色主要取决于光源的色温，并影响室内的气氛。色温低，感觉温暖；色温高，感觉凉爽。一般色温＜3300K 为暖色，3300K＜色温＜5300K 为中间色，色温＞5300K 为冷

色。光源的色温应与照度相适应，即随着照度增加，色温也应相应提高。否则，在低色温、高照度下，会使人感到酷热；而在高色温、低照度下，会使人感到阴森的气氛。

如何正确地进行室内灯光色彩设计，已经逐渐成为人们考虑的又一重大事情。在家庭装饰中，灯光设计切忌使人眼花缭乱和反差太大。首先，考虑的当然是健康；第二，要考虑协调；第三，考虑功能。

色彩对人的心理和生理有很大的影响，一般来讲，蓝色可减缓心律、调节平衡，消除紧张情绪；米色、浅蓝、浅灰有利于安静休息和睡眠，易消除疲劳；红橙、黄色能使人兴奋，振奋精神；白色可使高血压患者血压降低，心平气和；红色易使人血压升高，呼吸加快。

狭小空间要选用乳白色、米色、天蓝色，再配以浅色窗帘这样使房间显得宽阔。墙壁颜色是绿色或蓝色，可以选用黄色为主调的灯饰，如果是淡黄色或米色的墙漆，可以用吸顶式的日光灯。

卧室的灯光应该柔和、安静，比较暗。不要用强烈刺激的灯光和色彩，而且应避免色彩间形成的强烈对比，切忌红绿搭配。

黄色灯光的灯饰比较适合放在书房里，黄色的灯光可以营造一种广阔的感觉，可以振奋精神，提高学习效率，有利于消除和减轻眼睛疲劳。

客厅可采用鲜亮明快的灯光设计。由于客厅是个公共区域，所以需要烘托出一种友好、亲切的气氛，颜色要丰富、有层次、有意境，可以烘托出一种友好、亲切的气氛。

餐厅可以多采用黄色、橙色的灯光，因为黄色、橙色能刺激食欲。

卫生间灯光设计要温暖、柔和，烘托出浪漫的情调。

厨房对照明的要求稍高，灯光设计尽量明亮、实用，但是色彩不能太复杂，可以选用一些隐蔽式荧光灯来为厨房的工作台面提供照明。

房间的转角处通常是光线较暗的地方，可以在转角处用乳白色、淡黄色的台灯作装饰和调节照明，而对于采光不好的房间来说，选用浅鹅黄色是不错的选择，给人温暖、亲切的感觉。

光是有不同颜色的，对照明而言，光和色是不可分的，在光色的协调和处理上必须注意以下几个问题。

① 色彩的计划必须注意光色的影响。

其一是光色会对整个的环境色调产生影响，可以利用它去营造气氛色调。

设计时可利用不同的光色营造室内的气氛。许多餐厅、咖啡馆和娱乐场所，常常用加重暖色如粉红色、浅紫色，使整个空间具有温暖、欢乐、活跃的气氛，暖色光使人的皮肤、面容显得更健康、美丽动人。家庭的卧室也常常因采用暖色光而显得更加温暖和睦。但是冷色光也有许多用处，特别在夏季，青、绿色的光就使人感觉凉爽。应根据不同气候、环境和建筑的性格要求来确定。强烈的多彩照明，如霓虹灯、各色聚光灯，可以使室内的气氛活跃生动起来，增加繁华热闹的节日气氛，现代家庭也常用一些红绿的装饰灯来点缀起居室、餐厅，以增加欢乐的气氛。不同色彩的透明或半透明材料，在增加室内光色上可以发挥很大的作用，在国外某些餐厅既无整体照明，也无桌上吊灯，只用柔弱的星星点点的烛光照明来渲染气氛。

其二是光亮对色彩的影响。眼睛的色彩分辨能力是与光亮度有关的，与亮度成正比。在黑暗环境下眼睛几乎是色盲，色彩失去意义。因此，在一般环境下色彩可正常处理，在

黑暗环境中应提高色彩的纯度或不采用色彩处理，而代之以用明暗对比的手法。设计者应联系光、目的物和空间彼此关系，去判断其相互影响。光的强度能影响人对色彩的感觉，如红色的帘幕在强光下更鲜明，而弱光将使蓝色和绿色更突出。设计者应有意识地去利用不同光色的灯具，调整使之创造出所希望的照明效果。如点光源的白炽灯与中间色的高亮度荧光灯相配合。

② 显色性。现代光环境设计十分注意光的显色性，同一颜色的物体，在不同光谱组成的照明光源照射下，可显出不同的颜色，光色会影响人对物体本来色彩的观察，造成失真，影响人对物体的印象。这种现象称为光源的显色性。显色性通常以显色指数表示，并把显色性最好的日光作为标准，其显色指数定为100，其他光源的显色指数均小于100。不同光源的显色指数如表8-7所列。

表8-7 不同光源的显色指数

光源	显色指数	光源	显色指数
白炽灯	97	金属卤化物	53～72
日光色荧光灯	75～94	高压汞灯	22～51
氙灯	95～97	高压钠灯	21
白色荧光灯	55～85		

由表8-7可知，物体的颜色将随照明条件的不同而变化，物体的本色只有在自然光照明的条件下才会不失真地显示出来。显色指数越小，显色性越差。显色指数80以上显色性优良；显色指数79～50显色性一般；50以下显色性差。

有色灯光可使视力下降，因此照明不宜采用有色灯光。若以白光条件下的视力为100%，则黄光下为99%、蓝光下为92%、红光下为90%。

8.1.4.4 家居照明的设计

家居照明的设计应本着实用、舒适、安全、经济的原则，下面按住宅内房间及分区的功能不同加以阐述。

(1) 门厅或玄关 门厅主要起过渡的作用，通过门厅进入各不同功能的房间，这里的照明一般长时间使用，为了节能和突出其他部位及装修造型的照明效果，照度在满足安全性的前提下不宜太高，按《民用建筑照明设计标准》GBJ 133—90的规定地面照度在20～50lx，宜采用吸顶或嵌装的节能型灯具来满足，门厅的墙壁及其他一些玄关部位的壁画和特殊型一般采用局部照明的射灯光束来突出。

(2) 客厅（起居室） 会客和家人团聚等均集中在客厅，甚至没有专门书房的经济户型，还需要在客厅内读书，因此可以说客厅是住宅内的主要活动场所。它的功能决定了这里不但需要高质量的照明而且还得兼顾美观及控制的灵活性。客厅照明可以通过屋顶的“一般照明”和墙壁及落地灯的“局部照明”来满足。一般照明光线比较柔和，稍显黯淡，《民用建筑照明设计标准》GBJ 133—90规定客厅的一般活动区照度在50lx左右。净高低于2.7m的客厅可选吸顶灯或吊顶后的嵌装灯，高于2.7m的客厅可选用吊灯，光源可选用白炽灯或荧光节能灯，光源相关色温宜不高于3300K；功能性局部照明，《民用建筑照明设计标准》规定，书写及阅读区域0.75m工作面照度的中、高标准要求分别为200lx和300lx，照明灯具宜选用的落地灯，光源宜选用显色性好的节能荧光灯，相关色温在3300～5300K较适宜。壁灯或射灯的光源可以选择白炽灯和暖色节能灯相结合的方法。

主体照明和局部照明灯应分别用开关控制，而且开关宜带指示灯或自发光装置。

(3) 餐厅 就餐场所的灯光不仅应有增强食欲的功能还应能创造愉悦的、其乐融融的氛围。照明可较柔和，主要灯光宜于集中在餐桌，使人能很轻易地看清桌上的食物及就餐人的面部；同时壁炉，酒柜等还需安装局部照明，以突出优雅的格调。餐桌的照明可选用造型别致的吊杆下射造型灯，一般选 3 个光线较均匀，照度在 30lx 左右；餐厅的照明光源宜选用白炽灯或暖色节能灯，相关色温一般不高于 3300K。

(4) 厨房 厨房的一般照明安装于顶部，可采用吸顶且便于清洁的节能灯，距地 0.75m 工作面照度在 100lx 左右。灶台上的照明由抽油烟机自带。操作案台采用局部照明来满足，操作案台照度在 150lx 左右，可采用吊柜的底部安装嵌入式筒灯，也可采用操作案台上墙壁安装荧光灯的方式。这种局部照明不宜安装得太低（一般距地不应低于 1.8m)，以减少不舒适眩光，避免影响操作或带来其他不安全因素。

(5) 卫生间 现在人们越来越重视卫生间的装饰设计，卫生间也从原来的单一的如厕功能扩大到具有洗浴、化妆等的功能，这就要求卫生间不但有普通的一般照明，还应有满足使用的局部照明。照明灯具应选用防潮且宜清理的灯具，标准要求照度在 100lx 左右；洗面盆上的镜前或镜侧壁灯可选用白炽灯或高显色性节能灯作光源，相关色温不高于 3300K 较适宜，若兼有化妆功能，标准要求 1.5m 高度的垂直面照度不低于 150lx。

(6) 卧室 卧室是休息的场所，其照明应有利于构成宁静、温柔的气氛，使人有一种安全、舒适感。卧室的一般照明可选用乳白色吸顶灯，安装于卧室的中央，一般要求 0.75m 水平面照度在 75lx 较适宜；床头阅读灯宜距地 1.8m 墙上安装，或利用床头柜灯来满足，床头阅读照度要求在 150lx 左右。应注意的是灯具的金属部分不宜有太强的反光，灯光也不必太强，以创平和的气氛。

(7) 书房 书房照明应有利于人精力充沛地学习和工作，光线应明亮并应避免眩光。一般照明可选用白色节能灯吸顶安装。书桌上或计算机桌上应设置护眼台灯作为局部照明，供阅读和写作之用，光源的相关色温标准要求在 3300～5300K，照度要求在 200lx 左右。

8.1.5 室内色彩设计

色彩在建筑装饰设计中，具有相当重要的作用，色彩更能引起人的视觉反应，而且还直接影响着人们的心理和情绪。因为在人体的各种知觉中，视觉是最主要的感觉，据说人依靠眼睛可获得约 87%的外来信息，而眼睛只有通过光的作用在物体上造成色彩才能获得印象，故色彩有唤起人的第一视觉的作用。色彩能改变室内环境气氛，会影响其他知觉的印象，故有经验的建筑师和室内设计师都十分重视色彩对人的物理的、生理的和心理的作用，十分重视色彩能唤起人的联想和情感的效果，以期在室内设计中创造出富有性格、层次和美感的空间环境。所以学习和掌握色彩的基本规律，并在设计中加以恰当运用，是十分必要的。

8.1.5.1 色彩的感觉

色彩在一定的环境条件下对人视觉的刺激，一般会引起人们一定的感觉。

(1) 色彩的重量感 色彩的重量感主要取决于色彩的明暗程度。一般来说高明度的色彩有轻感，低明度感觉沉重。例如，两个相同重量的石膏像，把其中一个涂刷黑色，则白色的石膏像给人的感觉要比涂黑色的石膏像轻得多。

(2) 色彩的体量感 一般情况下，明亮的、鲜艳的和暖色彩有扩大、膨胀的感觉。而暗色、灰黑色和冷色彩有缩小的感觉。据测试说明，感觉中色彩扩大面积可达 4% 左右。

(3) 色彩的距离感 在同一视距条件下，明亮色、鲜艳色和暖色有向前感觉，而暗色、灰色、冷色有后退感觉。例如，在相同面积的两个房间里，一个涂刷成黄色，另一个涂刷成蓝色，给人的感觉是蓝色的房间要小于黄色的房间。

(4) 色彩的温度感 红色、橙色、黄色系列让人联想到火光与太阳，从而产生热或暖的感觉；而蓝、绿色系列让人联想到海水和树林，引起凉爽的感觉。例如，在阳光强又热的房间内涂上冷色系列，可使人们感到凉爽些，在一些背阴的房间内涂上暖色系列，可使人们有温暖感。

(5) 色彩的兴奋与恬静感 色彩的兴奋与恬静感，与色相、明度、纯度都有关系，特别是受纯度的影响大。色相中红与红紫有兴奋感，橙与紫是中性色，此外都有恬静感。一般来说，暖色系中越倾向红色相的，兴奋感越大，寒色系中越倾向蓝色的色相，恬静感愈强。在明度方面，明度越高越有兴奋感。纯度对兴奋感的影响较显著，纯度愈高兴奋感越强，而纯度越低恬静感越强。

总之，给人们带来兴奋感的是暖色系中明亮而鲜艳的色，富有恬静感的是寒色系中暗而混浊的色。

(6) 色彩的华美与质朴感 色彩的华美与质朴感，受纯度的影响最大，明度也有影响，色相亦稍有影响。在色相方面，红、红紫、绿依次有华美感。

黄绿、黄、橙、蓝、紫依次有质朴感。但饱和度高的纯色就会变成有华美感。在明度方面，明度越高越有华美感，明度愈低愈显得质朴。在纯度方面，纯度越高有华美感，纯度愈低愈有质朴感。所有鲜艳明亮的色，可说都显得有华美感。

例如，北京的故宫，从色彩方面看，顶部全部覆盖着琉璃瓦的建筑物，使人们感到它的高贵、富丽堂皇，如果把琉璃瓦的表面涂上一层灰色，富丽堂皇的效果自然就消失了。

再如，室内墙壁的颜色一般用白色或淡雅的色彩来装饰，人们觉得清洁、舒适。同样的环境，如果改涂成刺激性强烈的红颜色，人们就会感觉到烦躁不安。

色彩的心理效果是指不同的色彩给人不同的感性与联想，人们对不同的色彩表现出不同的好恶，这种心理反应，因个人的喜好会出现很大的差别。如表 8-8 所列为对色彩的心理效果分析。

表 8-8 对色彩的心理效果分析

色相	心理效应	色相	心理效应
红	激情、热烈、积极、喜悦、吉庆、革命	青	沉静、冷静、冷漠、孤独、空旷
橙	渊源、欢喜、温和、浪漫、成熟、丰收	青紫	深奥、神秘、崇高、孤独
黄	愉快、健康、轻快、希望、光明	紫	庄严、不安、神秘、严肃、高贵
黄绿	安慰、休息、青春、鲜嫩	白	纯洁、朴素、纯粹、清爽、冷酷
绿	安静、新鲜、安全、和平、年轻	灰	平凡、中性、沉着、抑郁
青绿	深远、平静、永远、凉爽、忧郁	黑	黑暗、肃穆、阴森、忧郁、严峻

8.1.5.2 色彩的应用

在居室设计中，由于空间的使用者只是特定的几个人，这几个人的性格、爱好在设计中起了决定性的作用。应该充分了解使用者的特征，如年龄、性别、民族、爱好、性格情绪以及所处的地区（如农村或城市、北方或南方）等，这些会综合地影响色彩的选择运用。各年龄阶段的人，对事物认识的深浅程度、想象力、联想作用存在很大差距，对色彩就有不同的心理反应。

从年龄上分析，少年儿童天真幼稚，活泼好动，应该运用明快、鲜艳的颜色，如红、橙、黄、绿来装饰其环境。比如绿色能引发孩子对大自然的向往，红色会激发孩子的热情及对美好生活的向往，蓝色是梦幻的色彩，孩子在其中可以勾勒美好的明天，因此，好动、易怒的孩子可选择蓝色或白色；而比较内向、文弱的孩子可选择红色、明黄等暖色调颜色。

青年人思想活跃、追求知识、勇于创新、精力旺盛，比较适宜明快、对比强烈的颜色。

中老年人沉稳、含蓄、朴素、好静，应该选用纯度低的颜色，如深绿、深褐等来装饰其居室。从性别来看，男人多喜爱庄重大方的色彩，女人多喜欢富丽、鲜艳的颜色。

在室内设计时将人的心理感受和空间功能联系起来，可以营造出和谐、舒适的家居环境。根据每个房间的不同功能，色彩设计应有所不同。起居室是家庭群体生活的空间，也是最能体现主人性格的空间环境。其色彩设计应该是多层次组合加局部，且有对比，基调应该较为明亮、欢快。局部小面积可以采用纯度较高的色彩进行点缀。如一些小艺术品、壁挂、摆设、小面积织物（靠垫、纸巾套）等，以温馨亲切，能促进家庭成员的交流为好。

卧室是用来睡眠和休息的，也是私密性要求最高的场所，其色调一般温暖、宁静、柔和，一般多选用低彩度调和色，中彩度、中低明度的色系也较为适用。

书房是人们用于阅读、书写和学习的一种静态工作空间，要求人们头脑冷静、注意力集中、安宁。室内色调要求以雅致、庄重、和谐为主色调，可以采用冷色或中性色，如灰色、浅褐色、浅绿色、蓝绿色等，不可采用彩度高，对比强烈的疲劳色。可用少量字画和绿化植物来增加室内色彩的对比度。例如，美国国会图书馆阅览室就采用绿色作为主色调，使人安静地沉浸于书海。

餐厅是平时家人共同进餐或宴请亲友就餐的生活空间。餐厅的色彩以暖色调为主，橙黄、乳黄和柠檬黄、橘黄色系最能增进食欲，有利于身体健康，但也可能会流于快餐店的风格之嫌。也可以采用浅色调的冷色，明快、干净，让人细细地品味生活。

卫生间的色彩设计应以给人清洁感为宜，所以装饰它的色调以素雅整洁为宜。白色往往给人冷的感觉，通常以乳白色、淡绿色、淡蓝色、浅粉红色进行系列组合，以创造舒适、温暖的空间气氛。另外，在卫生间里适当放一些盆栽花草，既有美化空间的作用，又能给人自然、清爽的感觉，设计时应予以考虑。

厨房的功能决定其以明亮洁净的色调为宜，其色调也应采取冷色，使之有卫生、潮润之感。且让人感觉凉爽，加强了通风效果。从使用者大多数为女性的角度考虑，也可以选用女性偏爱的粉色系列，两者结合，选用粉色系的冷色则不失为明智之举。

色彩在室内装饰设计上的运用，还须考虑色光问题，既结合环境、光照情况来合理运用色彩。从室内自然采光的角度来说，如果自然光线不理想时，可应用色彩给以适当的调节。

① 如朝北面的房间，常有阴暗沉闷之感，可采用明朗的暖色，使室内光线转趋明快。

② 南面房子的光线明亮，可采用中性色或冷色为宜。

③ 在高层建筑的上部室内，由于各个方面的光线都强，应采用明度较低的冷色。

8.2 听觉与听觉环境设计

8.2.1 听觉的生理基础

听觉是声波作用听分析器所产生的感觉。听觉是仅次于视觉的重要感知途径。人类的语言及其他所有与声音有关的信息都是靠听觉获得的。引起听觉的适宜刺激是20～20000Hz之间的声波。既低于20Hz的次声和高于20000Hz的超声，人耳都不能听见（图8-25）。人最敏感的声波频率为1000～4000Hz。

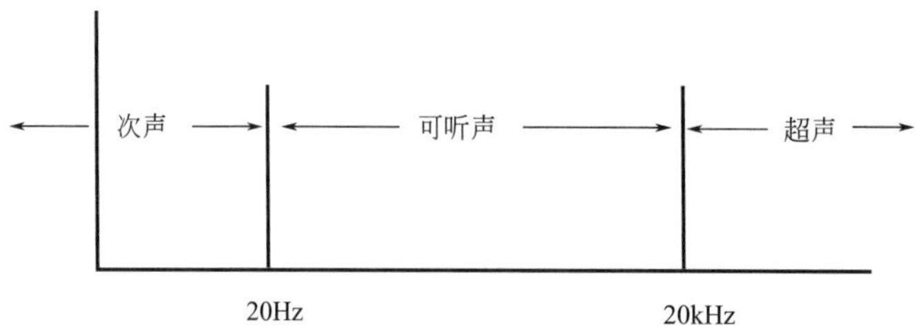

图 8-25　声音频率三个主要部分的划分

人的听觉器官是耳，了解耳朵的构造及其生理机制，才能知道听觉刺激的特性，明白大的声音对听觉的干扰，使人烦躁，噪声对人健康的危害以及如何利用听觉特性，设计一个好的室内听觉环境。

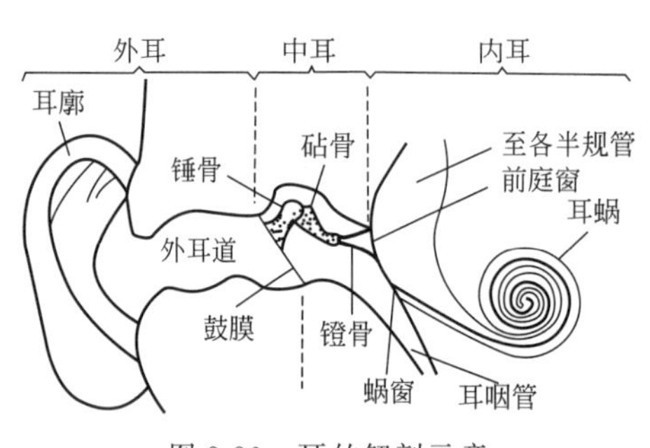

图 8-26　耳的解剖示意

耳的构造主要分三大部分：外耳、中耳和内耳，如图8-26所示。

(1) 外耳　包括耳廓和外耳道，有保护耳孔、集声和传声的作用。

(2) 中耳　包括鼓膜、鼓室和听小骨。鼓膜在外耳道的末端，是一片椭圆形的薄膜，当外面的声音传入时即产生振动，把声音变成多种振动的“密码”传向后面鼓室。鼓室是一个能使声音变得柔和而动听的小腔，腔内有三块听小骨，即锤骨、镫骨和砧骨。听小骨能把鼓膜的振动波传给内耳，在传导过程中，能将声音信号放大十多倍，使人能听到轻微的声音。

(3) 内耳　内耳由耳蜗、前庭和半规管组成。其中耳蜗是听觉感受器的所在部位，是一条盘成蜗牛状的螺旋管道，管内充满淋巴液，耳蜗内部有产生听觉的“基底膜”，基底膜上有2.4万根听神经纤维，其上附着许多听觉细胞。

一般认为人耳的听觉过程如下。外界的声波通过外耳道传到鼓膜，引起鼓膜的振动，然后经杠杆系统的传递，引起耳蜗中淋巴液及基底膜的振动，使基底膜表面的科蒂氏器中的毛细胞产生兴奋。科蒂氏器和其中所含的毛细胞，是真正的声音感受装置，听神经纤维就分布在基底膜中，机械能形式的声波就在此处转变为听神经纤维上的神经冲动，并以神经冲动的不同频率和组合形式对声音信息进行编码，然后被传送到大脑皮层听觉中枢，从而产生听觉。

8.2.2 噪声的危害

室内听觉环境主要包括以下两大类。

第一类是使人爱听的声音如何为人听得更清晰、效果更好，这主要是音响、声学设计的问题；在影剧院等工程中，声学设计起着十分重要的作用。

第二类是人类不爱听的声音，如何去消除，即建筑声学及噪声控制问题。

人体工程学主要运用声学原理人耳与声音的关系、设计听觉效果以及噪声对人的危害进行研究。在大量日常的普通设计项目中，则主要涉及如何解决噪声问题。

凡是干扰人的活动（包括心理活动）的声音都是噪声，这是通过噪声的作用来对噪声下定义；噪声还能引起人强烈的心理反应，如果一个声音引起了人的烦恼，即使是音乐的声音，也会被人称为噪声，例如，某人在专心读书，任何声音对他而言都可能是噪声。因此，也可以从人对声音的反应这个角度来定义噪声。凡是使人烦恼的、不愉快的、不需要的声音都叫噪声。

噪声的判定，除了其物理量以外，还主要取决于人们的生理、心理状态。

8.2.2.1 噪声对听力的影响

人的听觉系统是对噪声最敏感的系统，也是受噪声影响最大的系统，接触噪声会不同程度地引起听力损伤，噪声对听力的损伤有以下几种情况。

(1) 听觉疲劳 在噪声作用下，听觉的敏感性降低，从而变得迟钝，当离开噪声环境几分钟后又可恢复，这种现象称为听觉适应。听觉适应有一定的限度，在长期强噪声作用下，听力减弱，听觉敏感性进一步降低，离开噪声环境后需要较长时间才能恢复，这种现象叫作听觉疲劳，属病理前期状态。

听觉的疲劳造成警觉性下降，敏感度降低。

(2) 噪声性耳聋 依据 ISO 1964 年规定，暴露在强噪声环境下，对 200Hz、1000Hz 和 2000Hz 三个频率的平均听力损失超过 25dB，称为噪声性耳聋。听力下降与噪声的关系见图 8-27。

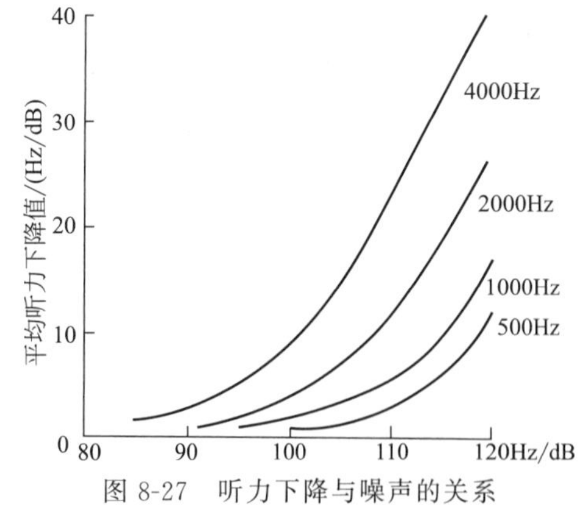

图 8-27 听力下降与噪声的关系

(3) 爆发性耳聋 当听觉器官遭受巨大声压且伴有强烈的冲击波的声音作用时（如爆炸声），使鼓膜内外产生较大压差，导致鼓膜破裂，双耳完全失听，这种耳聋称为爆发性耳聋。

8.2.2.2 噪声对人生理的影响

噪声在 90dB 以下，对人的生理作用不明显。90dB 以上的噪声，对神经系统、内分泌系统、心血管系统和心消化系统均产生不良影响。

(1) 对神经系统的影响 在噪声的作用下，中枢神经功能障碍表现为植物神经衰弱症候群（如头痛、头晕、失眠、多汗、乏力、恶心、心悸、注意力不集中、记忆力减退、神经过敏、惊慌以及反应速度迟缓等）。噪声强度越大，对神经系统的影响越大。

(2) 对内分泌系统的影响 中强度以上的噪声（70～80dB）会对人的内分泌系统产生影响。高强度（100dB）的噪声会使内分泌系统功能失调（暴露时间长）。在噪声刺激下，甲状腺分泌也会发生变化。两耳长时间受到不平衡的噪声刺激时，也会引起一些不良反应，如呕吐等。

(3) 噪声对心血管系统的影响 噪声对心血管系统的影响表现为心动过速，心律不齐、心电图改变、高血压以及末梢血管收缩、供血减少等。噪声对心血管系统的损伤作用，发生在80～90dB噪声情况以上。

(4) 对消化系统的影响 长期处在噪声环境中，会使胃的正常活动受到抑制，导致溃疡病和肠胃炎发病率增高。一项研究表明：肠胃功能的损伤程度随噪声强度升高及噪声暴露年限的增长而加重，噪声大的行业溃疡病发病率比安静环境下的发病率要高出5倍。

8.2.2.3 噪声对人的心理的影响

噪声会引起烦躁、焦虑、生气等不愉快的心理情绪——也就是“烦恼”。由一系列的心理刺激而引起生理反应对健康有害。

8.2.2.4 噪声对语言通信的影响

噪声还可干扰人们相互之间的语言交流。当噪声增大时，人们听到某种特定声音的能力便会逐渐下降，例如，在嘈杂的大厅内，想听懂别人的话就很困难。从许多声音中听清一种声音，取决于对该声音的听觉阈限。一个声音由于其他声音的干扰而使听觉发生困难，需要提高声音的强度才能产生听觉，这种现象称为声音的掩蔽效应。作业区的语言交流质量取决于说话的声音强度和背景噪声的强度，在安静的场所，很微弱的声音都能被听见，如耳语等。

若某职业需要频繁的语言交流，则在1m距离测量，讲话声音不得超过65～70dB，由此可见，为了保证语言交流的质量，背景噪声不得超过55～60dB。如果交流的语言比较难懂，则背景噪声不得超过45～50dB。表8-9所列为办公室内的噪声状况。表8-10为不同地方的噪声允许极限值。

表 8-9 办公室内的噪声状况

办公室	Leg/dB(A)
安静的小办公室及绘图室	40～45
安静的大办公室	46～52
嘈杂的大办公室	53～60

表 8-10 不同地方的噪声允许极限值

噪声允许极限/dB(A)	不同的地方
28	电台播音室、音乐厅
33	歌剧院(500座位，不用扩音设备)
35	音乐室、教室、安静的办公室、大会议室
38	公寓、旅馆
40	家庭、电影院、医院、教室、图书馆
43	接待室、小会议室
45	有扩音设备的会议室

续表

噪声允许极限/dB(A)	不同的地方
47	零售商店
48	工矿业的办公室
50	秘书室
55	餐馆
63	打字室
65	人声嘈杂的办公室

8.2.2.5 噪声对作业能力和工作效率的影响

在噪声环境里，人们心情烦躁，工作容易疲劳，反应迟钝，注意力不易集中等都直接影响作业能力和工作效率。

8.2.2.6 对睡眠的影响

噪声干扰正常的休息，有害健康。见图 8-28。

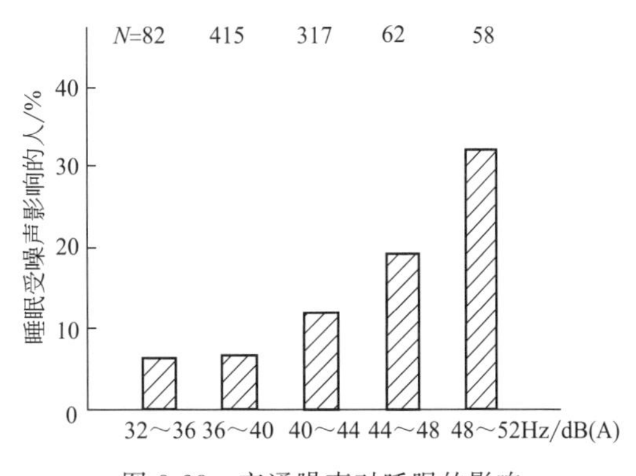

图 8-28 交通噪声对睡眠的影响

8.2.3 噪声控制

噪声能够对人体产生不良影响，但要完全消除生产性噪声，既不经济也不可能。将噪声强度控制在一定范围内，是防止噪声危害的重要措施之一。我国发布并实施的《工业企业噪声卫生标准》规定，工业企业的生产车间和作业场所的工作地点的噪声允许标准为 85dB，现有企业暂时达不到这一标准的，可以放宽到 90dB。另规定接触噪声不足八小时的工作，噪声标准可相应放宽，但无论接触时间多短，噪声强度最大不得超过 115dB。

实行噪声控制，可以从噪声防护设计、声源控制、阻止噪声传播、个人防护等方面入手。

(1) 防护设计 设计噪声防护的重要技术性步骤是选用消声的建筑材料和在建筑内合理地布局房间。所以噪声防护工作在绘图板上就已开始了，离噪声源越远，噪声强度衰减就越大。所以，办公室、绘图室和任何进行脑力作业的房间应尽量远离交通噪声。在进行设计时，应使噪声大的房间尽量远离要求集中精力和技能的房间，中间用其他房间隔开，作为噪声的缓冲区。

涉及两个房间的隔层时，应考虑墙、门、窗以及天窗等对噪声的隔声作用。

(2) 控制噪声源 选用噪声小、不共振的材料、合理设计传动装置等措施来使振动体降低噪声或者可以通过加固、加重产生噪声的振动体来降低噪声。如重型机械必须牢固地固定在水泥和铸铁的地基上。

(3) 阻止噪声传播 选用合适的材料建造噪声源隔声罩或隔声间，可使噪声降低 20～30dB。一般隔声墙内壁应安装吸声材料，墙的自重要大，以保证隔声的效果。为了便于电源引线安装和维修，可在隔声墙上开口；但一般而言，开口的面积不得超过整个隔声间面积的 10%。各种建筑面的隔声效果见表 8-11。

表 8-11　各种建筑面的隔声效果

材料种类	隔声作用/dB	说明
普通单门	21～29	听懂说话
普通双门	30～39	听懂大声说话
重型门	40～46	听到大声说话
单层玻璃窗	20～24	
双层玻璃窗	24～28	
双层玻璃，毛毡密封	30～34	
隔墙，6～12cm 砖	37～42	
隔墙，25～38cm 砖	50～55	

在采取了声源消声、声源隔声等措施以后，房间的消声还可采用吸声材料和吸声结构，如房间的墙和顶棚上安装吸声材料，进一步消除噪声。吸声板的作用是吸收部分声能，可以减少声音反射和回声影响。在以下情况下应考虑安装吸声板：

① 安装吸声板后可使厂房内回声时间下降 1/4，办公室回声时间下降 1/3；

② 房间高度低于 3m；

③ 房间高度高于 3m，但体积小于 $500m^3$。

目前吸声板主要用于 $500m^3$ 以上的办公室、财务室、银行和出纳室等。目前在作业间和厂房内装吸声板的效果尚不清楚，测量也较困难。在操作机器时，作业者离噪声源越近，越是主要受直接噪声传播的影响，噪声反射的作用较小，因此，吸声板的作用不明显。只有当作业者离噪声源有一定的距离时，安装吸声板才会有一定效果。不同材料的吸声系数见表 8-12。

表 8-12　不同材料表面的吸声系数

材料	频率/Hz			
	125	500	1000	4000
上釉的砖	0.01	0.01	0.01	0.02
不上釉的砖	0.08	0.03	0.01	0.07
粗糙表面的混凝土块	0.36	0.31	0.29	0.25
表面涂刷过的混凝土块	0.10	0.06	0.07	0.08
铺地毯的室内地板	0.02	0.14	0.37	0.65
混凝土上面铺有毡、橡皮或软木	0.02	0.03	0.03	0.02
木地板	0.15	0.10	0.07	0.07
装在硬表面上的 25 厚的玻璃纤维表面	0.14	0.67	0.97	0.85
装在硬表面上的 76 厚的玻璃纤维表面	0.43	0.99	0.98	0.93
玻璃窗	0.35	0.18	0.12	0.04
抹在砖或瓦上的灰泥	0.01	0.02	0.03	0.05
抹在板条上的灰泥	0.14	0.06	0.04	0.03
胶合板	0.28	0.17	0.09	0.11
钢	0.02	0.02	0.02	0.02

(4) 个人防护措施 使用个人防护用具，是减少噪声对接受者产生不良影响的有效方法。防护用具常用的有橡胶或塑料制的耳塞、耳罩、防噪声帽以及塞入耳孔内的防声棉（加上蜡或凡士林）等。不同材料的防护用具对不同频率噪声的衰减作用不同，因此应根据噪声的频率特性，选择适宜的防护用具。

用人体工程学指导室内声环境设计方面，应采用吸声或隔声等措施保证卧室和客厅等居室环境的噪声不大于 50dB。

8.3 触觉与触觉环境设计

皮肤的感觉即为触觉，它包括痛觉、温度觉和触压觉等，这几种感觉常常混在一起，在感觉上将它们严格地区分开来是相当困难的。触觉的问题主要是对痛觉、触压觉和温度感觉等问题的处理。因此触觉问题也就主要表现为解决疼痛、温度和压力的问题。

痛觉、温度觉和触压觉的感受器呈点状不均匀地分布于全身。

痛觉的感受器除了皮肤上的痛点外，几乎遍布于身体的所有组织中。痛觉是对机体的一种保护性的机能。

在体表的同一部位，痛点最多，压点其次，温点最少，从全身来看，各种感觉点的分布也各不相同。鼻尖的压点、冷点和温点最多，胸部的痛点最多。

触压觉的敏感部位是舌尖、唇部和手指等处较高，而背部、腿部和手背等处较不敏感。触压觉对人类生存尤为重要。假若一个人没有触压觉，将既不会站，也不会坐，甚至食物放在口中也不能吞咽，是无法生存下去的。

人的感受性会由于刺激的持续作用而发生变化，这种现象叫作适应。它是感觉受刺激时间影响的结果。适应现象是感觉中的普遍现象。刚刚穿上棉衣时会感到有几斤重量的压力，经过一段时间就觉察不出来了，这就是触压觉的适应。当你在秋季进入河水的时候，最初一瞬间会觉得水很冷，经 2～3min 后，就觉得不那么冷了，这是一种温度觉的适应。古人云：“入芝兰之室久而不闻其香，入鲍鱼之肆，久而不闻其臭”这是嗅觉适应现象。这种适应现象，除痛觉外，几乎在所有感觉中都存在，但适应的表现和速度是不同的。视觉适应中的暗适应约需 30min 以上，明适应约需 1min；听觉适应约需 15min；味觉适应约需 30s。

触觉的特性对于盲人来说更为重要，除了盲文等的研究外，室内环境的无障碍设计就是利用触觉的空间知觉特性。人们在道路的边缘、建筑物的入口处、楼梯第一步和最后一步以及平台的起止处、道路转弯处等地方，均设置了为盲人服务的起始和停止的提示块和导向提示块。

此外，在家具及室内装修设计中，也考虑了触觉特性的要求。如对椅面、床垫等材料的选择，均注意了“手感”的要求，使材料有一定的柔软性。对于经常接触人体的建筑构配件以及建筑细部处理，也经常要考虑触觉的要求，如楼梯栏杆、扶手等材料的选择，护墙或护墙栏杆等材料的选择，墙壁转弯处，家具和台口的细部处理，都要满足触觉的要求。

8.3.1 痛觉

痛觉是最普遍分布全身的感觉，各种刺激都可以造成痛觉。凡是剧烈性的刺激，不论

是冷、热接触或是压力等，触觉感受器都能接受这些不同的物理和化学的刺激，而引起痛觉。组织学的检查证明，各个组织的器官内，都有一些特殊的游离神经末梢，在一定刺激强度下，就会产生兴奋而出现痛觉。这种神经末梢在皮肤中分布的部位，就是所谓痛点。每一平方厘米的皮肤表面约有 100 个痛点，在整个皮肤表面上，其数目可达一百万个。痛觉的中枢部分，位于大脑皮层。机体不同部位的痛觉敏感度不同：皮肤和外黏膜有高度痛觉敏感性；角膜的中央具有人体最痛的痛觉敏感性。痛觉具有很大的生物学意义，因为痛觉的产生，将导致机体产生一系列保护性反应来回避刺激物，动员人的机体进行防卫。

人和环境交互作用的过程中，环境的过强的刺激就会引起痛觉，如眼痛、耳痛、头痛等。痛觉与室内界面的关系，要求室内构配件和局部设计，凡是直接接触皮肤的部位保持光滑，无刺伤的危险，如扶手、台口、墙角、家具拉手和开关等。

痛觉与环境振动的关系，要避免振源的持久振动引起皮肤或内脏的持久钝痛，轻者使人麻木，重者会损伤人的器官。

痛觉与环境噪声的关系，主要防止强噪声对人耳的刺痛和损伤，如果噪声源不能控制时，则要做好个体防护。

痛觉与局部过热的关系，要防止蒸汽等热源的烫伤。

8.3.2 温度觉

温度觉包括冷觉和温觉，刺激温度的范围是－10～60℃，超过这个范围不产生温度觉，而会引起痛觉。由于皮肤表面温度是 32℃左右，故 32℃左右的温度刺激不产生冷或热的感觉，这个温度叫作生理零点。温度觉可以调节体温适应环境。

在人和环境交互作用过程中，与室内设计相关的是室内的供暖、送冷、通风的标准和质量。也就是创造适合人体需要的健康的室内热环境。

(1) 供暖 冬季供暖首先考虑室外的热环境，根据个人差、衣着差、职业差的特点，根据国家采暖规范确定供暖标准，确定室内合适的温度。使室内供暖温度高一点，但不宜太高，否则从室内到室外会感到更加寒冷。

确立室温后的下一个问题就是温度的分布。由于室温的自然现象，从地面到顶棚垂直方向上，不同部位的差异是很大的。由于房间的部位不同，室内温度变化幅度也是相当大的，房间和走廊不一样，厕所、浴室和居室不一样。在住宅中，若其中只有一间卧室供暖时，与相邻的门厅、厕所、浴室的温度差可达 10℃以上。这就增加了人体的调节负担，如图 8-29 所示为自 19℃房间移到 8℃房间血压的变化。

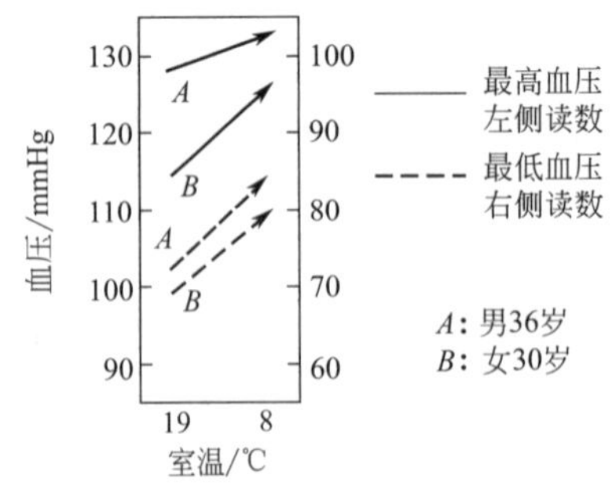

图 8-29 自 19℃房间移到 8℃房间血压的变化

基于上述的考虑，采暖供热的问题是温度的均衡分布，对于温差太大的情况，可采取局部采暖。另外力求充分发挥热效能，一些为了装修效果将暖气封闭起来的做法是不可取的。

由于冬季供暖空气干燥，这就容易使流感病毒繁衍，故供暖时要考虑一定的湿度，以利健康。在热环境方面，应对冷热感和湿度感均予以关注，室内的冷热感、湿度感对人体有着直接的影响。研究人员经过研究，提出了室内热环境舒适值的主要参考指标（见表8-13）。一般温度允许值为12～32℃，湿度为15%～80%，但可以通过空调予以调节，实现最佳值，室内温度冬季20～22℃，夏季22～25℃；湿度冬季30%～45%，夏季30%～60%。在不使用空调的情况下，当周围的温度高于或低于这些舒适值时，人体的皮肤就要进行散热或吸热，同时还需要通过添加或减少所穿的衣服来调节。在室内设计时，尤其在使用空调的情况下，如表8-13中所列的数值就成为热环境设计的重要依据。

表8-13 室内热环境的主要参考指标

项目	允许值	最佳值
室内温度/℃	12～32	20～22(冬季);22～25(夏季)
相对湿度/%	15～80	30～45(冬季);30～60(夏季)
气流速度/(m/s)	0.05～0.20(冬季);0.15～0.90(夏季)	0.1
室温与墙面温差/℃	6～7	<2.5(冬季)
室温与地面温差/℃	3～4	<1.5(冬季)
室温与顶棚温差/℃	4.5～5.5	<2.0(冬季)

(2) 送冷 夏季送冷，与供暖相反，供暖宁愿超过一些而不要不足，送冷则宁愿不足，而不要使室内温度降得过低。过冷会使人感到不舒服，而且再到室外会感到更加热，一般室内、外温度差控制在5℃以内，最多也不超过7℃，如果温差过大，会使人感到不适，年纪大或体弱的人还可能引起疾患。其次要注意气流问题，从空调的出风口或室内冷气设备的出风口直接送出来的风，在2m处的风速也有1m/s。而且冷气只有16～17℃，所以在出风口处会因过强的冷风直吹感到过冷，容易生病，故要避免出风口直接对着人体。尤其是一些人们长时间停留的位置，如办公桌、床等。

(3) 通风 通风与换气的方法有自然通风和机械通风（或空气调节）两种。自然通风是借助于热压或风压使空气流动，使室内空气进行交换，而不使用机械设备。一般应尽可能采用自然通风，不仅节省设备和投资，而且更有利于健康。即使在冬季，适当地进行自然通风或换气，也会防止病毒的传播。在夏季，自然通风也有助于人体发汗，增强舒适感。只有当自然通风不能保证卫生标准或有特殊要求时，才用机械通风或空气调节来解决。

8.3.3 触压觉

人的身体与承托面接触面积的大小是家具设计中经常会遇到的问题。人的动作力与受力面大小的关系，常发生在各种拉手上（图8-30），如果拉手设计得过窄，会使人使用起来很不舒服。如推拉门拉手的设计，一般拉手的长度取决于手掌的宽度，5%的女性和95%的男性手掌宽在71～97mm，因此较适合的把手长度是100～125mm。过小的拉手，易使人手受力过大，产生痛觉感（图8-31）。

人体的皮肤与肢体的受力是有限度的，如食指受力约16kg、中指约21kg、小指约10kg。超过限度会造成疼痛的感觉，甚至造成肢体的损伤。问题的重要性还不仅仅在于此，因为受力的问题会间接影响到其他功能的实现，比如在建筑与家具的设计中，因为受到审美风格的影响，存在着大量的尖锐、纤细的造型设计，如栏杆、拉手。一旦出现意外情况，如结构的故障，很难说这些部件能够达到使用要求。

图 8-30　家具拉手

图 8-31　过小的拉手

8.3.4　质地环境

材料的运用直接与人们的生活相关。如一些公共建筑采用石材作地面和墙面的材料，虽然感官的效果不错，但是有些石材会有放射性，经常超过允许的标准，对人体健康造成危害。光滑的地面会使人行走时提心吊胆，甚至滑到跌伤。在近人的墙面装饰是为了美观，采用粗糙而坚硬的表面材料，易使人挫伤、碰伤。还应强调的一个问题是，防火安全的因素应成为装修材料设计时必须考虑的问题，对于容易引起火灾的或在火灾中可引起有毒物质产生的材料应该禁止使用。因此，质地、材质的选择是一个项科学严谨的工作。

8.3.4.1　选择体感好的材料

(1) 体感好的材料具有的特点　在冷天人们的皮肤接触浴室里冰冷的物品时，身体觉得发冷会产生一种畏缩的感觉。如冬天为了避免坐便器的坐垫太冷，往往设计时就会增加坐垫套或采用其他的加热措施来提高温度。人们之所以会感到发冷，或者感到温暖，是因为在人的皮肤上分布有称作冷点和热点的组织，它们对周围的温度敏感，使人产生了冷或热的感觉。

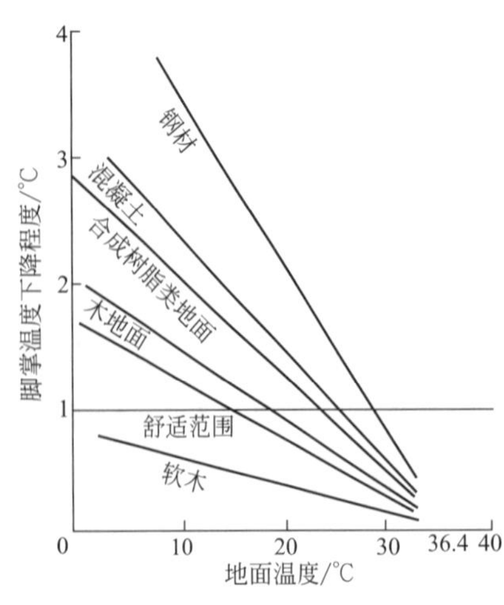

图 8-32　脚掌和地面装饰材料之间温度下降曲线

在住宅内，皮肤经常直接接触的地方很多，这些地方使用什么材料，才不至于在冷的时候使人感到不适，关于这个问题万德尔海德提出了很有趣的答案：当皮肤接触物质的时候，之所以产生不愉快的感觉，是由于接触的瞬间，皮肤温度迅速下降所致。其下降的程度，因材料而异，于是就会产生舒服或不舒服的不同感觉。他还实际测量了在脚掌和地面装饰材料之间温度下降的情况，发表了如图 8-32 所示的曲线。

当地面温度为 20℃时，如果是木地板，则脚掌温度下降接近 1℃，如果是软木，则脚掌温度下降更少，如果是合成树脂或混凝土地面温度下降的就多。可见材料不同，温度下降的程度不同。因此，脚掌的瞬间下降温度如能在1℃以内则对人才是适宜的。

皮肤的触觉也并不单纯由表面温度条件来决定，材料表面的凸凹也有影响。例如，在湿的浴室入口和卫生间，地面上用粗糙的草垫子（图8-33），比起光滑的材料，触感要好些。反之，汗津津地在潮湿地方去接触表面光滑的材料也会使人感到不舒适。

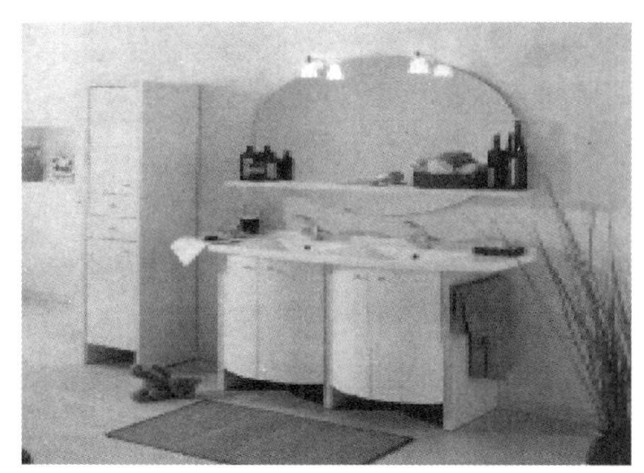

图8-33　卫生间的地面上采用粗糙的垫子

(2) 木材的触觉特性　木材的触觉特性包括以下四个方面。

① 冷暖感。由材料导热系数、皮肤与材料界面间的温度变化以及垂直于该界面的热流量对人体感觉器官的刺激结果来决定。木材及木质人造板在各种材料中属于略有温暖感的材料。

② 软硬感。与材料的抗压弹性模量有关，木材属于中等或略硬的材料。

③ 干湿感。与冷暖感、粗滑感有很高的相关性，暖和、光滑的材料有干燥感，而给人冷、粗感觉的材料有种潮湿感。玻璃、金属等给人潮湿感，而木材、纤维给人干燥感。

④ 粗糙感。由其导管直径大小、年轮宽度以及表面的粗糙度等因子决定。影响木材表面粗糙度的主要因素有：树种、加工方法、切面和木材的表面组织构造等。

由于木材触感好，家居中被广泛应用。短时间接触的拉手，可以用塑料以及金属材料，但长时间使用的桌面、椅面（与人体接触的座面、扶手以及靠背）以使用木质材料为好。用厚度为0.2～6mm的单板覆盖其他材料，薄单板表面的温冷感受下面基材的导热系数影响较大，单板厚为6mm时，下面基材的导热系数对温冷感几乎不再有影响。因此在设计非木质家具，并考虑人体接触面的贴面材料厚度时，木质材料的厚度大约以6mm为宜。如图8-34所示为木质材料用于室内装饰用的实例，在过道的墙壁上装饰触感好的木质材料，既起到装饰作用，又保证了在人常接触的地方避免弄脏墙面。

8.3.4.2　地板发滑会使人极度疲劳

塑料方砖、石材或像水磨石一类的人造石材都是易打滑的材料，在行进中跌倒，是很危险的。关于地板打滑的问题，更多考虑的还是对腿和脚引起的疲劳问题。正因为把注意力始终集中在防止摔跤上，腿的肌肉相当紧张，很容易引起疲劳。从侧面进行观察发现，在这种情况下步距要比正常时小10cm。迈小步是为了保持脚掌同时着地。

下面分析一下打滑的原因。如图8-35所示，当脚跟接触地面的一瞬间，在地面和脚跟之间，作用着一个水平方向力，人是否打滑要看这个力和阻止打滑的阻力两者之间是否平衡。如果水平方向的力大，则打滑。如果阻止打滑的阻力大，则偏于安全。

图 8-34 木质材料用于室内装饰实例

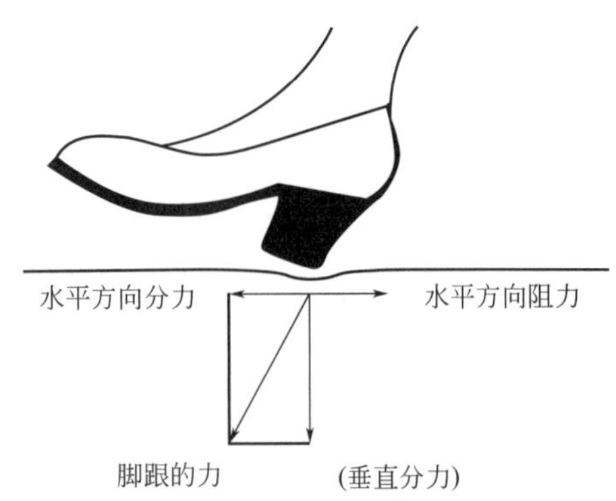

图 8-35 脚跟打滑

能防止打滑的阻力中包含了两个力，一个是一般熟知的脚跟和地面装修材料之间的摩擦力，另一个是由身体重量引起的地板和脚跟两者都有的微小变形，并由这种变形而产生的一种“卡”力。

为了保持较大的摩擦力，在地板上不要多打蜡，也注意不要洒上水和油。

为了增加卡的力量，地板采用软的材料较好，例如，软木地板。迈小步走路，当然水平方向的力就小些，结果就不容易滑倒。

8.3.4.3 防止静电

静电会带来危害，当它积累到一定数量时，就会放出火花。人体之所以有静电，在走路时鞋底和地板摩擦是一个很重要的原因。在这种情况下，人体上产生的电压虽然因材料不同而异，但据说有时甚至可达 10000V 以上。若是一般情况下，电加到这样高的电压，那是很危险的，但是由于电流很小，还是安全的。关于电火花，当人体电压达到 3000V 以上时，就会和门的金属把手之间产生放电。当人们想要开门时，“吧”的一声，手指尖感到有些刺痛（图 8-36），被静电“打”了。在一、二月份空气干燥的时候，这种令人不愉快的现象发生较多。

图 8-36 开门时被静电“打”

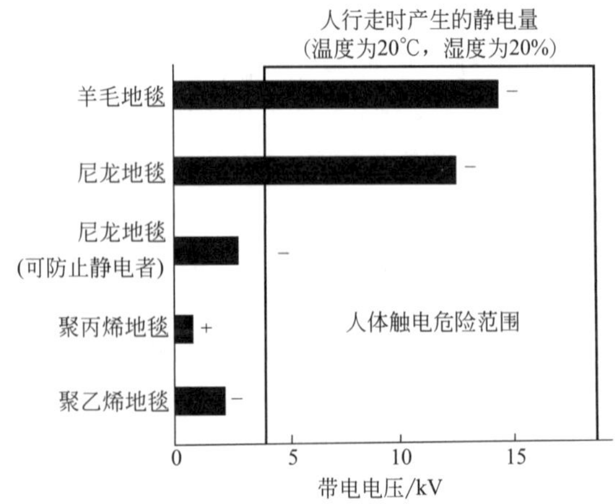

图 8-37 在各种地毯上行走时带上的静电量

为了防止这种现象，可以采用很多方法，首先需要研究地面的装修材料。图 8-37 所示为生产地毯的 M 公司发表的人在各种地毯上行走时可能带上的静电量的实验数值。由图 8-37 可知，羊毛和尼龙地毯在空气干燥时产生的静电量大，而且容易放电。与此相反，近来开始常用的聚丙烯，以及过去一直用的乙烯树脂等在这个问题上可以大体使人放心，不论哪一种地毯，在冬季使用时不需要注意。

防止产生静电的另一种方法是控制湿度。如果室内湿度高，就不易产生静电。例如，当室内温度为 20℃、湿度大于 60%时，就不易发生静电“打”人的现象。

8.3.4.4 地面材料硬度对人体的影响

人在大理石、通体砖和水磨石材等硬质板材上行走时常感觉不舒服。一方面是由于行走时的冲击力和振动通过脚跟传至关节和头部引起不舒适感。另一方面是由于腿脚部肌肉受力而产生疲劳所造成的。腿脚部肌肉的收缩程度（肌电图大小）因地板硬度的不同而不同，硬度越大，肌肉疲劳越大。

日本学者提出用以下方法来确定地面材料硬度的问题，以此来评价地面材料硬度对人的影响，并为地面材料的选择提供依据。方法是以 70kg 重的钢球从 60cm 高处自由落下到地面后第一次反弹的高度表示地面材料硬度，从而反映人体步行时头部的舒适度，通过研究发现地面材料硬度以 4.5～12cm 为宜（木材硬度）。通过以上方法测得的几种主要地面材料硬度，见表 8-14。

表 8-14　主要地面材料的硬度值

地面材料	硬度/cm
木材	4.5～12
聚乙烯地板革	4.5～18
油毡(软革)	3～8.5
油毡(硬块)	6～16
橡胶块	5～9.5
瓷砖	17～33
花岗岩	21～41
水磨石	16～26
水泥(水磨石块)	32～46
水泥(灰浆)	17～20
地毯	2.5～9

8.3.5 地板的选择

地板已经成为地面材料的主角，在家装中占据的位置越来越重要，地板材料的好坏对家装的成败影响也很大。目前建材市场上主要有实木地板、实木复合地板、强化复合木地板、软木地板和竹地板五种材料的地板可供选择，这五种地板各有千秋，各具特色。

8.3.5.1 实木地板

实木地板以“环保、自然”取胜。

顾名思义，实木地板是木材经烘干、加工后形成的地面装饰材料。实木地板保持天然材料——木材的性能，材质性温，脚感舒适，亲近自然，可以保持原料自然的花纹，实木

地板是由天然树木制成，因而“环保”是其一大特点。在崇尚自然、返璞归真的当今，其更受青睐。

实木地板的材料取自的树种非常多，因而价格差异很大，珍贵的有花梨木、柚木，较普通的有槭木、柞木、水曲柳，价廉的有杉木、松木等。目前装饰材料市场上实木地板的种类主要以企口地板为主。

实木地板最大缺点是容易变形，这也成为购买的障碍。对商家来说，售后服务麻烦。实木地板不宜在湿度变化较大的地方使用，否则易发生胀、缩变形。

8.3.5.2 强化复合木地板

强化复合木地板，又称浸渍纸层压木质地板，是以一层或多层专用纸浸渍热固性氨基树脂，铺装在高密度纤维板或刨花板等人造板基材表层，背面加平衡层，正面加耐磨层，经热压而成型的地板。

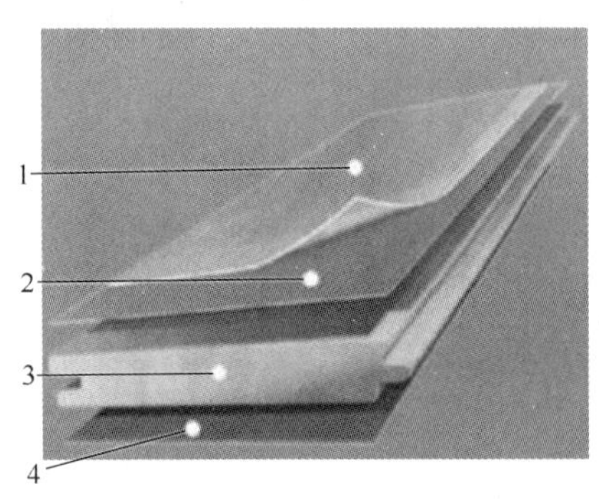

图 8-38 强化木地板结构示意图
1—耐磨层（表层纸或透明纸）；2—装饰层；3—芯层；4—平衡层

(1) 强化复合木地板结构 标准型强化复合木地板主要由耐磨层、装饰层、芯层和平衡层组成（图 8-38）。

① 耐磨层。强化复合木地板的表层又称耐磨层，表层耐磨纸在强化复合木地板的表面，提供透明、耐磨、防水防火的保护性能。

强化复合木地板的表层纸中含有三氧化二铝高耐磨材料，其含量的高低与耐磨性成正比。Al_2O_3 是白色晶状粉末或固体，氧化铝是构成白刚玉、红宝石、蓝宝石的主要成分，故也有人称之“宝石粉”。强化复合木地板的耐磨性主要取决于这层透明的耐磨纸，耐磨性以每平方米表层 Al_2O_3 的克数衡量，普通居室使用的浸渍纸层压木质地板，其表层 Al_2O_3 的用量多为 $32g/m^2$ 或 $45g/m^2$；而用于人流量较大的公共场所的浸渍纸层压木质地板，其表层 Al_2O_3 的用量达 $62g/m^2$。但耐磨材料含量不能过高，一般不大于 $75g/m^2$。因为 Al_2O_3 是矿物质材料，含量过高（尤其是大于 $75g/m^2$ 之后）表面就缺乏韧性，容易发脆，同时由于其遮盖作用会影响下层装饰纸的清晰性，对刀具的硬度和耐磨性要求也相应提高。

强化复合木地板的耐磨性直接取决于其表层三氧化二铝的含量，中国国家标准 GB/T 18102—2007《浸渍纸层压木质地板》中将强化木地板按表面耐磨性分为家用级和商用级，其中商用级表面耐磨≥9000 转；家用Ⅰ级表面耐磨≥6000 转；家用Ⅱ级表面耐磨≥4000 转。

② 装饰层。强化复合木地板第二层是装饰层，是用三聚氰胺树脂浸渍过木纹装饰纸，或是模仿各种石材的石纹装饰纸或具有其他特殊图案的装饰纸，具有较强的抗紫外光的能力，经过长时间照射后不会引起褪色。

装饰纸的定量一般在 $70\sim90g/m^2$。

③ 芯层。强化复合木地板的第三层是基材层，即芯层，常采用 7～8mm 厚的高密度纤维板（HDF）。

由于强化复合地板品质的优劣在一定程度上取决于基材的质量，所以一般对基材的要求较高，要求作基材的高密度纤维板的内结合强度、静曲强度均要高，且表面平整、密度均匀、游离甲醛含量少、含水率适中、防潮性能好等。用于基材的高密度纤维板密度通常要达到 0.85g/cm^3 以上。

④ 平衡层。强化复合木地板的第四层是平衡层，一般采用具有一定强度的厚纸浸渍三聚氰胺树脂或酚醛树脂，平衡纸定量一般在 120g/m^2。

平衡纸的主要作用：

a. 使产品具有平衡和稳定的尺寸，防止地板翘曲；

b. 增强抗潮、抗湿性能，可以阻隔来自地面的潮气和水分，从而保护地板不受地面潮湿的影响，进一步强化了底层的防潮功能。

(2) 强化复合木地板的主要特点 强化复合木地板的主要优点有以下几点。

① 耐磨。由于浸渍纸层压木质地板表面的特殊结构，使该地板表面耐磨性很好（图 8-39），为一般木地板的 10～20 倍。故很多大型商场都采用浸渍纸层压木质地板来作地面材料。

图 8-39 用钥匙划检验强化复合木地板优良耐磨性

② 稳定性好。由于其基材是中密度板，故内部结构均匀，密度适中，尺寸稳定性好。不会产生实木地板等经常容易出现的热胀冷缩、结构不稳定的问题；目前在我国的绝大部分地区（南方除外），家庭装修时都会安装地暖或地热设施，从稳定性来看，实木地板是不适于地暖环境的，而浸渍纸层压木质地板较适于地暖环境的铺设而不会变形。

③ 耐热、耐污染腐蚀、抗紫外光、耐香烟灼烧。

④ 花色品种多，色彩典雅大方。强化木地板的花纹是由装饰纸决定的，装饰纸采用的是电脑仿真印花图案为装饰材料，故花色多，品种多。不像实木地板的花纹是固有的一种，所以这就为地板的视觉表现提供了极大的空间。强化复合木地板不仅可以有实木地板的纹理，也可以设计成软木地板、拼花地板等多种图案和风格，能与各种家居装修风格相匹配。

⑤ 经济性。价格较实木地板低廉很多，属于经济适用型地板。

⑥ 安装简捷，保养方便。该地板采用悬浮铺设方法，不需龙骨和钉，方便，铺完后，可在接缝处涂一层蜡，耐久性更佳。

⑦ 符合保护森林资源的低碳环保要求。强化复合地板以 HDF 或刨花板为基材，主要利用的是“次、小、薪材”制造，既是木材综合利用产品，又是 MDF 和刨花板的增值产品。

图 8-40 遇水或暴晒等都可能产生反翘变形

强化木地板的缺点：

① 强化木地板一旦表层胶合不劳，会翘起。

② 遇水或暴晒等都可能产生反翘变形现象（图 8-40）。

③ 地板若甲醛超标，会污染环境。现国

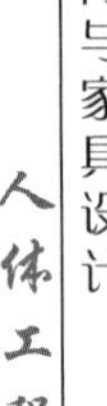

家行业部门为保证人们身体健康，加强甲醛释放量的限制（表 8-15），为消费者提供了更为健康的地板。

表 8-15　甲醛限量值

产品名称	试验方法	限量值	国标（GB 18580—2001）	日本标准(2008 年由日本农林省公布的 JAS936 号)
饰面人造板(包括浸渍纸层压木质地板、实木复合地板、竹地板、浸渍胶膜纸饰面人造板等)	干燥器法	≤0.3mg/L		F☆☆☆☆
		≤0.5mg/L	E_0	F☆☆☆
		≤1.5mg/L	E_1	F☆☆
		≤5.0mg/L	E_2	F☆

目前，市场上最高甲醛限量等级标准——F4 星等级，为消费者选购家装材料提供了环保标准依据。达到 F4 星等级的制品甲醛释放限量平均值低于 0.3mg/L，不仅对人体不会产生任何危害，而且可认定室内使用面积没有限量。这一限量值甚至远低于我国现行饮用水中 0.9mg/L 的限量值。

8.3.5.3　实木复合地板

实木复合地板分为三层实木复合地板、多层实木复合地板两种。

(1) 三层实木复合地板　三层结构实木复合地板是指以实木拼板为面层、实木条为芯层、单板为底层制成的企口地板（图 8-41）。该产品为三层结构，面层和底层纵向排列，芯层则横向排列。

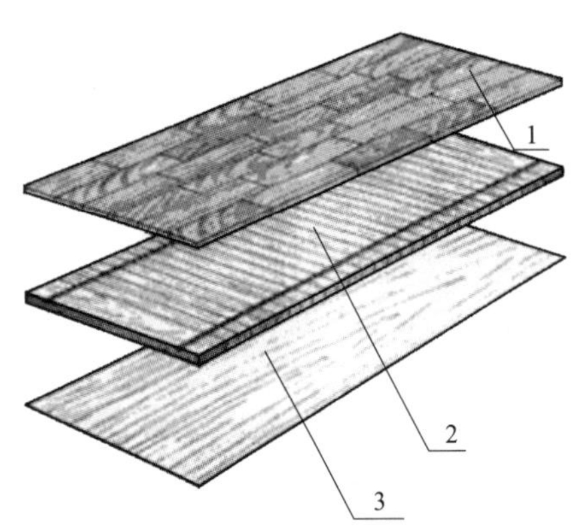

图 8-41　三层结构实木复合地板结构示意
1—表层；2—芯层；3—底层

1）三层实木复合地板结构

① 面层（表板）。面层采用珍贵树种硬木，厚度一般为 3.5mm 和 4mm，既保留了木材的天然纹理，又可经过多次砂磨翻新，确保地板的高档次和较长的使用期；如果面层很薄，表层漆膜损坏后就无法修复，缩短了使用寿命。因此三层结构实木复合地板面层的厚度决定其使用寿命，面层板材越厚，耐磨损的时间就长，欧洲三层结构实木复合地板的面层厚度一般要求到 4mm 以上。三层结构实木复合地板价格主要是根据面层木板条的树种和花纹来定位的，面层树种材质好，花纹越整齐，价格越贵；反之，面层木板条的树种材质差一些，缺陷越多，价格也较便宜。

② 芯层（芯板）。芯层为平衡缓冲层，应选用质地软、弹性好的树种。常采用白松、杨木等较软的木材。软质木材弹性足、比热容大，细胞间隙气体多，使整块地板的弹性好，足感舒适，隔声效果佳，保温效果好。芯层由锯制板条组成，板条常用厚度为 8mm 或 9mm。

③ 底层（底板）。底层采用旋切单板。也应选用质地软、弹性好的树种。树种多为杨木、松木等廉价树种的单板。底板单板厚度的常见厚度规格为 2.0mm。

2）三层结构实木复合地板的特点

① 相邻层木纹纵横排列，能够有效分解木材内应力，减少地板的变形量，大大地提

高了地板的尺寸稳定性，克服了传统实木地板单向结构易受潮变形的缺点。

② 三层结构实木复合地板规格较大，安装简便快捷，整体效果好。

③ 用少量的优质木材起到实木装饰效果，木材的花纹典雅大方，脚感舒适。但如果粘接质量把关不严和使用维护不当，会发生开胶；由于常使用脲醛树脂胶粘接，板内含有的一定量的甲醛会在使用过程中释放，若胶黏剂的质量不高，则易产生甲醛超标。

按照GB/T 18103—2000《实木复合地板标准》，三层结构实木复合地板分为优等品、一等品和合格品三个档次。其主要质量指标要注重以下几项。

a. 地板的外观质量要求。

b. 产品的规格尺寸和尺寸偏差。三层结构实木复合地板的长度常为2100mm和2200mm；宽度为180mm、189mm和205mm三种；三层结构实木复合地板的厚度为14mm、15mm。经供需双方协议可生产其他幅面尺寸的产品。

另外应检查表板拼接的缝隙，观察地板的拼接是否严密，以及相邻板的高度差是否低。

c. 理化性能指标应符合GB/T 18103—2000的要求。实木复合地板兼具实木地板的美观性与复合木地板的稳定性，而且具有相对环保优势，实木复合地板解决了实木地板易变形的缺陷，而且脚感舒服，让消费者能享受到大自然的温馨。

(2) 多层实木复合地板 多层实木复合地板是以多层胶合板为基材，以装饰单板为面板，通过脲醛树脂胶层压而成。此种地板由于基材是由相邻层单板纤维方向互相垂直排列，尺寸稳定性较好。

1) 多层实木复合地板主要优点有：

① 改变了木材单向同性的特性，使地板趋于各向同性，因而稳定性相当好，不易变形；

② 继承了实木地板典雅自然、脚感舒适、保温性能好的特点；

③ 从保护森林资源角度看，节约了大量的名贵木材；

④ 价格相对低廉，性价比较高，适合工薪阶层的消费水平。

2) 主要缺点为：

① 胶层多，开胶概率相对比较大；

② 由于胶层较多，胶黏剂如果质量不高，易造成甲醛释放量超标。绿芯基材是多层实木复合地板是否环保的一种标志，多层实木复合地板能否达到环保标准，很重要是看基材用胶能否达到标准，基材使用了超低甲醛释放量的环保胶，使基材更加环保，尤其在地热环境下，温度越高，甲醛释放越多，所以绿芯基材受到人们的宠爱。应增加对技术要求和对原材料（如黏合剂）的质量要求，生产和购进 E_0 标准或F4星地板基材，为消费者提供了更为健康的地板。甲醛限量值见表8-15。

8.3.5.4 软木地板

软木制品的原料是生长在地中海沿岸的橡树的树皮。人们最熟悉的软木制品就是葡萄酒瓶的软木塞、羽毛球的头部等。其主要特性是质轻、浮力大、伸缩性强、柔韧抗压、不渗透、防潮防腐、传导性差、隔热隔声、绝缘性强、耐摩擦、不易燃、可延迟火势蔓延、不会导致过敏反应。

软木的另一个大用途就是制作地板（图8-42）。用软木加工成的地板，能够满足人们对

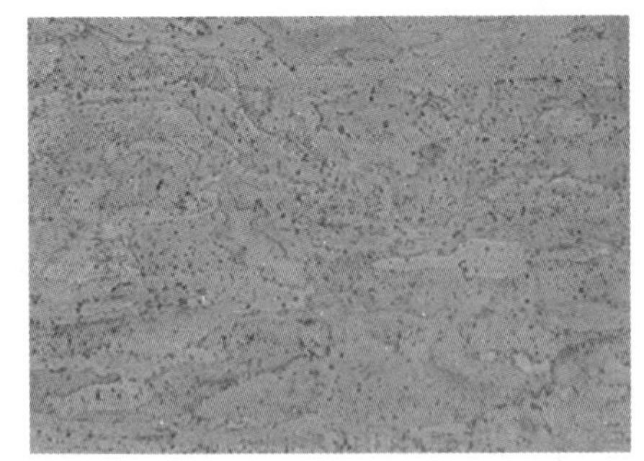

图 8-42　软木地板

地板温暖、柔软、无害，噪声低的要求，尤其是软木地板的隔声功能更为突出。

(1) 软木地板的原料　软木不是木材，是橡树的树皮（图 8-43）。橡树是一种特殊的树种，如果定期采剥它的树皮，它不但不死，还可以长出新的树皮。每立方厘米的软木含有 4000 万个细胞，在显微镜下人们可以看到软木是由成千上万个犹如蜂窝状的死细胞组成（图 8-44），细胞内充满了空气，形成了一个一个的密闭气囊。在受到外来压力时，细胞会收缩变小，细胞内的压力升高；当压力失去时，细胞内的空气压力会将细胞恢复原状。正是这种特殊性的内在结构，使得软木产品有着极强的韧性。目前建材市场上出售的软木地板主要有三种，它们的特点各异。

图 8-43　橡树的树皮

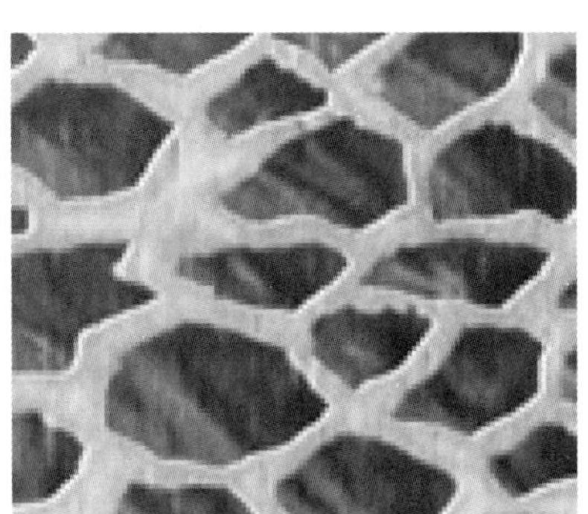

图 8-44　显微镜下的软木组织

第一种是纯软木地板，厚度在 4～5mm，如果只拿一小块来看，很像是防潮垫，从花色上看非常粗犷、原始，并没有固定的花纹，与人们平时熟知的条纹状地板有很大的不同，花色虽有几十种之多，但区别并不是十分明显；它最大的特点是用纯软木制成，质地纯净，非常的环保。它的安装方式采用粘贴式，即用专用胶直接粘贴在地面上，施工工艺比较复杂，对地面要求也较高。

第二种软木地板，从剖面上看有三层，表层与底层均为软木，中间层夹了一块带企口（锁扣）的中密度板，厚度可达到 10mm 左右，俗称“三明治”，里外两层的软木可达到很好的静声效果，花色与纯软木地板一样，也存在不够丰富的缺憾。但是从安装上看要简单许多，主要采用悬浮式，即同强化地板相似，对地面要求也不太高。

第三种被称作软木静声地板，它是软木与复合地板的结合体，最底层为软木，表层为复合地板，中间层则同样夹了一层中密度板，它的厚度可达到 13.4mm。当人走在上面时，最底层的软木可以吸收一部分声音，起到降声的作用，因为有足够的厚度，脚感也非常好。

(2) 软木地板的特点

① 脚感舒适自然、有弹性。每一个软木细胞就是一个密闭的气囊，使其弹性极强，比其他木地板更加舒适与自然。

由于有弹性可减轻意外摔倒造成的伤害。软木地板还能明显降低运动时地板对人体的反冲击力，对于老人、儿童和喜好运动的人有一定的保护作用。

② 吸声性能好，能减少噪声：地板中软木是天然吸声材料，使用软木地板可以大大降低室内噪声，特别适宜于铺装在录音棚、会议室、图书馆、阅览室、老年人居所、电教室和高层建筑中。

③ 软木是非常好的绝缘体，特别适合电子仪器众多，需要防静电的场所。

④ 保温隔热性能好的软木含有无数个密封气囊，具有隔热的作用，适用于隔热门等。

⑤ 软木地板从原料上讲是环保产品：由于软木的原材料具有再生性，每棵树 9～10 年可采剥一次，因此对森林资源也没有破坏。

⑥ 不吸水，防潮：软木的吸水率几乎为零，厨房、卫生洁净的地板均可用软木地板来装饰。

⑦ 防滑性好：防滑系数达 6 级（最高 7 级），为优秀。

⑧ 优良的阻燃性。

⑨ 防虫蛀。

⑩ 原材料珍贵稀有，富有品位。

8.3.5.5 竹地板

竹地板是竹子经处理后制成的地板，既富有天然材质的自然美感，又有耐磨耐用的优点，而且防蛀、抗震。竹木地板冬暖夏凉、防潮耐磨、使用方便，尤其是可减少对木材的使用量，起到保护环境的作用。竹地板一般可按结构和颜色进行分类。

按颜色来划分，竹地板主要分为为本色和炭化色两种。本色竹地板使用的竹片，经蒸煮、漂白后，保留了竹材的天然颜色，以清漆加工表面，取竹子最基本的颜色，亮丽明快；炭化竹地板使用的竹片，经高温、高压饱和蒸汽处理，得到了一种类似于咖啡色的颜色，炭化色与胡桃木的颜色相近，凝重沉稳中依然可见清晰的竹纹。

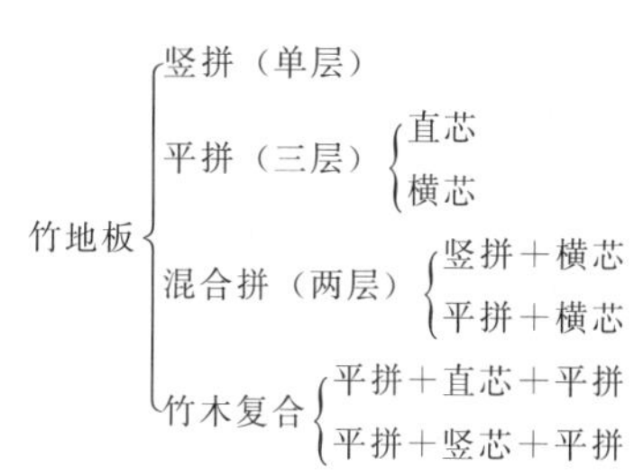

图 8-45 竹地板按结构分类的常见类型

竹地板按结构形式分为竖拼（侧压板）、平拼（正压板）、混合拼和竹木复合（图 8-45）。结构形式见图 8-46。

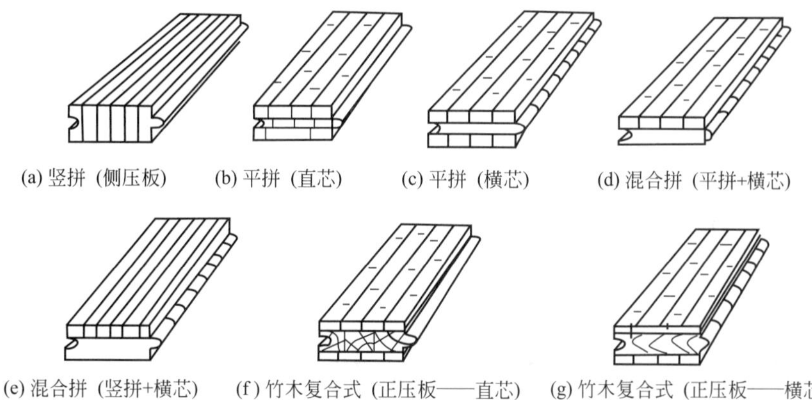

图 8-46 竹地板常见类型的结构示意

(1) 竖拼竹地板 竖拼竹地板是一种单层结构的地板，它是采用多块竹片侧向胶合成

一整体，再进行后续加工。竖拼竹地板又称侧压竹地板、径面式竹地板［图 8-46(a)］。

(2) 平拼竹地板 由厚度为 4～6mm 厚的面板、芯板和底板三层竹片胶合而成，同层竹片采用径切面拼接，又称正压竹地板、弦面式竹地板。

平拼竹地板中，如果芯板竹片与面、底板竹片同方向组坯胶合，则称为平拼直芯竹地板［图 8-46(b)］；如果芯板竹片与面、底板竹片互相垂直组坯胶合，则称为平拼横芯竹地板［图 8-46(c)］。

(3) 混合拼竹地板 面层采用平拼或竖拼，芯板竹片与面板竹片互相垂直组坯胶合的竹地板［图 8-46(d) 和图 8-46(e)］。

(4) 竹木复合地板 面、底板采用 3.0～3.5mm 竹片，芯板采用 10～12mm 较低密度木材的锯切板。竹木复合地板也可分为直芯板［图 8-46(f)］和横芯板［图 8-46(g)］。竹木复合地板是一种既具有竹材外观形态又具有木材地板特性的新型地板，竹木复合地板与全竹地板相比，工艺较简单、劳动生产率较高、性价比较高。

与木材相比，竹材作为地板原料有许多特点，主要有如下几点。

① 竹地板具有良好的质地和质感。竹材组织结构紧密，材质坚硬，具有较好的弹性，脚感舒适，装饰自然而大方，竹地板突出的优点是冬暖夏凉。

② 竹地板具有优良的物理力学性能。竹材的干缩湿胀小，尺寸稳定性高，不易变形开裂。同时竹材的力学强度比木材高，表面硬度比木材高出一倍多，耐磨性好。因此，竹材制成的地板强度和耐磨性高、环境温湿度的变化对其影响小。

③ 竹地板装饰独具风格。竹材色泽淡雅、匀称，色差比木地板小。此外，竹材纹理通直，很有规律，竹节上有点状放射性花纹，有特殊的装饰性。因此，竹地板的装饰效果与木地板迥然不同。

④ 竹材材料的加工性差。竹类植物直径小，尖削度大、壁薄中空，即使竹类植物中直径较大的毛竹，其直径大多数为 70～100mm，壁厚平均 10mm 左右，竹材难以像木材那样通过简单的加工成为大尺寸的板材或方材而加以利用；竹材通过锯、剖或刨削加工，仅能加工成宽度 20～30mm，厚度 5～8mm 的竹片，从而增加了产品的成本。

⑤ 竹材利用率低，产品价格较高。竹材在壁厚方向，其外层为竹青，内层为竹黄，竹青和竹黄之间的部分称为竹肉，竹材加工中真正可利用的材料主要是中间部分的竹肉，因此，竹材的利用率较低，一般仅为 20%～30%。此外，竹地板对竹材的竹龄有一定的要求，在一定程度上限制了原料的来源。

⑥ 由于竹材易虫蛀、易霉变、易腐朽，在加工过程中要进行特殊处理。竹材比木材含有更多的半纤维素、淀粉、蛋白质、糖分等营养物质，因而竹材制品的耐虫、耐腐等能力不如木材制品，更应注意加强上述性能的防护措施。五种地板，各有所长，选择哪种，相信您自有观点。但业内人士预言，实木复合地板正在成为家装地板的发展趋势。

8.4 嗅觉和嗅觉环境设计

8.4.1 嗅觉

嗅觉是一种原始的感觉，缺少嗅觉，进食就没有味道。嗅觉功能有了障碍，就很难辨别环境的氛围，嗅觉和人的生活息息相关。环境气味刺激鼻腔里的嗅感受细胞而产生嗅觉。

能引起嗅觉的物质是千差万别的，但它们作为嗅觉刺激也有一些共同的特点。

第一，物质挥发性。嗅觉刺激物必须是某物质存在于空气中的很小微粒。如麝香、花粉。

第二，物质可溶性。有气味的物质在刺激嗅觉感受器之前，它必须是可溶的，才能被鼻腔里的黏膜所捕捉，依靠嗅毛和黏膜的作用而产生嗅觉。

总之，嗅觉是通过下列阶段而产生的：

① 有气味的物质不断向大气释放分子；

② 这些分子被吸入鼻腔，达到嗅觉感受器；

③ 它们被吸附在嗅觉感受器的大小合适的位置上；

④ 吸附伴随以能量变化，吸附是一个温升过程；

⑤ 能量变化使电脉冲通过神经达到大脑；

⑥ 脑的加工导致嗅觉产生。

据估计人的嗅觉感受细胞有一千万个；而德国牧羊犬则有二亿二千四百万个嗅觉感受细胞。嗅觉对动物维持生命、相互交往有重要意义。对于人类嗅觉也较重要。嗅觉有适应性，当有气味的物质作用于嗅觉器官一定时间后嗅觉感受性就会降低。影响嗅觉环境的一个重要因素是室内的各种不良气体，室内空气污染严重时，会使人头晕、呕吐乃至产生严重的后果。因此对室内空气的污染控制是十分必要的。

8.4.2 居室空气主要污染物及其来源

人不能离开空气环境，清洁的空气环境是人类健康、安全、舒适地工作和生活的保证。随着人们生活水平的不断提高，居室装饰也逐渐走向现代化，随之带来了环境污染。墙面装饰已由乳胶涂料、中高档壁纸代替大白、普通瓷砖进行装饰，地面装饰也不再是灰、冷、硬的水泥地面，而多采用玻化砖、复合木地板、高档塑料地板、地毯等进行装饰，过去居民住宅的顶棚一般不装饰，现在做吊顶已成为一种时尚，有石膏板吊顶、塑料扣板吊顶、装饰玻璃吊顶等，过去民用住宅的厨房、卫生间的装饰都很简单，如今卫生间、厨房的现代化装修热正在家庭装修中兴起。可是当人们极尽所能把各种新颖的、具有时代感和装饰效果的装饰装修材料将居室打扮得豪华温馨，享受这份舒适与气派时，不要忽视一些装饰装修材料的使用带来的污染性、放射性、致癌性、窒息性等的危害。选用有毒害的建筑装饰装修材料进行室内装修将造成不良后果。

在新装修的房间内主要有甲醛、氨、氡、石棉和 TVOC（总挥发性有机化合物）等污染物质。

8.4.2.1 甲醛

(1) 甲醛的化学性能 甲醛的化学分子式是 HCHO，是一种无色易溶于水的刺激性气体。空气中的甲醛可经呼吸道被人体吸收，甲醛的水溶液俗称“福尔马林”，可经人体消化道吸收。

(2) 甲醛对人体的危害性 现代科学研究表明，甲醛对人体健康有负面影响。当室内空气中的甲醛浓度为 $0.1mg/m^3$ 时，人就会感到有异味和不适；当室内空气中的甲醛浓度为 $0.5mg/m^3$时，可以刺激眼睛引起流泪；当室内空气中的甲醛浓度为 $0.6mg/m^3$ 时，

会引起咽喉不适或疼痛；浓度再高，可引起恶心、呕吐、咳嗽、胸闷、气喘甚至肺气肿；当空气中甲醛浓度达到 30mg/m^3 时，可当即导致人死亡。

1987 年美国环保局已将甲醛列入可致癌的有机物之一。国际上对其含量都普遍加以严格限制，目前，国外一些国家的绿色建材产品中，都有明显担保，产品中不含甲醛或只含有符合环境标准要求的低含量甲醛。加拿大已禁止采用脲醛树脂泡沫塑料作房屋的保温隔热材料。

(3) 室内空气中的甲醛来源

① 人造板材。用作室内装饰的胶合板、细木工板、中密度纤维板和刨花板等人造板材中含有甲醛。因为甲醛具有较强的黏合性，还具有加强板材的强度及防虫、防腐的功能，所以用来合成多种胶黏剂，如脲醛树脂胶黏剂，三聚氰胺胶黏剂和酚醛树脂胶黏剂等。目前生产人造板使用的胶黏剂主要是以甲醛为主要成分的脲醛树脂胶黏剂，板材中残留的和未参与反应的甲醛会逐渐向周围环境释放，造成室内空气中甲醛的污染。

② 含有甲醛成分并有可能向外界散发的其他各种装饰建筑材料。如用脲醛泡沫树脂制造的隔热材料、贴墙布、贴墙纸、化纤地毯、泡沫塑料、沙发、床垫等。

(4) 室内空气中甲醛浓度的限值　为了改善室内环境，我国于 1996 年颁布了《居室空气中甲醛的卫生标准》，明确规定居室室内空气中甲醛的最高允许浓度为 0.08mg/m^3。

8.4.2.2　挥发性有机物

(1) 挥发性有机物特性　挥发性有机物是指沸点范围在 50～100℃到 240～260℃的化合物。到目前为止，室内空气中检测出的挥发性有机化合物已达 300 多种，其中有 20 多种为致癌物或致突变物。除醛类和苯类物质外，空气中的挥发性有机化合物还主要有酮类、酯类、胺类、烷类、烯类、卤代烃、不饱和烃类等。其中苯、二甲苯、芳香烃化合物已被现代医学确认为对人体有害，并能导致癌的物质。苯会导致再生障碍性贫血和胎儿畸形。苯化合物已被世界卫生组织确认为强烈致癌物质。

(2) 挥发性有机物的来源　挥发性有机物广泛存在于下列各种材料中。

① 建筑材料：各种人造板材、泡沫隔热材料和塑料板材等。

② 室内装饰材料：壁纸、涂料、胶黏剂、屋顶装饰板、塑料地板革等室内装饰材料。

③ 纤维材料：如地毯、挂毯或者窗帘等。

(3) 挥发性有机物的允许值　挥发性有机物在居住环境中允许值为≤0.50mg/m^3。苯在工作场所中允许值为 5mg/m^3，苯在居室中允许值为≤0.09mg/m^3。因此，在装修房子选择涂料装饰时，要注意选择其品种，使其有害物质的含量控制在健康、安全所允许的范围内。

8.4.2.3　石棉

(1) 石棉对人体的危害　石棉是一种被广泛应用于建材防火板的硅酸盐类矿物纤维，也是唯一的天然矿物纤维，它具有良好的抗张强度和良好的隔热性与防腐蚀性，不易燃烧，故被广泛应用。石棉的种类很多，以温石棉含量最为丰富，用途最广。

石棉本身并无毒害，它的最大危害来自于它的纤维，这是一种非常细小，肉眼几乎看不见的纤维，当这些细小的纤维被吸入人体内，就会附着并沉积在肺部，造成肺部疾病，如石棉肺，胸膜和腹膜的皮间瘤，这些肺部疾病往往会有很长的潜伏期（肺癌一般 15～20 年、间皮瘤 20～40 年），严重时引起癌变。

石棉已被国际癌症研究中心肯定为致癌物。为此，一些国家（如德国、法国、瑞典、新加坡等）已禁止生产和使用一切石棉制品。美国和加拿大已停止在国内生产石棉水泥制品，一些国家开展使用石棉的代用纤维、生产无石棉水泥制品，并已取得成功。我国也已有一些企业开始生产无石棉水泥板材。因此，在装饰装修房子时，在条件允许的情况下，以选用无石棉水泥制品为佳。

(2) 室内石棉的来源 主要来源于内外墙装饰和室内吊顶的石棉纤维水泥制品。它们所含的微细石棉纤维（长度大于 3μm，直径小于 1μm），若被人吸入后轻者可能引起难以治愈的石棉肺病，重者会引起各种癌症，给患者带来极大的痛苦。

(3) 石棉限量 国内规定，温石棉在车间空气中的阈限值为 2 个纤维/cm^3（大约 5μm 的纤维）。

8.4.2.4 氡气

(1) 氡的化学性质及对健康的危害 自然界中任何物质都含有天然放射性元素，只不过不同物质的放射性元素含量不同而已。氡气是土壤及岩石中的铀、镭、钍等放射性元素的衰变产物。氡气是一种无色、无味、具有放射性的气体。如果人长期生活在氡浓度过高的环境中，氡经过人的呼吸道沉积在肺部，尤其是气管、支气管内，并大量放出放射线，从而会导致肺癌和其他呼吸道病症的产生。由于它没有颜色，也没有任何气味。很容易被人们忽视，但它却容易被呼吸系统截留，并在局部区域不断累积。长期吸入高浓度氡最终可诱发肺癌。

(2) 室内氡气的来源 氡气属放射性物质，主要存在于建筑水泥、矿渣砖和大理石以及泥土中。

(3) 室内氡气的限量 室内氡浓度均有严格的标准。1996 年，国家技术监督局和卫生部就颁布了《住房内氡浓度控制标准》，规定新建的建筑物中每立方米空气中氡的浓度应小于 200Bq。

(4) 国家关于天然石材的使用标准 石材的放射性是大家关心的热点问题，为保障人民的身体健康，引导用户科学选用石材，我国已于 1993 年发布了强制性的行业标准（JC 519—93）《天然石材产品放射防护分类控制标准》，根据天然石材产品放射性水平划分为以下三类。

A 类产品：其镭当量浓度（CeRa）为≤350Bq/kg，可以使用于任何地方，即使用范围不受限制。

B 类产品：其镭当量浓度（CeRa）为≤700Bq/kg，不可用于居室内饰面，可用于其他一切建筑物的内、外饰面。

C 类产品：其镭当量浓度（CeRa）为≤1000Bq/kg，可用于一切建筑物的外饰面。

超过 C 类标准控制值的天然石材，只可用于海堤、桥墩及碑石等其他用途。

8.4.2.5 氨

(1) 氨的化学性质及对人体危害 氨是一种无色而具有强烈刺激性臭味的气体，比空气轻，可感觉最低浓度为 5.3mg/kg。氨是一种碱性物质，它对接触的皮肤组织都有腐蚀和刺激作用。可以吸收皮肤组织中的水分，便组织蛋白变性，并使组织脂肪皂化，破坏细胞膜结构。氨的溶解度极高，所以主要对动物或人体的上呼吸道有刺激和腐蚀作用，减弱人体对疾病的抵抗力。浓度过高时除腐蚀作用外，还可通过三叉神经末梢的反向作用而引起心脏停搏和呼吸停止。氨通常以气体形式吸入人体，进入肺泡内的氨，少部分为二氧化碳所中和。余下被吸收至血液，少量的氨可随汗液、尿或呼吸排出体外。

长期接触氨部分人可能会出现皮肤色素沉积或手指溃疡等症状；氨被吸入肺后容易通过肺泡进入血液，与血红蛋白结合，破坏运氧功能。短期内吸入大量氨气后可出现流泪、咽痛、声音嘶哑、咳嗽、痰带血丝、胸闷、呼吸困难，可伴有头晕、头痛、恶心、呕吐、乏力等，严重者可出现肺水肿、成人呼吸窘迫综合征，同时可能发生呼吸道刺激症状。所以碱性物质对组织的损害比酸性物质深而且严重。

(2) 室内空气中的氨来源 主要来自建筑施工中使用的混凝土外加剂，特别是在冬季施工过程中，在混凝土墙体中加入尿素和氨水为主要原料的混凝土防冻剂，这些含有大量氨类物质的外加剂在墙体中随着温湿度等环境因素的变化而被还原成氨气从墙体中缓慢释放出来，造成室内空气中氨的浓度大量增加。

另外，室内空气中的氨也可来自室内装饰材料中的添加剂和增白剂，但是，这种污染释放期比较快，不会在空气中长期大量积存，对人体的危害相应小一些。

(3) 室内氨的限量 国家《民用建筑室内环境污染控制规范》规定一类建筑工程每立方米空气中氨气的控制浓度为不超过 0.2mg；二类建筑工程每立方米空气中氨气的含量不超过 0.5mg。

8.4.2.6 铅

(1) 铅的化学性质及对人体的危害 铅是一种银灰色的软金属，它及其化合物在常温下不易氧化、耐腐蚀。环境中的铅由于不能被生物代谢所分解，因此它在环境中属于持久性污染物。铅通过呼吸道进入人体的沉积率大约 40%，当它侵入人体后，约有 90%～95%会形成难溶性物质沉积于骨骼中。

铅对于人体内的大多数系统均有危害，特别是损伤血液系统、神经系统和肾脏。血液铅含量达到较高水平时，可以引起痉挛、昏迷甚至死亡。低含量的铅对中枢神经系统、肾脏和血细胞均有损害作用。红细胞和血红蛋白过少贫血是慢性低水平铅接触的主要临床表现。慢性铅中毒还可引起高血压和肾脏损伤。

儿童对铅尤为敏感，国际上公认，当儿童体内铅含量超过 100μg/L 时，儿童的脑发育就会受到不良影响，称为铅中毒。铅中毒对儿童的危害主要体现在智力发育、学习能力、心理行为、生长发育等方面。儿童铅含量过高的反应是面色发黄、生长迟缓、便秘、腹泻、恶心、呕吐、注意力不集中等。

(2) 铅的来源 家庭装饰装修材料中的涂料和壁纸中都含有铅。涂料中的颜料含铅和镉，铅对儿童的威胁特别大，原因是儿童常常把摸过墙和窗户的手塞进嘴里，同时儿童对铅的吸收能力比成人高出 4 倍，所以儿童吸收的铅比成人多，有小孩的家庭应该选用不含铅的涂料。

儿童房的颜色不要选择太鲜艳的，越鲜艳的油漆和涂料中的重金属物质含量相对越高，这些重金属物质与孩子接触容易造成铅、汞中毒。

(3) 铅的标准 我国居住区大气中含铅量最高容许浓度日平均值 0.7μg/m^3。

表 8-16 为我国《民用建筑室内环境污染控制规范》(GB 50325) 对污染物的规定。

表 8-16 《民用建筑室内环境污染控制规范》对污染物的规定

污染物名称	一类建筑工程	二类建筑工程
甲醛	≤0.08mg/m^3	≤0.12mg/m^3
苯	≤0.09mg/m^3	0.09mg/m^3

续表

污染物名称	一类建筑工程	二类建筑工程
氨	≤0.20mg/m³	≤0.50mg/m³
TVOC	≤0.50mg/m³	≤0.60mg/m³
氡	≤200Bq/m³	≤400Bq/m³

注：1. 一类建筑工程：住宅、医院、老年建筑、幼儿园、学校教室等。

2. 二类建筑工程：办公室、商店、旅馆、文化娱乐场所、书店、图书馆、展览馆、体育馆、公共交通场所、餐厅、理发店等。

8.4.3 室内空气污染的防治

室内空气污染主要从以下方面进行防治。

(1) 简约化装修 由于目前市场上的各种装饰材料都会释放出一些有害气体，即使是符合国家室内装饰装修材料有害物质限量标准的材料，在一定量的室内空间中也会造成室内空气中有害物质超标的情况，所以，应合理地计算房屋空间承载量。家庭居室装修应以实用、简约为主，过度装修容易导致污染的叠加效应。例如，部分消费者给新居铺设实木地板时，还要在下面加铺一层细木工板，目的是使地板更加平整，踩踏时的脚感更好，这无疑会增加室内甲醛的含量。

(2) 注意装修的施工工艺 在室内装修中，要注意选择符合室内环境要求，不会造成室内环境污染的施工工艺，这也是防止造成室内环境污染的一个重要方面。

例如，墙面涂饰时，按照国家规范要求，进行墙面涂饰工程时要进行基层处理，涂刷界面剂，以防止墙面脱皮或者裂缝，可是一些施工人员采用涂刷清漆进行基层处理的工艺，而且大多选用了低档清漆，在涂刷时又加入了大量的稀释剂，无意中造成了室内严重的苯污染，由于被封闭在腻子和墙漆内，所以会很长时间在室内挥发，不易清除。

(3) 选好三类室内装饰装修材料 采用符合国家标准的、污染少的装修材料，是降低室内有毒有害气体含量的有效措施。

国家已经出台了室内装饰装修材料有害物质控制标准，为保护消费者的利益和规范室内装饰材料市场提供了依据。在选择时一定要严格按照国家标准进行。从目前一般家庭装饰装修来看，重点应该注意以下三类装饰材料的选择。

① 石材瓷砖类。这类材料要注意它们的放射性污染，特别是一些花岗岩等天然石材，放射性物质含量比较高，应该严格按照国家规定标准进行选择，如果经销商没有检测报告或者消费者自己不放心，也可以拿一块样品到室内环境检测单位进行放射性检测。

② 胶漆涂料类。如家具涂料、墙面涂料和装修中使用的各种黏合剂等。这类材料是造成室内空气中苯污染的主要来源，市场上问题比较多，应慎重选择，千万注意不要买到假冒产品。要注意选择正规厂家生产的产品。

③ 木质板材类。因装修大量使用的中密度纤维板、大芯板、贴面板、地板以及家具等，都将长期挥发有害气体，这是造成室内甲醛污染的主要来源，消费者在选择时要注意。要严格控制游离甲醛超标的材料和产品进入室内。从 2002 年 7 月 1 日开始，国家标准 GB 18580《室内装饰装修用人造板及其制品中甲醛释放量》已开始强制实施，无疑是从立法的角度关怀人的健康。表 8-17 摘录了室内装饰装修用人造板及其制品中甲醛释放量的试验方法限量值。

表 8-17　人造板及其制品中甲醛释放量试验方法及限量值

<table>
<tr><th>产品名称</th><th>试验方法</th><th>限量值</th><th>使用范围</th><th>限量标志</th></tr>
<tr><td rowspan="2">中密度纤维板、高密度纤维板、刨花板、定向刨花板等</td><td rowspan="2">穿孔萃取法</td><td>≤9mg/100g</td><td>可直接用于室内</td><td>E_1</td></tr>
<tr><td>≤30mg/100g</td><td>必须饰面处理后可允许用于室内</td><td>E_2</td></tr>
<tr><td rowspan="2">胶合板、装饰单板贴面胶合板、细木工板等</td><td rowspan="2">干燥器法</td><td>≤1.5mg/L</td><td>可直接用于室内</td><td>E_1</td></tr>
<tr><td>≤5.0mg/L</td><td rowspan="2">必须饰面处理后可允许用于室内</td><td rowspan="2">E_2</td></tr>
<tr><td rowspan="2">饰面人造板(包括浸渍层压木质地板、实木复合地板、竹地板、浸渍胶膜纸饰面人造板等)</td><td>气候箱法</td><td>≤0.12mg/m³</td></tr>
<tr><td>干燥器法</td><td>≤1.5mg/L</td><td>可直接用于室内</td><td>E_1</td></tr>
</table>

注：1. 仲裁时采用气候箱法。

2. E_1 为可直接用于室内的人造板，E_2 为必须饰面处理后允许用于室内的人造板。

(4) 室内通风　室内通风是清除室内有毒气体行之有效的办法，这样有利于室内材料中甲醛的散发和排放。通风可分为自然通风和机械通风。

室内通风要注意根据季节、天气的差异和室内人数的多少来确定换气频度，通常在春、夏、秋季都应留适当的通风口，冬季每天至少开窗换气 30min 以上，但其只用于污染较轻的场合。室内保证有一定的新风量，按照国家《室内空气质量标准》室内新风量应该保证在每人每小时不少于 30m³。如厨房、卫生间的通风，不要人为地阻挡室内的通风，有条件的家庭可以安装室内新风机和有通风功能的空调器，特别是一些点式结构和通风状况不好的住宅楼更要注意。

(5) 控制室内温度、湿度　经研究发现，甲醛的释放随着湿度的增大而增加，随温度升高而增大。温度由 30℃降到 25℃可降低甲醛 50%，相对湿度由 70%降到 30%时甲醛量降低 40%，温度和湿度效应降低室内甲醛量主要是靠降低污染源的扩散。要使室内材料中的甲醛尽快释放，就应增加其温湿度，因此一般在刚刚装修的房中采取烘烤的方法或在室内摆放一盆清水可使甲醛加快释放。要控制室内甲醛浓度就要降低室内温湿度。

(6) 植物绿化净化空气　植物经过光合作用可以吸收二氧化碳，释放氧气，而人在呼吸过程中，吸入氧气，呼出二氧化碳，从而使大气中氧和二氧化碳达到平衡，同时通过植物的叶子吸热和水分蒸发可降低气温，在冬夏季可以相对调节温度，在夏季可以起到遮阳隔热作用，在冬季，据实验证明，有种植阳台的毗连温室比无种植的温室不仅可造成富氧空间，便于人与植物的氧与二氧化碳的良性循环，而且其温室效应更好。

图 8-47　室内养吊兰以吸收甲醛

用来点缀居室环境的绿色植物，是净化室内空气的一件利器。例如，常青藤、铁树可吸收苯和有机物，吊兰、芦荟、仙人球、虎尾花、扶郎花等室内观赏叶植物对甲醛有较好的吸收效果（图 8-47）。有些植物的分泌物，如松、柏、樟桉、臭椿、悬铃木等具有杀灭细菌作用，从而能净化空气，减少空气中的含菌量，同时植物又能吸附大气中的尘埃，从而使环境得以净化。

但同时，大家也必须了解，并不是所有的绿色植物都适宜种植在室内。像月季花，它所散发出的香味，会使个别人闻后感到胸闷不适、憋气与呼吸困难。其他的还有兰花、紫荆花、夜来香、郁金香等都会使人产生不良的反应。

因此，在室内放置上述植物既美化环境又起到净化空气的作用。这是一种减少空气污染的一种经济实用的方法。

(7) 室内污染治理技术 目前，国内外采取多种方法治理室内空气污染，且现在已有一些产品问世。治理室内污染的空气净化技术归纳起来主要有：物理吸附技术、催化技术、化学中和技术、空气负离子技术、臭氧氧化技术、常温催化氧化技术、生物技术等。

① 物理吸附技术。物理吸附主要利用某些有吸附能力的物质吸附有害物质而达到去除有害污染的目的。主要是各种空气净化器。常用的吸附剂为颗粒活性炭，活性炭纤维、沸石、分子筛、多孔黏土矿石、硅胶等。研究发现，活性炭纤维是吸附剂中最引人注目的碳质吸附剂。物理吸附富集能力强，简单易推广，对低浓度有害气体较有效。但物理吸附的吸附速率慢，吸附剂需要定时更换。

② 催化技术。催化技术以催化为主，结合超微过滤，从而保证在常温常压下使多种有害有味气体分解成无害无味物质，由单纯的物理吸附转变为化学吸附，不产生二次污染。

③ 化学中和技术。化学中和技术一般采用络合技术，破坏甲醛、苯等有害气体的分子结构，中和空气中的有害气体，进而逐步消除。目前，已研制出了各种除味剂和甲醛捕捉剂，属于该技术类产品。该技术最好结合装修工程使用，可以有效降低人造板中的游离甲醛。

④ 空气负离子技术。其主要选用具有明显的热电效应的稀有矿物石为原料，加入到墙体材料中，在与空气接触的过程中，电离空气及空气中的水分，产生负离子；可发生极化，并向外放电，起到净化室内空气的作用。

⑤ 臭氧氧化法。臭氧与极性有机化合物（如甲醛）反应，导致不饱和的有机分子破裂，使臭氧分子结合在有机分子的双键上，生成臭氧化物，从而达到分解甲醛分子的目的。

⑥ 常温催化氧化法。又称为冷触媒法，主要是利用一些贵金属特殊的催化氧化性能，使室内污染物变成为 CO_2 和 H_2O。一般载体为 ZrO_2、CeO、SiO、活性炭、分子筛等，经常采用的贵金属有 Pd、Pt、Rh、Ru 和 Ir。

⑦ 生物技术。生物法净化有机废气是微生物以有机物为其生长的碳源和能源而将其氧化、降解为无毒、无害的无机物的方法。

本章思考题

一、填空题

1. 不同的颜色对人眼的刺激不同，所以人眼对色彩的视野也就不同，在正常亮度条件下，人眼对________色的视野最大。

2. 视网膜由三层神经细胞组成，最外层是最重要的，其中包括视杆细胞和视锥细胞，其中在白天起作用的是________细胞。

3. 常见的视觉现象包括________、________和________，其中在室内设计中，当虽然无法改变居室的实际面积，但常可以利用________视觉现象使室内空间显得大些。

4. 从明亮环境突然变化到黑暗环境，眼睛开始时什么也看不清，逐渐才能完全适应。这种视觉逐步适应黑暗环境的过程称为__________。

5. 当视野内出现的亮度过高或对比度过大，超过人眼当时的适应条件，感到刺眼并降低观察能力，这种刺眼的光线叫作__________。

6. 要想达到优良视觉效果，照明设计中不但要考虑适当的亮度，还要考虑照明的__________、要避免__________、注意__________问题，还要注意灯光的__________等要素。

7. 灯光陈示最主要的是亮度因素，同样的亮度，__________更易引起人的注意，当亮度对比较差时，其闪烁频率可稍高。

8. 当人从远处辨认前方的多种不同颜色时，__________色最先被看到。

9. __________是指各种视觉信息通过一定的形式陈列显示出来。

10. 作业场所的光线来源有__________和人工照明两种，其中人工照明有__________、__________和__________三种方式。

二、选择题

1. 人们从较暗的环境进入较亮环境时，人眼的适应过程称为明适应。在明适应的过程中，转入工作状态的视锥细胞数量（　　）。

A. 迅速增加　　B. 迅速下降　　C. 减少　　D. 不变

2. 在暗环境下，如电影院、舞厅、声光控制室等，多用较暗的（　　）灯光照明。

A. 红色　　B. 黄色　　C. 粉色　　D. 白色

3. 由于灯具安装位置不佳，不正确，使光线直射或反射到人的眼睛上易导致眩光，如果尽可能将光源布置在水平线（　　）范围以上就不会产生眩光。

A. 45°　　B. 60°　　C. 30°　　D. 50°

4. 灯光陈示中各种色彩的灯光都有一定的含义，其中惯例以（　　）代表警告。

A. 绿色　　B. 白色　　C. 蓝色　　D. 红色

5. 如果在一种光源的照射下，它呈现出的颜色比较接近日光下的颜色，人们称该光源的（　　）较高。

A. 色温　　B. 色差　　C. 显色性

6. 当人从远处辨认前方相配在一起的两种颜色时，最易辨认的是（　　）

A. 黄底黑字　　B. 黑底白字　　C. 蓝底白字　　D. 白底黑字

7. 噪声的定义：噪声是干扰声音，（　　）都属于噪声。

A. 不好听的　　B. 凡是干扰人的活动的声音　　C. 人听到的

8. 小于（　　）Hz 的声波，称为次声。

A. 100　　B. 120　　C. 20　　D. 40

9. 我国颁布的《工业企业噪声卫生标准》规定，工业企业的生产车间和作业场所的工作地点的噪声允许标准为（　　）。

A. 80dB　　B. 85dB　　C. 90dB　　D. 95dB

10. 当皮肤接触物质的时候，之所以产生不愉快的感觉，是由于接触的瞬间，（　　）所致。

A. 周围温度低　　B. 皮肤温度迅速下降

11. 在我国《民用建筑室内环境污染控制规范》对污染物的规定中，对一类建筑工程

（包括住宅）的甲醛的限量值（　　）。

A. $0.06mg/m^3$　　B. $0.08mg/m^3$　　C. $0.05mg/m^3$　　D. $0.03mg/m^3$

12. 人耳可听声的频率范围是（　　）Hz。

A. 10～20000　　B. 15～10000　　C. 20～20000　　D. 40～10000

13. 人眼在垂直平面内的视野是：向上能看到约50°，向下约70°，左右各约（　　）。

A. 15°　　B. 94°　　C. 274°　　D. 360°

三、简答题

1. 环境照明对工作有哪些影响？

2. 视听空间中的电视、幻灯陈示应考虑哪些因素？并说明这些因素应如何选择是正确的？

3. 什么叫眩光？简述眩光的主要危害以及在室内照明设计中防止和控制出现眩光应该采取的主要措施。

4. 暗适应指的是什么？人从亮处到黑暗环境下为什么要经历暗适应？

5. 噪声对人都有哪些影响？进行噪声防护可以从几方面入手？

6. 简述在室内设计中利用视错觉拓展空间的方法。

7. 简述地板打滑的原因。

8. 说明良好照明设计所考虑的因素。

9. 常见的装修居室污染物有哪些？主要来源是什么？

10. 简述消除室内环境空气污染的有效途径。

9 人的心理、行为与空间环境设计

建筑从它诞生之日起就提供了一个有别于自然的人工环境，因此它所包含的内容不仅仅是一个为满足某种功能而具有一定容积的空间，还具有各种对人能产生生理、心理和社会意识等方面影响的因素，因此在设计中应处理好空间环境因素在建筑中的应用。

9.1 室内环境中人的常见心理

人在室内环境中，其心理与行为尽管有个体之间的差异，但从总体上分析仍然具有共性，仍然具有以相同或类似的方式做出反应的特点，这也正是人们进行设计的基础。

传统的空间使用理论，是以人的尺度和满足这种尺度的空间尺度关系来处理空间的。但人与空间的关系并不是很简单的，人的活动是广泛的，且有很强的适应性。

例如，两个人同时在等候公共汽车，两个人会按次序排队，但相互会离开一段距离，而不是简单地按尺寸排列，这种距离表明了人与人之间的关系和使用空间的模式。如果两人关系密切的话，两人之间的距离就会很近，相反则较远。但等车的人很多时，即使两人不相识仍会按照人体工程学距离去排队，以确保自己的位置。这个例子所提出的问题是人会怎样使用空间，而不是容纳这两个人需要多大的空间。

人对空间的反应不仅仅由人的尺寸来决定，而且还要考虑人的心理、行为因素。按照人体工程学的观点，所有人的活动都对应于一个确定的尺寸空间。然而在现实中，即使像汽车这类功能性很强的、但又需要提供空间的使用物，其提供的空间大小也已超越了纯功能性的意义，而同时含有豪华和低廉的区别。

又例如，人们经常使用的住宅空间，显然有很多的空间是从来不被使用的，但又必须提供，如上部空间，在酒店、大厦等公共建筑中更是比比皆是。这也就更证明了建筑空间比“活动所需要的”具有更多的含意。下面列举了几项室内环境中人们的心理方面的情况。

9.1.1 心理空间（知觉空间）

在前面讲述了人体尺寸及人体活动空间，这些决定了人们生活的基本活动范围，然而，人们对空间的满意程度及使用方式还决定于人们的心理空间。

扩音器的发明，使人们同时与数千人说话成为可能。可是，人类亲密交谈的范围实际上在150～450mm。由于距离尺度大，人们就会下意识提高嗓门，造成交流的效果降低，讲话的内容不能准确传达，从而在心理上产生隔阂。因此，在会议室和教室的设计中，必须考虑物理尺度和心理尺度的问题。人们并不仅仅以生理的尺度去衡量空间，对空间的满意程度及使用方式还取决于人们的心理尺度，这就是心理空间。空间对人的心理影响很大，其表现形式也有很多种。

室内空间尺度首先要满足人的生理要求，故其空间尺度涉及环境行为的活动范围（三维空间）和满足行为要求的家具、设备等所占的空间大小。另外还要满足人的心理要求(同时存在生理要求的作用，如听觉、嗅觉等)。

当行为空间尺度超过一般的视觉要求后，则行为空间和知觉空间几乎融为一体。如体育馆、电影院、剧场等，其空间尺寸较大，如网球馆的净高约为12m，这是网球活动的要求，在这样大的行为空间里，一般的知觉要求均能实现，不必再增加知觉空间。而当行为空间较小时，如教室，满足上课行为空间高度2.4m就可以了。但在多数情况下，这样的高度就显得太低了，这时可以采用物质技术手段，即增加适当知觉空间，如将净空增至4.2m。

9.1.2 领域性和个人空间

9.1.2.1 领域性

领域性是从动物的行为研究中借用过来的，它是指动物的个体或群体常常生活在自然界的固定位置或区域，各自保持自己的一定的生活领域，以减少对于生活环境的相互竞争。

人与动物毕竟在语言表达、理性思考、意志决策与社会性等方面有本质的区别，但人在室内环境中的生活、生产活动，也总是力求其活动不被外界干扰或妨碍。不同的活动有其必需的生理和心理范围与领域，人们不希望轻易地被外来的人与物所打破。

与个人空间相类似，领域性也是一种涉及人对社会空间要求的行为规则。它与个人空间的区别在于领域的位置是固定的，而不是随身携带的，其边界通常是可见的。

领域可分为私人领域和公共领域。私人领域（如房产）可由一个人占领，占有者有权决定准许或不准许他人进入。公共领域（如大街、商场、电影院、地铁、餐厅等）不能由一个人占有，任何人都可以进入。对设计师而言，应当解决如何在公共领域建立半私人领域的问题，例如，如何划分公共场所的座位边界等。

一般来说，满足人的社会空间要求，可通过增加个人的可用空间，降低人的密度加以解决。但是，在很多情况下，上述办法行不通。此时，可通过设置固定标志的办法来满足人的领域要求。例如，可用活动屏风将工作场所隔开（图9-1）；用扶手或用小的椅边小桌（大耳椅）将座位隔开（图9-2）。也可利用内景设计手段，如颜色、阴影、水平条纹等增加表现空间，使人从心理上感到自己的人身空间或者私人领域并未受到侵扰。

9.1.2.2 个人空间

每个人都有自己的个人空间，这是直接在每个人的周围的空间，通常是具有看不见的边界，在边界以内不允许进来。它可以随着人移动，它还具有灵活的伸缩性。

图 9-1 用活动屏风将工作场所隔开

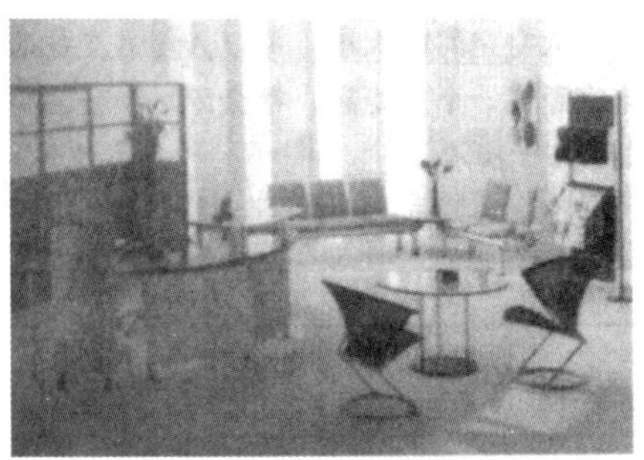

图 9-2 座位的分隔

只有当设计的空间形态与尺寸符合人的心理时，才能保证空间合理有效地利用。如公共场所座椅的设计，往往四人座椅在实际使用中只坐两人甚至一人，呈现出明确的个人空间模式，但如果将座椅进行划分，甚至仅用线条划分出四个位置，就往往可以提高它的使用效率，因为此时的划分在视觉上影响了个人空间的边界，从而提高了空间的使用率。

个人空间的距离受性别、个性、年龄、民族、文化习俗、社会地位和熟悉程度等多种因素的影响。例如，人的年龄不同，交往的行为表现也不同。刚出生的婴儿总是希望大人抱着，这样就会有很强的安全感和归属感，甚至连睡觉也不肯让大人休息。儿童总是渴望亲密的交流，这样他（她）所需要的交流空间就很小；但 6～17 岁的少年，则呈现出一种稳定的倾向，即随着年龄的增长，个人空间也在增大；到了青年后，则表现为一种稳定的成人行为模式，这是由不同年龄对私密性的不同要求所造成的。

到了老年，又由于感觉系统变得较为迟钝，人际交流时语言减少，需表情和体态等多方面的帮助和暗示来完成，因而个人空间又呈缩小状，这有时就表现为不同年龄阶段人群之间的不和谐。

室内环境中个人空间常需与人际交流、接触时所需的距离通盘考虑。

人与人之间的距离的大小取决于人们所在的社会集团（文化背景）和所处情况的不同。随熟人还是生人，人的身份不同（平级人员较近，上下级较远）而不同，身份越相似，距离越近。

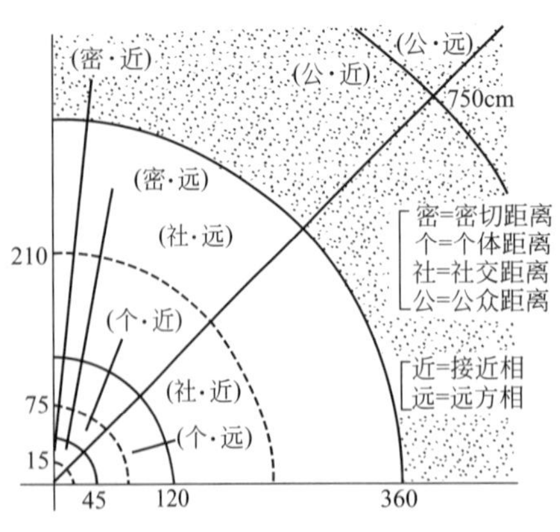

图 9-3 人际距离的划分（单位：cm）

赫尔把人际距离分为四种：密切距离、个体距离、社交距离和公共距离（图 9-3）。

每类距离中，根据不同的行为性质再分为接近相与远方相。例如，在密切距离中，亲密、对对方有可嗅觉和辐射热感觉为接近相；可与对方接触握手为远方相。当然对于不同民族、宗教信仰、性别、职业和文化程度等因素，人际距离也会有所不同。

(1) 密切距离（0～450mm） 在所有距离中，这个距离是最重要的，一个人会像保护自己的财产那样来保卫它。

密切距离近程距离为 0～150mm，是安危、保护、拥抱和其他全面亲密接触活动的距离。

密切距离远程距离为150～450mm，有密切关系的人才使用，如耳语时。

(2) 个体距离（450～1200mm） 在办公室以及社交场合一般保持这个距离。

个体距离近程为450～750mm，互相熟悉、关系好的个人、朋友之间或情人之间的距离。

个体距离远程为750～1200mm，是一般性朋友和熟人之间的交往距离。

(3) 社交距离（1200～3600mm） 社交距离近程为1200～2100mm，社交距离更多的是不相识的人之间的交往距离，如社会交往中某个人被介绍给另一个认识，或者在商店里选购商品时。社交距离远程为2100～3600mm，这正是商务活动、礼仪活动的场合距离。

(4) 公众距离（3600mm以上） 公众距离多指公众场合讲演者与听众之间、学校课堂上教师与学生之间的距离。公众距离近程为3600～7500mm，如讲演者和听众之间的距离，人们虽然通常并不明确意识到这一点，但在行为上却往往遵循这些不成文的规则。破坏这些规则，往往引起反感。公众距离远程7500mm以上，严格来说公众距离远程已经脱离了个人空间。在国家、组织之间的交往中，多属于这种空间，这里由礼仪、仪式的观念来控制。

适当的座次安排能充分发挥交谈人员的最佳信息传播功能，实现双方语言和非语言沟通的最佳效果。从图9-4中可以看出，在不同的座位对应关系下，谈话者的心理感受是不一样的。

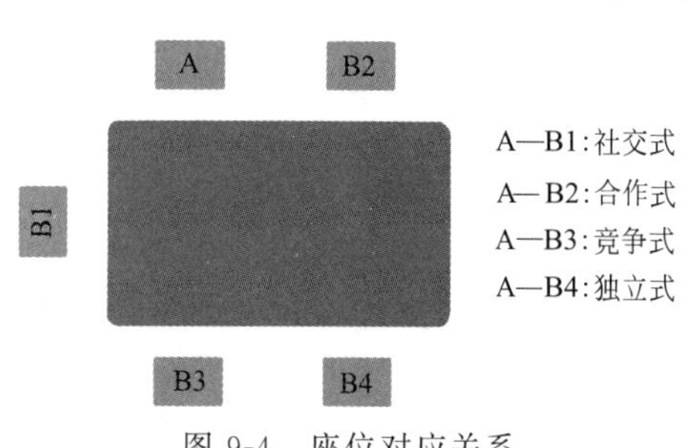

图9-4 座位对应关系

社交式，由于只有桌的一角作为部分屏障，没有私人交往空间的分隔感。这种距离和位置给谈话者的心理感受是和善轻松的，是一种比较容易产生亲切气氛与达成协议可能的座次。

合作式，即双方并排而坐。这种方式使交谈者之间无任何妨碍信息传递的间隔存在，所以，交谈可在亲切、随意中进行。

竞争式，这种位置会给谈话者造成一种竞争的气氛，它极可能暗示着某种对抗的情绪。在办公场所中上下级之间进行交谈时，这种方式会造成一种相互对抗的谈判关系，很难达到坦诚相待、有效沟通的目的。

独立式，意味着双方彼此之间不想与对方打交道，经常见于图书馆、公园或饭店、食堂。它预示着尽量疏远甚至敌意。例如，图书馆中座位的使用情况，先到的人入座后，第二位就坐在对角线的位置，最后进来的人才坐在邻近的椅子上。如果是朋友之间谈话，应尽量避免采取这种形式。

交流时位置的差异会给人带来不同的心理感受。同样，人与人之间距离的远近，也体现了一定的心理尺度。

9.1.3 私密性与尽端趋向

如果说领域性主要在于空间范围，则私密性更涉及在相应空间范围内包括视线、声音等方面的隔绝要求。私密性在居住类室内空间中要求更为突出。

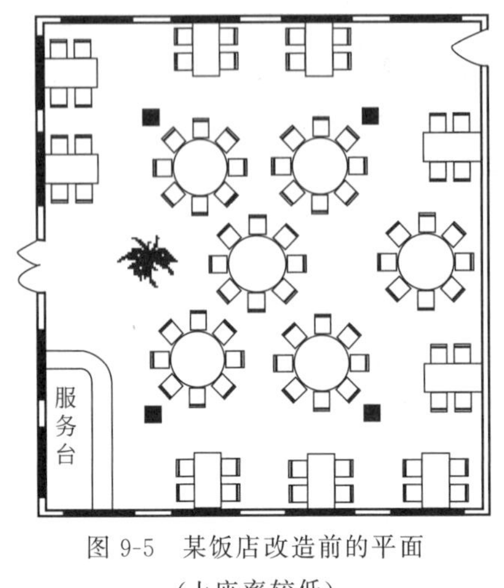

图 9-5 某饭店改造前的平面（上座率较低）

日常生活中人们还会非常明显地观察到，集体宿舍里先进入宿舍的人，如果允许自己挑选床位，他们总愿意挑选在房间尽端的床铺，可能是由于生活、就寝时相对地较少受干扰。同样情况也见之于就餐人对餐厅中餐桌座位的挑选。人们在餐厅对座位进行选择时，首选目标总是位于角落处的座位，特别是靠窗的角落，其次是边座，相对地人们最不愿意选择近门处及人流频繁通过处的座位，一般不愿坐中央（图 9-5）。

从私密性的观点来看，在室内空间中形成更多的“尽端”，也就更符合散客就餐时“尽端趋向”的心理要求。处于角落位置空间交流方位少，使用者可按其意愿观察别人，同时又可以在最大程度上控制自己交流给他人的信息。但如果将视线高度适当分割，使得在中央的座位也具有较高的私密性，则可大大提高中央座位的使用率（图 9-6）。

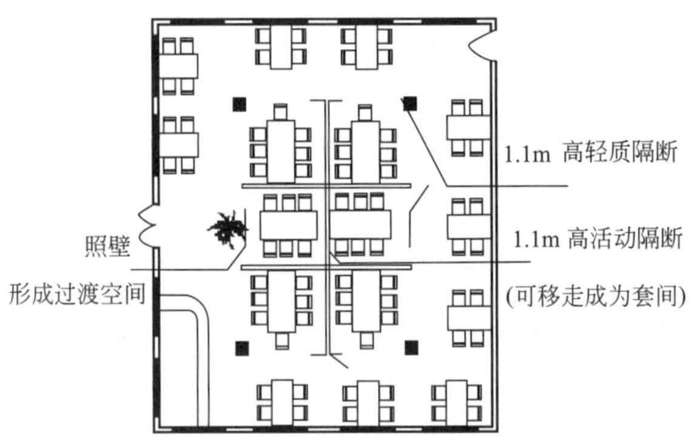

图 9-6 某饭店改造后的平面（上座率较高）

私密性的定义就是每个人对关于他的那种信息可以选择以哪种方式与他人交流的权利。它在空间行为的解释上就是某种程度的控制交流。人们出于私密性的要求，会人为地控制一个十分接近的区域来保证某种程度的个人与外界的隔绝。

人在工作时有一定的活动空间范围，其设计是否合理直接关系到人的工作效率。

例如，当今企业的办公室空间大都是敞开式大空间，聚合式的办公环境。这样适合于工作人员的相互沟通，自我约束，形成高效的工作氛围。然而，涉及个人具体的工作空间设计时，要考虑到其具体工作活动的空间范围，行为方式、安定感、私密性。在自动化的办公室中，人与设备的关系不是对立的，时时应考虑人的心理的承受度。即伏案工作时为独享空间，抬头或站立时又可与同事沟通和交流，共享公共空间。人们对屏风式办公桌挡板的高度（图 9-7）做了深入研究，提出了 330mm 的标准尺寸。那么这 330mm 是怎样得出

图 9-7 屏风式办公桌挡板

的呢？

① 当你坐着面向前方时，视线不会受阻挡，容易与人进行交流。

② 当你面向台面工作时，感受不到外界的视线，增强了个人私密性。

③ 当人站起来，挡板正好到达人的肘部，容易与人交流。

虽然仅仅是尺寸的问题，但是经过人类工效学的研究设计、制造就可使人在办公室里感受不到压迫感。

私密性在住宅空间中更是尤为突出。私密性涉及在相应空间范围内包括视线、声音等方面的隔绝要求。住宅室内设计时，对住宅内功能空间作如下安排。

① 家庭成员及客人公共活动的空间。如客厅、起居厅、餐厅等，其活动内容包括团聚、会客、视听、娱乐、就餐等行为。公共活动空间具有文化和社交内含，反映了一个家庭生活形态，它面向社会，是外向开放的空间，按私密领域层次区分，它应布置在住宅的入口处，便于家人与外界人员的接触，也方便生活用品与垃圾的进出。

② 家庭成员个人活动的空间。如卧室、学习工作室、厨房，活动内容为休息、睡眠、学习、业余爱好、烹饪等，个人活动空间具有较强的私密性，也是培育与发展个性的场所，是内向封闭的空间，它应布置在住宅的进深处，以保证家庭成员个人行为的私密性不受外界影响。

近年来，“玄关”的设计受到了人们的重视，这体现了一种私密性的观点。“玄关”这个空间除了具有更衣、换鞋、出门前整理容貌等功能外，还可以创造一个室内外的过渡空间，同时起到分隔共、私领域的作用，也为室内创造了一定的私密性（图 9-8）。

图 9-8 玄关

9.1.4 依托的安全感

活动在室内空间的人们，从心理感受来说，并不是越开阔、越宽广越好，人们通常在大型室内空间中更愿意有所“依托”物体。

在火车站和地铁车站的候车厅或站台上，候车的人往往会靠近柱子或墙候车，这样就可以给自己提供一个私密性水平相对较高的场所，而不愿卷入人流的活动中。人们并不较多地停留在最容易上车的地方，而是愿意待在柱子边，适当地与人流通道保持距离，以此来获得安全感。这对进行室内空间的布置以及空间围合时的虚实界面的处理具有很重要的指导意义。

9.1.5 幽闭恐惧

幽闭恐惧在人们的日常生活中经历中多少是会遇到的，有的人重些，有的人轻些。如坐在只有双门的轿车后坐上、乘电梯、坐在飞机狭窄的舱里，总是有一种危机感。会莫名其妙地认为万一发生问题会跑不出去。原因在于对自己的生命抱有危机感，这些并非是胡思乱想，而是有其道理的。原因在于这几个空间形式断绝了人们与外界的直接联系。

现代建筑空间的构成日趋复杂庞大，这种相对隔绝与封闭的空间也相对多起来，这就

会产生问题。

有人对开窗的问题进行了研究，发现窗对于人的影响并不仅仅在于采光、通风，因为这些都可以通过其他的人工方法解决，窗使在封闭空间的人与外界发生了联系。由此可见，与外界的联系对人的重要性。因此，人们在处理这类封闭空间时总希望能有某种与外界联系的途径。如在电梯中、浴室中安装电话。

9.1.6 恐高症

恐高症是指登临高处，会引起人血压和心跳的变化，人们登临的高度越高，恐惧心理越重。在这种情况下，许多在一般情况是合理的或足够安全的设施也会被人们认为不够安全。

在这里人们衡量的标准主要是心理感受。5 层住宅和 40 层住宅房间的尺寸一样，但对人的感觉来说层数越高越觉得空间狭窄，这是因为离开地面会产生一种与世隔绝的孤独感，还有可能使通向四周的通路被截断之故。

9.2 人的行为习性和行为模式

9.2.1 人的行为习性

室内的设计要考虑人的行为习性。人类在长期生活和社会发展中逐步形成了许多适应环境的本能，即人的行为习性。

(1) 抄近路习性 抄近路指为了达到预定的目的地，人们总是趋向选择最短的路径。如图 9-9 所示。左侧可设计一条通道，如果没有通道，人们可能会从草地穿行而走出一条小路。

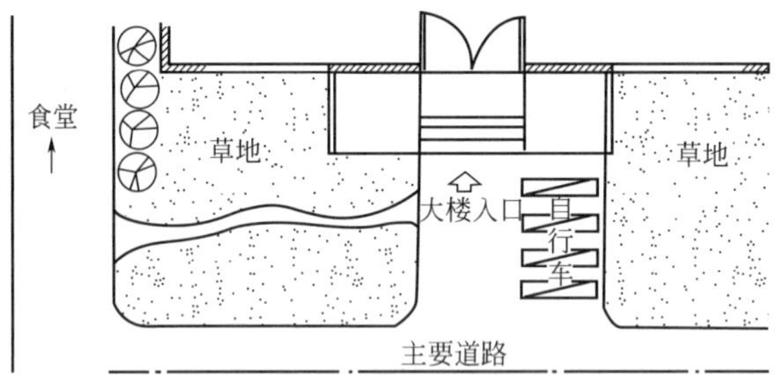

图 9-9 人的抄近路行为习性

经济学家认为人天生是追求低投入高产出的最经济的东西。即使没有学过两点间直线最短的数学公理，人们也常会为了追求“经济”而随意地在草地上走出一条路来，或是在围墙上敲出一个门。正所谓：世上本没有路，走的人多了也就成了路。在设计的时候人们固然在追求一些艺术的美感，但是违反人们的生活习惯的美丽往往不会长久。所以当评价这些所谓懒惰且没有教养的人创造的一个又一个“杰作”时，应该重新审核这之中的对错。在设计中应充分考虑人的抄近路这一习性。

(2) 左侧通行习性 在没有汽车干扰及交通法规束缚的中心广场、道路、步行道，当人群密度较大（达到 0.3 人/m^2 以上）时就会发现行人会自然而然的左侧通行。这可能与右侧优势而保护左侧有关。这种习性对于展览厅展览陈列顺序有重要指导意义。虽然我国交通法中规定人应该靠右侧行驶，但是这对于大的商场和展厅设计还是具有很大的参考价值。

(3) 左转弯习性 在转弯习惯中人们也多表现出左转弯。在公共场所观察人行为路线及描绘的轨迹来看，明显地会看到左转弯的情况比右转弯的情况要多。在电影院，不论入口的位置的哪里，多数人多沿着观众厅的走道向左转弯的方向前进，如图 9-10 所示的调查结果看起来是很明显的。

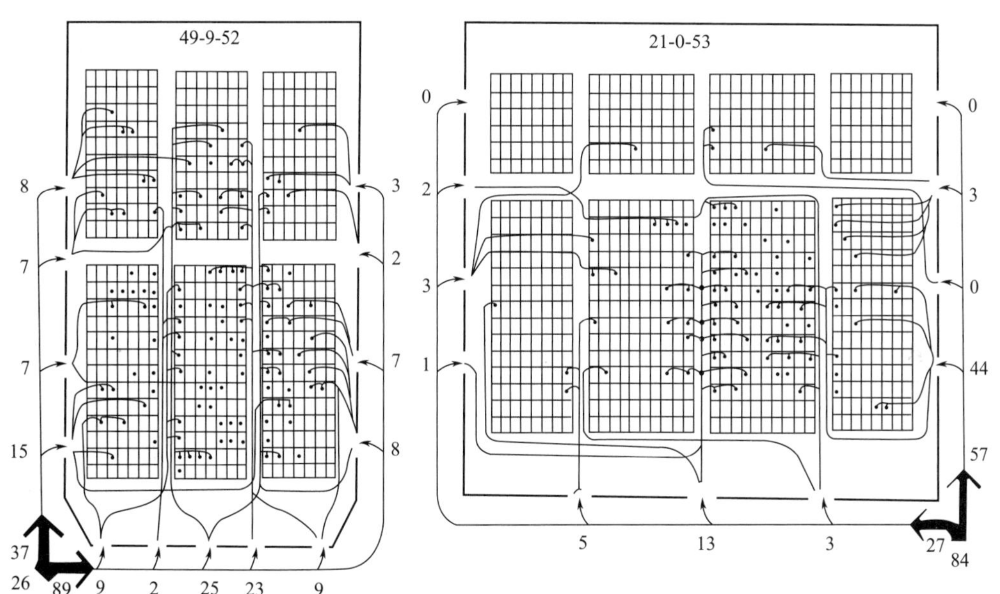

图 9-10　电影院内左回转

所以我们常见的楼梯设计中一般采用左转弯。

(4) 归巢、从众与向光习性 公共建筑发生火灾时，往往会造成巨大的生命财产损失。合理进行建筑空间创作在建筑的消防设计中占有重要地位。火情发生后，人们在躲避本能的驱使下，往往会进入如客房、包厢等一些狭小封闭的空间躲藏，称之为归巢行为。如果这些房间不具备良好的防火屏蔽，或对外开启的窗，人逃生的概率就非常的小了。

在一些公共场所发生室内紧急危险情况时，人们往往会盲目地跟从人群中领头几个急速跑动的人的去向，不管其去向是否是安全疏散口，也无心注视引导标志及文字内容，这就是人的从众心理。在大空间中，面对火情，人们难以判断正确的出逃通道，极易发生盲目从众行为。在得不到正确及时疏导的情况下，往往会发生拥挤践踏，造成不必要的伤亡。

同时，人在室内空间流动时，还具有从暗处往较明亮的地方流动的趋向。当火场浓烟密布、可见度低的情况下，人们由于向光行为而纷纷放弃原有逃生路线，而奔向窗边，由于无法击碎玻璃或受阻于护栏，而被高温毒烟夺去生命。根据灾情的统计，上述归巢、从众、向光等行为是造成人员伤亡的主要因素。

针对火灾发生时人们的行为心理特性和逃生行为模式，提出以下一般性对策。

① 在空间中设置部分火情提示装置，使受灾人员能及时正确地判断火情，选择正确

的逃生方式，避免不良归巢现象。

② 保证逃生线路的畅通、明确，避免大量人群疏散时造成阻塞。具体的做法有：使防火门开口与走廊保持同宽，以避免造成逃生瓶颈；当走廊地平面有高差时，用缓坡代替台阶，以免在拥挤时发生摔倒践踏。

③ 设计者在创造室内公共空间环境时，首先应注意空间与照明的导向，其次标志和文字的引导也很重要，而且从紧急情况时人的心理和行为分析来看，音响（声音）引导也应引起高度重视。

④ 加强走道的防烟排烟能力，增大能见度，避免不良向光行为，以提高疏散效率，同时减少毒烟对人的伤害。

⑤ 空间中，合理地安排防火分区，利用中庭空间的上部建立蓄烟区以减缓烟气下降，有效地减少从众和向光行为的危害。总之，针对火灾发生时人的行为心理特性进行设计，有利于人们选择正确的逃生方式，提高逃生的成功率。

(5) 识途性 人们遇到危险（火灾等）时，常会寻找原路返回，即识途性。大量的火灾事故现场会发现，许多遇难者都会因找不到安全出口而倒在电梯口，因为他们都是从电梯口来的，遇到紧急情况就会沿原路返回，而此时电梯又会自动关闭。所以越在慌乱时，人越容易表现出识途性行为。因此设计室内安全出口应在入口附近。

(6) 聚集效应 当人的空间人口密度分布不均时出现人群聚集。所以常常有大的商场采用人体模特和售货员等来加大商场的人口密度，即使停业关门的时候商场还是会因为这些模特而显得热闹。

9.2.2 人的行为模式

人在环境中的行为是具有一定特性和规律的，将这些特性和规律进行总结和概括，使其模式化，便得到了人的行为模式。对行为模式的研究将会为建筑创作和室内设计及其评价提供重要的理论依据和方法。

人的行为模式从内容上分，包括秩序模式、流动模式、分布模式和状态模式。这是建筑设计和室内设计传统的模式化创作和分析方法。下面就四种不同内容的行为模式来对室内空间设计的相关内容进行探讨。

(1) 秩序模式 人在空间中的每一项活动都有一系列的过程，静止只是相对和暂时的，这种活动都有一定规律性，即行为模式，该模式就是秩序模式。从室内设计的角度来看，对人的行为模式中秩序模式的研究，将给如何进行室内各功能空间的布置提供了基础的理论依据，是室内空间布局合理性的重要决定因素。

(2) 流动模式 流动模式就是将人的流动行为的空间轨迹模式化。这种轨迹不仅表示出人的空间状态的移动，而且反映了行为过程中的时间变化。这种模式主要用于对购物行为、观展行为、疏散避难等行为以及与其相关的人流量和经过途径等的研究。

(3) 分布模式 分布模式就是按时间顺序连续观察人在环境中的行为，并画出一个时间断面，将人们所在的二维空间位置坐标进行模式化。这种模式主要用来研究人在某一时空中的行为密集度，进而科学地确定空间尺度。与前面两个行为模式不同，分布模式具有群体性，也就是说人在某一空间环境的分布状况不是由单一的个体，而是由群体形成的，因此对分布模式的观察、研究必须考虑到人际关系这一因素。对分布模式的观察研究可以为确定建筑及室内空间的尺度提供依据。在进行室内空间设计时，个体的行为要求是重要的考虑因素，但人际间的行为要求也是不容忽视的，这就需要充分了解人的行为模式中的分布模式，以此作为确定空间尺度、形状和布局的重要参考，尽可能地既按照个人的行为特性又考虑人群的分布特性来进行。

(4) 状态模式 前面几种行为模式所记述的行为，都是客观的可以观察的行为空间的移动或定位。但人的行为状态还会涉及人的生理和心理的作用所引起的行为表现，同时又包含客观环境的作用所引起的行为表现。状态模式就是用于研究行为动机和状态变化的因素。在不同功能的室内空间中，人们都有一定的状态模式，且这种状态模式会因人的生理、心理及客观的不同而不同，室内设计师应全面综合考虑某种室内空间中的人的各种状态模式，有的放矢地进行设计。

现代室内设计越来越重视考虑人的需求，而人的行为就是为实现一定的目标、满足不同的需求服务的。虽然室内环境设计是室内各种因素的综合设计，但人的行为是一个重要的考虑因素，它体现了“以人为本”的基本观点。对人的行为模式的研究可以看出，人在各类型空间中的活动都有一定的规律，并且这些规律制约影响着室内空间设计的诸多内容，如空间的布局、空间的尺度、空间的形态及空间氛围的营造等，室内设计师应该全面综合地了解这些行为规律并运用到相关内容的设计中去，以期创造出合理的满足人们物质与精神两方面需求的室内空间环境。

9.3 商业行为与店堂设计

商业行为是指消费者和经营者相互作用的行为，包括消费者的消费行为和经营者的商品销售行为。商店室内设计（店堂设计）要根据商业行为的特征和表现，设计出使消费者和经营者能够正常舒适地从事买卖行为的店堂空间和环境。

9.3.1 消费行为和购物环境

9.3.1.1 购物的心理过程

消费者的购物心理直接驱使购物行为，购物心理过程可分为如下三个过程。

(1) 认识过程 认识过程是对商品的注意、引起兴趣、产生联想、激起欲望的过程。因此通过商品广告的诱导，以及通过视觉、嗅觉、触觉和听觉等对商品的认识会诱导对商品的兴趣和激起购买欲望。因此，商品的外观设计非常重要。

(2) 情绪过程 购物环境对消费者的情绪有直接的影响，而这种情绪直接影响顾客的购买欲望。消费者的情绪受购物环境、商品展示说明以及社会宣传效应等的影响。因此，一个幽雅的店堂环境和商品包装是非常重要的，广告宣传也起到了非常重要的诱导效果。

(3) 意志过程 商品的购买欲与人们对商品的生理和心理需要有关。需要是购买的最原始动机，但是在琳琅满目的商品环境中，对于还处于温饱阶层的人们往往追求物美价廉，而对于以逛商场为乐趣的人来说，往往购物环境和广告宣传等刺激因素可能诱导购买欲，可能购物是一种心理满足而非生理上的需要。

9.3.1.2 购物心理对购物环境的要求

人们的购物心理和行为多种多样，但是共同点是“求好、求廉、求新、求实、求美、求便”。求便是对购物环境的要求，购物心理对环境的要求有以下 5 点。

① 购物环境便捷：店内店外都要方便购物行为。

② 购物环境选择性：店与店之间有选择，店内同类商品集中可便于顾客选择。

③ 购物环境识别性：店面设计要有特色，能给顾客留下深刻印象，可招来回头客。

④ 购物环境的舒适性：周边环境（停车场）、店内空调、店内空间明亮、电动滚梯等都是保证舒适的购物环境所必需的。

⑤ 购物安全性：店堂空间必须保证有足够的顾客个人空间，防火设备、安全避难通道等必须齐全，给顾客安全感，另外，货真价实和热情的服务也能给顾客安全感。

9.3.2 店堂空间形式和特点

店堂形式是与商业形式相关联的，不同店堂空间满足不同消费者、不同场合的需要。常见的店堂空间形式有以下几种。

① 售货厅：简单，选择地段和外观造型非常重要。

② 中小型商店：服装店、首饰店、鞋店、电器店、眼镜店、中小型百货店等属于这种形式。电器店、鞋店、服装店多数设计成开放式空间，便于顾客挑选。而金银首饰店为了防盗一般以展柜形式陈列，如图 9-11 所示。

③ 中小型自选商场：店堂环境简洁，无更多装修，注重功能性。

④ 大中型百货商场：商品齐全、一般按层陈列商品，为减少店堂空间过大和天然采光不足，可设计中庭。

⑤ 超级市场：注重功能性，与自选商场类似，通过计算机管理。

⑥ 购物中心：功能齐全，是集“逛、购、娱、食”于一体的公共空间。

9.3.3 店堂空间组合与环境氛围的营造

9.3.3.1 顾客行为与店堂环境诱导

顾客在店内的行为多种多样，由于顾客目的不同，他们中有非常明确的购物目的的顾客，有选择对比的顾客，也有无目的顾客（逛商店的顾客）。因此，在店内的行为也不同，通过观察有以下 7 种行为。

① 只在店堂门口停留不进入店内；

② 从一个入口到另一个入口，穿过店堂；

③ 绕店堂内空间一周；

④ 迂回地绕店堂空间一周；

⑤ 顾客在店内局部空间停留较长的时间；

⑥ 在店内曲折迂回，并多处停留；

⑦ 在店内多次回游。

因此，如何把顾客引入店内，并使顾客在店内多处停留，发生消费行为，这是店主的目的，室内设计师要设计合理的店堂购物诱导系统。能将大量顾客引入店内，这样才证明店面设计是成功的。引导方式有听觉引导和视觉引导，视觉引导的方式有如下几种。

① 入口后退，与橱窗结合，突出入口空间；

② 利用独特灯光将顾客引入纵深的店堂入口；

③ 利用奇异的入口造型吸引顾客进入店堂；

④ 利用闪烁的灯光（夜间）引导顾客；

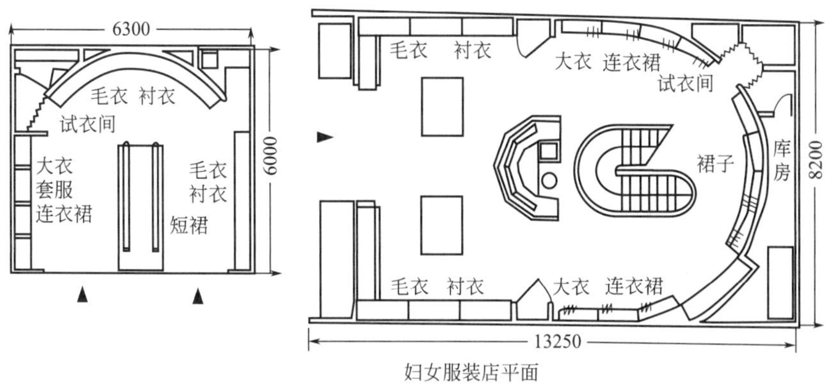

妇女服装店平面

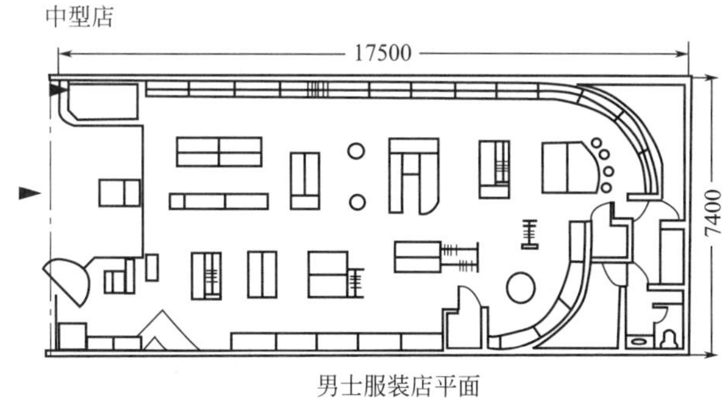

男士服装店平面

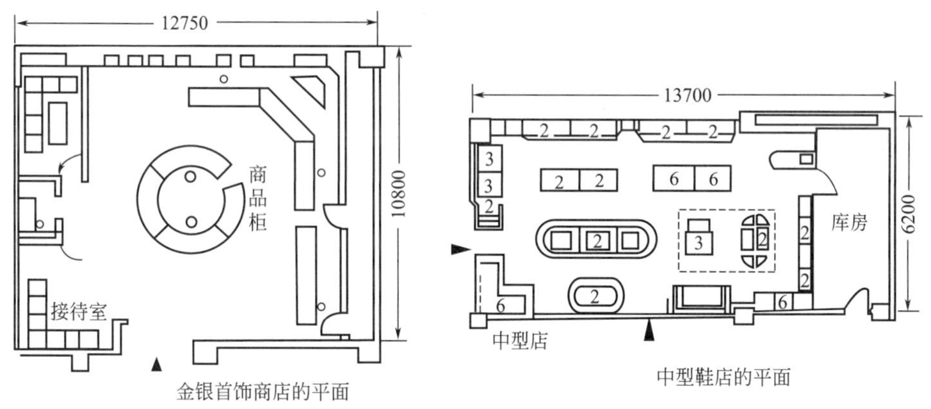

金银首饰商店的平面　　中型鞋店的平面

图 9-11　中小型店堂空间布置举例（单位：mm）

⑤ 店堂内入口，要设置购物指南牌，各层要有指示，引导顾客的购物行为。

9.3.3.2　店内空间的构成、定位与区划

(1) 空间构成　店内空间包括行为空间、心理空间、生理空间和围合实体四部分。行为空间包括通道、休息处、付款处以及供业主用的营销空间。心理空间和生理空间包括视觉、听觉以及嗅觉（通风）等所要求的舒适空间。

(2) 空间定位　商品在店内如何陈列布置，这是空间定位问题。价位高、销售量较少的商品一般展示在较隐蔽的地方，销售量大的商品一般设在明显的地方，还可在店面门口展示一些小的物美价廉的方便商品以吸引顾客。

(3) 空间区划　店内商品空间的合理划分对于消费行为也有很大影响，下面是几种典

型的空间划分形式。

① 利用柜台、货架、休息椅或隔断等设施将空间水平区划。

② 在店堂纵向方向设计空间，如在中庭、楼层之间开设洞口，使上下贯通来区划营业空间，还可改善照明和减少空间压迫感。

③ 利用地面和顶棚的特殊处理，如局部吊顶、地面局部提升或降低可区划空间。

④ 利用不同的灯光色彩和照度也可起到区划商品空间的作用。

9.3.3.3 商品展示与陈列及店内通道

商品一般利用橱窗、陈列柜和货架来展示。橱窗有橱式（临街的橱窗）、厅式（开敞式，从店外可一目了然）和岛式（店内空间划分形成商品岛）3 种。

除此之外货柜和货架也是展示商品的重要设施。货柜一般高为 90～100cm（箱柜略低），深度为 50～60cm（纺织品柜稍宽）。货架一般高为 2.4m，深度为 40～70cm。

店内通道的宽度要适当，考虑柜台前的顾客购物空间（40cm），每股人流为 55cm，如果两边都有货柜，则通道的宽度为：

$$W=2\times 40+55N$$

式中 N——人流股数（一般可按 2～4 股计算）。

9.3.3.4 店堂环境氛围

店堂顶棚可利用向光性的特点，可不做吊顶或只局部吊顶。地面要用防滑地砖或石材，太光滑的地板影响行走安全，高档店面可用木地板或地毯。要利用灯光进行环境照明（店堂）、局部照明（商品）和艺术照明（景点）。色彩利用要合理，对于大型商场宜采用冷色调，而特殊专业商店宜采用暖色调产生温馨感。商店的总体照度要明亮。

9.4 就餐心理及餐厅环境设计

餐饮建筑是公共建筑的一大类型，随着人们生活水平的提高和社会交往的日益密切，人们使用餐饮建筑的机会比以前多了很多。在人们进行餐饮活动的整个过程中，室内是餐饮者停留时间最长且对其感官影响最大的场所。餐饮建筑能否上档次、有品位，能否给客人以良好的心理感受，主要依仗于成功的室内设计，研究如何在开敞的空间中营造宜人的、适于人们使用的空间氛围，以及如何根据人们的就餐心理来进行餐桌的布置。

9.4.1 人的就餐心理分析

(1) 交往性心理 宴会厅以全体参宴者的交往为目的，餐桌布置要利于人的交往应酬，形成热烈氛围，不要私密性，不必以边界来明确个人空间领域。因此餐桌可四面临空，均匀布置。

(2) 观望性心理 有些人观望性心理很强，希望占据有利的位置以便能够更方便、全面地观看周围的景致。这种空间具有很强的开敞性，通常位于空间的中心区域，从空间处理手法上通常要采取抬高地面的方式。例如，在餐厅中间部位设置一个抬高了地面的亭子，四角有柱子，柱子间是廊椅，亭子中间设一精致水池，有水从亭子顶滴落，亭子内设了四张餐桌，在亭子四周有散座和雅间。人们在亭子内的餐桌就餐，能够很方便地观察周围的景色。

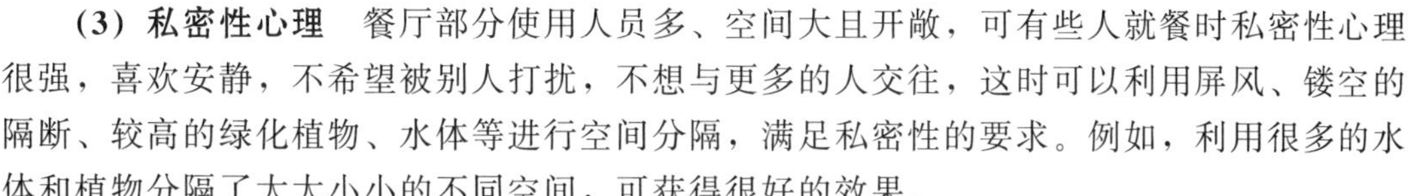

(3) 私密性心理 餐厅部分使用人员多、空间大且开敞，可有些人就餐时私密性心理很强，喜欢安静，不希望被别人打扰，不想与更多的人交往，这时可以利用屏风、镂空的隔断、较高的绿化植物、水体等进行空间分隔，满足私密性的要求。例如，利用很多的水体和植物分隔了大大小小的不同空间，可获得很好的效果。

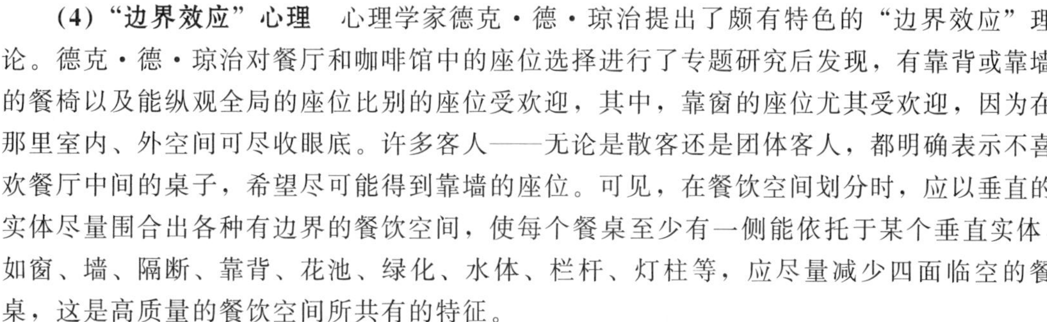

(4)"边界效应"心理 心理学家德克·德·琼治提出了颇有特色的"边界效应"理论。德克·德·琼治对餐厅和咖啡馆中的座位选择进行了专题研究后发现，有靠背或靠墙的餐椅以及能纵观全局的座位比别的座位受欢迎，其中，靠窗的座位尤其受欢迎，因为在那里室内、外空间可尽收眼底。许多客人——无论是散客还是团体客人，都明确表示不喜欢餐厅中间的桌子，希望尽可能得到靠墙的座位。可见，在餐饮空间划分时，应以垂直的实体尽量围合出各种有边界的餐饮空间，使每个餐桌至少有一侧能依托于某个垂直实体，如窗、墙、隔断、靠背、花池、绿化、水体、栏杆、灯柱等，应尽量减少四面临空的餐桌，这是高质量的餐饮空间所共有的特征。

在进行餐饮空间室内设计时，要充分了解人们的就餐心理，利用各种设计元素和设计手法，通过地面、顶面的高差、色彩、质感的变化以及垂直实体不同的围合，创造出丰富多彩的、满足各种需求的餐饮空间。

9.4.2 餐厅环境设计

餐厅环境设计必须按照视觉舒适性的要求进行室内空间形态设计、空间界面装修、景观和陈设设计，并且遵循人的餐饮行为来布置座席、组织空间，根据餐饮时人际距离和私密要求选择隔断方式和隔离设计，按照人的坐姿功能尺寸选择家具和座席排列，按照客人餐饮时的精神面貌营造餐厅的光和色的环境氛围，按照环境氛围选择背景音乐，按照嗅觉要求组织通风或空调设计。

9.4.2.1 空间界面质地设计

(1) 墙面设计 餐厅墙面质地不宜太光洁，否则缺少亲近感，特别是在远离人体接触的部位，其质感宜粗犷一些，或直接贴吸声材料。在接近人体部位宜光洁一些，或者设置护墙板、护墙栏杆。

大的餐厅的墙面，重点部位可设置一些字画，小一些的餐厅，特别是风味餐厅可根据室内环境范围，布置一些挂件，如具有民族特色的饰物、挂毯、挂盘等。墙面的色彩要结合光环境来确定。

(2) 地面设计 大众化饮食店，快餐厅以及大宴会厅的地面宜选用耐磨防滑的材料，酒吧间、咖啡厅特别是风味餐厅的地面多数采用柔软的材料，如地毯、木地板等，增强舒适感。

地面材料的色彩应与整体环境相结合，但面积大时，宜采用浅色调，面积小时，可选用中性色调。

(3) 顶棚设计 顶棚是餐厅室内装修设计的重点，它起着限定空间、渲染室内环境气氛的重要作用。其形态要结合室内空间大小、灯具和风口布置，以及座席排列进行设计。在很多情况下，利用人的向光性特点，结合灯具布置只做局部吊顶，其形式和材料可以是多种多样的，色彩结合光环境来确定。

9.4.2.2 家具选择和设计

餐厅家具重点是椅子、餐桌、收银台、酒柜、碗碟柜等。

椅子要根据餐厅环境氛围设计，特别是风味餐厅、西餐厅、酒吧的椅子，其造型和色彩一定要有特色，并符合特定的文化气质。

餐桌的大小依照坐席数而定。如盖有台布，则台布的色彩必须选择与餐厅大环境的色调协调，酒吧间、咖啡厅、大众饮食店和快餐店的餐桌不宜过大，应结合椅子统一设计。收银台、酒柜、碗碟柜要结合室内空间尺寸和所在位置进行设计，并配以灯光，整洁是其设计的原则。

9.4.2.3 座席排列

座席包括餐桌和椅子，排列原则是错落有致，少互扰。并结合柱子、隔断、吊顶和地面等空间限定因素进行布置。

9.4.2.4 色彩环境设计

大众化的饮食店和快餐厅，宜采用明快的冷色调，即长波色相、高明度，低色素彩度的色彩，如白色、浅灰色、浅蓝色、浅绿色等。

风味餐厅、咖啡厅和宴会厅，宜采用典雅的暖色调，即中波色相、中明度、高色素彩度的色彩，如玫瑰红、杏色、明黄色、金色、银色等。

9.4.2.5 光环境设计

大众化饮食店、快餐厅和咖啡厅的光线，宜明亮简洁，条件许可时应尽可能采用自然采光，白天一般不作照明。夜间照明可采用日光灯和白炽灯相结合，以产生明快的视觉效果，只在柜台和景点等处设置射灯、束灯或壁灯。

酒吧间、风味餐厅的光线，宜暖暗舒服，一般不用自然光，多采用暖色的白炽灯或壁灯，以便光线控制；有时在餐桌上辅以烛光，以渲染环境气氛。宴会厅的光线，宜温暖明亮，白天可采用天然采光和人工照明相结合的布置方法，多采用暖色的白炽吊灯、吸顶灯或装有滤色片的日光灯。

9.4.2.6 绿化布置

室内绿化宜采用真假结合的布置方式，近真远假，即靠近人体的绿化是真的，远离人体的绿化是假的，一般在离视点 13m 处的绿化，基本上分不清真假，这样布置既经济又便于管理。绿化应以耐阴的绿叶为主，少用多花粉的盆景，常用攀藤、悬挂加盆景的布置方法。

9.4.2.7 细部设计

室内的隔断布置、陈设、窗帘、台布、插花、餐巾纸、餐具的选择及其造型、色彩设计，均会影响室内环境氛围。在进行室内的隔断布置、陈设、窗帘、台布、插花、餐巾纸、餐具的选择及其造设计或选择时，要注意总体和谐、典雅，局部鲜艳，并注意同顾客和服务员的服饰的互相关系，不宜太统一。

9.4.2.8 音质设计

室内背景音乐的选择要符合顾客的心理，注意隔声和吸声，特别要注意扬声器的位置和方向。

9.4.2.9 通风、空调设计

要保证室内空气新鲜、清雅，少串味，尽可能采用自然通风。要求高的宴会厅和风味餐厅等，可采用中央或局部空调，但要注意噪声控制。

9.4.2.10 消防安全设计

大宴会厅要特别注意疏散口的布置，要有利于消防，应装有应急照明和疏散指向。顶

棚材料的选择要符合消防要求，喷淋和烟感器的布置要结合顶棚的灯光设计进行。

根据以上所述，餐厅环境设计在家具选择、灯光效果、环境色调、空间界面装修、通风空调、消防等方面入手，可营造更加舒适的餐饮环境以达到设计的最终目的。

9.5 观展行为与展厅空间环境设计

9.5.1 观展行为特征

人作为展示的接受者，是展示活动取得成功的依据，认真研究人在参观展示中的心理及情感活动过程，掌握人在展示中的行为特征与活动规律，才能通过设计有效地调动以视觉为主的所有感官作用，达到诉求目的，实现展示目标。一般观展行为具有以下几个基本特征。

(1) 有序性 参观行为依据展示空间秩序和展示序列的安排表现出时间的规律性与一定的倾向性，它是一种行为状态对客观环境的刺激作用的一种反应，表现展示厅空间秩序对研究行为模式和空间模式有一定的作用。

(2) 流向性 行为的流动构成展示空间流程，人在展示空间里受展品内容和有关信息导向的作用而按一定方式流动，其流动的途径、流动方向的选择倾向、流向交叉点的位置定位等规律，均是展示空间设计、展品陈列、导向系统设计的依据。

(3) 求知性 这是观众的行为动机之一，要求在展品内容选择与陈列上有所创新，选用更新颖的设计、图形设计，装饰设计等的方式来表达内容。

(4) 猎奇性 这是人的行为本能，所以展品的布展应有特色，能吸引观众。

(5) 递进性 人对知识的追求是一个渐进的过程，这要求展品的选择有一个完整的内容，在展示时分段或分区按一定秩序布展。

(6) 便捷性 人在穿越某一空间时总是尽量采取最简洁的路线，即使有别的路线也是如此。这也是人的行为本能，观众在典型矩形穿过式展厅中的行为模式与其在步行街中的行为十分相仿。观众一旦走进展室，就会停留在头几件作品前，然后逐渐减少停顿的次数直到完成观赏活动。由于运动的经济原则（少走路），故只有少数人完成全部的观赏活动（图 9-12）。

在展品布置时，要满足观众这一特点，少迂回，流程导向明确，否则观众走过而不看展品，从而达不到展示的目的。

(7) 习惯性

① 多数观众进入展厅习惯向左拐，故展品的序言，最好设在入口的左边。

② 我国的文字是从上到下、从左到右书写，故展品的陈列次序，最好是从左到右，以便观众阅读。

(8) 向光性 展品陈列，在光照设计上既要

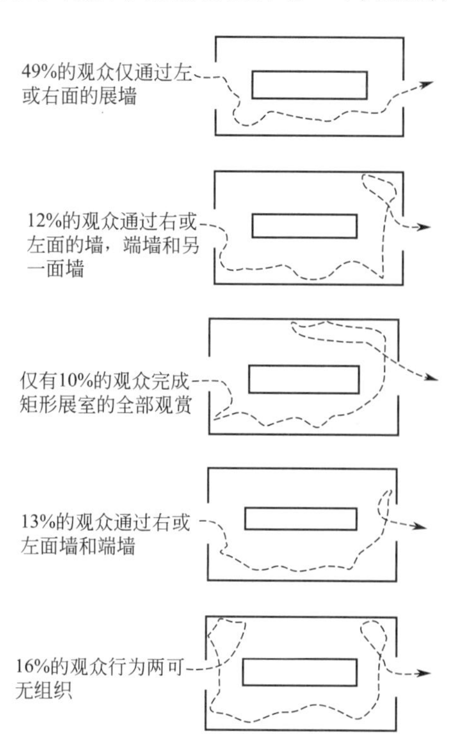

图 9-12 观众在展厅中的各种行为

有足够的亮度，又要避免眩光，陈列的背景要暗一点，展厅最好采用高侧光或顶光，照度不够时，再增加局部照明，根据展示空间的需求，体现层次感和环境的舒适感。处理好环境照明和展品照明的关系。

因此，参展商和设计者应对观众行为基本特征有所了解。激发一些已存在于观众身上的需要并促使他们做出最终的购买决定；根据观众自身的兴趣爱好、个性以及对品牌的偏爱，采取措施影响其态度，并使之对参展商的产品和品牌形成信任的态度；利用人的猎奇心理和凑热闹心理吸引观众；利用观众的从众心理减少其理智思考的时间；根据观众亲身体验有利于培养其积极体验，从而让观众亲自参与操作或制作。

9.5.2 展厅空间环境设计与人体工程学

展示艺术设计中会遇到人体工程学问题，设计师必须能妥善地解决和处理这些人体工程学问题，才能取得设计上的成功。

9.5.2.1 尺度方面

环境空间和机具的尺度的确定，都是以人体总高度和肢体某些局部的尺度作为依据和标准的。否则，就会给人类的生活、工作、交往和参观等造成极大的不便，甚至对人造成不应有的伤害。展示设计中的尺度有以下几项主要内容。

(1) 展厅的净高 展厅净高最低应不少于4m，过低会使观众压抑、憋闷。展厅最高有8m、10m，乃至最高，适合大型国际博览会的展示需要。

(2) 陈列密度 展示空间中，展品与道具所占的面积，以占展场地面与墙面的40%最佳，占50%也可。但如果超过60%时，就会显得拥挤、堵塞。特别是当展品与道具体形庞大时，陈列密度必须要小。否则，会对观众心理造成压迫感和紧张感，极不利于参观；特别是当观众多时，会引发堵塞和事故。

(3) 设计合理的展柜、展板、观展距离 如图9-13～图9-15所示。

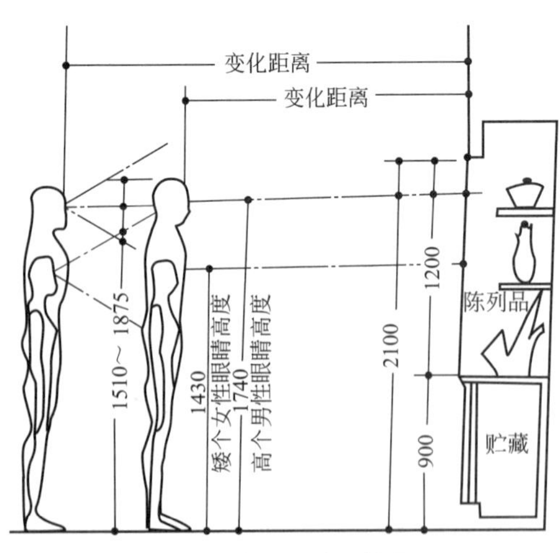

图9-13 展柜陈列尺寸（单位：mm）

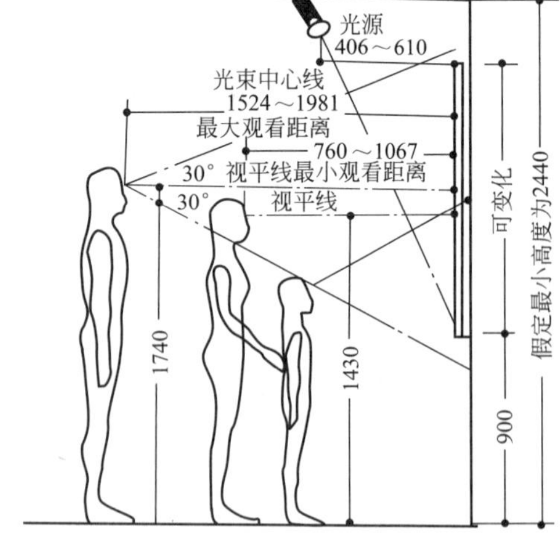

图9-14 展板陈列尺度（单位：mm）

9.5.2.2 展示环境

(1) 光与色环境 光环境展厅的光源一般多依靠人工光源，虽然自然光的光感较好，但难于控制。展厅的灯光为了避免眩光，一般易采用高侧光或顶光。人工照明必须满足以下条件。

① 保证一定的照度，展品表面照度一般在 200～2000lx，光敏性的展品表面照度不小于 120lx。

② 保证展品照度均匀，防止光影互相干扰，影响视线，故需补充墙面照度。展品表面照度与展厅一般照度之比不小于 3∶1。

③ 展厅应避免光线直射观众和产生眩光。应限制光源亮度进行遮光处理。当采用玻璃柜布置展品时，应保证柜内照度高于一般照度 20%。防止产生玻璃镜像。

④ 人工光源的选用，要根据展品类别，并注意灯具的显色性和发光效率，还应当考虑设计有足够的导轨灯。

⑤ 灯具布置要注意视觉效果。

色环境展厅的顶棚、墙面、地面的色彩属于环境色彩，宜采用中性色，少数可采用冷色系。

(2) 温湿环境 一般展厅多考虑观众的温湿环境，但是对于特殊展品（贵重物品、书画等）以及永久陈列的展厅则要考虑展品的温湿度，一般采用空调系统，环境温度以20～30℃为宜，相对湿度不大于 75%。

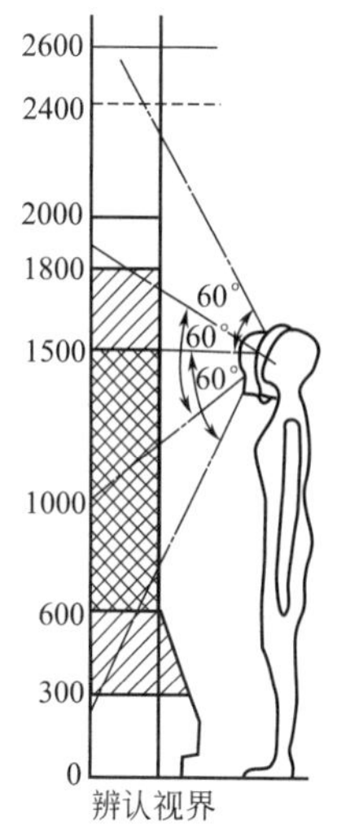

图 9-15 展品陈列尺寸（单位：mm）

本章思考题

一、填空题

1. 在火灾发生的情况下，人们往往有会进入一些狭小封闭的空间中躲藏，称之为__________行为；在一些公共场所发生室内紧急危险情况时，人们往往会盲目地跟从人群中领头几个急速跑动的人的去向，不管其去向是否是安全疏散口，也无心注视引导标志及文字内容，这就是人的__________心理；同时，人在室内空间流动时，还具有从暗处往较明亮的地方流动的趋向。当火场浓烟密布、可见度低的情况下，人们由于这种__________行为而纷纷放弃原有逃生路线，而奔向窗边，由于无法击碎玻璃或受阻于护栏，而被高温毒烟夺去生命。

2. 赫尔把人际距离分为四种：__________、__________、__________和__________。其中距离值最大的一种是__________，公众场合讲演者与听众之间、学校课堂上教师与学生之间的常采用__________距离。

3. 人的行为习性主要有：__________、__________、__________、归巢、从众与向光习性、__________和聚集效应。

4. 人们遇到危险（火灾等）时，常会寻找原路返回的习性称为__________。

5. 人的就餐心理常包括__________心理、__________心理、__________心理和__________心理。

6. __________是指动物的个体或群体常常生活在自然界的固定位置或区域，各自保持自己一定的生活领域，以减少对生活环境的相互竞争。

二、选择题

1. 根据人类学家赫尔的研究理论，（　　）称为社交距离。

A. 45～120cm　　B. 1.2～3.6m　　C. 3.6m 以上　　D. 0～45cm

2. 根据人类学家赫尔的研究理论，0～45cm 的距离为（　　）。

A. 亲密距离　　B. 个人距离　　C. 社交距离　　D. 公共距离

3. 根据人类学家赫尔的研究理论，45～120cm 的距离为（　　）

A. 亲密距离　　B. 个人距离　　C. 社交距离　　D. 公共距离

4. 在餐饮空间划分时，尽量使每个餐桌至少有一侧能依托于某个垂直实体，减少四面临空的餐桌，这是为满足人们的（　　）心理。

A. 领域性　　B. 个人空间　　C. 幽闭恐惧　　D. 边界效应

5. 在空间较大的公众场合，人们偏爱逗留在（　　）。

A. 空地上　　B. 风大处

C. 道路上　　D. 柱子、树木、小型建筑周围

三、简答题

1. 人们在餐厅对座位进行选择时，首选目标总是位于角落处的座位，特别是靠窗的角落，这是一种什么行为心理？在进行敞开式办公间设计时，请解释对屏风式办公桌挡板的高度常采用 330mm 的主要原因。

2. 简述观展行为特征。

3. 人们就餐时常见的心理有哪些？举例说明餐厅环境设计时如何满足这些心理。

各章思考题答案

1 绪论

一、填空题

1. 人-机-环境；人；机械；环境；效能；健康

2. *Ergonomics*

3. 人的因素

4. 肌肉疲劳试验；铁锹作业试验；砌砖作业试验

二、选择题

1. B　　2. D　　3. D

三、简答题

1. 人体工程学定义：人体工程学是研究“人、机、环境”系统中人、机、环境三大要素之间的关系，为解决该系统中人的效能、健康问题提供理论与方法的科学。

人体工程学定义中的三大要素是：人、机械、环境。

人体工程学在解决系统中的人的问题上的两条主要途径：一是使机器、环境适合于人；二是通过最佳的训练方法，使人适应于机器和环境。

2. 人体工程学在其形成和发展过程中大致可分为三个阶段：经验人体工程学、科学人体工程学和现代人体工程学。

(1) 经验人体工程学阶段的特点：机械设计的主要着眼点在于力学、电学、热力学等工程技术方面的优选上；在人机关系上是以选择和培训操作者为主，使人适应于机器。

(2) 科学人体工程学阶段的特点：重视工业与工程设计中“人的因素”，力求使机器适应于人。

(3) 现代人体工程学阶段的特点：

① 着眼于机械设备的设计，使机器的操作不超越人类能力极限，而不是让人去适应机器。

② 密切与实际应用相结合，通过严密计划设定的广泛实验性研究，进行具体的机械装备设计。

③ 力求使实验心理学、生理学、功能解剖学等学科的专家与物理学、数学、工程学方面的研究人员共同努力、密切合作。

3. 人体工程学在室内与家具设计中主要作用有：

(1) 为确定人在室内活动所需空间提供主要依据；

(2) 为设计家具提供依据；

(3) 提供适应人体的室内物理环境的最佳参数。

2 人体测量与人体尺寸

一、填空题

1. 形态测量；运动测量；生理测量
2. 正态
3. 5%；5%；平均
4. 静态；动态；功能；肢体
5. 低；高
6. 最小；5
7. 最大；95
8. 95；身高
9. 90
10. 50
11. 小腿加足高；5；坐姿臀宽；95；坐深；5
12. 眼高；95
13. 肘部高度
14. 坐姿肘高
15. 臀部—足尖长度
16. 垂直手握高度
17. 向前手握距离
18. 人体尺寸百分位数；功能修正量

二、选择题

1. D. 2. C 3. D 4. C 5. D 6. B 7. C 8. B 9. A 10. B 11. A 12. B 13. A 14. B 15 . A 16. A 17. D 18. A 19. D 20. C

三、简答题

1. 臀部—足尖长度和臀膝距在应用上的差别：

臀膝距比臀部—足尖长度要短，如果座椅前面的家具或其他室内设施没有放置足尖的空间，就应用臀部—足尖长度。如果座椅前方的家具或其他室内设施有放脚的空间，而且间隔要求比较重要，就可以使用臀膝距来确定合适的间距。

2. 坐姿大腿厚在设计中主要应用场合：

坐姿大腿厚是设计柜台、书桌、会议桌、家具及其他一些室内设备的关键尺寸，这些设备都需要把腿放在工作面下面。特别是有直拉式抽屉的工作面。

3. 人体尺寸的差异表现在六个方面：①种族差异；②世代差异；③年龄的差异；④性别差异；⑤职业差异；⑥其他的差异

4. 人体尺寸主要分为两类：人体结构尺寸和人体功能尺寸。

人体的结构尺寸是指人体的静态尺寸，它是人体处于固定的标准状态下测量的。

人体功能尺寸是指人体的动态尺寸，是人在进行某种功能活动时肢体所能达到的空间范围，是被测者处于动作状态下所进行的人体尺寸测量。它是由关节的活动、转动所产生的角度与肢体的长度协调产生的范围尺寸。

5. 百分位的概念：百分位表示具有某一人体尺寸和小于该尺寸的人占统计对象总人数的百分比。

百分位运用中的准则：最大准则、最小准则、可调节准则和平均准则四个。

① 最大准则：依据人体测量数据的最大值进行，取第 95 百分位尺寸进行设计；

② 最小准则：依据人体测量数据的最小值进行，取第 5 百分位尺寸进行设计；

③ 平均准则：设计中以人体平均尺寸来进行，以第 50 百分位人体尺寸为依据；

④ 可调节准则：把家具产品的功能尺寸设计成可调的，一般可调节范围应从第 5 百分位到第 95 百分位。

6. 解：要使产品适用于 90％的人，设计时应以第 5 百分位的鞋子长度为下限和第 95 百分位的鞋子长度为上限。

由于
$$X_\alpha=\overline{x}+S_D K$$

第 5 百分位对应的身高：

据表 2-1 查得第 5 百分位变换系数 $K=-1.645$，则

$$X_\alpha=264.0+45.6\times(-1.645)=189.0\text{mm}$$

第 95 百分位对应的身高：

据表 2-1 查得第 95 百分位变换系数 $K=1.645$，则

$$X_\alpha=264.0+45.6\times1.645=339.0\text{mm}$$

故鞋子长度按 189.0～339.0mm 设计产品尺寸，将适合于该地区 90％的人们。

7. 解：如果公共汽车车门的高度按男子与车门碰头机会在 0.01 以下来设计，就是说车门高度是按男子身高的第 99 百分位设计，据表 2-1 查得第 99 百分位对应的变换系数 $K=2.326$，则车门高度应为：

$$X_\alpha=\overline{x}+S_D K=170.0+6\times2.326=184.0\text{cm}$$

故车门高度可按 184cm 确定。

3　人体动作空间

一、填空题

1. 肢体活动范围；人体活动空间（作业空间）；肢体活动角度；肢体的长度

2. 390；肩峰点；590

3. 通常；最大

4. 垂直作业域；摸高

5. 100；80～90

6. 5

7. 作业域；作业空间

8. 手足活动；姿态的变换；人体的移动

9. 人体活动空间

10. 1.2～1.4；1.3

11. 作业域

12. 2.8

二、选择题

1. B　　2. D　　3. C、D　　4. A、C、D

三、简答题

1. 手的水平作业域可以分为最大作业域和通常作业域，其中最大作业域在 590mm 范围内，通常作业域在 390mm 范围内。

2. 室内空间主要由三部分组成：一是根据居住行为所确定的人体活动空间尺度；二是根据居住标准所确定的家具设备的空间尺度；三是根据居住者的行为心理要求所确定的

空间尺度（知觉空间或心理空间）。

四、分析题

A　左手通常作业域　390mm；

B　左手最大作业域　590mm；

C　右手最大作业域　590mm；

D　右手通常作业域　390mm。

4　人体力学

一、填空题

1. 肌肉施力；动态肌肉施力；静态肌肉施力

2. 直腰弯膝

3. 70；垂直向下；垂直向上

4. 姿态

二、选择题

1. A、D　2. A、C、D　3. A　4. A；D　5. A　6. B

三、简答题

1. 静态肌肉施力的主要危害：静态肌肉施力时，肌肉收缩时产生的内压对血流会产生影响，收缩达到一定程度时，甚至会阻断血流；由于收缩的肌肉组织压迫血管，阻止血液进入肌肉，肌肉无法从血液中得到糖和氧的补充，不得不依赖于本身的能量储备；对肌肉影响更大的是代谢废物不能迅速排除，积累的废物造成肌肉酸痛，引起肌肉疲劳。

2. 避免静态肌肉施力的设计要点：

① 避免弯腰或其他不自然的身体姿势。

② 避免长时间的抬手作业。抬手作业时应使作业面降低到肘关节以下。

③ 坐着工作比站着工作省力。

④ 双手同时作业时，手的运动方向应相反或者对称运动。

⑤ 作业位置高度应按照工作者的眼睛和观察时所需要的距离来设计，且应保证工作者的姿势自然。

⑥ 常用工具应按其使用的频率安放在人的附近，最频繁的操作工作，应该在肘关节弯曲的情况下就可以完成。

⑦ 当手不得不在较高位置作业时，应使用支撑物来托住肘关节、前臂或者手。

⑧ 由于身体各部分要支持肢体重量，设计时要尽量设计肢体的支撑点。

3. 正确提起重物方法：

① 抓稳重物，提起时保持直腰弯膝；

② 身体尽量靠近重物。

原因：由于弯腰改变了腰脊柱的自然曲线状态，不仅加重了椎间盘的负荷，而且改变了压力分部，使椎间盘受压不均，前缘压力大，向后缘方向压力逐渐减小，这就进一步恶化了纤维环的受力情况，成为损伤椎间盘的主要原因之一。另外，椎间盘内的黏液被挤压到压力小的一端，液体可能渗漏到脊神经束上去，所以，提起重物必须保持直腰弯膝姿势。

5　桌台类家具功能尺寸设计

一、填空题

1. 颈部弯曲；斜工作面

2. 容腿空间；小腿加足高；大腿厚度

3. 5～10；5～10；15～40

4. 椅面与桌面的距离；桌下容腿空间

5. 肘部高度

6. 椅子座面；桌与椅之间的高度差

7. 较高

二、简答题

1. 工作面高度的设计应遵的如下原则：

① 桌面高度应使臂部自然下垂，处于合适的放松状态，前臂一般应接近水平状态或略下斜；任何场合都不应使前臂上举过久，以避免疲劳，提高工作效率。

② 不应使脊柱过度屈曲。

③ 若在同一工作面内完成不同性质的作业，则工作面高度应设计成可调节。

④ 应按高百分位数据设计，身材矮小的人可采用加高椅面和使用垫脚台。

⑤ 如果工作面高度可调节，其调节范围应能满足多数人使用的要求，可将高度调节至适合操作者身体尺寸及个人喜好的位置。

2. 影响工作面设计的主要因素有：

① 肘部高度；

② 能量消耗；

③ 作业技能；

④ 头的姿势。

站立作业工作面一般按如下方式确定：

① 对于精密作业（例如绘图），作业面应上升到肘高以上 5～10cm，以适应眼睛的观察距离。

② 对于一般工作台，如果台面还要放置工具、材料等，台面高度应降到肘高以下 5～10cm. 如厨房案台。

③ 若作业体力强度高，例如需要借助身体的重量（木工、柴瓦工），作业面应降到肘高以下 15～40cm。

3. 桌子功能尺寸设计主要考虑三个方面：桌子的高度、桌面尺寸、容腿空间。它们按如下方法确定：

① 桌子的高度：一般桌子的高度应该是与椅子座高保持一定的比例关系。在实际应用中桌子的高度通常是根据座高来确定的，即是将椅子座面高度尺寸，再加上桌与椅之间的高度差。

② 桌面尺寸：一般来讲，桌面宽度取决于肩宽和人在坐姿状态下上肢的水平活动范围为依据，桌面深度主要以人在坐姿状态下上肢的水平活动范围为依据。桌面尺寸还要根据功能要求和所放置物品的多少及其尺寸的大小来确定。

③ 容腿空间：

a. 容腿空间的高度：应大于小腿加足高、大腿厚度以及预留活动余量之和。

b. 容腿空间的深度：最小值就是在小腿达到前伸 35°情况下，小腿前伸量加上足部的超出小腿部分再加上预留的活动余量。

c. 容腿空间的宽度：设计要保证腿部空间在人稳定地坐在座椅上时感到舒适，而且

还要预留人在坐姿和立姿之间转换时需要的空间。

4. 坐姿用桌面高度的确定：桌高＝坐高＋桌椅高差（坐姿态时上身高的1/3）。

5. 绘图桌的桌面往往设计成倾斜面的原因：因为人的头和躯体的姿势受作业面高度和倾斜角度两个因素影响，当人在桌台面上进行阅读、书写等工作时，为了能看得更加清晰，往往会低着头，头的倾角就超过了舒服的范围（即8°～22°），这样会破坏原先正常的颈部弯曲，长时间则引起颈部肌肉疼痛。特别是当水平作业面过低时，由于头的倾角不可能过多超过30°，人不得不增加躯体的弯曲程度。因此，绘图桌的桌面往往设计成倾斜面，倾斜桌面有利于保持躯体自然姿势，避免弯曲过度，倾斜桌面还有利于视觉活动。

6　坐卧类家具功能尺寸设计

一、填空题

1. 两块坐骨

2. 人体姿势；椎间盘内压力

3. 椎间盘内压力；背部肌肉的负荷；背部肌肉的负荷；椎间盘内压力

4. 腰椎；肩胛骨；腰靠；肩靠

5. 小腿加足高；坐深；臀宽

6. 110°；小

7. 前

8. 宽度

二、选择题

1. B　2. C　3. B　4. C　5. B　6. C　7. C　8. A、B　9. A　10. B

三、简答题

1. 座椅设计的一般原则如下：

① 座椅的形式与尺度和它的用途有关，即不同用途的座椅应有不同的座椅形式和尺度；

② 座椅的尺度必须参照人体测量学数据设计；

③ 座椅的设计应对人体能提供有足够的支撑与稳定作用；

④ 为减轻坐姿疲劳，应设计合理的靠背支撑点，腰椎下部应提供支撑，使用形状和尺寸适当的靠背，减少不必要的肌肉活动；

⑤ 座椅应能方便地变换姿势，但必须防止滑脱；

⑥ 要有舒适的体压分布，体压合理地分布到坐垫和靠背上。

2. 在设计座椅时，为使身躯具有稳定性，应考虑如下方面：

① 设计应使得重量分布由围绕着坐骨结节的面积来承受。

② 表面的材料：椅子表面的材料应采用纤维材料，既可透气，又可减少身体下滑。

③ 扶手：身体的稳定性也可借助扶手来帮助，扶手高度自椅面以上200～250mm为宜。

④ 靠背：靠背能支持人的肩部以及腰部，具有较高的高度合成凹面形状，可以给整个背部较大面积的支撑。

3. 工作椅设计重点如下：

稳定性是主要因素，工作椅主要用于工作场所，设计时还要考虑座椅的舒适性，腰部应有适当的支持，重量要均匀分布于座垫（或座面）上，同时要适当考虑人体的活动性、操作的灵活性与方便等。

4. 床的几何尺寸与睡眠质量的关系：

人处于将要入睡的状态时床宽需要 50cm，由于熟睡后需要频繁地翻身，通过脑波观测睡眠深度与床宽的关系，发现床宽的最小界限应是 70cm。比这宽度再窄时，睡眠深度会明显减少，影响睡眠质量，使人不能进入熟睡状态。

5. 床设计的一般原理如下：

① 床垫。床垫软硬度适度。床垫的软硬应能保证给予脊柱全面支撑，令脊柱保持自然状态，既不使腰椎部分悬空，又不至于使人体脊柱呈 W 形弯曲；同时还要考虑体压分布要均匀，保证肌肉适当的舒适度。

床垫缓冲性构造三层为好，最上层是与身体接触的部分，必须是柔软的；中间采用较硬的材料，保持身体整体水平上下移动；最下层要求受到冲击时起吸振和缓冲作用。

② 床的功能尺寸。床的合理宽度为人体仰卧时肩宽的 2.5～3 倍；床的长度比站立尺寸长一点，再加上头顶和脚下要留出部分空间；床高以略高于使用者的膝盖为宜，在 400～500mm，一般是 420mm。

双层床的层间净高必须保证下铺使用者在就寝和起床时有足够的动作空间，国家标准 GB 3328 规定，底床铺面离地面高度不大于 420mm，层间净高不小于 950mm。

床屏的第一支撑点为腰部，腰部到臀部的距离是 230～250mm。第二支撑点是背部，背部到臀部的距离是 500～600mm。第三支撑点是头部。床屏的高度一般为 920～1020mm。床屏的弧线倾角取 110°时，人体倚靠最舒适。

6. 床面材料设计的生理原因如下。

床面软硬的舒适程度与体压的分布直接相关，体压分布均匀的较好，反之则不好，床面比较硬时，显示压力分布不均匀，集中在几个小区域，造成局部的血液循环不好，肌肉受力不适等，较软的床面则能解决这些问题。

但不是越软越好，正常人在站立时，脊椎的形状是 S 形。仰卧时，腰椎接近于伸直状态人体各部分重量在重力方向上相互叠加，垂直向下。当人躺下后，人体各部分重量垂直向下，由于各部分重量不同，因而各部分沉量也不同，如果垫子太软，重的部分下陷深，轻的部分下陷浅，这样是腹部相对上浮呈 W 形，是脊柱的椎间盘内压力增大，难以入睡。

因此床面材料，应选用缓冲性能好的三层复合构造为好。使脊椎曲线接近自然状态，并能产生适当的压力分布在椎间盘上，以及均匀的静力负荷作用于所附着的肌肉之上。

7. 直腰坐和弯腰坐对椎间盘内压力和肌肉负荷的影响：直腰坐比弯腰坐对椎间盘内压力降低，但背部肌肉负荷增大；弯腰坐有利于背部肌肉放松，却增加了椎间盘内压力。

在座椅的设计中需考虑如下方面可以降低椎间盘内压力：

① 靠背倾角要大于 110°；

② 设计靠腰；

③ 靠背形状（轮廓）符合人体自然曲线 S 形。

8. 休息型座椅功能设计应考虑如下方面：

休息椅设计重点在于使人体得到最大的舒适感，消除身体的紧张与疲劳，合理的设计应使人体的压力感减至最小。

① 为了防止臀部前滑，座面应后倾 5°～23°，依休息程度不同而异，休息程度越高，

倾角越大。

② 靠背倾斜角度相对于水平面为 110°～130°。

③ 靠背应提供腰部的支撑，可降低脊柱所产生的紧张压力。垫腰要符合人体脊柱自然弯曲的曲线，垫腰的凸缘顶点应在第三腰椎骨与第四腰椎骨之间的部位，即顶点高于座面后缘 10～18cm。

④ 如果设计有脚踏板的话，脚踏板高度接近座高时，可使休息座椅的舒适度达到最佳化。

9. 从设计的角度考虑，提高工作舒适性的主要方法有：

① 将桌面倾斜，倾斜桌面有利于保持躯体自然姿势，避免弯曲过度。

② 适当提高工作面高度，易于使人处于放松状态。

③ 采用较高的椅子。当坐在高凳（高 72cm）上时，大多数人可以保持原来的腰椎曲线不变。

④ 采用座面适当向前倾斜的座位会更适合于工作。

10. 在床的设计中，床的尺寸不仅仅以人体的外廓尺寸为准的原因：

在床的设计中，并不能像其他家具一样以人体的外廓尺寸为准，其一是人在睡眠时的身体活动空间大于身体本身，睡觉时人体活动区是不规则的图形；其二科学家们进行了不同尺度的床与睡眠深度的相关实验，发现床的宽度与睡眠深度关系密切，床的宽窄直接影响人睡眠的翻身活动，睡窄床人的翻身次数要比睡宽床的次数多。47cm 的宽度虽然大于人体的最大尺寸，但并不是理想的。70cm 显然要好得多，当然这也只是满足了最低限度，所以实际上日常生活中的床尺寸都大于这个尺寸。

在长度上，考虑到人在躺下时的肢体的伸展，所以实际比站立的尺寸要长一点，再加上头顶和脚下要留出部分空间，所以床的长度比人体的最大高度要多一些。

7 贮存类家具功能尺寸设计

一、填空题

1. 590；590～1880；1880～2400

2. 单排型；L 形；双排型；U 形

3. 530；1400；900

二、选择题

1. C　2. A　3. D　4. C　5. C　6. D　7. C

三、简答题

1. 衣柜设计的主要尺寸：

① 衣柜高度。衣柜的高度一般为 1800～2000mm，一般不宜超过 2000～2200mm。

② 衣柜深度。衣柜的深度大于 530mm。

③ 挂衣棒高度，衣柜空间中挂长衣时挂衣棒上沿至底板表面的距离不得小于 1400mm；挂短衣时挂衣棒上沿至底板表面的距离不得小于 900mm。挂衣棒上沿至柜顶板的距离大于 40mm。

④ 底部容脚空间。柜的底部应做出容脚空间。亮脚产品底部离地面净高不小于 100mm。围板式底脚产品的柜体底面离地面高不小于 50mm。

⑤ 抽屉。抽屉深大于 400mm，顶层抽屉上沿离地高度最好不小于 1250mm。

⑥ 镜子。附有穿衣镜的橱体，镜子上沿离地面高不小于 1700mm，装饰镜不受高度

限制。

2. 根据人们手臂能触及的范围，对收纳空间尺度可划分为可分上、中、下三个区域：590mm以下的部分，取拿物品时身体要蹲下，不太方便；中段是在590～1880mm，这一区段，为较佳的贮存区，不仅取拿物品方便，也是人的视线最易看到的区域；1880～2400mm为上区段，人取物品需要搭梯子方能够及。

3. 绘图略。

厨房家具的主要功能尺寸：

(1) 底柜

① 底柜高度：800～910mm；

② 底柜深度：≥450mm，常用深度在600～660mm；

③ 操作台底座高度：≥100mm。

(2) 吊柜

① 吊柜深度：≤400mm。吊柜深度推荐尺寸为300～350mm。吊柜的门不应超出操作台前沿，以消除碰头的危险；

② 地面至吊柜底面间净空距离：1300mm＋(n×100)mm；

③ 抽油烟机与灶的距离：0.6～0.8m。

8　人的知觉、感觉与室内环境

一、填空题

1. 白

2. 视锥

3. 眩光；明暗适应；视错觉；视错觉

4. 暗适应

5. 眩光

6. 均匀度；眩光和阴影；暗适应；色彩

7. 闪光

8. 红

9. 陈示

10. 天然采光；一般照明；局部照明；混合照明

二、选择题

1. A　2. A　3. B　4. D　5. C　6. A　7. B　8. C　9. B　10. B　11. B　12. C　13. B

三、简答题

1. 环境照明对工作的影响：

① 照明影响视力：照度低会看不清，但当照度超过一定的临界时，会造成眩光，影响视力，另外，过亮的环境会使眼睛感到不适，增大视力的疲劳。

② 对生产率的影响：改善照明条件不仅可以减少视觉疲劳，而且可以提高工作效率。

③ 环境照明对安全的影响：良好的照明对降低事故发生率和保护工作人员的安全有明显的效果。

2. 视听空间中的电视、幻灯陈示应考虑的因素有周围的照明、暗适应和屏幕大小和位置，这些因素应按如下方法选择：

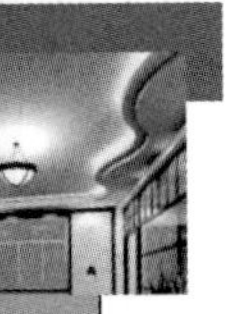

① 周围照明：屏幕黑暗部分的明度与周围的明度相一致时观察效果最优。

② 暗适应：一是人眼睛要适应显示器的亮度；二是周围环境不宜过暗，以造成需要观察周围时的暗适应问题。

③ 屏幕大小和位置：屏幕的面积与视距是成一定比例的，视距为六倍电视机对角线；屏幕的位置最好与人的视线垂直，视点在屏幕的中心。

3. 眩光：当视野内出现的亮度过高或对比度过大，超过人眼当时的适应条件，感到刺眼并降低观察能力，这种刺眼的光线叫作眩光。

眩光的主要危害在于产生残像，破坏暗适应，降低视力，分散注意力，产生视觉疲劳。

防止和控制眩光应该采取的主要措施：

① 限制光源的亮度。

② 合理布置光源：将光源布置在水平线45°以上的微弱刺激区，最好将光源光源布置在水平线60°以上的无刺激区，也可采用不透明材料将眩光源挡住。

③ 使光线转为散射，采用间接照明。

④ 变换光源位置或工作面位置，使反射光不处于视线内。

⑤ 适当提高环境亮度，尽量减少物体亮度与背景亮度之比，防止对比眩光的产生。

4. 暗适应：从明亮环境突然变化到黑暗环境，眼睛开始时什么也看不清，经过5～7min才渐渐看见物体，大约经过30min，眼睛才能完全适应。这种视觉逐步适应黑暗环境的过程称为暗适应。

人从亮处到黑暗环境下要经历暗适应的原因：一方面是因为瞳孔的直径在黑暗环境时为8mm，强光下缩小为3mm，在进入暗环境时，瞳孔逐渐放大，进入眼睛的光通量增加，瞳孔直径由3mm变为8mm比较慢，需10s；另一方面，人眼中有视锥细胞和视杆细胞两种感觉细胞，视锥细胞在明亮时起作用，而视杆细胞对弱光敏感，人在突然进入黑暗环境时，视锥细胞失去了感觉功能，由于视杆细胞转入工作状态的过程较缓慢，不能立即工作，因而需要一定的适应时间。

5. 噪声对人的影响：①对听力有影响；②对人生理有影响，包括对神经系统的影响、内分泌系统的影响、对心血管系统的影响、对消化系统的影响；③对人的心理有影响；④对语言通信的影响；⑤对作业能力和工作效率的影响；⑥噪声干扰正常的休息，对睡眠有影响。

进行噪声防护可以从以下几方面入手：实行噪声控制、噪声防护设计、声源控制、阻止噪声传播、个人防护等。

6. 室内设计中利用视错觉拓展空间的方法：

① 降低家具高度使空间变大（以小比大）；

② 利用划分的作用扩展空间（划大为小）；

③ 用装饰画或照片扩展空间；

④ 利用镜子创造“虚拟空间”；

⑤ 采用以低衬高，造成高低对比；

⑥ 通过界面的延伸处理，使空间显得宽敞。

7. 地板打滑的原因：当脚跟接触地面的一瞬间，在地面和脚跟之间，作用着一个水平方向力，当这个水平方向的力大于阻止打滑的阻力（一个是脚跟和地面装修材料之间的摩擦力，另一个是由身体重量引起的地板和脚跟两者都有的微小变形)，则打滑。

8. 良好照明设计所考虑的因素如下：

①适当的亮度；②照明的均匀度；③避免眩光和阴影；④注意暗适应；⑤灯光的色彩。

9. 常见的装修居室污染物有甲醛、挥发性有机物、氡气、石棉、氨和铅。

这些装修居室污染物的主要来源如下。

① 甲醛：主要来源于人造板材和含有甲醛的各种装饰建筑材料。

② 挥发性有机物：广泛存在于下列各种材料中。

a. 建筑材料：各种人造板材、泡沫隔热材料和塑料板材等；

b. 室内装饰材料：壁纸、涂料、胶黏剂、屋顶装饰板、塑料地板革等室内装饰材料；

c. 纤维材料：如地毯、挂毯或者窗帘等。

③ 氡气：建筑水泥、矿渣砖和大理石以及泥土中。

④ 石棉：用于内外墙装饰和室内吊顶的石棉纤维水泥制品。

⑤ 氨：主要来自建筑施工中使用的混凝土外加剂；室内装饰材料中的添加剂和增白剂等。

⑥ 铅：家庭装饰装修材料中的油漆、内墙涂料和壁纸等。

10. 消除室内环境空气污染的有效途径：

① 简约化装修；

② 注意使用正确的装修施工工艺；

③ 选好石材瓷砖类、胶漆涂料类、木质板材三类室内装饰装修材料；

④ 室内通风；

⑤ 控制室内温度、湿度；

⑥ 植物绿化净化空气；

⑦ 采用室内污染治理技术。

9　人的心理、行为与空间环境设计

一、填空题

1. 归巢；从众；向光

2. 密切距离；个体距离；社交距离；公众距离；公众距离；公众距离

3. 抄近路习性；左侧通行习性；左转弯习性；识途性

4. 识途性

5. 交往性；观望性；私密性；边界效应

6. 领域性

二、选择题

1. B　2. A　3. B　4. D　5. D

三、简答题

1. 人们在餐厅对座位进行选择时，首选目标总是位于角落处的座位，特别是靠窗的角落，这是私密性与尽端趋向行为心理。

在敞开式办公间中，屏风式办公桌挡板采用 330mm 高度可满足在相应空间范围内包括视线等方面的隔绝要求的原因有以下几点。

① 第一，当你坐着面向前方时，视线不会受阻挡，容易与人进行交流；

② 第二，当你面向台面工作时，感受不到外界的视线，增强了个人私密性；

③ 第三，当人站起来，正好到达人的肘部，容易与人交流。

2. 一般观展行为具有以下几个基本特征。

① 有序性。

② 流向性。

③ 求知性。

④ 猎奇性。

⑤ 递进性。

⑥ 便捷性。

⑦ 习惯性：

a. 多数观众进入展厅习惯向左拐；

b. 陈列次序，最好是从左到右。

⑧ 向光性。

3. 人们就餐时常见的心理有交往性心理、观望性心理、私密性心理、“边界效应”心理。

餐厅环境设计时采取如下方法满足这些心理。

① 交往性心理。以交往为目的，餐桌布置要利于人的交往应酬，不必以边界来明确个人空间领域。因此餐桌可四面临空，均匀布置。

② 观望性心理。占据有利的位置以便能够更方便、全面地观看周围的景致。空间具有很强的开敞性，从空间处理手法上通常要采取抬高地面的方式。

③ 私密性心理。不希望被别人打扰，这时可以利用屏风、镂空的隔断、较高的绿化植物、水体等进行空间分隔，满足私密性的要求。

④“边界效应”心理。有靠背或靠墙的餐椅以及能纵观全局的座位比别的座位受欢迎，其中，靠窗的座位尤其受欢迎。在餐饮空间划分时，应以垂直的实体尽量围合出各种有边界的餐饮空间，使每个餐桌至少有一侧能依托于某个垂直实体，如窗、墙、隔断、靠背、花池、绿化、水体、栏杆、灯柱等，应尽量减少四面临空的餐桌。

参 考 文 献

[1] 白联．搞好未来的住宅设计——浅谈住宅厨房、卫生间布局的合理性．北京建筑工程学院学报，1998，14（4）：49～51.

[2] 宝琦．住宅厨房功能、尺度、设备及通风的探讨．内蒙古科技与经济，2003，12：82～83.

[3] 柴文刚，穆亚平．人类功效学及在收纳类家具设计中的应用．西北林学院学报，2006，21（3）：130～133.

[4] 陈芳．关于椅子设计的思想与方法的研究．株洲：中南林业科技大学，2006.

[5] 陈易．室内设计．上海：同济大学出版社，2001.

[6] 陈小青．坐卧类家具设计尺度研究．温州职业技术学院学报，2006，6（1）：43～45.

[7] 丁玉兰．人机工程学．第3版．北京：北京理工大学出版社，2005.

[8] 范剑才．在建筑设计中人的心理、行为因素研究．江南大学学报（人文社会科学版），2003，2（2）：107～109.

[9] 方静．色彩在居室环境设计中的运用．山西建筑，2005，31（5）：8～9.

[10] 郭伏，钱省三．人因工程学．北京：机械工业出版社，2006.

[11] 陆剑雄，张福昌，申利民．坐姿与座椅设计的人机工程学探讨．人类工效学，2005，11（4）：44～49.

[12] 郝翠彩．家居装修的照明设计．新材料新装饰，2005，4：36～37.

[13] 何灿群．产品设计人机工程学．北京：化学工业出版社，2006.

[14] 胡景初．现代家具设计．北京：中国林业出版社，1992.

[15] 雷雪梅．家庭厨房中的人类工效学．开封大学学报，2001，4：70～72.

[16] 李文彬．建筑室内与家具设计人体工程学．北京：中国林业出版社，2002.

[17] 梁启凡．家具设计．北京：中国轻工业出版社，2001.

[18] 林皎皎，李吉庆．人体工程学在柜类家具设计中的应用．闽江学院学报，2004，25（5）：120～123.

[19] 林群华．餐厅环境设计．广东建筑装饰，2007，2：88～90.

[20] 刘盛璜．人体工程学与室内设计．北京：中国建筑工业出版社，1997.

[21] 陆剑雄，张福昌，申利民．坐姿理论与座椅设计原则及其应用．江南大学学报（自然科学版），2005，4（6）：621～624.

[22] 柯峰，张晓清．住宅室内照明设计的几点思考．灯与照明，2003，27（2）：9～11.

[23] 彭亮．家具设计与制造．北京：高等教育出版社，2001.

[24] 沈维蕾．基于人因工程学的座椅设计与评价．机械工程师，2005，10：68～69.

[25] 孙淑英，申利明，王文兴．人体测量数据在家具设计中的应用．郑州航空工业管理学院学报，2003，21（4）：86～88.

[26] 石家泉．色彩在室内设计中的运用．湖南工业职业技术学院学报，2004，4（1）：57～58.

[27] 田晓．人体工程学在床类家具设计中的应用．内江科技，2007，1：115～116.

[28] 万毅．人性化家具功能尺寸设计系统研究．南京：南京林业大学，2005.

[29] 王斌．浅议行为心理与建筑空间设计的对应关系．安徽建筑，2001，2：43～44.

[30] 王秀玲，付杰．餐饮空间与就餐心理探讨．山西建筑，2007，24：62～63.

[31] 吴叶红．家具与室内环境．北京：科学出版社，2000.

[32] 肖丹丹，危小焰，刘俊伟．青少年坐姿问题之浅析．人类工效学，2002，8（4）：58～60.

[33] 谢庆森，牛占文．人机工程学．北京：中国建筑工业出版社，2005.

[34] 徐磊青．人体工程学与环境行为学．北京：中国建筑工业出版社，2006.

[35] 杨启英．建筑设计与视觉心理．河北建筑工程学院学报，1996，2：61～66.

[36] 杨志敏，张亚池，张双保．人机工效学在椅类设计中的应用．木材加工机械，2002，4：15～18.

[37] 杨晓丹．基于人性化设计观念的城市住宅室内设计的研究．南昌：南昌大学艺术与设计学院，2005.

[38] 余肖红，费海玲，张亚池，张双保．人体工程学与全方位电脑桌椅的设计．木材加工机械，2002，5：15～19.

[39] 余肖红，林秀珍，张帆，王旭东．椅类家具设计要点浅谈．木材加工机械，2003，6：14～17.

[40] 余肖红，费海玲，张亚池，张双保．人体工程学与全方位电脑桌椅的设计．木材加工机械，2002，5：15～19.

[41] 余学伟．论室内照明设计与光环境艺术．艺术研究，2005，21（4）：124～126.

[42] 张福昌．室内家具设计．北京：中国轻工业出版社，2001，6.

[43] 张福昌，张寒凝，陆剑雄．人体工程学在家具设计上的应用．家具，2005（1）：23～25.

[44] 张宏林．人因工程学．北京：高等教育出版社，2005，6.

[45] 张晓坤，张兴华，韩超．家具尺度与人体的关系．林业科技，2000，25（6）：42～45.

[46] 张勇一．室内设计中的人体工程学分析．怀化学院学报，2006，25（5）：119～121.

[47] 张月．室内人体工程学．第2版．北京：中国建筑工业出版社，2005.

[48] 周美玉．工业设计应用人类工程学．北京：中国轻工业出版社，2001.

[49] 朱序璋．人机工程学．西安：西安电子科技大学出版社，1999.

[50] 庄达民．人体测量与人体模型．家电科技，2004，7：83～86.

[51] 中国建筑学会室内设计分会．2004年中国室内设计大奖赛优秀作品集 住宅工程类．天津：天津大学出版社，2004.

[52] 易熙琼．基于健康坐姿的职员办公桌功能尺寸优化研究．南京：南京林业大学，2010，6.

[53] 侯建军．基于健康坐姿的新型座椅设计研究．科技信息，2010，2：137～138.